ICS 07.060
N 92

中华人民共和国国家标准

GB/T 13972—2010
代替 GB/T 13972—1992

海洋水文仪器通用技术条件

General technical specifications for oceanographic hydrological instruments

2010-09-26 发布 2011-02-01 实施

中华人民共和国国家质量监督检验检疫总局
中国国家标准化管理委员会 发布

前　言

本标准代替 GB/T 13972—1992《海洋水文观测仪器通用技术条件》。

本标准与 GB/T 13972—1992 相比主要变化如下：

——术语和定义的引用文件调整为 HY/T 008—1992《海洋仪器术语》，增加了 12 项仪器特性术语（见第 3 章）；

——仪器分类和产品命名的引用文件调整为 HY/T 042（见第 4 章）；

——各项技术要求突出了针对产品本身性能的特点，主要体现在：

1）调整了 GB/T 13972—1992 关于技术要求的分类方式（见第 5 章）；

2）删除了对经济性的要求，弱化了工艺要求；

3）增加了现场试验的内容；

4）增加了计量特性指标的规定（见第 5 章）；

——对原标准中"工作特性及其表示方法"、"验证方法"的相关内容进行了调整，其中：

1）取消 GB/T 13972—1992"工作特性及其表示方法"一章，相关内容分别在"术语和定义"、"通用技术要求"和"试验方法"中规定（见第 3、5 和 6 章）；

2）将"工作特性"改为"计量特性"，并对具体项目进行了简化（见第 5、6 章）；

3）增加了准确度技术要求和评定方法的内容（见 5.2.1、6.2.2）；

4）"影响变动性能"修改为"工作条件影响"（见 6.2.10）；

——对电安全性和电磁兼容的要求进行了重新规定（见 5.3、5.6 和 6.3、6.6）；

——删除了 GB/T 13972—1992 中可靠性试验方法的具体步骤，引用 GB/T 11463—1989《电子测量仪器可靠性试验》作为可靠性要求（见 5.5 和 6.5）；

——增加了"接口与通讯"、"数据记录与显示"、"工作软件"等技术要求（见 5.8、5.9 和 5.10）；

——充实和细化了对检验规则的规定，尤其是在型式检验部分增加了有关检验时机、抽样规则、合格判定等内容（见第 7 章）。

本标准由国家海洋局提出。

本标准由全国海洋标准化技术委员会（SAC/TC 283）归口。

本标准起草单位：国家海洋标准计量中心，国家海洋技术中心。

本标准主要起草人：庞永超、马志刚、赵世明、廉双喜、杨哲玲。

本标准所代替标准的历次版本发布情况为：

——GB/T 13972—1992。

5.4 环境适应性

5.4.1 海洋水文仪器环境适应性指标的设计应按照JB/T 9464—1999中的相关规定进行。通常应考虑的环境影响参数有温度、湿度、冲击、碰撞、振动、倾斜摇摆、盐雾、长霉和水压等。在水下工作的海洋水文仪器应考虑腐蚀和生物附着的影响。

5.4.2 海洋水文仪器在规定的环境条件下应能正常运行，且达到规定的各项性能指标。在经受极限环境条件和运输贮存条件后，海洋水文仪器的全部功能应恢复正常。

5.4.3 海洋水文仪器的水下壳体应能承受不低于最大工作深度1.25倍的水静压力，无永久形变、渗漏现象发生。

5.5 可靠性

5.5.1 应对海洋水文仪器的可靠性指标以及相应的数学模型、可靠性指标分配、可靠性分析、可靠性预计、可靠性验证试验等相关技术要求进行规定。

5.5.2 连续性工作的海洋水文仪器的可靠性指标以平均无故障时间(MTBF)描述；间歇性工作的海洋水文仪器的可靠性指标以可靠度 $R(t)$ 描述。

5.6 电磁兼容与防雷击

海洋水文仪器应有必要的抗电磁干扰、防雷击的能力。对于在电磁辐射和雷电等干扰影响较严重的环境中使用的海洋水文仪器，应采取防护措施。

通常海洋水文仪器的电磁发射强度应不大于GB/T 18268—2000中表3所规定的发射限值。

5.7 电源

海洋水文仪器的电源适应性应满足：

a) 交流：电压220 V，允许偏差±10%；频率50 Hz，允许偏差±5%；

b) 直流：电压3 V～36 V，允许偏差±15%。

5.8 接口与通讯

5.8.1 海洋水文仪器的接口与通讯应符合相关标准的规定。

5.8.2 海洋水文仪器的信号传输应视情况采取数据加密和纠错等安全措施。

5.9 数据记录与显示

5.9.1 具有数据记录功能的海洋水文仪器，应有断电保护功能，必要时应加密。

5.9.2 对于使用纸质记录方式的海洋水文仪器，记录应清晰，便于长期保存。

5.9.3 对于使用固态存储器记录方式的海洋水文仪器，存储容量应足够大，并能进行数据下载。

5.9.4 对于同时具有显示和记录的海洋水文仪器，同步显示和记录的数据应一致。

5.9.5 海洋水文仪器的数据显示应保证在使用环境中能清晰阅读。

5.10 工作软件

5.10.1 工作软件应满足使用要求，必要时能提供帮助信息和自检功能。

5.10.2 工作软件应能避免因误操作引起的错误，必要时可设置故障自动或半自动恢复功能。

6 试验方法

6.1 外观检查

采用目测的方法对海洋水文仪器的外观和零部件连接进行检查，应符合5.1的要求。

6.2 计量特性评定

6.2.1 参考条件

海洋水文仪器的计量特性评定应在表2所示的参考条件下进行。如果海洋水文仪器的计量特性对表2中某一影响量的变化较敏感，则该影响量的具体值应按相关规范的规定。

表 2　参考条件

影响量	参考条件
环境温度	20 ℃±2 ℃
相对湿度	45%～75%
气压	86 kPa～106 kPa
交流供电电压	220 V×(1±2%)
交流供电频率	50 Hz×(1±1%)
交流供电波形	正弦波 $\beta=0.05$
直流供电电压的波纹	$\frac{\Delta V}{V_0}\leqslant 0.1\%$
外电磁场干扰	避免
通风	良好
阳光照射	避免直射
工作位置	按产品标准规定
注 1：β 为失真因子，交流供电电压的波形在 $(1+\beta)A\sin\omega t$ 与 $(1-\beta)A\sin\omega t$ 所形成的包络之内。 注 2：ΔV 为纹波电压的峰-峰值；V_0 为直流供电电压的额定值。	

6.2.2　**准确度**

6.2.2.1　评定海洋水文仪器的准确度应按照相应的计量检定规程进行。

6.2.2.2　如无计量检定规程，评定方法应符合 JJF 1094—2002 中 5.3.1.4、5.3.1.6 和 5.3.1.7 的要求。

6.2.2.3　如海洋水文仪器包含两个或两个以上测量范围，并对应不同的准确度等级时，应分别评定各个测量范围的准确度等级。

6.2.3　**重复性**

6.2.3.1　评定海洋水文仪器的重复性应采用 JJF 1094—2002 中 5.2 规定的方法。当采用实验标准差来表示重复性时，应使测量次数 $n\geqslant 10$；当采用最大残差法或极差法时，应注明所采用的方法。

6.2.3.2　评定重复性时，应分别选择(或接近)零点、中间点和满量程点等 3 个测点测试和计算，取其中最大值作为海洋水文仪器的重复性值。

6.2.4　**灵敏度**

6.2.4.1　评定海洋水文仪器的灵敏度应采用 JJF 1094—2002 中 5.5 规定的方法。

6.2.4.2　评定灵敏度时，应分别选择(或接近)零点、中间点和满量程点等 3 个测点测试和计算，取其中最小值作为海洋水文仪器的灵敏度值。

6.2.5　**分辨力**

评定海洋水文仪器的分辨力应采用 JJF 1094—2002 中 5.7 规定的方法。

6.2.6　**响应时间**

6.2.6.1　评定海洋水文仪器的响应时间应采用 JJF 1094—2002 中 5.10 规定的方法。

6.2.6.2　评定响应时间时，通常所采用的“规定极限”值为±5%；否则，应予以说明。

6.2.6.3　评定响应时间时，输入激励应分别选择(或接近)仪器测量范围中的最小值和最大值测试和计算，各取其 3 次测量的平均值进行比较，较大值作为海洋水文仪器的响应时间。

6.2.7　**时间常数**

评定海洋水文仪器的时间常数应按照 3.9 的定义并比照 6.2.6 中响应时间的评定方法进行。

6.2.8　**预热时间**

评定海洋水文仪器的预热时间应按以下步骤进行：

a) 在参考条件下，使海洋水文仪器处于断电状态且温度达到稳定；

b) 通电，同时输入一个稳定的标准量，幅值应处于测量范围的75%至95%之间；

c) 计算响应(或示值)达到并保持其最终稳定值在规定的最大允许误差范围内的瞬间，与通电瞬间的时间间隔，该时间间隔即为海洋水文仪器的预热时间。

注：本试验不包括自动温度补偿线路敏感器件的预热时间。

6.2.9 漂移

6.2.9.1 评定海洋水文仪器的漂移应采用JJF 1094—2002中5.9规定的方法。

6.2.9.2 评定漂移时，其持续时间由相关规范规定，并应在漂移量中注明该时间值。

6.2.10 工作条件影响

6.2.10.1 评定海洋水文仪器的工作条件影响应按以下步骤进行：

a) 在参考条件下，使海洋水文仪器输入量保持稳定；

b) 改变某一影响量，使其分别达到正常工作条件的上、下限值，同时记录仪器的输出量。

6.2.10.2 海洋水文仪器的工作条件影响的表示，可以使用描述影响量和输出量关系的函数、曲线或图表，也可用注明影响量范围的总输出变化量表示，相关规范应予以明确规定。

6.3 电安全性试验

6.3.1 海洋水文仪器的电安全试验方法应按照GB 4793.1—2007的相关规定进行，其中：

a) 试验条件应按照GB 4793.1—2007中4.3的规定；

b) 测量海洋水文仪器的可触及零部件与参考试验地间的电压、电流值，应按照GB 4793.1—2007中6.3.1的规定；

c) 可触及零部件与危险带电零部件间的介电强度试验，应按照GB 4793.1—2007中6.8的规定；

d) 电安全防护措施的检查和试验，应按照GB 4793.1—2007中6.4、6.5的相关规定。

6.3.2 工作在下述安全电压情况之一的海洋水文仪器，可不进行电安全试验：

a) 直流供电，电压不超过24 V；

b) 交流供电，电压有效值不超过50 V，且用安全隔离变压器与电网隔离。

6.4 环境试验

海洋水文仪器的环境试验应按HY/T 016—1992规定的试验方法进行。

6.5 可靠性试验

海洋水文仪器的可靠性试验应按照GB/T 11463—1989的相关规定执行。

6.6 电磁兼容与防雷击试验

6.6.1 电磁兼容试验

6.6.1.1 海洋水文仪器的抗电磁干扰试验的项目应根据其工作特点和使用条件，由产品标准规定。如果产品标准没有特别规定，必要时可选择以下试验：

a) 射频电磁场辐射抗扰度，应按照GB/T 17626.3—2006进行试验；

b) 射频场感应的传导骚扰抗扰度，应按照GB/T 17626.6—2008进行试验；

c) 电压暂降、短时中断和电压变化的抗扰度，应按照GB/T 17626.11—2008进行试验；

d) 电压波动抗扰度，应按照GB/T 17626.14—2005进行试验；

e) 直流电源输入端口电压暂降、短时中断和电压变化的抗扰度，应按照GB/T 17626.29—2006进行试验。

6.6.1.2 海洋水文仪器的电磁发射的试验应按照GB/T 18268—2000中第7章的规定进行。

6.6.2 防雷击试验

海洋水文仪器的防雷击试验应按GB/T 3482的规定进行。

6.7 电源拉偏试验

6.7.1 将海洋水文仪器的电源线连接到电压可调的直流电源或电压和频率均可调的交流电源上。

6.7.2 将电源的电压和频率调节到5.7.1规定的极限值，使海洋水文仪器分别工作15 min，应能正常工作。

6.8 功能检查

检查海洋水文仪器的接口与通讯、数据记录与显示和工作软件，应符合各自产品标准的规定。

7 检验规则

7.1 出厂检验

7.1.1 出厂检验应根据产品标准的规定进行。

7.1.2 海洋水文仪器的产品标准应规定以下(但不限于)出厂检验内容：

a) 检验项目；

b) 试验顺序(如必要)；

c) 抽样规则；

d) 合格判据；

e) 不合格产品处置(如必要)。

7.1.3 出厂检验项目一般应包括(但不限于)如下内容：

a) 成套性检查(含包装和随行文件)；

b) 外观检查；

c) 基本功能检验；

d) 安全性检验；

e) 测量性能检验。

7.2 型式检验

7.2.1 型式检验应依据产品标准的规定进行。

7.2.2 海洋水文仪器的产品标准中应规定型式检验的项目、条件、抽样规则和合格判据。

7.2.3 型式检验的项目应包括(但不限于)本标准第5章规定的所有项目，只要该项目对这种海洋水文仪器产品是适宜的。

7.2.4 有下列情况之一时，应进行型式检验：

a) 新产品提交技术(定型)鉴定或产品科技成果(项目)鉴定前；

b) 新产品试生产或老产品转厂生产时；

c) 产品结构、材料、工艺有重大改变，可能影响产品性能时；

d) 正常生产时，定期或积累一定产量后；

e) 长期停产(三年以上)后，需要恢复生产时；

f) 出厂检验结果与上一次型式检验有较大差异时；

g) 国家产品质量监督机构提出进行型式检验要求时；

h) 合同双方有约定时。

7.2.5 当型式检验的顺序可能对检测结果有显著影响时，产品标准应规定检验顺序。

7.2.6 型式检验应从出厂检验合格品中抽样，抽样应符合HY/T 027的规定。

7.2.7 型式检验的合格判定应符合如下规定：

a) 有2台或2台以上的产品的同一检验项不合格时，判该产品不合格；

b) 仅有一台产品的某检验项不合格时，应加倍抽取产品进行该检验项的复检：

1) 若仍不合格，判该批产品不合格；

2) 若产品数量上不能满足加倍抽样的要求，判为不合格；

3） 若合格，则除去第一批抽样的不合格品之外，其余判为合格。

8 标志、包装、运输和贮存

8.1 标志

8.1.1 海洋水文仪器应有产品标志，标志的内容如下：

a） 制造商名称；

b） 产品型号及名称；

c） 生产日期；

d） 其他。

8.1.2 产品包装上应清晰显著地标注如下内容：

a） 仪器名称、型号及内装数量；

b） 箱体尺寸：长×宽×高，单位为厘米(cm)；

c） 净重及毛重：单位为千克(kg)；

d） 装箱日期：年、月、日；

e） 产品执行标准标识；

f） 其他。

8.1.3 海洋水文仪器的包装、贮运图示标志应符合 GB 190 和 GB/T 191 的规定。

8.2 包装

8.2.1 海洋水文仪器的防震、防潮及防尘等防护包装应符合 GB/T 13384—2008 的有关规定。应根据海洋水文仪器的性质、形状、大小、精密程度和储运装卸条件，采用不同的防护包装，防止在运输中发生窜动和碰撞。必要时，包装箱应放干燥剂。

8.2.2 海洋水文仪器的随行文件应齐全，应有如下内容：

a） 装箱单；

b） 产品使用和维修说明书(含整机安装图，必要的原理图及电路接线图，维修示意图)；

c） 产品合格证明(必要时含检验测试、校准文件)；

d） 产品应用软件安装盘(必要时)；

e） 其他文件。

随行文件应装入专用包装袋后置于包装箱内。当整套仪器分箱包装时，随行文件应置于主机箱内。

8.3 贮存和运输

海洋水文仪器的贮存和运输条件应在产品标准中明确规定，主要内容包括：

a） 贮存场所环境条件和特殊要求；

b） 贮存期限；

c） 运输工具和特殊要求。

参 考 文 献

［1］ JJF 1001—1998　通用计量术语及定义
［2］ GB/T 13983—1992　仪器仪表基本术语

ICS 17.100
N 11

中华人民共和国国家标准

GB/T 13992—2010
代替 GB/T 13992—1992

金属粘贴式电阻应变计

Metallic bonded resistance strain gauges

2010-12-01 发布　　2011-05-01 实施

中华人民共和国国家质量监督检验检疫总局
中国国家标准化管理委员会　发布

前　言

本标准是对 GB/T 13992—1992《电阻应变计》的修订。

本标准与 GB/T 13992—1992 相比，主要变化如下：

——标准的名称修订为：金属粘贴式电阻应变计；

——将应力分析用和传感器用应变计的技术指标分别列表提出技术要求，见表 2 和表 3；

——增加了应变计的外观检查；

——增加了试验方法中的计算公式；

——凡用电阻值表示应变量的公式，都按公式 $\varepsilon=(\Delta R/R_0)/\overline{K}$ 修正成应变量后再计算；

——去掉原标准中的附录 B、附录 C；

——在对传感器用应变计的技术指标中取消了蠕变值室温下的技术指标要求，增加了蠕变对平均值分散的要求；

——在标志要求中增加了应变计上应有有别于其他厂的标志。

本标准由中国机械工业联合会提出。

本标准由中国机械工业联合会归口。

本标准负责起草单位：中国测试技术研究院、沈阳仪表科学研究院、国家传感器质量监督检验中心、国家仪器仪表元器件质量监督检验中心、中航电测仪器股份有限公司。

本标准参加起草单位：宁波柯力电气制造有限公司、济南金钟电子衡器股份有限公司、上海一灵电测仪器公司、东莞市华兰海电子公司、浙江黄岩测试仪器厂、广州电测仪器厂。

本标准主要起草人：刘美生、喻文伯、马良珵、薛家麟、邓足斌、冯仁贤、沈观林、于奎、卢文林、晏志鹏、徐秋玲、陈世超、杨杰斌、吴虹、臧琰。

本标准所代替标准的历次版本发布情况为：

——GB/T 13992—1992。

金属粘贴式电阻应变计

1 范围

本标准规定了金属粘贴式电阻应变计(以下简称应变计)的技术要求、试验方法、检验规则等。

本标准适用于丝式及箔式金属粘贴式电阻应变计。其他类型的应变计可参照本标准执行。

2 规范性引用文件

下列文件中的条款通过本标准的引用而成为本标准的条款。凡是注日期的引用文件,其随后所有的修改单(不包括勘误的内容)或修订版均不适用于本标准,然而,鼓励根据本标准达成协议的各方研究是否可使用这些文件的最新版本。凡是不注日期的引用文件,其最新版本适用于本标准。

GB/T 2828.1—2003 计数抽样检验程序 第1部分:按接收质量限(AQL)检索的逐批检验抽样计划(ISO 2859-1:1999,IDT)

GB/T 2829—2002 周期检验计数抽样程序及表(适用于对过程稳定性的检验)

GB/T 13965—2008 仪表元器件术语

3 术语和定义

GB/T 13965—2008 中确立的以及下列术语和定义适用于本标准。

3.1 分类术语和定义

3.1.1

金属粘贴式电阻应变计 metallic bonded resistance strain gauge

用金属电阻体作为敏感栅,用粘接剂固定在试件上的电阻应变计(简称应变计)。

3.1.2

常温应变计 normal temperature strain gauge

工作温度范围一般为(-30~60)℃的应变计。

3.1.3

中温应变计 medium temperature strain gauge

最高工作温度高于 60 ℃,不超过 300 ℃的应变计。

3.1.4

高温应变计 high temperature strain gauge

最高工作温度高于 300 ℃的应变计。

3.1.5

低温应变计 low temperature strain gauge

最低工作温度低于-30 ℃的应变计。

3.2 特性术语和定义

3.2.1

应变计型式 strain gauge family

应变计制作方法和所用材料的种类相同并且敏感栅的结构形状也相同的为同一应变计型式。

3.2.2

应变计型号 strain gauge type

同一型式的应变计中标称尺寸和标称工作特性相同,为同一应变计型号。

3.2.3

应变计批　strain gauge lot

同一型号的应变计中在一定时间内用性能相同的材料，并且在相同工艺的条件下制造的为同一应变计批。

3.2.4

真实应变　real strain

由于温度变化及施加机械载荷而在试件上产生应力所引起的单位变形。以(ε_Z)表示。

3.2.5

机械应变　mechanical strain

仅由于施加机械载荷而在试件上产生应力所引起的单位变形。以(ε_J)表示。

3.2.6

指示应变　indicated strain

指由应变计测得的应变值，它是由指示器的读数经过对测量系统的影响进行修正得出的。以(ε_I)表示。

3.2.7

试件　specimen

用于安装电阻应变计并测试其工作特性的标定梁或其他规定的检测件(简称为试件)。

3.2.8

应变计电阻允差　tolerance

单个工作特性与平均工作特性之差。用绝对值或平均工作特性的百分数表示。

3.2.9

应变计电阻偏差　deviation

平均工作特性与标称工作特性之差，以绝对值或标称工作特性的百分数表示。

4　分类与型号命名

4.1　分类

应变计按敏感栅、敏感栅材料、基底材料和敏感栅的结构形式分类，也可按用途、应用条件或极限工作温度进行分类。

4.2　型号命名

应变计的型号由汉语拼音字母和数字组成，共有8项。见图1。

a) 第一项的字母表示应变计的类别。

应变计类别代号：B——箔式应变计；S——丝式应变计；T——特殊用途应变计。

b) 第二项的字母表示应变计的敏感栅材料。

应变计敏感栅材料的代号：D——大应变合金；C——康铜合金；K——卡马合金；I——恒弹合金；W——铂钨合金。

c) 第三项的字母表示应变计的基底材料。

应变计基底材料代号：H——环氧类；F——酚醛类；J——聚脂类；B——玻璃纤维布浸胶类；A——聚酰亚胺类；Q——其他。

d) 第四项的数字表示应变计的标称电阻值。

e) 第五项的数字表示应变计的栅长。

栅长小于1 mm时，小数点省略。如栅长0.2 mm，表示为02。对于某些应变计，它们的敏感栅尺寸不能用栅长来表示，则该项数字所表示的结构尺寸由制造单位规定。

f) 第六项由两个字母组成，表示应变计敏感栅的结构形状。

对于存在栅中心距的应变计，可在字母后的括号内加数字以表示栅间距；

应变计结构形状常用代号见表1；典型箔式应变计示意图见图2。

g) 第七项的数字表示应变计的极限工作温度，常温应变计此项省略。

h) 第八项括号内的数字，表示温度自补偿应变计所适用试件材料的线膨胀系数，对于非温度自补偿应变计此项省略。

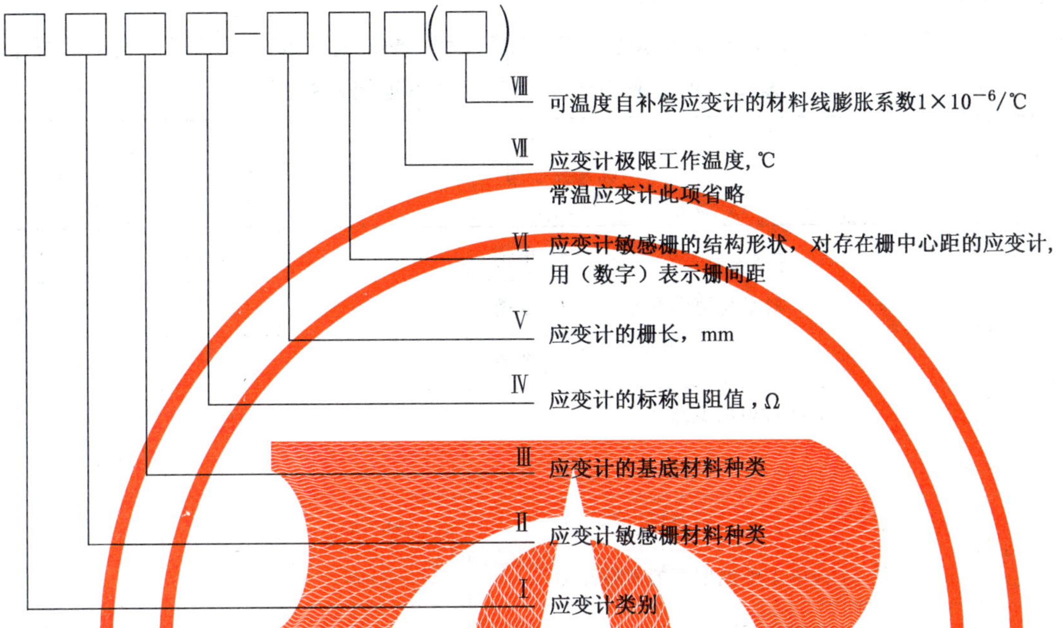

图1 应变计型号示例

表1 应变计结构形状代号

序号	代表字母	结构形状	说明	序号	代表字母	结构形状	说明
1	AA		单轴	13	FB		平行轴二栅
2	BA		二轴 90°	14	FC		平行轴三栅
3	BB		二轴 90°	15	FD		平行轴四栅
4	BC		二轴 90°重叠	16	GB		同轴二栅
5	CA		三轴 45°	17	GC		同轴三栅
6	CB		三轴 45°重叠	18	GD		同轴四栅
7	CC		三轴 60°	19	HA		二轴二栅 45°
8	CD		三轴 120°	20	HB		二轴四栅 45°
9	DA		四轴 60°/90°	21	HC		二轴六栅 45°
10	DB		四轴 45°/90°	22	HD		二轴八栅 45°
11	EA		二轴四栅 45°	23	jA		螺线栅
12	EB		二轴四栅 90°	24	KA		圆膜栅

示例：BCH350—3AA(23)表示：常温、箔式、单轴，敏感栅材料为康铜，基底材料为环氧类，电阻值为 350 Ω，栅长为 3 mm，温度自补偿所适用试件材料线膨胀系数为 23×10^{-6}/℃的电阻应变计。

注：当制造厂有特殊需要时，可在上述型号之后附以其他字符表示特有的含义，并在用户手册或样本中注明。

5 技术要求

5.1 用于应力分析应变计的单项技术指标

用于应力分析的应变计单项技术指标分为 A、B、C 三级，各等级技术指标应符合表 2 的规定。

表 2 用于应力分析的应变计单项技术指标

技术要求章条号	工作特性	说明			级别		
					A	B	C
5.1.1	应变计电阻	对平均值的允差	单栅	±%	0.3	0.5	0.8
			双栅		0.7	1.0	1.5
			多栅		0.8	1.0	1.5
		对标称值的偏差		±%	1.0	1.5	2.0
5.1.2	灵敏系数	对平均值的分散		±%	1	2	3
5.1.3	机械滞后	室温下的机械滞后		μm/m	3	5	8
		极限工作温度下的机械滞后		μm/m	10	20	30
5.1.4	蠕变	室温下的蠕变		μm/m	3	5	10
		极限工作温度下的蠕变		μm/m	20	30	50
5.1.5	横向效应系数	室温下的横向效应系数		±%	0.6	1	2
5.1.6	灵敏系数的温度系数	工作温度范围内的平均变化		±%/100 ℃	1	2	3
		每一温度下灵敏系数对平均值的分散		±%	3	4	6
5.1.7	热输出	平均热输出系数		(μm/m)/℃	1.5	2	4
		对平均热输出的分散		±μm/m	60	100	200
5.1.8	漂移	室温下的漂移		μm/m	1	3	5
		极限工作温度下的漂移		μm/m	10	25	50
5.1.9	热滞后	每一工作温度下		μm/m	15	30	50
5.1.10	绝缘电阻	室温下的绝缘电阻		MΩ	10^4	2×10^3	10^3
		极限工作温度下的绝缘电阻		MΩ	10	5	2
5.1.11	应变极限	室温下的应变极限		μm/m	2×10^4	10^4	8×10^3
		极限工作温度下应变极限		μm/m	8×10^3	5×10^3	3×10^3
5.1.12	疲劳寿命	室温下的疲劳寿命		循环次数	10^7	10^6	10^5
		极限工作温度下的疲劳寿命					
5.1.13	瞬时热输出	根据用户需要，测试并给出应变计平均瞬时热输数据或曲线					

5.2 用于传感器应变计的单项技术指标

用于传感器的应变计单项技术指标分为A、B、C三级，各等级技术指标应符合表3的规定。

表3 用于传感器的应变计单项技术指标

技术要求章条号	工作特性	说明			级别		
					A	B	C
5.2.1	应变计电阻	对平均值的允差	单栅	±%	0.2	0.3	0.6
			双栅		0.7	1.0	1.5
			多栅		0.8	1.0	1.5
		对标称值的偏差		±%	0.5	0.8	1.5
5.2.2	灵敏系数	对平均值的分散		±%	1	2	3
5.2.3	机械滞后	室温下的机械滞后		μm/m	3	5	8
		极限工作温度下的机械滞后		μm/m	10	20	30
5.2.4	蠕变	蠕变对平均值的分散		±μm/m	3	5	10
		极限工作温度下的蠕变		μm/m	20	30	50
5.2.5	灵敏系数的温度系数	工作温度范围内的平均变化		±%/100 ℃	1	2	3
		每一温度下灵敏系数对平均值的分散		±%	3	4	6
5.2.6	热输出	平均热输出系数		(μm/m)/℃	1.5	2	4
		对平均热输出的分散		±μm/m	30	100	200
5.2.7	漂移	室温下的漂移		μm/m	1	3	5
		极限工作温度下		μm/m	10	25	50
5.2.8	疲劳寿命	室温下的疲劳寿命		循环次数	10^7	10^6	10^5
		极限工作温度的疲劳寿命		循环次数			
注1：对中、高、低温及特殊情况的应变计，企业可根据具体情况制定相关的企业标准。 注2：对于4栅以上的应变计，允许生产厂和用户协商确定其“应变计电阻对标称值的偏差”的技术指标。							

6 试验方法

6.1 试验环境条件

6.1.1 环境条件

环境温度：(20±5)℃(室温)；仲裁检验条件(20±2)℃；

相对湿度：70%以下；仲裁检验条件65%以下。

6.1.2 施加机械应变

施加机械应变水平：±(1 000±50)μm/m；

预加载水平：±(1 100±50)μm/m。

6.1.3 升(或降)温速率

稳态升(或降)温的速率：(3～5)℃/min；

快速升(或降)温的速率：大于5℃/s。

6.2 一般要求

6.2.1 安装

将被测的应变计按照规定的程序安装在试件上详细记录以下各项：

a) 试件材料的种类和被测表面的清理步骤;

b) 粘接剂的种类;

c) 固化处理和稳定化处理过程;

d) 应变计安装前后的电阻值;

e) 安装后应变计的绝缘状态;

f) 用于热输出、热滞后等技术指标测量的试件,必须标明并记录其材料的线膨胀系数;

g) 其他。

6.2.2 导线连接

测量导线应选用电阻率和电阻温度系数都比较小的材料,并在规定的工作温度范围内保证电性能的稳定和足够的绝缘电阻。必要时可采用屏蔽导线,以减少环境的电磁干扰。应保证连线处的接触电阻稳定并将导线妥善地固定。

电阻测量方法采用四线制连接,应变测量方法采用三线制连接。

6.2.3 计算原则

所有各工作特性,凡是用测量电阻值表示指示应变量的,应按公式 $\varepsilon=(\Delta R/R_0)/\overline{K}$ 修正成应变读数再进行后续计算。其中,$\overline{K}$ 为相应测量温度下,应变计的平均灵敏系数。

可疑值的舍弃方法见附录 A。

6.3 应变计电阻

测量仪器的重复测量误差小于测量值的 0.05%。被检应变计应在 6.1.1 规定条件下至少存放 72 h,然后在同样的环境中进行检验。若应变计的不平面度对电阻测量产生影响时,应将应变计放在坚实的平板上,使其处于平直状态。应变计电阻的测量不确定度应小于 0.05%。

随机抽取应变计测量样本(样本容量根据试验类型见表 6 或表 7,下同)测量样本中每只应变计的室温电阻值,计算应变计电阻的允差(U_{RT})和偏差(R_{T}):

$$U_{\mathrm{RT}}=\frac{(R_i-\overline{R})}{\overline{R}}\times 100\% \qquad \cdots\cdots(1)$$

$$R_{\mathrm{T}}=\frac{(\overline{R}-R_{\mathrm{B}})}{R_{\mathrm{B}}}\times 100\% \qquad \cdots\cdots(2)$$

式中:

U_{RT}——应变计电阻的允差;

R_{T}——应变计电阻的偏差;

R_i——第 i 片被测应变计的电阻;

$\overline{R}$——被测应变计样本的电阻平均值;

R_{B}——应变计电阻的标称值。

每只被测应变计电阻的允差应不大于表 2 中 5.1.1(或表 3 中 5.2.1)规定的技术指标;被测应变计样本的电阻偏差的计算结果应不大于表 2 中 5.1.1(或表 3 中 5.2.1)规定的技术指标。

应变计应按照规定的电阻的允差分档存放。出厂包装时应给出同一包装内的应变计的平均电阻值及其允差,不同批次的或者不同平均值的产品不允许混装。

6.4 灵敏系数

检验灵敏系数的设备需要有一个精确加工的标定梁,以及能使标定梁的轴向产生均匀的单向应力并能实现双向等幅加载的装置。标定梁的厚度为(20～26)mm±0.1% mm,加载后梁表面轴向机械应变的标称值为:预加载(0,+11 000,−11 000)μm/m,测试时加载(0,+1 000,−1 000)μm/m。梁表面机械应变的测量不确定度应小于 0.2%。

应变计指示应变的测量仪器,对于 A 级应变计,其测量不确定度小于 0.1%,对于 B 级及以下的应变计,其测量不确定度小于 0.5%。使用指示电阻相对变化的测量仪器时,其测量不确定度应小于

0.03%，显示数字位数不少于 7 位半。

试验时应符合 6.1.1 所规定的环境条件，用于灵敏系数测定并已粘贴了应变计的标定梁，应在同一环境中放置不少于 12 h。

将被测的应变计样本。分为相等或相近的两份，分别粘贴于标定梁工作段的受拉和受压面，并按照规定的工艺要求进行处理。粘贴时，应保证应变计的纵轴平行于标定梁的轴向应力方向。

将应变计与测量仪器连接，接触电阻要求稳定。如采用电阻应变仪，可用精密电阻作为测量桥路的平衡臂，精密电阻的准确度不低于 0.01 级。也可用同批的另一应变计安装在与梁相同材料的试块上作为平衡和温度补偿。应变仪的灵敏系数设定值为 2.00。对标定梁的式样进行 3 次预加载，最大应变应比正式加载略高 10%，即±(1 100±50)μm/m。

正式加载前，记录每个应变计的初始读数。按照双向等幅应变循环方法，对预加载后的标定梁实施正式应变循环加载：0，+1 000 μm/m，−1 000 μm/m，0，重复进行三次。分别记录各 0、+1 000 μm/m 点、−1 000 μm/m 点的测试数据，按下述步骤计算室温灵敏系数及其对平均值的分散。

a) 计算单个应变计的灵敏系数(K_i)：

计算受拉(+1 000 μm/m)和受压(−1 000 μm/m)各三次时，每一次仪器的读数与初始读数之差的平均值 $\Delta\bar{R}$。

按公式(3)计算单只应变计的灵敏系数：

$$K_i=\frac{\Delta\bar{R}}{R_0\cdot\varepsilon_J}\qquad\cdots\cdots(3)$$

式中：

$\Delta\bar{R}$——同一应变计受拉和受压各三次时，仪器读数与初始读数之差的平均值；

R_0——正式加载前，记录的每个应变计的初始读数；

ε_J——标定梁表面受拉和受压时轴向机械应变绝对值的平均值。

如果使用应变仪记录应变读数，则单只应变计的灵敏系数可按公式(4)计算：

$$K_i=2.00\times(\bar{\varepsilon}_i/\varepsilon_J)\qquad\cdots\cdots(4)$$

式中：

$\bar{\varepsilon}_i$——同一应变计受拉和受压各三次时，仪器读数与初始读数(或零点)之差的平均值。

当应变计的基底和粘接剂的厚度对检测结果有显著影响时，或者当进行仲裁检验时，应将标定梁表面轴向机械应变的平均值修正为：$\varepsilon_J\left(1+\frac{2e}{h}\right)$。其中，$h$ 为梁工作段的厚度，e 为应变计敏感栅的中心线与梁表面之间的距离。

注：对同批应变计，当公式(4)的测定结果与公式(3)不一致时，以公式(3)为准。

b) 计算平均灵敏系($\bar{K}$)：

$$\bar{K}=\frac{1}{n}\sum_{i=1}^{n}K_i\qquad\cdots\cdots(5)$$

式中：

n——被测应变计样本中的样品数，即样本容量。

c) 计算应变计灵敏系数对其平均值的分散 δ_K：

$$\delta_K=t_p\times\frac{s_K}{\bar{K}}\times100\%\qquad\cdots\cdots(6)$$

式中：

s_K——灵敏系数的标准偏差：

$$s_K=\sqrt{\frac{1}{n-1}\sum_{i=1}^{n}(K_i-\bar{K})^2}$$

t_p——置信水平为 p 的 t 分布临界值，置信水平 p 一般取 95%。t_p 值与被测应变计总数 n 的对应关系见表 4。

表 4　t 分布的临界值表(置信水平 $p=95\%$)

n	t_p	n	t_p	n	t_p	n	t_p
6	2.57	13	2.18	20	2.09	27	2.06
7	2.45	14	2.16	21	2.09	28	2.05
8	2.36	15	2.14	22	2.08	29	2.05
9	2.31	16	2.13	23	2.07	30	2.05
10	2.26	17	2.12	24	2.07	31	2.04
11	2.23	18	2.11	25	2.06	32	2.04
12	2.20	19	2.10	26	2.06	33	2.04

被测应变计样本的灵敏系数对其平均值的分散应不大于表 2 中 5.1.2(或表 3 中 5.2.2)规定的技术指标。

6.5　机械滞后

检验机械滞后的试验装置、标定梁试件、测量仪器和操作步骤与 6.4 相同。机械滞后试验应在室温下和极限工作温度下分别进行。

加载方法:0→1 000 μm/m→0,每次加载达(1 000±50)μm/m 时停留时间不得超过 1 min。

记录数据前预先加卸载三次。

正式加载前,记录每个应变计的初始读数(或零点),然后加卸载三次,记录每个应变计每次卸载时的读数,计算每个应变计相邻两次卸载时的应变读数之差,取绝对值较大者 $\Delta\varepsilon_{max}$ 进行单只应变计的机械滞后和该批应变计的机械滞后平均值的计算:

$$Z_i=\frac{2.00}{\overline{K}}\cdot\Delta\varepsilon_{max} \qquad \cdots\cdots(7)$$

$$\overline{Z}=\frac{1}{n}\sum_{i=1}^{n}Z_i \qquad \cdots\cdots(8)$$

式中:

$\Delta\varepsilon_{max}$——相邻两次卸载时应变读数之差的绝对值较大者;

$\overline{K}$——应变计在室温下的平均灵敏系数;

Z_i——第 i 只应变计的机械滞后值;

$\overline{Z}$——被测应变计样本的机械滞后平均值。

若应变计的读数差为电阻值,则 Z_i 的计算公式改为:

$$Z_i=\frac{1}{\overline{K}}\cdot\frac{\Delta R_{max}}{R_0} \qquad \cdots\cdots(9)$$

式中:

ΔR_{max}——相邻两次卸载后电阻读数之差绝对值较大者;

R_0——正式加载前,应变计的电阻初始读数。

被测应变计样本在室温下和极限工作温度下的机械滞后平均值应不大于表 2 中 5.1.3(或表 3 中 5.2.3)规定的技术指标。

6.6　(室温)蠕变

检验蠕变的试验装置,标定梁、测量仪器和操作步骤与 6.4 相同,加载时为了使标定梁保持恒定的机械应变,可采用固定位移的加载方式,加载后标定梁不得有振颤产生。试验前各被测应变计应保持 4 h 以上未承受机械载荷,测定蠕变时只允许加载一次。

(室温)蠕变试验应在室温下进行。

将标定梁在 15 s 内加载至(1 000±50)μm/m,并保持恒定,加载后 1 min 内必须记录完全部被测应变计的第一次读数，然后前 30 min 每隔 5 min 记录一次，后 30 min 每隔 10 min 记录一次，共进行 1 h。

a) 计算每个应变计各次读数与第一次读数之差，取其中最大差值用 θ_i 表示。

b) 将受拉、受压应变计分别计算出平均值 $\bar{\theta}_L$ 和 $\bar{\theta}_Y$，然后以两者之中较大者 $\bar{\theta}_{max}$ 经灵敏系数修正后，即得该批应变计的蠕变值 θ。

计算公式如下：

$$\bar{\theta}_L = \frac{1}{n_L}\sum_{i=1}^{n_L}\theta_i \quad \cdots\cdots(10)$$

$$\bar{\theta}_Y = \frac{1}{n_Y}\sum_{i=1}^{n_Y}\theta_i \quad \cdots\cdots(11)$$

$$\theta = \frac{2.00}{\bar{K}_0}\cdot\bar{\theta}_{max} \quad \cdots\cdots(12)$$

式中：

n_L——受拉时被测应变计的个数；

n_Y——受压时被测应变计的个数；

θ_i——单只被测应变计蠕变值；

$\bar{K}_0$——应变计在室温下的平均灵敏系数。

c) 蠕变的分散用应变计蠕变值的标准偏差 s_θ 的 t_p 倍表示。t_p 见表 4。

$$\delta_\theta = t_p \times s_\theta \quad \cdots\cdots(13)$$

式中：

s_θ——蠕变值的标准偏差：

$$s_\theta = \sqrt{\frac{1}{n-1}\sum_{i=1}^{n}(\theta_i - \bar{\theta})^2}$$

$$\bar{\theta} = \frac{1}{n}\cdot\sum_{i=1}^{n}\theta_i$$

$\bar{\theta}$——全部被测应变计蠕变值的平均值；

n——全部被测应变计的个数 $n=n_L+n_Y$。

被测应变计样本在室温下和极限工作温度下的蠕变值及室温下对平均值的分散应不大于表 2 中 5.1.4(或表 3 中 5.2.4)规定的技术指标。

6.7 横向效应系数

6.7.1 标定应变计横向效应系数的装置

标定应变计横向效应系数的装置有两种：

a) 一种是单向应变梁装置，使标定梁的表面产生单向应变 ε_x(主应变)为 1 000 μm/m 时，其垂直方向的横向应变 $\varepsilon_y \leqslant 2$ μm/m。

b) 另一种是单向应力梁装置(见 6.4)，在单向应力 σ_x 作用下，标定梁在与应力平行的方向产生纵向应变 ε_x(主应变)的同时，还产生垂直于应力方向的横向应变 ε_y，$\varepsilon_y = -\mu\varepsilon_x$。

标定梁材料泊松系数 μ 值的测量不确定度应小于 0.1%。

6.7.2 标定应变计横向效应系数的操作步骤

按规定工艺将被测应变计粘贴在标定梁的表面上，使其轴线垂直于纵向应变(主应变)方向。另外将 2 个或 2 个以上同样的应变计按规定工艺也粘贴在试件(标定梁)的表面上，其轴线与纵向应变(主应变)方向平行，用作指示加载后标定梁应变量大小的标识应变计。

横向效应系数试验应在室温下进行。记录数据前，可以采用单向加载方式，以约为 1 100 μm/m 应变水平预先加卸载三次。正式加卸载时，使标定梁产生约 1 000 μm/m 的纵向应变(标识应变计读数的平均值)，同时记取全部被测应变计的应变读数。连续加卸载三次。

6.7.3　计算单个应变计的横向效应系数(H_i)：

a)　采用单向应变梁装置：

$$H_i = \frac{\bar{\varepsilon}_{iy}}{\bar{\varepsilon}_x} \times 100\% \qquad \cdots\cdots(14)$$

式中：

$\bar{\varepsilon}_{iy}$——单个被测应变计加卸载三次应变读数差的平均值；

$\bar{\varepsilon}_x$——全部标识应变计加卸载三次应变读数差的总平均值。

b)　采用单向应力梁装置：

$$H_i = \frac{\bar{\varepsilon}_{iy} + \mu\bar{\varepsilon}_x}{\bar{\varepsilon}_x + \mu\bar{\varepsilon}_{iy}} \times 100\% \qquad \cdots\cdots(15)$$

式中：

μ——标定梁材料泊松系数。

注：如用应变仪测试和用电阻测试方法，测试结果不一致时，以公式(16)的电阻测试方法为准。

6.7.4　将各应变计的横向效应系数取平均值，即得到该批应变计的横向效应系数($\overline{H}$)

$$\overline{H} = \frac{1}{n}\sum_{i=1}^{n} H_i \qquad \cdots\cdots(16)$$

被测应变计样本在室温下的横向效应系数值应不大于表2中5.1.5规定的技术指标。

6.8　灵敏系数的温度系数

需要一套由试件、加载装置和产生所需温度的装置所组成的测试设备；加载装置作用在试件上的平均应变值，能调整在约(0、+1 000)μm/m或者±1 000 μm/m的应变。可采用(20～100)μm/m的预应变代替零为初始应变。标定梁表面机械应变的测量不确定度小于1%，梁表面温度的测量误差小于0.5%或±1 ℃(取较大者)，标定梁工作长度内温度不均匀度不超过2 ℃，保温时的温度波动不超过±1 ℃；测量应变计指示应变的仪器同6.4。

正式加载时，各温度级，梁表面的机械应变量应与室温时相等。

a)　测量室温被测应变计的平均灵敏系数$\overline{K}_0$和各温度级下每只应变计的灵敏系数K_{it}。计算各温度级下被测应变计的平均灵敏系数$\overline{K}_t$及其分散δ_t：

$$\overline{K}_t = \frac{1}{n}\sum_{i=1}^{n} K_{it} \qquad \cdots\cdots(17)$$

$$\delta_t = t_p \cdot \sqrt{\frac{1}{n-1}\sum_{i=1}^{n}(K_{it} - \overline{K}_t)^2} \qquad \cdots\cdots(18)$$

t_p见表4。给出$\overline{K}_t \sim t$或$\overline{K}_t/\overline{K}_0 \sim t$曲线或表格。

b)　按照下式计算每只应变计在相应温度范围内每100 ℃灵敏系数的变化率d_{Ki}：

$$d_{Ki} = \frac{100 \cdot (K_{itm} - \overline{K}_0)}{(t_m - t_0) \cdot \overline{K}_0} \times 100\% \qquad \cdots\cdots(19)$$

式中：

K_{itm}——单只应变计在极限工作温度下的灵敏系数；

t_0——室温；

t_m——极限工作温度；

c)　将全部被检应变计的灵敏系数变化率d_K取平均值，即为该批应变计每100 ℃灵敏系数变化率$\bar{d}_K$。

$$\bar{d}_K = \frac{1}{n} \cdot \sum_{i=1}^{n} d_{Ki} \qquad \cdots\cdots(20)$$

被测应变计样本的每100 ℃灵敏系数变化率及在各温度级下平均灵敏系数的分散应不大于表2

中 5.1.6(或表 3 中 5.2.5)规定的技术指标。

6.9 热输出

测试热输出的高低温试验箱的温度不均匀度小于 2 ℃,保温时的温度波动小于±1 ℃,试件表面温度测量误差小于±0.5%;应变计指示应变的测量不确定度应小于 0.5%;测量热输出的试件应满足试件无内应力的要求,试件尺寸建议使用:长 100 mm;宽 50 mm;厚(2～3)mm 的试件。贴片时,应变计的纵轴方向应与材料的延伸方向一致。

用于热输出测量的试件,应标明并记录其材料的线膨胀系数。已粘贴待测应变计的试件,应放在装有干燥剂的器皿中或湿度小于 50%的环境中。

对于规定的应变计工作温度范围,应先确定数据采集的温度间隔,对于常温应变计以 10 ℃左右为宜;中温应变计以 20 ℃～40 ℃为宜;对于高温或低温应变计,温度间隔以 30 ℃～50 ℃为宜。除常温应变计外,生产厂也可以自行制定温度间隔,但不应少于 6 个测量点。

对于常温应变计,在确定的各温度测试点,应一次性地完成全部被测应变计样品的检测和数据采集;中高温应变计则可根据实际情况定。若逐级升温,在每一温度级下,应在温度稳定后(即在 10 min 内试件温度变化不超过±0.5 ℃时)方可记录数据。若连续升温,应同步记录指示应变读数和温度的读数。如热输出的变化剧烈,可增加温度测试点。

试验时,将粘贴应变计的试件置于高低温试验箱内并连接测量线路。对于常温应变计的热输出测试,温度的变化方向建议为:以室温 20 ℃～23 ℃为零点,进行测试仪器调零(对于电阻测量法,应记录零点电阻),逐级升温,至高温极限温度后,直接降到低温极限温度,再逐级升温,直至起始零点。

在每一温度测试点,测试并记录各应变计的指示应变 ε_{ti},计算全部被检应变计的平均热输出 $\bar{\varepsilon}_t$ 及其标准偏差 s_ε。

$$\bar{\varepsilon}_t = \frac{1}{n}\sum_{i=1}^{n}\varepsilon_{ti} \quad \cdots\cdots(21)$$

$$s_\varepsilon = \sqrt{\frac{1}{n-1}\sum_{i=1}^{n}(\varepsilon_{ti}-\bar{\varepsilon}_t)^2} \quad \cdots\cdots(22)$$

在指定测试温度范围($t_{\min}$～$t_{\max}$)内,找出各温度测试点下标准偏差的最大值 $s_{\max}$,乘以系数 t_p 即为该批应变计平均热输出的分散:$t_p \cdot s_{\max}$,t_p 见表 4。

应变计的平均热输出系数 C_t,按公式(23)计算:

$$C_t = \frac{\varepsilon_{t\max}-\varepsilon_{t\min}}{t_{\max}-t_{\min}} \quad \cdots\cdots(23)$$

式中:

$\varepsilon_{t\max}$——在($t_{\min}$～$t_{\max}$)内,被测应变计热输出的最大值;

$\varepsilon_{t\min}$——在($t_{\min}$～$t_{\max}$)内,被测应变计热输出的最小值;

$t_{\max}$——应变计最高极限工作温度;

$t_{\min}$——应变计最低极限工作温度。

给出平均热输出 $\bar{\varepsilon}_t - t$ 曲线或表格。常见的平均热输出曲线见图 2。

a)　　　　b)

图 2　应变计不同的平均热输出曲线

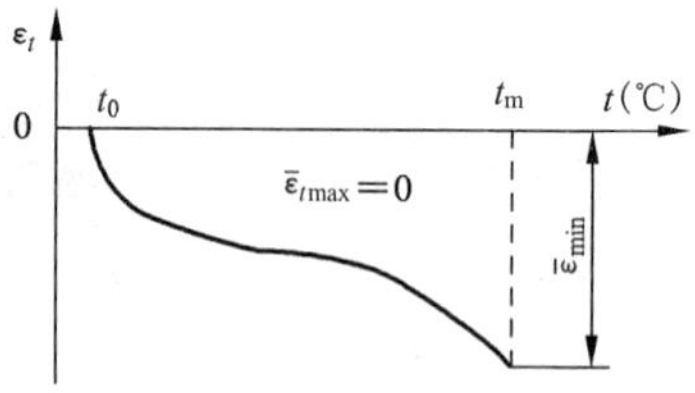

c)

图 2（续）

被测应变计样本的平均热输出系数及各温度级下对平均热输出的分散应不大于表 2 中 5.1.7(或表 3 中 5.2.6)规定的技术指标。

6.10 （室温）漂移

检验漂移用的试件及环境条件同 6.9。测定漂移时被测应变计通过的工作电流，应不超过应变计最大工作电流。测定时应采用精密电阻作平衡。将粘贴有应变计的试件，置于恒定室温环境 1 h 以上。待测量仪器充分预热后将各应变计接入仪器，记录第一次读数后，每隔 10 min 读数一次，共进行 1 h，试验中应使各应变计保持连续通电。

计算每个应变计各次读数与第一次之差。取最大差值为该应变计的漂移读数值；

$$\Delta\varepsilon_i=\varepsilon_i-\varepsilon \qquad \cdots\cdots(24)$$

$$P_i=\Delta\varepsilon_{\max} \qquad \cdots\cdots(25)$$

式中：

ε——单个被测应变计的第一次读数；

ε_i——单个被测应变计的第 n 次读数；

$\Delta\varepsilon_i$——与第一次读数的差值；

$\Delta\varepsilon_{\max}$——各次读数与第一次读数之差中的最大值；

P_i——该应变计的漂移读数值。

求各应变计漂移读数值的平均值，经灵敏系数修正后，即为该批应变计的漂移值。

$$\overline{P}=\frac{1}{n}\sum_{i=1}^{n}P_i \qquad \cdots\cdots(26)$$

$$P=\frac{2.00}{K}\times\overline{P} \qquad \cdots\cdots(27)$$

被测应变计样本室温下的漂移值应不大于表 2 中 5.1.8(或表 3 中 5.2.7)规定的技术指标。

6.11 极限工作温度的蠕变

检验中温、高温和低温应变计在极限工作温度下的蠕变用试验装置、测试仪器及试验步骤同 6.9。采用检验灵敏系数随温度变化的应变计，检验前各应变计应保持 30 min 以上未承受机械应变。将温度恒定在极限工作温度，温度波动不超过±1 ℃，并可采用同一批应变计进行温度补偿。15 s 之内加载到(1 000±50)μm/m，并在 1 h 内保持恒定。加载后 1 min 内应记录各应变计的第一次读数，然后前 30 min 每隔 5 min 记录一次，后 30 min 每隔 10 min 记录一次，共进行 1 h。数据处理同 6.7。

被测应变计样本极限工作温度下的蠕变值应不大于表 2 中 5.1.4(或表 3 中 5.2.4)规定的技术指标。

6.12 极限工作温度的漂移

检验中温、高温和低温应变计在极限工作温度下漂移的试验设备、检测仪器及应变计安装与测量线路连接同 6.10。升温至极限工作温度，在 10 min 内使温度恒定，温度波动不超过±1 ℃。温度稳定后立即记录第一次读数，然后每隔 10 min 记录一次，共进行 1 h。计算每个应变计的各次读数与第一次读数之差，取最大值，即为该应变计的漂移读数值。计算各应变计漂移读数的平均值，经灵敏系数修正即为该批应变计的漂移值。数据处理同 6.10。

被测应变计极限工作温度的漂移值应不大于表 2 中 5.1.8(或表 3 中 5.2.7)规定的技术指标。

6.13 热滞后

检验中温或高温应变计在不同温度下的热滞后，其试验装置、加载装置及测试仪器同 6.9。按检验热输出的步骤升温至极限工作温度，然后逐级或连续降温至起始温度。记录全部读数或曲线，降温速率要求在(3～5)℃/min 内。计算各应变计在升温和降温过程中每一温度级的各应变的读数差，以其中最大值经灵敏系数修正即为该温度级应变计的热滞后值(Z_t)。数据处理同 6.5。

被测应变计热滞后值应不大于表 2 中 5.1.11 规定的技术指标。

6.14 瞬时热输出

检验中温或高温应变计在快速升温或降温时的热输出。瞬时热输出的试件尺寸约 50 mm×100 mm×1 mm；采用的快速加热装置应保证检验区温度不均匀度小于 2 ℃。测试仪器的测量不确定度不大于 0.5%，标定用精密电阻的准确度不低于 0.2 级。检验步骤：将试件安装在加热装置的均匀温度区内，试件不应产生附加应力。应变计采用三线输出，以消除导线热输出影响。室温时调整仪器零点，然后按选定速率快速升温或降温至极限工作温度，连续同步记录应变计指示应变和试件表面温度。计算瞬时热输出的平均值并给出应变计平均瞬时热输出曲线或表格。

6.15 室温和极限工作温度的绝缘电阻

绝缘电阻测试仪器的测量电压为 100 V DC，测量不确定度不大于 10%。测量极限工作温度的绝缘电阻时，加热装置应保证工作温度波动不超过±5 ℃。在室温和极限温度下检验每个应变计的绝缘电阻，当换接测量电极对读数有影响时，应取较低的读数。

被测应变计室温和极限工作温度的绝缘电阻应不小于表 2 中 5.1.9 规定的技术指标。

6.16 室温和极限工作温度的应变极限

检测用拉伸试件表面机械应变的测量误差小于 50 μm/m 或测量值的 0.5%；指示应变仪器测量不确定度小于 1%。检测极限工作温度的应变极限时，加热装置应保证试件工作长度内的温度不均匀度和波动不超过±2 ℃。温度测量不确定度不大于 1%。

将被测应变计沿试件轴线方向安装在其工作长度内的表面上，并进行规定的固化处理。将应变计与测量仪器连接，安装并调整试件机械应变的测量装置。在室温或极限工作温度下，逐级加载(或连续加载)，开始时试件机械应变的增量约为(500～1 000)μm/m，至接近预期的机械应变极限时，减至较小的增量加载，记录每级加载的机械应变和指示应变，直至达到规定的应变极限或应变计破坏为止。

被测应变计室温和极限工作温度的应变极限应不小于表 2 中 5.1.10 规定的技术指标。

6.17 室温和极限工作温度的疲劳寿命

检测用能产生一恒定幅值交变应变的疲劳测定装置，要求在测定疲劳寿命过程中梁表面机械应变的幅值变化应小于±1%，频率范围为(20～ 50)Hz。加热装置应能保证标定梁工作长度内的温度不均匀度和波动不超过±2 ℃，测量动态应变的指示仪器，其不确定度小于 1%。

试验步骤：应变计导线连接见 6.2.2 和 6.5；调整设备使梁表面的机械应变水平为(1 000±50)μm/m。在室温和极限工作温度下进行试验，每隔一定的循环次数或时间，观察一次应变计的输出波形并记录输出幅值，直至疲劳损坏或规定的循环次数为止。

当出现下列情况之一者，即认为疲劳损坏：

a) 应变计断路；

b) 应变计输出幅值变化 10%；

c) 应变计输出波形出现穗状尖峰；

数据处理：

被测应变计中任意一只最先达到疲劳损坏的循环次数，即为该批或该型号应变计的疲劳寿命。

被测应变计样本的疲劳试验循环次数应不少于表 2 中 5.1.12(或表 3 中 5.2.8)技术指标规定的循环次数。

7 检验规则

7.1 检验类别

应变计的检验分出厂检验(或交收检验)和型式检验(或例行检验)。

7.2 检验要求

按照电阻应变计工作温度范围、用途、使用方法以及对应变计工作特性要求的重要性,可对检验项目提出不同的检验要求。各类应变计检验项目及检验工作顺序见表5。

表5 应变计检验项目及检验工作顺序

序号	工作特性		常温应变计			中温、高温和低温应变计		
			静态		动态	静态	动态	快速升(降)温
			用于应力分析	用于传感器				
1	应变计电阻		○●	○●	○●	○	○	○
2	灵敏系数		○●	○●	○●	○	○	○
3	机械滞后		○	○●	—	—	—	—
4	蠕变		○●	○	—	—	—	—
5	横向效应系数		●	—	—	○	—	○
6	灵敏系数的温度系数		●	●	—	○●	○●	○●
7	热输出		○● *	○●	—	○●	—	—
8	漂移		—	○	—	—	—	—
9	热滞后		—	—	—	○	—	—
10	瞬时热输出		—	—	—	—	—	○●
11	绝缘电阻		○	○	○	—	—	—
12	应变极限		—	—	○	—	—	—
13	疲劳寿命		—	—	○●	—	—	—
14	极限工作温度	机械滞后	—	—	—	○	—	○
15		蠕变	—	—	—	○●	—	—
16		漂移	—	—	—	○	—	—
17		绝缘电阻	—	—	—	○	○	○
18		应变极限	—	—	—	○	○	○
19		疲劳寿命	—	—	—	—	○●	—

注:"○"为出厂检验应测的工作特性(简称应测);"●"评定应变计等级的工作特性(简称评级);"*"非温度自补偿的应变计可不做热输出检验;"—"为不检项目。

静态应用的常温应变计分为两种:一种用于应力分析,另一种用于传感器,其工作特性及其技术要求分列于表2和表3。对于动态应用的常温应变计以及各种用途的中温、高温和低温应变计,在表5中所列出的应测和评级工作特性,其技术要求与用于应力分析的常温应变计相应的工作特性相同。

各类应变计工作特性的检验均按第6章"试验方法"相应条款的规定。

7.3 出厂检验

7.3.1 检验原则

出厂检验应测的项目为表5中附有"○"标记的工作特性。应按第6章试验方法和表5规定的检验顺序对这些项目进行出厂检验。

检验合格后方能入库和出厂，并应附有合格证书或合格标志(如检验签名或印章)。

7.3.2 外观检查

在应变计成品出厂检验之前要进行外观检验，生产单位需制定应变计外观检查的企业标准。

推荐的应变计外观检查：

在显微镜下检查，不应出现下列现象：

a) 丝栅或弯头有断开、丝栅短接；

b) 丝栅或弯头有缺口、毛刺，超过丝栅宽度的 1/5；

c) 单根丝栅粗细不均，超过丝栅宽度的 1/5；

d) 丝栅或弯头上有圆形突起(光滑的疙瘩)，且超过丝栅宽度的 1/5；

e) 焊接端有空洞、气泡或裂纹，且超过丝栅宽度的 1/5；

f) 基底上有不可动的异物(灰尘、纤维、胶粒、小岛等)连接了丝栅。

在标准照明条件下进行外观检查，不应出现下列现象：

a) 丝栅表面或焊接端上有明显褶皱等损伤痕迹；

b) 基底上有气泡或裂纹；

c) 基底缺角；

d) 基底变形、翘曲大于 0.5 mm；

e) 裁剪后标记不完全，缺一个以上。

7.3.3 用最差值表示的工作特性

7.3.3.1 总则

用最差值表示的工作特性有应变计电阻(允差)、绝缘电阻、应变极限、热滞后、疲劳寿命。

7.3.3.2 检查水平

执行 GB/T 2828.1—2003，评级测试按 N =3 201～10 000 组批，应测测试按 N =1 201～3 200 组批。选择特殊检验水平 S-3，采用二次正常检查抽样方案，查出样本大小字码和判定数组见表 6。

表 6 合格质量水平和抽样方案

级别		评定等级项目	应测项目
样本大小字码		F	E
合格质量水平 AQL		1.5	4.0
样本大小	n_1	13	8
	n_2	13	8
判定数组	A_1　R_1	0　2	0　2
	A_2　R_2	1　2	1　2

7.3.3.3 质量水平

合格质量水平 AQL 按表 6 的规定，若有特殊要求时，可由供需双方商定。

允许生产厂根据实际批量大小和自选检查水平查出样本大小字码和判定数组。允许生产厂根据供需双方商定的合格质量水平从抽样表中查出样本大小和相对应的 A_c 和 R_e。

7.3.3.4 工作特性的质量判定

按表 5 规定的项目和第 6 章规定的试验方法，首先对样本 n_1 中的应变计单位产品进行全数检验，每一试验样品单项工作特性的检验结果应分别符合表 2 或表 3 对相应工作特性 C 级产品规定的技术要求。单项工作特性不合格的试验样品为不合格应变计，累计不合格的应变计片数。

7.3.3.5 组批单项工作特性质量的判定

当样本 n_1 中检出的累计不合格的应变计的片数小于或等于合格判定数 A_1 时，可判该单项工作特性质量合格；累计不合格的应变计片数大于不合格判定数 R_1，但小于不合格判定数 R_2 时，应对第二样本 n_2 进行全数检验。若两次检验的累计不合格的应变计片数之和小于或等于合格判定数 A_2，则可判组批的该单项工作特性质量合格；两次检验的累计不合格的应变计片数之和大于不合格判定数 R_2，则应判组批的该单项工作特性质量不合格。

7.3.4 用平均值和对平均值的分散表示的工作特性

7.3.4.1 总则

这类检验项目包括应变计电阻(偏差)、灵敏系数(对平均值的分散)、机械滞后、蠕变(蠕变及对平均值的分散)、灵敏系数的温度系数(工作温度范围内的平均变化及每一温度下灵敏系数对平均值的分散)、热输出(平均热输出系数及对平均热输出的分散)、横向效应系数、漂移。

7.3.4.2 单项工作特性的合格判定

选取样本大小为 n，可与表 6 中的 n_1 相同。

按表 5 规定的项目和第 6 章规定的试验方法，对样本 n 中的应变计单位产品进行全数检验。每一试验样品单项工作特性的检验结果应分别符合表 2 或表 3 对相应工作特性 C 级产品规定的技术要求。试验样本的某单项工作特性不符合上述相应要求，应判该组批的该单项工作特性不合格。

7.3.5 批质量判定

检验结果中有任一单项工作特性未达到表 2 或表 3 中 C 级应变计的技术指标，则判该组批为不合格批。

7.3.6 应变计等级评定

用于应力分析和用于传感器的应变计均分为 A、B、C 三级，合格批的应变计根据测定结果依表 2 和表 3 按下列原则定级：

a) A 级应变计：评级的工作特性必须全部达到 A 级，应测的工作特性均达到 C 级以上。

b) B 级应变计：评级的工作特性必须全部达到 B 级，应测的工作特性均达到 C 级以上。

c) C 级应变计：工作特性必须全部达到 C 级。

d) 对于栅长小于 1 mm 的常温应变计和极限工作温度高于 600 ℃的高温应变计，它们的等级可以不按表 5 中规定的项目评定。

7.4 型式检验(例行检验)

7.4.1 检验原则

在下列情况下，应变计应进行型式检验：

a) 新试制成的应变计；

b) 应变计的设计、材料、工艺、基底胶有较大改变，可能影响产品性能时；

c) 凡停产一年以上又恢复生产时；

d) 产品执行标准发生变动或修改后；

e) 国家质量监督部门提出进行型式检验要求时；

f) 产品转厂生产时。

7.4.2 检验项目

进行 7.4.1 所列 a)、b)项型式检验时，要做表 5 中规定的评级和应测工作特性项目的全部内容。进行 c)项型式检验时，可只做评级的工作特性。

型式检验应从出厂检验合格的入库产品中某个批或若干批中随机抽取样本。

7.4.3 用最差值表示的工作特性

抽样检验执行 GB/T 2829—2002，判别水平Ⅲ。不合格质量水平 RQL 按表 7 的规定，若有特殊要求时，可由供需双方商定。采用二次抽样方案，判定数组及其样本大小按表 7 的规定。允许生产厂按供需双方商定的不合格质量水平和判定数组查出应抽检的样本大小。检验程序和合格评定规则，同 7.3.3.3～7.3.3.5。

表 7　不合格质量水平和抽样方案

级　　别		评定等级项目		应测项目	
不合格质量水平　RQL		15		40	
样本大小	n_1	25		12	
	n_2	25		12	
判定数组	A_1　R_1	1	3	1	5
	A_2　R_2	4	5	5	6

7.4.4　用平均值或对平均值的分散表示的工作特性

检验程序和合格评定规则，同 7.3.4。

7.4.5　型式检验的质量判定

按表 2 或表 3 规定的检验项目，检验结果中有任一单项工作特性未达到表 2 或表 3 中 C 等级应变计的技术指标，则判该型式试验不能通过。

8　标志、标签、使用说明书

8.1　标志

8.1.1　生产厂在设计应变计敏感栅时，应在适当位置加上有别于其他生产厂的标志。

8.1.2　产品外包装上应有以下内容：

a)　应变计型号；

b)　应变计等级；

c)　电阻值及其公差；

d)　灵敏系数及分散度；

e)　数量；

f)　批号及出厂日期；

g)　合格标记；

h)　制造厂名及商标；

i)　保质期。

以下各项，生产厂可以其他方式提供给用户：

应变计最大工作电流；适用温度范围；蠕变值及分散度；横向效应系数；灵敏系数随温度变化及分散度；平均热输出及分散度；栅长×栅宽。

8.2　标签

产品合格证上应有以下内容：

a)　检验员代号；

b)　检验合格印章；

c)　检验日期。

8.3　使用说明书

使用说明书应有以下内容：

a)　产品用途；

b)　性能简介；

c)　使用方法；

d)　安装要求；

e)　注意事项；

f)　产品执行标准编号。

8.4 包装、运输、贮存

8.4.1 包装

应变计包装应经过密封防潮处理。

8.4.2 运输

产品采用一般交通工具运输，在运输过程中，应避免挤压与折叠。

8.4.3 贮存

产品应置于清洁、干燥、避光的环境中贮存。

附 录 A
（资料性附录）
可疑值的舍弃方法

A.1 格拉布斯(Grubbs)方法

设被测参数 x 是正态分布，试验时抽取 n 个子样，将所得子样数据按大小排列如下：

$$x_1, x_2, x_3, \cdots, x_{n-1}, x_n$$

计算全部子样的平均值 $\overline{X}$ 及每个子样值对平均值的偏差 Δx_i：

$$\overline{x} = \frac{1}{n}\sum_{i=1}^{n} x_i \qquad \cdots\cdots(A.1)$$

计算子样的标准偏差 s：

$$s = \sqrt{\frac{1}{n-1}\sum_{i=1}^{n}(\Delta x_i)^2} \qquad \cdots\cdots(A.2)$$

若偏差 Δx_i 的绝对值最大($i=1$ 或 n)，当 $\Delta x_i/s$ 等于或大于表 A.1 所列数值 $T(n)$ 时，则数据 x_i 即可舍去。舍去 x_i 可能造成错误概率为 5%。

表 A.1

n	$T(n)$	n	$T(n)$	n	$T(n)$	n	$T(n)$
4	1.46	11	2.23	18	2.50	25	2.66
5	1.67	12	2.29	19	2.53	30	2.75
6	1.82	13	2.33	20	2.56	35	2.82
7	1.94	14	2.37	21	2.58	40	2.87
8	2.03	15	2.41	22	2.60		
9	2.11	16	2.44	23	2.62		
10	2.18	17	2.47	24	2.64		

A.2 举例

设单只被测应变计灵敏系数(K_i)，测定数据如下：2.10、2.11、2.11、2.12、2.12、2.13、2.13、2.13、2.13、2.13、2.13、2.14、2.14、2.14、2.19；

a) 计算平均值($\overline{K}$)：

$$\overline{K} = \frac{1}{n} \times \sum_{i=1}^{n} K_i = 2.13$$

式中：

n——被测应变计数。

b) 计算 ΔK_i：

$$\Delta K_i = \overline{K} - K_i$$

最大值 $K_{15}=2.19$，$\Delta K_{15}=0.06$。

c) 计算标准偏差(s_K)：

$$s_K = \sqrt{\frac{1}{n}\sum_{i=1}^{n}(\Delta K_i)^2} = 0.020\ 4$$

d) 计算$\frac{\Delta K_{15}}{s_K}$=2.94,查 n=15 时 $T(n)$=2.41,$\frac{\Delta K_{15}}{s_K}>2.41$,

因此 K_{15}=2.19 舍去。

e) 再检查余下的 K_1:K_{14},n=14,计算 $\overline{K}$ 及 s_K:

$$\overline{K}=2.126, s_K=0.012\ 23, \Delta K_1=0.026$$

$$T(n)=2.37, \frac{\Delta K_1}{s_K}=2.126$$

$\frac{\Delta K_1}{s_K}<2.37$,$K_1$ 不能舍去。

f) 所以其余 14 个数据无可疑值。

ICS 23.100.40
J 20

中华人民共和国国家标准

GB/T 14034.1—2010
代替 GB/T 14034—1993

流体传动金属管连接
第1部分:24°锥形管接头

Metallic tube connections for fluid power and general use—
Part 1:24° cone connectors

(ISO 8434-1:2007,MOD)

2010-12-23 发布　　　　2011-06-01 实施

中华人民共和国国家质量监督检验检疫总局
中国国家标准化管理委员会　发布

前言

GB/T 14034《流体传动金属管连接》分为5部分：

——第1部分：24°锥形管接头；

——第2部分：37°扩口管接头；

——第3部分：O形圈端面密封管接头；

——第4部分：带O形圈焊接接头体的24°锥形管接头；

——第5部分：带或不带O形圈的60°锥形管接头。

本部分为GB/T 14034的第1部分，修改采用ISO 8434-1：2007《用于流体传动和一般用途的金属管接头　第1部分：24°锥形管接头》（英文版）。

本部分代替GB/T 14034—1993《24°非扩口液压管接头连接尺寸》。

本部分与ISO 8434-1：2007的主要技术内容相同，但存在以下差异：

——在"1 范围"中，增加"注3"；

——在"2 规范性引用文件"中，以部分相应的国家标准代替国际标准；

——在"7 对管子的要求"中，增加叙述"对管子的要求也可由制造商与用户商定，但应保证设计及使用要求。"；

——更正表6脚注a中的错误，d_2 改为 d_{11}；

——更正4.5中叙述错误，"表5"改为"表7"；

——6.10中管接头型号示例中给出引线说明；

——第7章给出NBK的注释"（交货状态为正火）"；

——第8章的叙述加图示说明（图6），其他图号顺延；

——图11中O形圈的剖面线改为非金属剖面线。

本部分与前版GB/T 14034—1993的变化如下：

——标准名称改为：《流体传动金属管连接　第1部分：24°锥形管接头》。

——按照压力和应用条件，将管接头分为三个系列：LL，超轻型；L，轻型；S，重型。

——原标准中只给出接头体的型式和尺寸，修订后增加"第3章　术语和定义"、"第4章　材料"、"第5章　压力和温度要求"、"第6章　管接头命名"、"第7章　对管子的要求"、"第8章　六角形相对平面的尺寸和公差"、"第9章　设计"、"第10章　螺纹"、"第11章　加工"、"第12章　安装规程"、"第13章　采购信息"、"第14章　元件标记"、"第15章　性能和合格判定试验"、"第16章　标注说明"。

本部分由中国机械工业联合会提出。

本部分由全国液压气动标准化技术委员会（SAC/TC 3）归口。

本部分起草单位：北京机械工业自动化研究所、天津工程机械研究院。

本部分主要起草人：赵曼琳、刘新德、冯国勋、刘会进。

本部分所代替标准的历次版本发布情况为：

——GB/T 14034—1993。

流体传动金属管连接
第1部分:24°锥形管接头

1 范围

GB/T 14034的本部分规定了利用卡套或O形圈密封的24°锥形管接头的一般要求和尺寸要求,以及性能和合格判定试验。此类管接头适合与外径为4 mm~42 mm的黑色金属及有色金属硬管配用,适用于本部分规定的压力范围和温度内的流体传动系统。

此类管接头用于将平端硬管或软管与符合ISO 6149-1、ISO 1179-1和ISO 9974-1的油口连接。(相关软管技术要求见GB/T 9065.2)。

当流体传动系统工作在表1所示工作压力下,此类管接头可提供全流量连接。由于系统工作压力受很多因素影响,所以表1所示压力值不能推断为最低保证。对于各种应用,用户和制造商需要进行充分的试验和检查,以保证所要求的性能得到满足。

注1:对用于新设计的流体传动系统,见9.6的要求。在应用要求允许使用橡胶密封件的地方,应首选符合国家标准并包含橡胶密封件的管接头设计。

注2:对于规定压力和/或温度范围之外的使用条件,见5.4。

注3:本部分所涉及的管子规格均指外径。

2 规范性引用文件

下列文件中的条款通过GB/T 14034的本部分的引用而成为本部分的条款。凡是注日期的引用文件,其随后所有的修改单(不包括勘误的内容)或修订版均不适用于本部分,然而,鼓励根据本部分达成协议的各方研究是否可使用这些文件的最新版本。凡是不注日期的引用文件,其最新版本适用于本部分。

GB/T 193 普通螺纹 直径与螺距系列(GB/T 193—2003,ISO 261:1998,MOD)

GB/T 197—2003 普通螺纹 公差(ISO 965-1:1998,MOD)

GB/T 3103.1—2002 紧固件公差 螺栓、螺钉、螺柱和螺母(ISO 4759-1:2000,IDT)

GB/T 3452.2—2007 液压气动用O形橡胶密封圈 第2部分:外观质量检验规范(ISO 3601-3:2005,IDT)

GB/T 6031 硫化橡胶或热塑性橡胶硬度的测定(10~100 IRHD)(GB/T 6031—1998,idt ISO 48:1994)

GB/T 7307—2001 55°非密封管螺纹(eqv ISO 228-1:1994)

GB/T 9065.2 液压软管接头 连接尺寸 卡套式

GB/T 10125 人造气氛腐蚀试验 盐雾试验(GB/T 10125—1997,eqv ISO 9227:1990)

GB/T 17446 流体传动系统及元件 术语(GB/T 17446—1998,idt ISO 5598:1985)

GB/T 19674.3 液压管接头用螺纹油口和柱端 金属对金属密封柱端(B型)(GB/T 19674.3—2005,ISO 9974-3:1996,IDT)

ISO 1127 不锈钢管 尺寸、公差和单位长度的惯用质量

ISO 1179-1 用于流体传动和一般用途的管接头 带ISO 228-1螺纹及合成橡胶或金属对金属密封的油口和螺纹端头 第1部分:螺纹油口

ISO 1179-2 用于流体传动和一般用途的管接头 带ISO 228-1螺纹及合成橡胶或金属对金属密封的油口和螺纹端头 第2部分:重型(S系列)和轻型(L系列)带橡胶密封的螺纹端头(E型)

ISO 1179-4 用于流体传动和一般用途的管接头 带ISO 228-1螺纹及合成橡胶或金属对金属密

封的油口和螺纹端头　第 4 部分:仅限于金属对金属密封一般用途的螺纹端头(B 型)

ISO 3304　平端精密无缝钢管　交货的技术条件

ISO 3305　平端焊接精密钢管　交货的技术条件

ISO 6149-1　用于流体传动和一般用途的管接头　带 ISO 261 米制螺纹和 O 形圈密封的油口和螺柱端　第 1 部分:带 O 形密封圈用锪孔沟槽的油口

ISO 6149-2　用于流体传动和一般用途的管接头　带 ISO 261 螺纹和 O 形圈密封的油口和螺纹收尾　第 2 部分:重型(S 系列)螺纹收尾　尺寸,型式,试验方法和技术要求

ISO 6149-3　用于流体传动和一般用途的管接头　带 ISO 261 螺纹和 O 形圈密封的油口和螺柱端　第 3 部分:轻型(L 系列)螺纹收尾　尺寸,型式,试验方法和技术要求

ISO 9974-1　用于一般用途和流体传动的管接头　带 ISO 261 螺纹用橡胶或金属密封的油口和螺柱端　第 1 部分:螺纹油口

ISO 9974-2　用于一般用途和流体传动的管接头　带 ISO 261 螺纹用橡胶或金属密封的油口和螺柱端　第 2 部分:带橡胶密封的螺杆端

ISO 19879:2005　用于流体传动和一般用途的管接头　液压传动用管接头的试验方法

3　术语和定义

GB/T 17446 确立的以及下列术语和定义适用于本部分。

3.1

管接头　connector,connection

用于管路(导管)之间或管路与设备之间防泄漏连接的元件。

注:GB/T 17446—1998 的 5.2.2 的定义适用。

3.2

紧固螺纹　fastening thread

成品管接头的末端螺纹。

3.3

主路　run

T 字形或十字形的两个主要的轴向通流管路。

3.4

支路　branch

T 字形或十字形的一端出口。

3.5

倒角　chamfer

在螺纹端部或零件棱角部位,根据要求切削成锥面或倒钝,以保证其具有较好的装配工艺性。

3.6

面到面尺寸相对平面间的尺寸　face-to-face dimension

管接头轴向上两个接口的平行面之间的距离。

3.7

面到中心尺寸　face-to-centre dimension

从一个接口平面至另一个成角度的接口中心轴线的距离。

3.8

装配扭矩　assembly torque

为达到满意的最终装配所施加的安装扭矩。

3.9

最高工作压力　maximum working pressure

系统及其部件在稳态工况下运行所预期的最高压力。

4　材料

4.1　一般要求

图1和图2所示是典型的24°锥形管接头的剖面和组成零件。

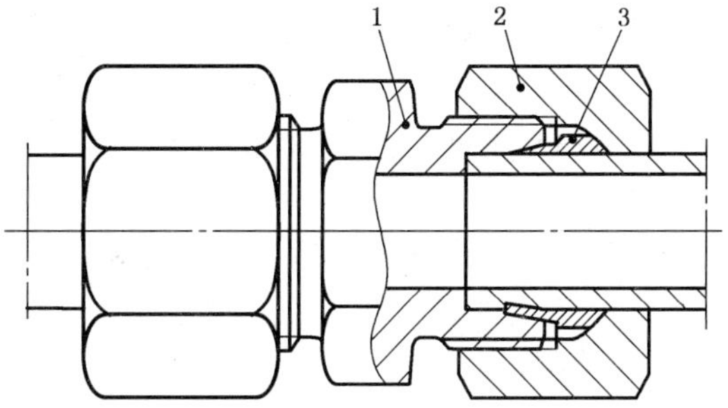

1——接头体；
2——螺母；
3——卡套。

图1　带卡套的典型24°锥形管接头的剖面

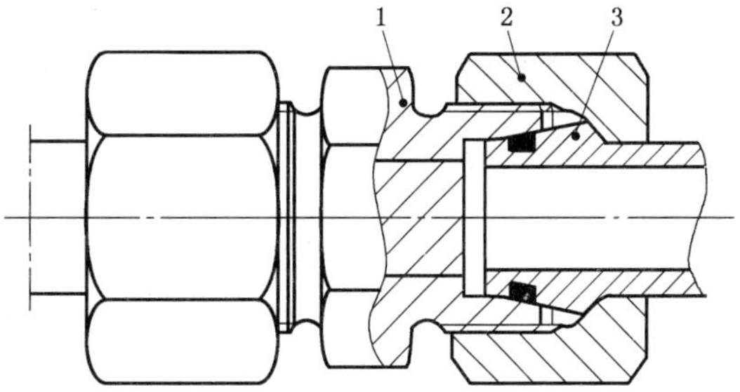

1——接头体；
2——螺母；
3——带O形圈的24°锥形管端。

图2　带O形圈的典型24°锥形管接头的剖面

4.2　管接头体

管接头体一般用碳钢制造，以满足第5章中规定的最低压力和温度要求。它们应具有与输送的流体相适应的特性并能提供有效的连接。焊接式管接头和焊接接管应用适合焊接的材料制造。

对于用不锈钢和铜合金制造的管接头体，要求的额定压力和温度由制造商确定。

4.3　螺母

除非另有规定，与碳钢接头体配用的螺母应用碳钢制造，与不锈钢接头体配用的螺母应用不锈钢制造。与铜合金接头体配用的螺母应用与接头体相似的材料制造。

4.4　卡套

4.4.1　卡套的材料应与所传输的流体相容，并可提供有效连接。

4.4.2　钢卡套应与其他钢制管接头组件和钢管配用。

4.4.3　不锈钢卡套应与其他不锈钢管接头组件和不锈钢管配用。

4.4.4　黄铜卡套应与其他黄铜管接头组件和铜管配用。

4.4.5　其他材料的组合应由买方和制造商协商。

4.5　O形圈

除非另有规定，在第5章和表1给出的压力和温度要求下，使用石油基液压油，与符合本部分的管接头配用的O形圈应采用丁腈橡胶（NBR）制造，其硬度按GB/T 6031测量为(90±5)IRHD，并应符合

表 7 所给尺寸，满足或超过 GB/T 3452.2—2007 规定的 O 形圈质量验收标准的 N 级。当实际系统与第 5 章和表 1 规定的压力和温度要求以及系统用的流体不同的情况下，管接头制造商应考虑确保选择适当的 O 形圈材料。

5 压力和温度要求

5.1 当温度在 −40 ℃～120 ℃之间，用于石油基液压油时，用碳钢制造的符合本部分的管接头应满足或超过在 6.5 kPa(0.065 bar)绝对压力的真空度到表 1～表 3 所给工作压力下无泄漏的要求。

5.2 遵守本部分的管接头可以包含弹性密封件。除非另有规定，带有弹性密封件的管接头在制造和交货时，应提供适用于石油基液压油的密封件的规定工作温度范围。对于其他流体，这类管接头的工作温度范围可能会减小或完全不适合。对用于不同的液压油，制造商可以对所需的管接头提供适当的弹性密封件以满足要求的工作温度范围。

5.3 管接头总成应满足或超过第 15 章中给出的所有适用的性能要求。试验应在室温下进行。

5.4 对于在表 1～表 3 和 5.1、5.3 中给出的压力和温度范围之外的应用，应向制造商咨询。

5.5 按照不同的应用和不同的压力范围，管接头分三个系列，命名如下：

——LL，超轻型；

——L，轻型；

——S，重型。

注：管子外径范围和压力要求见表 1～表 3。

表 1 流体传动和一般用途的 24°锥形管接头的工作压力

系列	管子外径 OD/mm	锥形卡套连接			ISO 6149-2 或 ISO 6149-3 螺柱端		
		螺纹	最高工作压力[a]		螺纹	最高工作压力[a]	
			MPa	(bar[b])		MPa	(bar[b])
LL	4	M8×1	10	(100)	—	—	—
	5	M10×1	10	(100)	—	—	—
	6	M10×1	10	(100)	—	—	—
	8	M12×1	10	(100)	—	—	—
L	6	M12×1.5	25	(250)	M10×1	25	(250)
	8	M14×1.5	25	(250)	M12×1.5	25	(250)
	10	M16×1.5	25	(250)	M14×1.5	25	(250)
	12	M18×1.5	25	(250)	M16×1.5	25	(250)
	15	M22×1.5	25	(250)	M18×1.5	25	(250)
	18	M26×1.5	16	(160)	M22×1.5	16	(160)
	22	M30×2	16	(160)	M27×2	16	(160)
	28	M36×2	10	(100)	M33×2	10	(100)
	35	M45×2	10	(100)	M42×2	10	(100)
	42	M52×2	10	(100)	M48×2	10	(100)
S	6	M14×1.5	63	(630)	M12×1.5	63	(630)
	8	M16×1.5	63	(630)	M14×1.5	63	(630)
	10	M18×1.5	63	(630)	M16×1.5	63	(630)
	12	M20×1.5	63	(630)	M18×1.5	63	(630)
	16	M24×1.5	40	(400)	M22×1.5	40	(400)
	20	M30×2	40	(400)	M27×2	40	(400)
	25	M36×2	40	(400)	M33×2	40	(400)
	30	M42×2	25	(250)	M42×2	25	(250)
	38	M52×2	25	(250)	M48×2	25	(250)

注：更高额定压力和动态工况，应向制造商咨询。

a 设计倍数是 4 比 1。

b bar = 10^5 N/m^2 = 10^5 Pa = 0.1 MPa。

表 2　一般用途的 24°锥形管接头的工作压力

系列	管子外径/mm	锥形和卡套连接			ISO 9974 螺柱端					ISO 1179 螺柱端				
		螺纹	最高工作压力[a]		螺纹	最高工作压力[a]				螺纹	最高工作压力[a]			
						ISO 9974-2(E 型)[b]		GB/T 19674.3 (B 型)[c]			ISO 1179-2(E 型)[b]		ISO 1179-4(B 型)[c]	
			MPa	(bar)		MPa	(bar)	MPa	(bar)		MPa	(bar)	MPa	(bar)
LL	4	M8×1	10	(100)	M8×1	—	—	10		G 1/8A	—	—	10	(100)
	5	M10×1	10	(100)	M8×1	—	—	10		—	—	—	—	—
	6	M10×1	10	(100)	M10×1	—	—	10		—	—	—	—	—
	8	M12×1	10	(100)	M10×1	—	—	10		—	—	—	—	—
L	6	M12×1.5	25	(250)	M10×1	25	(250)	25	(250)	G 1/8A	25	(250)	25	(250)
	8	M14×1.5	25	(250)	M12×1.5	25	(250)	25	(250)	G 1/4A	25	(250)	25	(250)
	10	M16×1.5	25	(250)	M14×1.5	25	(250)	25	(250)	G 1/4A	25	(250)	25	(250)
	12	M18×1.5	25	(250)	M16×1.5	25	(250)	25	(250)	G 3/8A	25	(250)	25	(250)
	15	M22×1.5	25	(250)	M18×1.5	25	(250)	25	(250)	G 1/2A	25	(250)	25	(250)
	18	M26×1.5	16	(160)	M22×1.5	16	(160)	16	(160)	G 1/2A	16	(160)	16	(160)
	22	M30×2	16	(160)	M26×1.5	16	(160)	16	(160)	G 3/4A	16	(160)	16	(160)
	28	M36×2	10	(100)	M33×2	10	(100)	10	(100)	G 1A	10	(100)	10	(100)
	35	M45×2	10	(100)	M42×2	10	(100)	10	(100)	G 1 1/4A	10	(100)	10	(100)
	42	M52×2	10	(100)	M48×2	10	(100)	10	(100)	G 1 1/2A	10	(100)	10	(100)
S	6	M14×1.5	63	(630)	M12×1.5	63	(630)	40	(400)	G 1/4A	63	(630)	40	(400)
	8	M16×1.5	63	(630)	M14×1.5	63	(630)	40	(400)	G 1/4A	63	(630)	40	(400)
	10	M18×1.5	63	(630)	M16×1.5	63	(630)	40	(400)	G 3/8A	63	(630)	40	(400)

表 2（续）

系列	管子外径/mm	锥形和卡套连接			ISO 9974 螺柱端					ISO 1179 螺柱端				
		螺纹	最高工作压力[a]		螺纹	最高工作压力[a]				螺纹	最高工作压力[a]			
						ISO 9974-2(E 型)[b]		GB/T 19674.3 (B 型)[c]			ISO 1179-2(E 型)[b]		ISO 1179-4(B 型)[c]	
			MPa	(bar)		MPa	(bar)	MPa	(bar)		MPa	(bar)	MPa	(bar)
S	12	M20×1.5	63	(630)	M18×1.5	63	(630)	40	(400)	G 3/8A	63	(630)	40	(400)
	16	M24×1.5	40	(400)	M22×1.5	40	(400)	40	(400)	G 1/2A	40	(400)	40	(400)
	20	M30×2	40	(400)	M27×2	40	(400)	40	(400)	G 3/4A	40	(400)	40	(400)
	25	M36×2	40	(400)	M33×2	40	(400)	25	(250)	G 1A	40	(400)	25	(250)
	30	M42×2	25	(250)	M42×2	25	(250)	16	(160)	G 1 1/4A	25	(250)	16	(160)
	38	M52×2	25	(250)	M48×2	25	(250)	16	(160)	G 1 1/2A	25	(250)	16	(160)

注：对于较高的额定压力和动态工况，应向制造商咨询。

[a] 设计倍数是 4 比 1。

[b] 带弹性密封的 E 型。

[c] 带金属对金属密封的 B 型。

表 3 24°焊接接头体的工作压力对应的不同管壁厚度

单位为毫米

系列	管子外径	最高工作压力											
		10 MPa (100 bar)		16 MPa (160 bar)		25 MPa (250 bar)		31.5 MPa (315 bar)		40 MPa (400 bar)		63 MPa (630 bar)	
		管子内径	T	管子内径	T	管子内径	T	管子内径	T	管子内径	T	管子内径	T
L	6	3	1.5	3	1.5	3	1.5						
	8	5	1.5	5	1.5	5	1.5						
	10	7	1.5	7	1.5	7	1.5						
	12	8	2	8	2	8	2						
	15	10	2.5	10	2.5	10	2.5						
	18	13	2.5	13	2.5								
	22	17	2.5	17	2.5								
	28	23	2.5										
	35	29	3										
	42	36	3										
S	6	2.5	1.75	2.5	1.75	2.5	1.75	2.5	1.75	2.5	1.75	2.5	1.75
	8	4	2	4	2	4	2	4	2	4	2	4	2
	10	6	2	6	2	6	2	6	2	6	2	5	2.5
	12	8	2	8	2	8	2	8	2	7	2.5	6	3
	16	11	2.5	11	2.5	11	2.5	11	2.5	10	3		
	20	14	3	14	3	14	3	14	3	12	4		
	25	19	3	19	3	19	3	17	4	16	4.5		
	30	24	3	24	3	22	4						
	38	32	3	32	3	28	5						

注 1：对于本部分所给之外的压力和/或温度，应向制造商咨询。

注 2：T——管壁厚度。

6 管接头命名

6.1 为简化订货，管接头应以包括文字(字母)和数字的代号命名。其命名方式如下：文字“管接头”，后接“GB/T 14034.1”；后接连字符，管接头类型字母符号(见 6.2)；后接连字符，系列字母符号(见 5.5)，后紧接被连接的管子外径尺寸；之后，对于焊接接管，后面跟一个乘号(×)，后接管子壁厚，在乘号的前后不应有空格；对于螺柱端(管接头的端部)，后面跟一个乘号(×)，其后是螺柱端的螺纹名称；最后接连字符，密封件类型。

6.2 管接头类型的字母符号应包括三部分：连接端类型；管接头形状；管接头订货的完整性指示。

6.3 管子端部是假定的，因此不需要包括在代号中。但是，如果涉及到另一种端部类型，应予命名。

6.4 变径管接头和变径弯头命名时应把大的管端放在前面。

6.5 螺柱端管接头(见图 3 和图 4)命名时，应先规定管子端，然后是螺柱端规格和密封类型。

6.6 对于 T 形管接头，连接端名称的顺序应按主路由大到小排列，然后是支路端。

6.7 对于十字形管接头，其大端在左侧和顶端，连接端名称的顺序应由左到右，由上到下。

6.8 如果管接头有一个过渡接头，它应先命名。然后命名应按顺时针进行。

6.9 应使用下列字母符号。

连接端类型	**符号**
隔壁型	BH
带O形圈回转型	SWO
焊接型	WD
螺柱型	SD
变径型	RD

形状	**符号**
直通的	S
弯头	E
45°弯头	E45
T形	T
主路T形	RT
支路T形	BT
十字形	K

组件类型	**符号**
螺母	N
卡套	CR
锁紧螺母	LN
接管	NP
堵头	PL

完整性指示	**符号**
完整的管接头	C

螺柱端密封类型	**符号**
金属对金属密封	B
弹性密封	E
O形圈密封	F

6.10 下面及图3～图5中给出了挤压式管接头及其名称的示例。

示例1：螺柱型直通管接头，包括O形圈，不带卡套和螺母，带有符合ISO 6149-2规定的M 18×1.5螺纹的重型螺柱连接端，与外径12 mm的管子连接，其命名如下：

管接头 GB/T 14034.1- SD S-S12×M18-F

- F —— 螺柱端密封类型(O形圈密封)
- S12×M18 —— M18螺纹的重型螺柱端与外径12 mm的管子连接
- S —— 形状(直通的)
- SD —— 连接端类型(螺柱型)

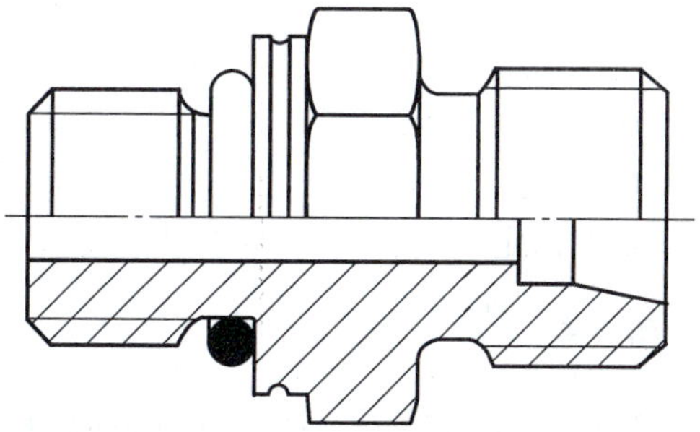

注：非完整的管接头通常称为接头体。

图 3　螺柱型直通管接头(SDS)(带 ISO 6149-2 规定的螺柱端，密封类型 F)

示例 2：完整的螺柱型直通管接头，包括 O 形圈，带卡套和螺母，带有符合 ISO 6149-2 规定的 M18×1.5 螺纹的重型螺柱端管接头，与外径 12 mm 的管子连接，其命名如下：

管接头 GB/T 14034.1- SD S C-S12×M18-F

- F —— 螺柱端密封类型(O 形圈密封)
- S12×M18 —— M18 螺纹的重型螺柱端与外径 12 mm 的管子连接
- C —— 完整性指示(完整的管接头)
- S —— 形状(直通的)
- SD —— 连接端类型(螺柱型)

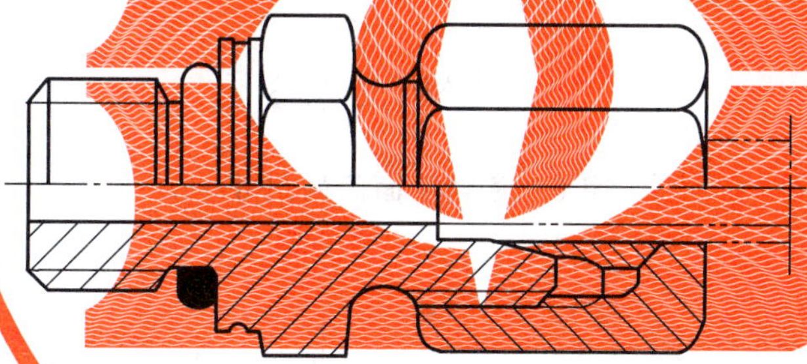

图 4　完整的螺柱型直通管接头(SDSC)(带 ISO 6149-2 规定的螺柱端，密封类型 F)

示例 3：完整的焊接接管，包括 O 形圈，带轻型连接端，焊接到壁厚 1.5 mm、外径 15 mm 的管子上，其命名如下：

接管 GB/T 14034.1- WD NP-L15×1.5

- L15×1.5 —— 带轻型连接端，焊接到壁厚 1.5 mm、外径 15 mm 的管子上
- NP —— 组件类型(接管)
- WD —— 连接端类型(焊接型)

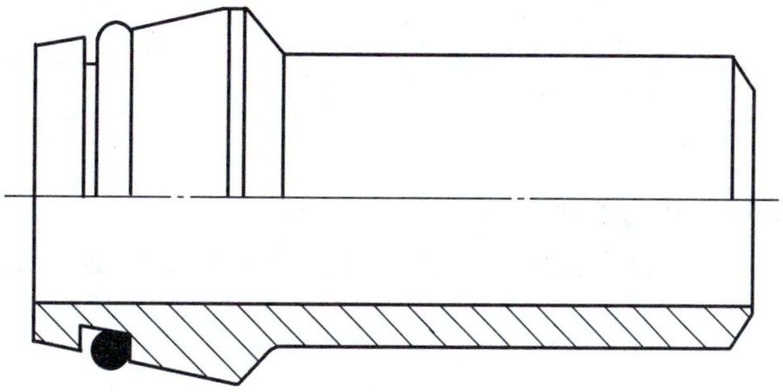

图 5　带 O 形圈的焊接接管(WDNP)

7 对管子的要求

碳钢管应遵守交货条件 R37 NBK(交货状态为正火),如 ISO 3304(标准冷拔管)和 ISO 3305(标准焊接管)的规定。不锈钢管应符合 ISO 1127(退火的)规定。

对管子的要求也可由制造商与用户商定,但应保证设计及使用要求。

8 相对平面间的尺寸(扳手尺寸)和公差

8.1 锻件相对平面间的尺寸小于等于 24 mm,公差应为 $_{-0.8}^{0}$ mm;其相对平面间的尺寸大于 24 mm,公差应为 $_{-1}^{0}$ mm。

8.2 六角形相对平面的公差应符合 GB/T 3103.1—2002 规定的产品等级 B。六角形对角尺寸最小应为其相对平面间尺寸的 1.092 倍。最小侧平面长度(六角形边长)是相对平面间的名义尺寸的 0.43 倍(见图 6)。除非另有规定或表示,六角形应倒角 10°～30°,倒角直径等于相对平面间尺寸,公差为 $_{-0.4}^{0}$ mm。螺母和管接头体上的相对平面尺寸应按表 5 和表 9～表 21 的规定。

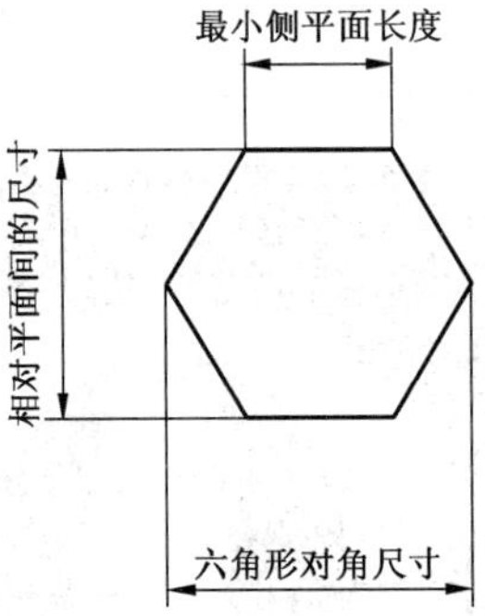

图 6 相对平面间的尺寸

9 设计

9.1 管接头

管接头应符合图 7～图 26 和表 4～表 22 给出的要求。其设计应使流动阻力减到最低。

9.2 尺寸

所规定尺寸适用于最终加工零件,包括任何电镀和其他处理。所有尺寸的未注公差值应为±0.4 mm。管接头的密封沟槽与直螺纹节径的同轴度应在 0.25 mm 内。

9.3 通道公差

直通管接头的通道如从两端加工,交汇点的径向偏移量应不超过 0.4 mm,交汇处的通流面积应大于规定的最小通流面积。

9.4 角度公差

弯头两端轴线的角度公差,对于管子尺寸等于或小于 10 mm 的 T 字或十字形管接头应为±2.5°,对于所有大尺寸的管接头应为±1.5°。

9.5 外形细节

在保持表 4～表 22 所给尺寸的条件下,外形细节应由制造商确定。弯头和 T 字形管接头的扳手面应符合相应表中所给尺寸。应避免截面突变,小的外部接合处和相对较大的相邻部分应采用充分圆角过渡。

9.6 油口和螺柱端

这类管接头用于将平端硬管和软管接头与符合 ISO 6149-1、ISO 1179-1 及 ISO 9974-1 规定的油口连接。对新设计的液压系统,仅应采用符合 ISO 6149 相关部分的油口和螺柱端。

9.7 螺柱端密封

除非供应商与买方另有协议，螺柱端和焊接接头体的密封件应包括在交货中。

10 螺纹

10.1 锥端和螺母

管接头锥端和螺母的螺纹应是符合 GB/T 193 的普通螺纹，公差符合 GB/T 197—2003 的外螺纹 6g 内螺纹 6H 等级。

在管接头端面螺纹应倒角成 45°。倒角的直径应等于螺纹底径，公差为 $_{-0.4}^{0}$ mm。

10.2 螺柱端(连接端)

管接头螺柱端(连接端)的螺纹应选择 GB/T 7307—2001 的 A 级或 GB/T 193，公差符合 GB/T 197—2003 的 6g 等级。螺柱端尺寸应符合表 11～表 13 及相关螺柱端标准。

注：除非螺柱端设计用于金属对金属密封，圆柱螺纹根部需要有退刀槽，用于安装密封垫片、O 形圈或类似装置，以保证无泄漏连接。

11 加工

11.1 结构

碳钢管接头是多个零件组合在一起，使用材料的熔点不低于 1 000 ℃。

11.2 工艺

管接头应无裂纹、疏松等缺陷，且应去除毛刺。外形的锐边应倒钝。除非设计另有规定，所有已加工表面的粗糙度应为 $Ra_{max} \leqslant 6.3\ \mu m$。

11.3 表面处理

除非制造商与用户另有协议，所有碳钢零件的外表面和螺纹应以适当材料电镀或涂覆，电镀或涂层应按 GB/T 10125 通过 72 h 的中性盐雾试验。在盐雾试验期间，零件外观上有任何红色锈蚀应视为失效。下列区域除外：

——所有内部流道；

——棱边，如六角形顶点、螺纹的锯齿形和齿顶，这些位置可能因批量生产或运输影响产生电镀或涂层的机械变形；

——由于折边、扩口、弯曲和其他电镀、金属加工引起的电镀或涂层的机械变形区域；

——在试验箱中零件悬挂或固定处，这些位置可能聚积冷凝物。

在贮存期间，内部流道应有防腐蚀保护。焊接零件应以油膜或磷酸脂涂层及其他不影响焊接性的方法进行保护。

按本部分制造的零件不应镀镉。

11.4 尖角

除非另有说明，所有尖角应倒钝为 $R_{max}0.15$ mm。

12 安装规程

管接头与管子的连接安装应在无外载荷作用下进行。

制造商应编写管接头使用的安装说明，该说明应至少包括以下内容：

——对相配硬管材料和质量的详细要求；

——有关所选硬管制备的细节；

——有关管接头安装的说明，如拧紧圈数或安装扭矩；

——有关安装工具的推荐。

13 采购信息

买方在咨询或定货时，应提供以下信息：

——管接头描述；

——管接头材料；

——硬管材料和规格；

——传输的流体；

——工作压力；

——流体工作温度范围；

——环境温度范围。

14 元件标记

除非用户与制造商另有协议，管接头体、卡套、焊接接管和螺母应以制造商的名称、商标或识别代码做出永久性标记。螺母还应做出管接头规格和系列标记。

15 性能和合格判定试验

15.1 一般要求

当按下面条款试验时，管接头应满足或超过表1给出的压力要求。

15.2 重复安装试验

管接头应通过 ISO 19879:2005 中第5章规定的重复安装试验。

15.3 耐压试验

管接头应通过 ISO 19879:2005 中第7章规定的耐压试验。

15.4 爆破压力试验

管接头应通过 ISO 19879:2005 中第8章规定的爆破压力试验。

15.5 循环耐久性(脉冲)试验

管接头应通过 ISO 19879:2005 中第9章规定的循环耐久性试验。ISO 19879:2005 中规定的带振动的循环耐久性试验可以代替单独的循环耐久性试验和振动试验。

15.6 振动试验

管接头应通过 ISO 19879:2005 中第12章规定的振动试验。ISO 19879 中规定的带振动的循环耐久性试验可以代替单独的循环耐久性试验和振动试验。

15.7 气密性试验

15.7.1 应对三个试件进行试验，以确定他们具有经受15.7.2～15.7.4所述试验的能力。

15.7.2 将试件安装在注满水的水槽中。

15.7.3 安装后，给试件充入空气、氮气或氦气，达到10 MPa(100 bar)压力。

15.7.4 试件在压力下保持3 min，观察有无上升气泡出现。

15.7.5 试件应能经受10 MPa压力，3 min内没有泄漏，即没有出现上升气泡。

15.7.6 试验气体(空气、氮气或氦气)应记录在试验报告中。

15.8 过度拧紧试验

15.8.1 带卡套的管接头

15.8.1.1 对于每种规格，应对每个卡套连接端的三个试件进行试验。

15.8.1.2 从手拧紧位置再拧1.5圈旋紧卡套连接端后，管接头应能经受住继续旋紧90°的过度拧紧，没有下列失效迹象：

——在连接脱开后，螺母不能移动和自由旋转；

——出现可见的裂纹或严重变形，致使管接头不能使用。

15.8.2 带O形圈密封锥体的管接头

对于每种规格，应按照 ISO 19879:2005 对带O形圈密封锥体的三个试件进行试验。

16 标注说明(引用本部分)

当选择遵守本部分时，应在试验报告、产品目录和销售文件中使用以下说明:"24°锥形管接头的尺寸和设计符合 GB/T 14034.1—2010《流体传动金属管连接 第1部分:24°锥形管接头》"。

表面粗糙度单位为微米

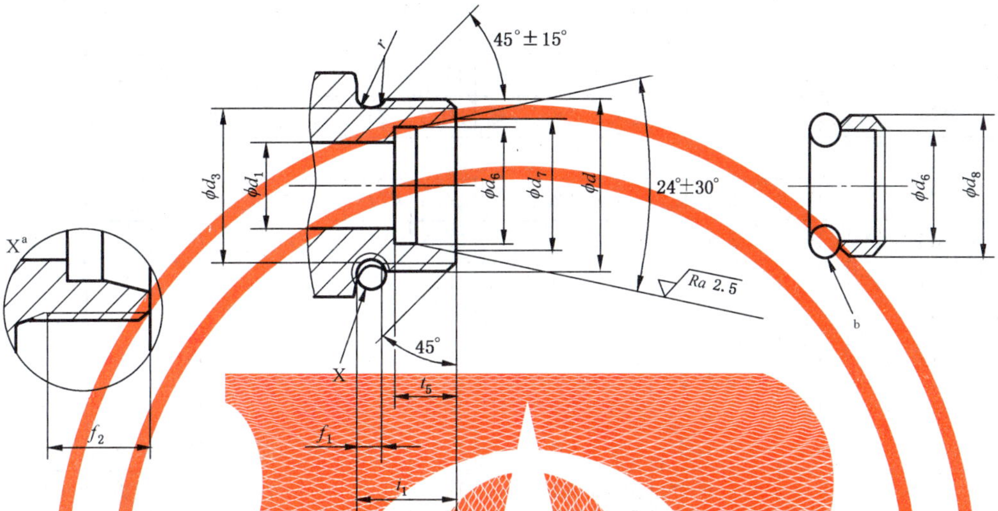

注：尺寸值见表4。

a 可选择螺纹退刀槽。

b 由制造商选择的接口。

图7 卡套(CR)和24°锥形端头

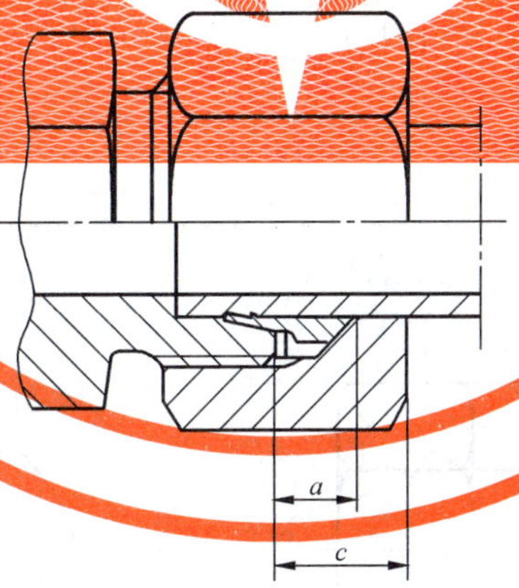

注：尺寸值见表4。

图8 安装

表4 锥形端头和卡套的尺寸

单位为毫米

系列	管子外径	螺纹 d	i_1 ±0.2	t_5 +0.3 0	d_1 标称	d_1 公差	d_6 B11[b]	d_6 +0.1 0	d_7 +0.1 0	d_8 max.	a[a] 标称	a[a] 公差	d_3 0 −0.2	f_1 +0.3 0	f_2 min.	r ±0.2	c[a] ≈
LL	4	M8×1	8	4	3	±1	4	—	5	6.5	3.5	+0.1 0	6.4	2	6	0.8	6
	5	M10×1	8	5.5	3.5	±1	5	—	6.5	8.5	4		8.4	2	6	0.8	6
	6	M10×1	8	5.5	4.5	±1	6	—	7.5	8.5	4		8.4	2	6	0.8	6
	8	M12×1	9	5.5	6	±1	8	—	9.5	10.5	4		10.4	2	8	0.8	6

表 4（续）

单位为毫米

系列	管子外径	螺纹 d	i_1 ±0.2	t_5 $^{+0.3}_{0}$	d_1 标称	d_1 公差	d_6 B11[b]	d_6 $^{+0.1}_{0}$	d_7 $^{+0.1}_{0}$	d_8 max.	a[a] 标称	a[a] 公差	d_3 $^{0}_{-0.2}$	f_1 $^{+0.3}_{0}$	f_2 min.	r ±0.2	c[a] ≈
L	6	M12×1.5	10	7	4	±1	6	—	8.1	10	5	$^{+0.1}_{0}$	9.7	3	7.5	1	8
	8	M14×1.5	10	7	6	±1	8	—	10.1	12	5		11.7	3	7.5	1	8
	10	M16×1.5	11	7	8	±0.2	10	—	12.3	14	5	$^{+0.15}_{0}$	13.7	3	8.5	1	8
	12	M18×1.5	11	7	10	±0.2	12	—	14.3	16	5		15.7	3	8.5	1	8
	15	M22×1.5	12	7	12	±0.2	15	—	17.3	20	5		19.7	3	9.5	1	8
	18	M26×1.5	12	7.5	15	±0.2	18	—	20.3	24	5.5		23.7	3	9.5	1	9
	22	M30×2	14	7.5	19	±0.2	22	—	24.3	27	6	$^{+2}_{0}$	27	4	10.5	1.2	9
	28	M36×2	14	7.5	24	±0.2	28	—	30.3	33	6		33	4	10.5	1.2	9
	35	M45×2	16	10.5	30	±0.3	—	35.3	38	42	7		42	4	12.5	1.2	11
	42	M52×2	16	11	36	±0.3	—	42.3	45	49	7		49	4	12.5	1.2	12
S	6	M14×1.5	12	7	4	±0.1	6	—	8.1	12	5	$^{+1.5}_{0}$	11.7	3	9.5	1	8
	8	M16×1.5	12	7	5	±0.2	8	—	10.1	14	5		13.7	3	9.5	1	8
	10	M18×1.5	12	7.5	7	±0.2	10	—	12.3	16	5		15.7	3	9.5	1	9
	12	M20×1.5	12	7.5	8	±0.2	12	—	14.3	18	5		17.7	3	9.5	1	9
	16	M24×1.5	14	8.5	12	±0.2	16	—	18.3	22	5		21.7	3	11.5	1	10
	20	M30×2	16	10.5	16	±0.2	20	—	22.9	27	6.5	$^{+2}_{0}$	27	4	12.5	12	11
	25	M36×2	18	22	20	±0.2	25	—	27.9	33	6.5		33	4	14.5	12	12
	30	M42×2	20	13.5	25	±0.2	30	—	33	39	7		39	4	16.5	12	13
	38	M52×2	22	16	32	±0.3	—	38.3	41	49	7.5		49	4	18.5	12	15

[a] 当完全拧紧时测量 a 和 c 尺寸。

[b] 公差符合 GB/T 1800.4。

单位为毫米

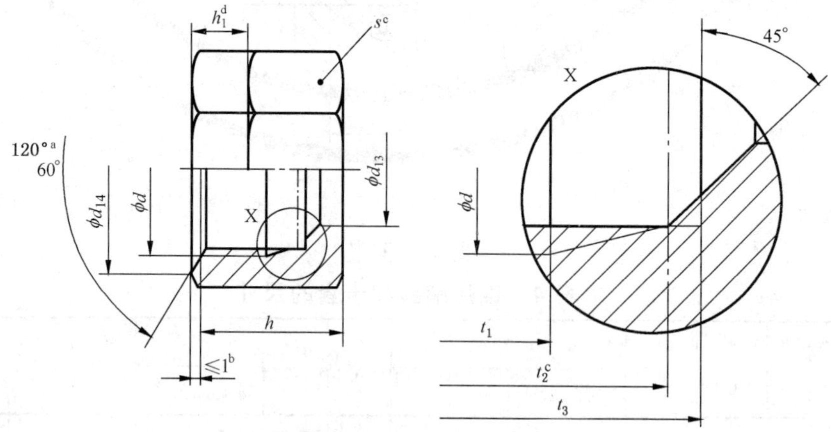

[a] 内倒角。

[b] 对冷成形螺母允许。

[c] 二选一的全倒角。

[d] 可选择的加工台肩。

[e] 相对平面尺寸。

图 9 管子螺母(N)

表5 管子螺母的尺寸

单位为毫米

系列	管子外径	螺纹 d	d_{13} B11[b]	d_{13} $^{+0.1}_{0}$	d_{14}[a] 参考	t_1 min.	h $^{+0.5}_{-0.2}$	h_1 ±0.1	s	t_2 $^{+0.2}_{0}$	t_3 $^{+0.2}_{0}$
LL	4	M8×1	4	—	9.8	5	11	3.5	10	7.5	8
	5	M10×1	5	—	11.8	5.5	11.5	3.5	12	7.8	8.5
	6	M10×1	6	—	11.8	5.5	11.5	3.5	12	8.2	8.5
	8	M12×1	8	—	13.8	6	12	3.5	14	8.7	9
L	6	M12×1.5	6	—	13.8	7	14.5	4	14	10	10.5
	8	M14×1.5	8	—	16.8	7	14.5	4	17	10	10.5
	10	M16×1.5	10	—	18.8	8	15.5	4	19	11	11.5
	12	M18×1.5	12	—	21.8	8	15.5	5	22	11	11.5
	15	M22×1.5	15	—	26.8	8.5	17	5	27	11.5	12.5
	18	M26×1.5	18	—	31.8	8.5	18	5	32	11.5	13
	22	M30×2	22	—	35.8	9.5	20	7	36	13.5	14.5
	28	M36×2	28	—	40.8	10	21	7	41	14	15
	35	M45×2	—	35.3	49.8	12	24	8	50	16	17
	42	M52×2	—	42.3	59.6	12	24	8	60	16	17
S	6	M14×1.5	6	—	16.8	8.5	16.5	5	17	11	12.5
	8	M16×1.5	8	—	18.8	8.5	16.5	5	19	11	12.5
	10	M18×1.5	10	—	21.8	8.5	17.5	5	22	11	12.5
	12	M20×1.5	12	—	23.8	8.5	17.5	5	24	11	12.5
	16	M24×1.5	16	—	29.8	10.5	20.5	6	30	13	14.5
	20	M30×2	20	—	35.8	12	24	8	36	15.5	17
	25	M36×2	25	—	45.8	14	27	9	46	17	19
	30	M42×2	30	—	49.8	15	29	10	50	18	20
	38	M52×2	—	38.3	59.6	17	32.5	10	60	19.5	22.5

[a] 尺寸 d_{14} 和 h_1 用于可选择的机加工台肩。

[b] 符合 GB/T 1800.4 的公差。

尺寸单位为毫米

表面粗糙度单位为微米

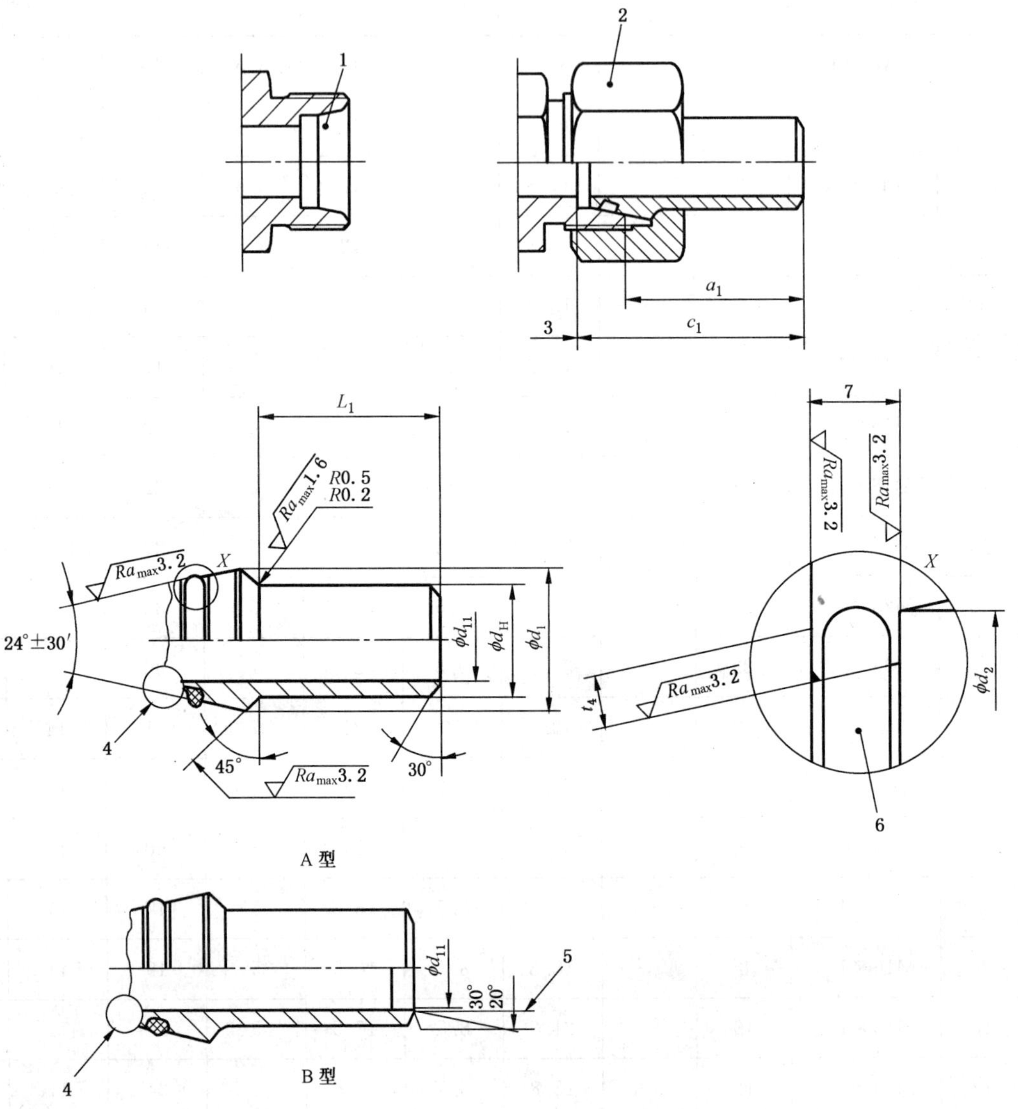

1——24°锥形端头(见图 7);

2——管子螺母(见图 9);

3——管子止口;

4——接口,由制造商选择;

5——管子内径;

6——O 形圈;

7——O 形圈沟槽宽度,由制造商选择。

图 10　焊接接管(WDNP)

表6 焊接接管尺寸

单位为毫米

系列	管子外径	d_{10} ±0.1	d_{11}[a] $^{+0.20}_{-0.05}$	d_9		d_2	L_1 ±0.2	c_1 ±1	a_1 ±1	t_4 ±0.1
				min.	max.	max.				
L	6	6	3	9	11	7.8	19	32	25	1.1
	8	8	5	11	13	9.8	19	32	25	1.1
	10	10	7	14	16	12	20	33.5	26	1.1
	12	12	8	16	18	14	20	33.5	26	1.1
	15	15	10	18	20	17	22	35	28	1.5
	18	18	13	21	24	20	23	37	29.5	1.5
	22	22	17	25	27	24	24.5	39.5	32	1.5
	28	28	23	31	33	30	27.5	42.5	35	1.5
	35	35	29	40	42	37.7	30.5	49.5	39	1.9
	42	42	36	47	49	44.7	30.5	50	39	1.9
S	6	6	2.5	9	11	7.8	19	32	25	1.1
	8	8	4	11	13	9.8	19	32	25	1.1
	10	10	6	14	16	12	20	33.5	26	1.1
	12	12	8	16	18	14	20	33.5	26	1.1
	16	16	11	20	22	18	26	40.5	32	1.5
	20	20	14	24	27	22.6	28.5	47	36.5	1.8
	25	25	19	29	33	27.6	33.5	53.5	41.5	1.8
	30	30	24	35	39	32.7	35.5	57.3	44	1.8
	38	38	32	43	49	40.7	39.5	64.5	48.5	1.8

注：此表给出的尺寸适用于表3所给的最低工作压力。用于其他工作压力的管子内径尺寸和壁厚要求见表3。

[a] A型焊接接管的最大内径。如果管子内径大于 d_{11} +0.5 mm，推荐使用B型焊接接管。

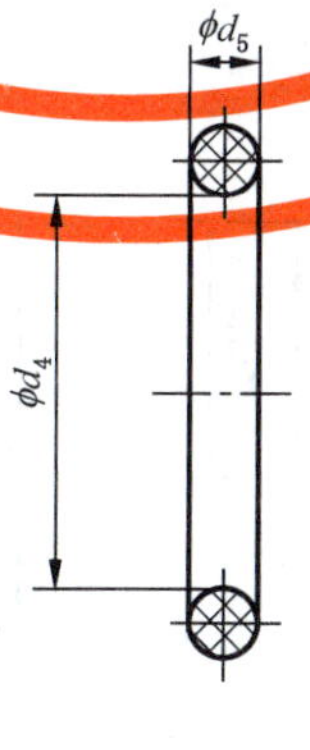

图11 O形圈

表 7　O 形圈尺寸

单位为毫米

系列	管子外径	内径 d_4		截面直径 d_5	
		标称	公差	标称	公差
L	6	4	±0.14	1.5	±0.08
	8	6	±0.14	1.5	±0.08
	10	7.5	±0.16	1.5	±0.08
	12	9	±0.16	1.5	±0.08
	15	12	±0.18	2	±0.09
	18	15	±0.18	2	±0.09
	22	20	±0.22	2	±0.09
	28	26	±0.22	2	±0.09
	35	32	±0.31	2.5	±0.09
	42	38	±0.31	2.5	±0.09
S	6	4	±0.14	1.5	±0.08
	8	6	±0.14	1.5	±0.08
	10	7.5	±0.16	1.5	±0.08
	12	9	±0.16	1.5	±0.08
	16	12	±0.18	2	±0.09
	20	16.3	±0.18	2.4	±0.09
	25	20.3	±0.22	2.4	±0.09
	30	25.3	±0.22	2.4	±0.09
	38	33.3	±0.31	2.4	±0.09
注：使用上述 O 形圈的所有设计应满足本部分的性能要求。只要能够保证密封功能，可以使用其他尺寸的 O 形圈。					

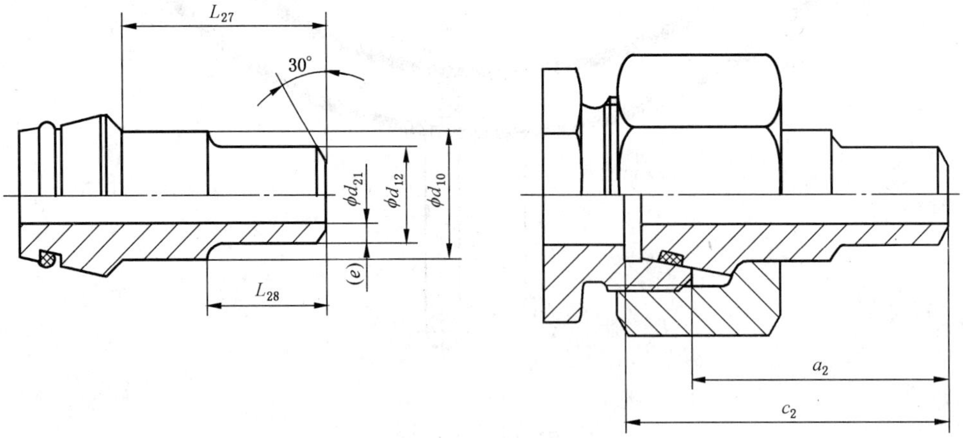

图 12　焊接缩径管接头(WDRDNP)

表 8　L和S系列焊接缩径管接头尺寸

单位为毫米

系列	管子外径		d_{21}		(e)	L_{27}	c_2	a_2	L_{28}
	d_{10} ±0.1	d_{12} ±0.1	标称	公差		±0.2	±1	±1	±0.2
L	8	6	3	±0.1	1.5	19	31.5	24.5	12
	10	8	5	±0.1	1.5	20	33.5	26	12
	12	10	7	±0.2	1.5	20	33.5	26	14
	18	15	12	±0.2	1.5	23	37	29.5	16
	22	15	12	±0.2	1.5	24.5	39.5	32	18
		18	15	±0.2	1.5				
	28	15	12	±0.2	1.5	27.5	42.5	35	20
		18	15	±0.2	1.5				
		22	18	±0.2	2				
	35	15	12	±0.2	1.5	30.5	49.5	39	25
		18	15	±0.2	1.5				
		22	18	±0.2	2				
		28	24	±0.2	2				
	42	15	12	±0.2	1.5	30.5	50	39	28
		18	15	±0.2	1.5				
		22	18	±0.2	2				
		28	24	±0.2	2				
		35	31	±0.3	2				
S	8	6	2	±0.1	2	19	32	25	12
	10	8	3	±0.1	2.5	20	33.5	26	12
		6	2	±0.1	2				
	12	10	4	±0.1	3	20	33.5	26	14
		8	3	±0.1	2.5				
		6	2	±0.1	2				
	16	12	8	±0.2	2	26	40.5	32	15
		10	6	±0.1	2				
		8	5	±0.1	1.5				
		6	3	±0.1	1.5				
	20	16	10	±0.2	3	28.5	47	36.5	17
		12	8	±0.2	2				
		10	6	±0.1	2				
		8	5	±0.1	1.5				
		6	3	±0.1	1.5				

表 8（续）

单位为毫米

系列	管子外径		d_{21}		(e)	L_{27} ±0.2	c_2 ±1	a_2 ±1	L_{28} ±0.2
	d_{10} ±0.1	d_{12} ±0.1	标称	公差					
S	25	20	13	±0.2	3.5	33.5	53.5	41.5	20
		16	10	±0.2	3				
		12	8	±0.2	2				
		10	6	±0.1	2				
		8	5	±0.1	1.5				
		6	3	±0.1	1.5				
	30	25	20	±0.2	2.5	35.5	57.5	44	22
		20	16	±0.2	2				
		16	12	±0.2	2				
		12	9	±0.2	1.5				
		10	7	±0.2	1.5				
		8	5	±0.1	1.5				
		6	4	±0.1	1				
	38	30	24	±0.2	3	39.5	64.5	48.5	26
		25	20	±0.2	2.5				
		20	16	±0.2	2				
		16	12	±0.2	2				
		12	9	±0.2	1.5				
		10	7	±0.2	1.5				
		8	5	±0.1	1.5				
		6	4	±0.1	1				

注：工作压力与24°锥形端头相同，见表1或表2。

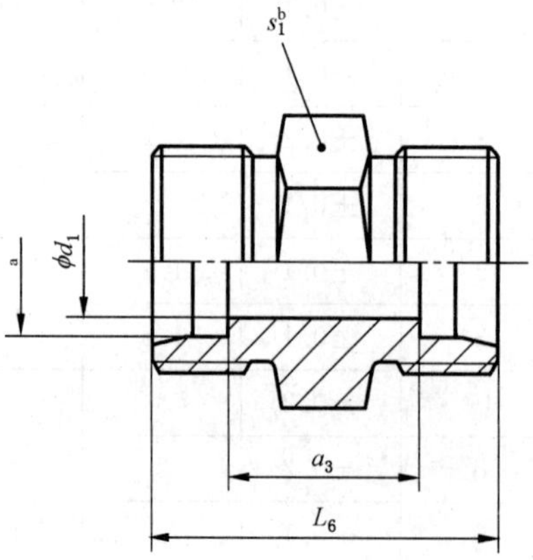

a 管子外径；

b 相对平面尺寸。

图 13　直通中间接头(S)

表 9　直通中间接头尺寸

单位为毫米

系列	管子外径	d_1 参考	L_6 ±0.3	s_1	a_3 参考
LL	4	3	20	9	12
	5	3.5	20	11	9
	6	4.5	20	11	9
	8	6	23	12	12
L	6	4	24	12	10
	8	6	25	14	11
	10	8	27	17	13
	12	10	28	19	14
	15	12	30	24	16
	18	15	31	27	16
	22	19	35	32	20
	28	24	36	41	21
	35	30	41	46	20
	42	36	43	55	21
S	6	4	30	14	16
	8	5	32	17	18
	10	7	32	19	17
	12	8	34	22	19
	16	12	38	27	21
	20	16	44	32	23
	25	20	50	41	26
	30	25	54	46	27
	38	32	61	55	29

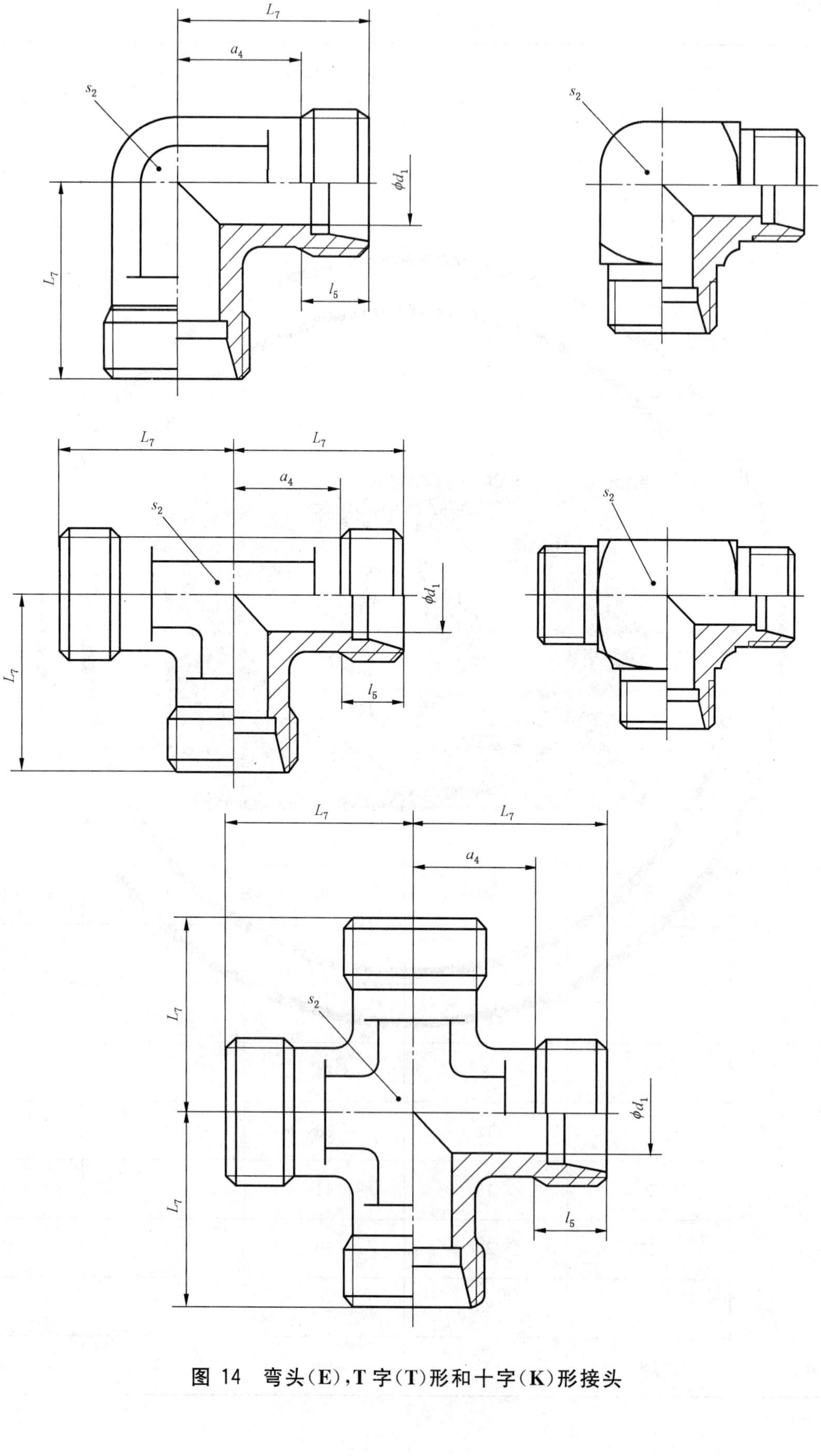

图 14　弯头(E),T 字(T)形和十字(K)形接头

表 10　弯头、T 字形和十字形接头尺寸

单位为毫米

系列	管子外径	d_1 参考	i_5 最小	L_7 ±0.3	s_2 锻制管接头 最小	s_2 用棒料机加工的管接头 最大	a_4 参考
LL	4	3	6	15	9	9	11
	5	3.5	6	15	9	11	9.5
	6	4.5	6	15	9	11	9.5
	8	6	7	17	12	12	11.5
L	6	4	7	19	12	12	12
	8	6	7	21	12	14	14
	10	8	8	22	14	17	15
	12	10	8	24	17	19	17
	15	12	9	28	19	—	21
	18	15	9	31	24	—	23.5
	22	19	10	35	27	—	27.5
	28	24	10	38	36	—	30.5
	35	30	12	45	41	—	34.5
	42	36	12	51	50	—	40
S	6	4	9	23	12	14	16
	8	5	9	24	14	17	17
	10	7	9	25	17	19	17.5
	12	8	9	29	17	22	21.5
	16	12	11	33	24	—	24.5
	20	16	12	37	27	—	26.5
	25	20	14	42	36	—	30
	30	25	16	49	41	—	35.5
	38	32	18	57	50	—	41

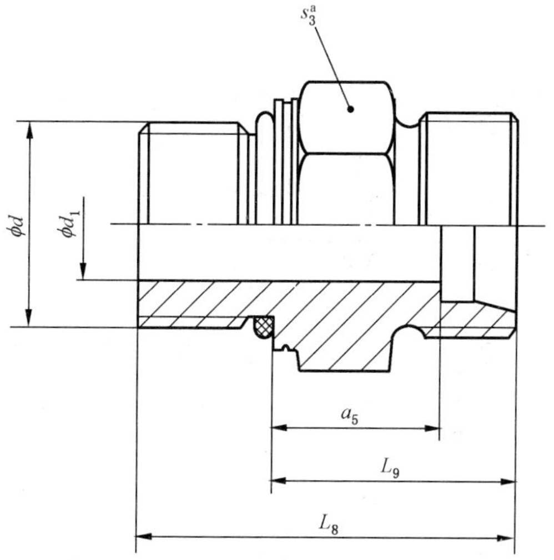

a 相对平面尺寸。

图 15　用于符合 ISO 6149-1 的带 O 形圈密封(F 型)油口的螺柱端管接头(SDS)

表 11 用于符合 ISO 6149-1 的带 O 形圈密封(F 型)油口的螺柱端管接头尺寸

单位为毫米

系列	管子外径	d 螺纹[a]	d_1 参考	L_9 参考	L_8 ±0.3	s_3	a_5 参考
L	6	M10×1	4	16.5	25	14	9.5
	8	M12×1.5	6	17	28	17	10
	10	M14×1.5	7	18	29	19	11
	12	M16×1.5	9	19.5	31	22	12.5
	15	M18×1.5	11	20.5	33	24	13.5
	18	M22×1.5	14	22	35	27	14.5
	22	M27×2	18	24	40	32	16.5
	28	M33×2	23	25	41	41	17.5
	35	M42×2	30	28	44	50	17.5
	42	M48×2	36	30	47.5	55	19
S	6	M12×1.5	4	20	31	17	13
	8	M14×1.5	5	22	33	19	15
	10	M16×1.5	7	22.5	35	22	15
	12	M18×1.5	8	24.5	38.5	24	17
	16	M22×1.5	12	27	42	27	18.5
	20	M27×2	15	31	49.5	32	20.5
	25	M33×2	20	35	53.5	41	23
	30	M42×2	25	37	56	50	23.5
	38	M48×2	32	41.5	63.5	55	26

[a] 对于更多详细资料,L 系列见 ISO 6149-3(规定长度),S 系列见 ISO 6149-2。

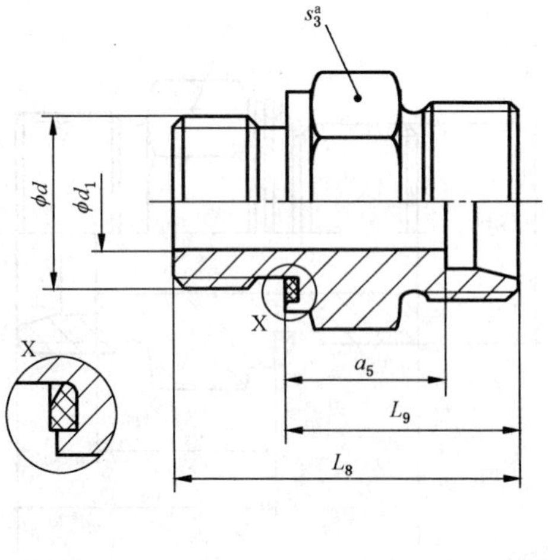

[a] 相对平面尺寸。

图 16 用于橡胶密封(E 型)油口和圆柱螺纹的螺柱端管接头(SDS)

表 12 用于橡胶密封(E 型)油口和圆柱螺纹的螺柱端管接头尺寸

单位为毫米

系列	管子外径	ISO 9974-2 [a,b]						ISO 1179-2 [a,b]					
		GB/T 193 螺纹 d	d_1 参考	L_9 参考	L_8 ±0.3	s_3	a_5 参考	GB/T 7307 螺纹 d	d_1 参考	L_9 参考	L_8 ±0.3	s_3	a_5 参考
L	6	M10×1	4	15.5	23.5	14	8.5	G 1/8A	4	15.5	23.5	14	8.5
	8	M12×1.5	6	17	29	17	10	G 1/4A	6	17	29	19	10
	10	M14×1.5	7	18	30	19	11	G 1/4A	6	18	30	19	11
	12	M16×1.5	9	19.5	31.5	22	12.5	G 3/8A	9	19.5	31.5	22	12.5
	15	M18×1.5	11	20.5	32.5	24	13.5	G 1/2A	11	21	35	27	14
	18	M22×1.5	14	22	36	27	14.5	G 1/2A	14	22	36	27	14.5
	22	M26×1.5	18	24	40	32	16.5	G 3/4A	18	24	40	32	16.5
	28	M33×2	23	25	43	41	17.5	G 1A	23	25	43	41	17.5
	35	M42×2	30	28	48	50	17.5	G 1 1/4A	30	28	48	50	17.5
	42	M48×2	36	30	52	55	19	G 1 1/2A	36	30	52	55	19
S	6	M12×1.5	4	20	32	17	13	G 1/4A	4	20	32	19	13
	8	M14×1.5	5	22	34	19	15	G 1/4A	5	22	34	19	15
	10	M16×1.5	7	22.5	34.5	22	15	G 3/8A	7	22.5	34.5	22	15
	12	M18×1.5	8	24.5	36.5	24	17	G 3/8A	8	24.5	36.5	22	17
	12	—	—	—	—	—	—	G 1/2A	8	25	39	27	17.5
	16	M22×1.5	12	27	41	27	18.5	G 1/2A	12	27	41	27	18.5
	16	—	—	—	—	—	—	G 3/4A	12	29	45	32	20.5
	20	M27×2	16	31	47	32	20.5	G 3/4A	16	31	47	32	20.5
	25	M33×2	20	35	53	41	23	G 1A	20	35	53	41	23
	30	M42×2	25	37	57	50	23.5	G 1 1/4A	25	37	57	50	23.5
	38	M48×2	32	42	64	55	26	G 1 1/2A	32	42	64	55	26

[a] 关于密封的更多详细资料见 ISO 9974 和 ISO 1179 的相关部分。

[b] 仅适用于一般应用。对于新设计的液压系统,螺柱端尺寸应与 ISO 6149 的相应部分一致。

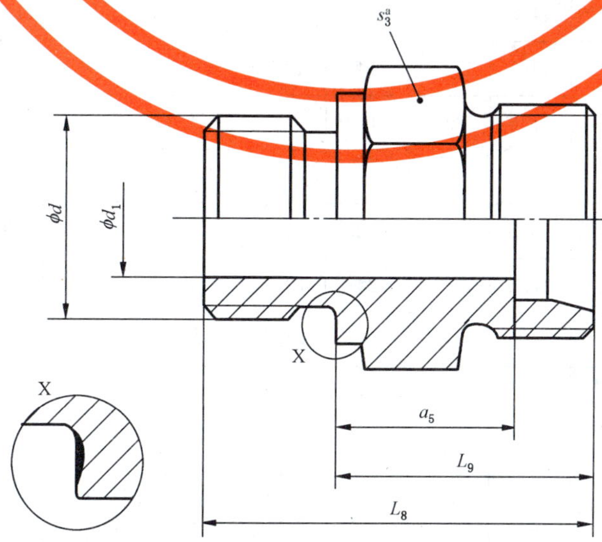

[a] 相对平面尺寸。

图 17 用于金属对金属密封(B 型)油口和圆柱螺纹的螺柱端管接头(SDS)

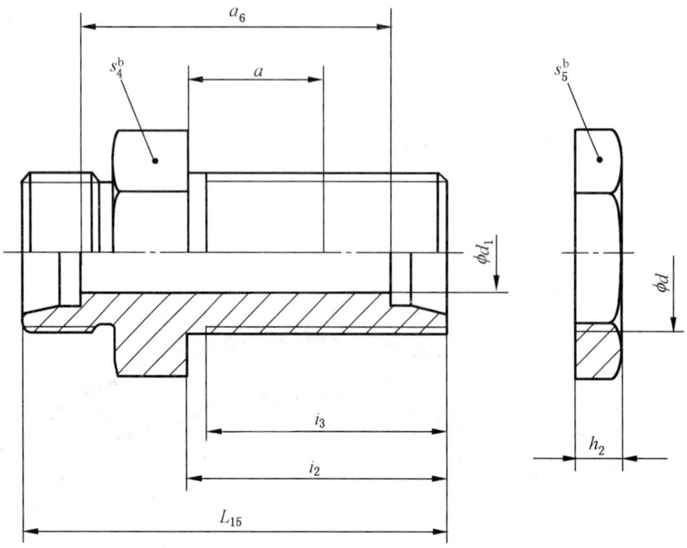

[a] 最大隔壁厚度:16 mm。

[b] 相对平面尺寸。

图 18　隔壁直通管接头(BHS)和锁母(LN)

表 13　用于金属对金属密封(B 型)油口和圆柱螺纹的螺柱端管接头尺寸　单位为毫米

系列	管子外径	GB/T 19674.3[a]						ISO 1179-4[a]					
		GB/T 193 螺纹 d	d_1 参考	L_9 参考	L_8 ±0.3	s_3	a_5 参考	GB/T 7307 螺纹 d	d_1 参考	L_9 参考	L_8 ±0.3	s_3	a_5 参考
LL	4	M8×1	3	13.5	21.5	12	9.5	G 1/8A	3	13.5	21.5	14	9.5
	5	M8×1	3	13.5	21.5	12	8	G 1/8A	3	13.5	21.5	14	8
	6	M10×1	4	13.5	21.5	14	8	G 1/8A	4	13.5	21.5	14	8
	8	M10×1	4.5	14.5	22.5	14	9	G 1/8A	4.5	14.5	22.5	14	9
L	6	M10×1	4	15.5	23.5	14	8.5	G 1/8A	4	15.5	23.5	14	8.5
	8	M12×1.5	6	17	29	17	10	G 1/4A	6	17	29	19	10
	10	M14×1.5	7	18	30	19	11	G 1/4A	6	18	30	19	11
	12	M16×1.5	9	19.5	31.5	22	12.5	G 3/8A	9	19.5	31.5	22	12.5
	15	M18×1.5	11	20.5	32.5	24	13.5	G 1/2A	11	21	32.5	27	14
	18	M22×1.5	14	22	36	27	14.5	G 1/2A	14	22	36	27	14.5
	22	M26×1.5	18	24	40	32	16.5	G 3/4A	18	24	40	32	16.5
	28	M33×2	23	25	43	41	17.5	G 1A	23	25	43	41	17.5
	35	M42×2	30	28	48	50	17.5	G 1 1/4A	30	28	48	50	17.5
	42	M48×2	36	30	52	55	19	G 1 1/2A	36	30	52	55	19

表 13（续）

单位为毫米

系列	管子外径	GB/T 19674.3 [a]						ISO 1179-4 [a]					
		GB/T 193 螺纹 d	d_1 参考	L_9 参考	L_8 ±0.3	s_3	a_5 参考	GB/T 7307 螺纹 d	d_1 参考	L_9 参考	L_8 ±0.3	s_3	a_5 参考
S	6	M12×1.5	4	20	32	17	13	G 1/4A	4	20	32	19	13
	8	M14×1.5	5	22	34	19	15	G 1/4A	5	22	34	19	15
	10	M16×1.5	7	22.5	34.5	22	15	G 3/8A	7	22.5	34.5	22	15
	12	M18×1.5	8	24.5	36.5	24	17	G 3/8A	8	24.5	36.5	22	17
	12	—	—	—	—	—	—	G 1/2A	8	25	39	27	17.5
	16	M22×1.5	12	27	41	27	18.5	G 1/2A	12	27	41	27	18.5
	16	—	—	—	—	—	—	G 3/4A	12	29	45	32	20.5
	20	M27×2	16	31	47	32	20.5	G 3/4A	16	31	47	32	20.5
	25	M33×2	20	35	53	41	23	G 1A	20	35	53	41	23
	30	M42×2	25	37	57	50	23.5	G 1 1/4A	25	37	57	50	23.5
	38	M48×2	32	42	64	55	26	G 1 1/2A	32	42	64	55	26

[a] 仅适用于一般应用。对于新设计的液压系统，螺柱端尺寸应与 ISO 6149 的相应部分一致。

表 14　隔壁直通管接头和锁母的尺寸

单位为毫米

系列	管子外径	隔壁式管接头						锁　母		
		d_1 参考	i_3 最小	i_2 ±0.2	L_{15} ±0.3	s_4	a_6 参考	d	s_5	h_2 ±0.2
L	6	4	30	34	48	17	34	M12×1.5	17	6
	8	6	30	34	49	19	35	M14×1.5	19	6
	10	8	31	35	52	22	38	M16×1.5	22	6
	12	10	32	36	53	24	39	M18×1.5	24	6
	15	12	34	38	57	27	43	M22×1.5	30	7
	18	15	36	40	61	32	46	M26×1.5	36	8
	22	19	37	42	66	36	51	M30×2	41	8
	28	24	38	43	69	41	54	M36×2	46	9
	35	30	42	47	76	50	55	M45×2	55	9
	42	36	42	47	77	60	55	M52×2	65	10
S	6	4	32	36	55	19	41	M14×1.5	19	6
	8	5	32	36	56	22	42	M16×1.5	22	6
	10	7	33	37	59	24	44	M18×1.5	24	6
	12	8	34	38	60	27	45	M20×1.5	27	6
	16	12	36	40	65	32	48	M24×1.5	32	7
	20	16	39	44	72	41	51	M30×2	41	8
	25	20	42	47	79	46	55	M36×2	46	9
	30	25	46	51	86	50	59	M42×2	50	9
	38	32	48	53	91	65	59	M52×2	65	10

注：在 L 和 S 系列中，用于下列管子外径的锁母尺寸相同：

——L 系列管子外径 8 和 S 系列管子外径 6；L 系列管子外径 10 和 S 系列管子外径 8；

——L 系列管子外径 12 和 S 系列管子外径 10；L 系列管子外径 22 和 S 系列管子外径 20；

——L 系列管子外径 28 和 S 系列管子外径 25；L 系列管子外径 42 和 S 系列管子外径 38。

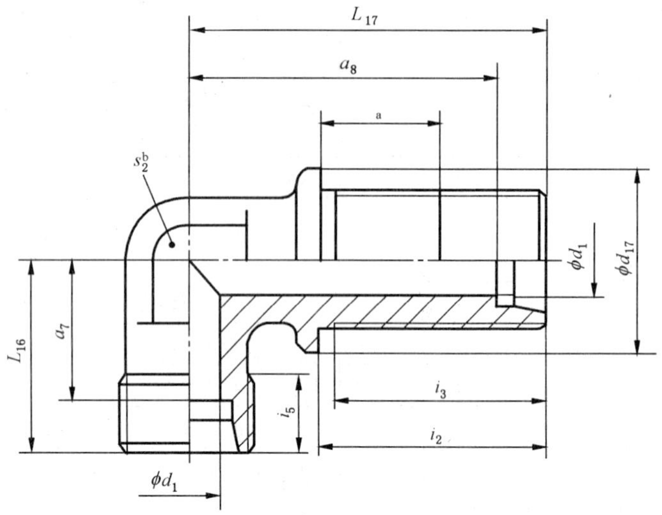

a 最大隔壁厚度:16 mm。

b 相对平面宽度。

图 19 隔壁式弯头(BHE)

表 15 隔壁式弯头尺寸

单位为毫米

系列	管子外径	d_1 参考	d_{17} ±0.2	i_5 最小	i_3 最小	i_2 ±0.2	L_{16} ±0.3	L_{17} ±0.3	s_2	a_7 参考	a_8 参考
L	6	4	17	7	30	34	19	48	12	12	41
	8	6	19	7	30	34	21	51	12	14	44
	10	8	22	8	31	35	22	53	14	15	46
	12	10	24	8	32	36	24	56	17	17	49
	15	12	27	9	34	38	28	61	19	21	54
	18	15	32	9	36	40	31	64	24	23.5	56.5
	22	19	36	10	37	42	35	72	27	27.5	64.5
	28	24	42	10	38	43	38	77	36	30.5	69.5
	35	30	50	12	42	47	45	86	41	34.5	75.5
	42	36	60	12	42	47	51	90	50	40	79
S	6	4	19	9	32	36	23	53	12	16	46
	8	5	22	9	32	36	24	54	14	17	47
	10	7	24	9	33	37	25	57	17	17.5	49.5
	12	8	27	9	34	38	29	59	17	21.5	51.5
	16	12	30	11	36	40	33	64	24	24.5	55.5
	20	16	36	12	39	44	37	74	27	26.5	63.5
	25	20	42	14	42	47	42	81	36	30	69
	30	25	50	16	46	51	49	90	41	35.5	76.5
	38	32	60	18	48	53	57	96	50	41	80

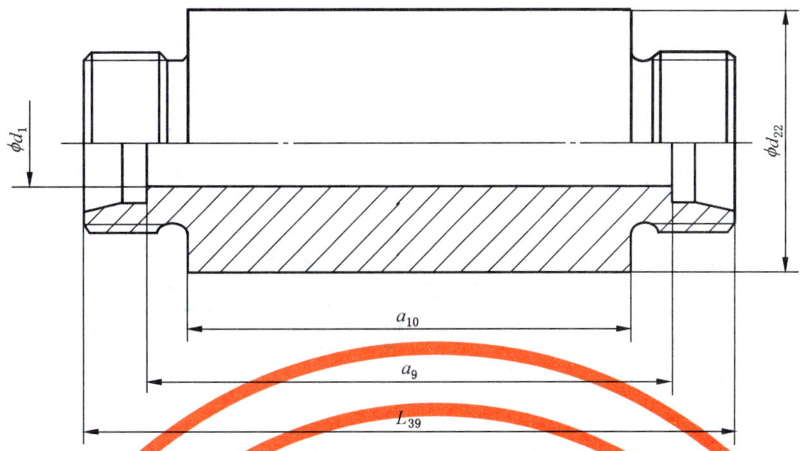

图 20 焊接隔壁式直通管接头(WDBHS)

表 16 焊接隔壁式直通管接头尺寸

单位为毫米

系列	管子尺寸	d_{22} ±0.2	d_1 参考	L_{39} ±0.3	a_9 参考	a_{10} 参考
L	6	18	4	70	56	50
	8	20	6	70	56	50
	10	22	8	72	58	50
	12	25	10	72	58	50
	15	28	12	84	70	60
	18	32	15	84	69	60
	22	36	19	88	73	60
	28	40	24	88	73	60
	35	50	30	92	71	60
	42	60	36	92	70	60
S	6	20	4	74	60	50
	8	22	5	74	50	50
	10	25	7	74	59	50
	12	28	8	74	59	50
	16	35	12	88	71	60
	20	38	16	92	71	60
	25	45	20	96	72	60
	30	50	25	100	73	60
	38	60	32	104	72	60

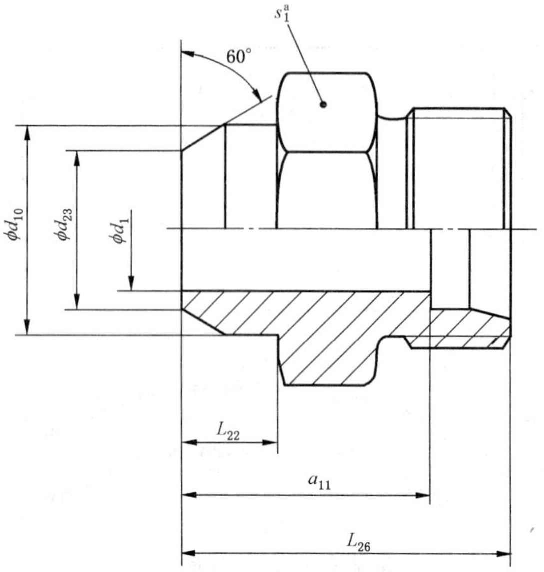

[a] 相对平面尺寸。

图 21 焊接直通管接头(WDS)

表 17 焊接直通管接头尺寸

单位为毫米

系列	管子尺寸	d_{10} ±0.2	d_{23} ±0.2	d_1 参考	L_{22} ±0.2	L_{26} ±0.3	s_1	a_{11} 参考
L	6	10	6	4	7	21	12	14
	8	12	8	6	8	23	14	16
	10	14	10	8	8	25	17	18
	12	16	12	10	8	25	19	18
	15	19	15	12	10	29	22	22
	18	22	18	15	10	31	27	23.5
	22	27	22	19	12	36	32	28.5
	28	32	28	24	12	38	41	30.5
	35	40	35	30	14	43	46	32.5
	42	46	42	36	16	46	55	35
S	6	11	6	4	7	26	14	19
	8	13	8	5	8	28	17	21
	10	15	10	7	8	30	19	22.5
	12	17	12	8	10	32	22	24.5
	16	21	16	12	10	35	27	26.5
	20	26	20	16	12	40	32	29.5
	25	31	24	20	12	44	41	32
	30	36	29	25	14	49	46	35.5
	38	44	36	32	16	54	55	38

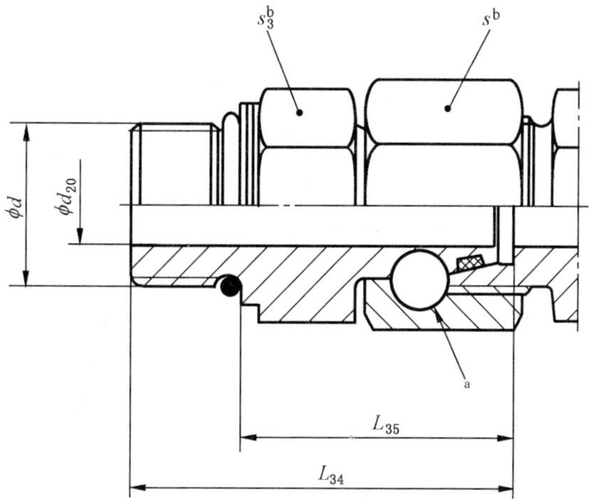

a 旋转螺母的组装方法由制造商选择。

b 相对平面尺寸。

图 22　带 O 形圈及符合 ISO 6149-2(S 系列)或 ISO 6149-3(L 系列)螺柱端的回转螺柱端直通管接头

表 18　带 O 形圈(SWOSDS)及符合 ISO 6149-2(S 系列)或 ISO 6149-3(L 系列)螺柱端的回转螺柱端直通管接头尺寸

单位为毫米

系列	管子尺寸	螺纹 d	d_{20} 最小	L_{34} ±0.5	L_{35} 参考	s_3	s
L	6	M10×1	2.5	33	24.5	14	14
	8	M12×1.5	4	37.5	26.5	17	17
	10	M14×1.5	6	38.5	27.5	19	19
	12	M16×1.5	8	42	30.5	22	22
	15	M18×1.5	10	44	31.5	24	27
	18	M22×1.5	13	44.5	31.5	27	32
	22	M27×2	17	48.5	32.5	32	36
	28	M33×2	22	51	35	41	41[a]
	35	M42×2	28	58.5	42.5	50	50
	42	M48×2	34	64	46.5	55	60
S	6	M12×1.5	2.5	38	27	17	17
	8	M14×1.5	4	40.5	29.5	19	19
	10	M16×1.5	6	44.5	32	22	22
	12	M18×1.5	8	48	34	24	24
	16	M22×1.5	11	52	37	27	30
	20	M27×2	14	61.5	43	32	36
	25	M33×2	18	66.5	48	41	46
	30	M42×2	23	70	51	50	50
	38	M48×2	30	81.5	60	55	60

a 可替换的六角形尺寸:46 mm。

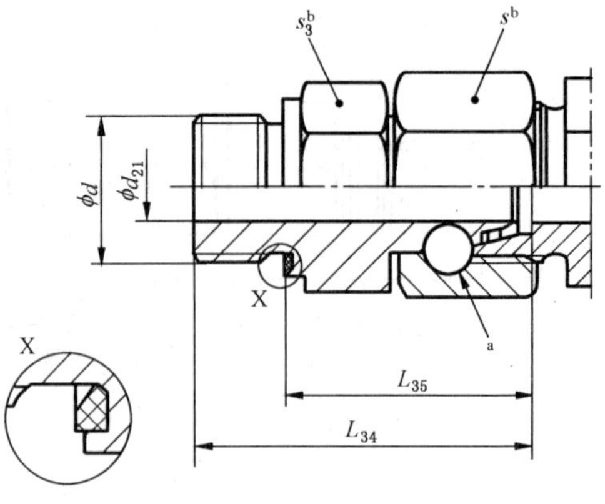

a 旋转螺母组装方法由制造商选择。

b 相对平面尺寸。

图 23 带 O 形圈(SWOSDS)及符合 ISO 1179-2 或 ISO 9974-2 螺柱端的回转螺柱端直通管接头

表 19 带 O 形圈及符合 ISO 1179-2 或 ISO 9974-2 螺柱端的回转螺柱端直通管接头尺寸

单位为毫米

系列	管子尺寸	s	ISO 1179-2 螺柱端					ISO 9974-2 螺柱端				
			GB/T 7307 螺纹 d	d_{20} 最小	L_{34} ±0.5	L_{35} 参考	s_3	GB/T 193[a] 螺纹 d	d_{20} 最小	L_{34} ±0.5	L_{35} 参考	s_3
L	6	14	G 1/8A	2.5	32.5	24.5	14	M10×1	2.5	32.5	24.5	14
	8	17	G 1/4A	4	41.5	29.5	19	M12×1.5	4	38.5	26.5	17
	10	19	G 1/4A	6	39.5	27.5	19	M14×1.5	6	39.5	27.5	19
	12	22	G 3/8A	8	46	34	22	M16×1.5	8	42.5	30.5	22
	15	27	G 1/2A	10	46	32	27	M18×1.5	10	43.5	31.5	24
	18	32	G 1/2A	13	45.5	31.5	27	M22×1.5	13	45.5	31.5	27
	22	36	G 3/4A	17	48.5	32.5	32	M26×1.5	17	48.5	32.5	32
	28	41[b]	G 1A	22	53	35	41	M33×2	22	53	35	41
	35	50	G 1 1/4A	28	62.5	42.5	50	M42×2	28	62.5	42.5	50
	42	60	G 1 1/2A	34	68.5	46.5	55	M48×2	34	68.5	46.5	55
S	6	17	G 1/4A	2.5	39	27	19	M12×1.5	2.5	39	27	17
	8	19	G 1/4A	4	41.5	29.5	19	M14×1.5	4	41.5	29.5	19
	10	22	G 3/8A	6	44	32	22	M16×1.5	6	44	32	22
	12	24	G 3/8A	8	46	34	22	M18×1.5	8	46	34	24
	12	24	G 1/2A	8	48.5	34.5	27	—	—	—	—	—
	16	30	G 1/2A	11	51	37	27	M22×1.5	11	51	37	27
	16	30	G 3/4A	11	55	39	32	—	—	—	—	—
	20	36	G 3/4A	14	59	43	32	M27×2	14	59	43	32
	25	46	G 1A	18	66	48	41	M33×2	18	66	48	41
	30	50	G 1 1/4A	23	71	51	50	M42×2	23	71	51	50
	38	60	G 1 1/2A	30	82	60	55	M48×2	30	82	60	55

a 对于 GB/T 193 螺纹，首选符合图 21 和表 18(ISO 6149-2 和 ISO 6149-3)的管接头。

b 可替换的六角形尺寸：46 mm。

1——O形圈；

[a] 旋转螺母组装方法由制造商选择。

[b] 相对平面尺寸。

图 24 带 O 形圈的回转弯头(SWOE)、T 形支路(SWOBT)和 T 形主路(SWORT)

表 20 带 O 形圈的回转弯头、T 形支路和 T 形主路的接头尺寸

单位为毫米

系列	管子外径	d_1 参考	d_{19} 最小	L_{21} ±0.5	L_7 ±0.3	a_4 参考	i_5 最小	s_2 锻制管接头 最小	s_2 用棒料机加工管接头 最大	s
L	6	4	2.5	26	19	12	7	12	—	14
	8	6	4	27.5	21	14	7	12	14	17
	10	8	6	29	22	15	8	14	17	19
	12	10	8	29.5	24	17	8	17	19	22
	15	12	10	32.5	28	21	9	19	—	27
	18	15	13	35.5	31	23.5	9	24	—	32
	22	19	17	38.5	35	27.5	10	27	—	36
	28	24	22	41.5	38	30.5	10	36	—	41[a]
	35	30	28	51	45	34.5	12	41	—	50
	42	36	34	56	51	40	12	50	—	60

表 20（续）

单位为毫米

系列	管子外径	d_1 参考	d_{19} 最小	L_{21} ±0.5	L_7 ±0.3	a_4 参考	i_5 最小	s_2 锻制管接头 最小	s_2 用棒料机加工管接头 最大	s
S	6	4	2.5	27	23	16	9	12	14	17
	8	5	4	27.5	24	17	9	14	17	19
	10	7	6	30	25	17.5	9	17	19	22
	12	8	8	31	29	21.5	9	17	22	24
	16	12	11	36.5	33	24.5	11	24	—	30
	20	16	14	44.5	37	26.5	12	27	—	36
	25	20	18	50	42	30	14	36	—	46
	30	25	23	55	49	35.5	16	41	—	50
	38	32	30	63	57	41	18	50	—	60

a 可替换的六角形尺寸：46 mm。

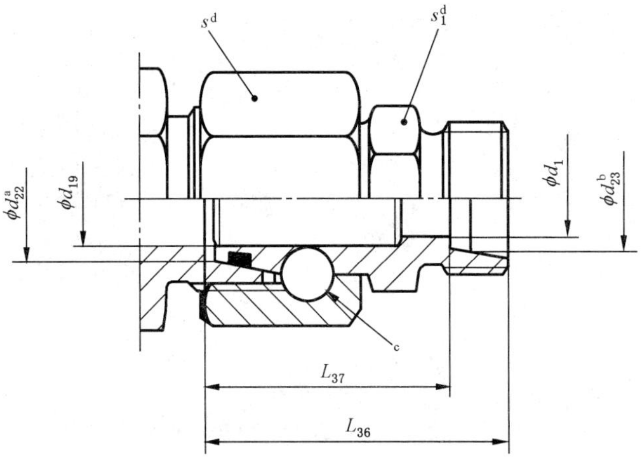

a 管子外径（d_{22}）。

b 管子外径（d_{23}）。

c 旋转螺母组装方法由制造商选择。

d 相对平面尺寸。

图 25 带 O 形圈的缩径回转直通管接头（RDSW）

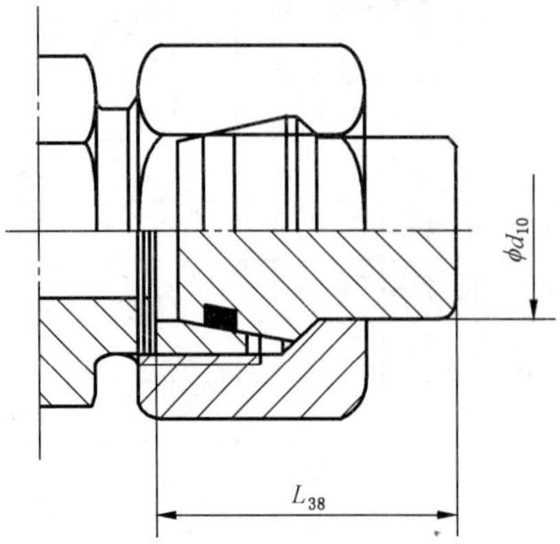

图 26 带 O 形圈的堵头（PL）

表 21 带 O 形圈的缩径回转管接头尺寸

单位为毫米

系列	管子外径 d_{22} 参考	管子外径 d_{23} 参考	d_1 参考	d_{19} 最小	L_{36} ±0.5	L_{37} 参考	s_1	S
L	8	6	4	4	30.5	23.5	12	17
L	10	6	4	6	32	25	14	19
L	10	8	6	6	32	25	14	19
L	12	6	4	8	32	25	17	22
L	12	8	6	8	32	25	17	22
L	12	10	8	8	33	26	17	22
L	15	10	8	10	36.5	29.5	19(22)	27
L	15	12	10	10	36.5	29.5	19(22)	27
L	18	15	12	12	37	30	24	32
L	22	15	12	17	41	34	27	36
L	22	18	15	17	41	33.5	27	36
L	28	15	12	22	43	36	32(36)	41(46)
L	28	18	15	22	43	35.5	32(36)	41(46)
L	28	22	19	22	45	37.5	32(36)	41(46)
L	35	15	12	28	46	39	41(46)	50
L	35	18	15	28	46	38.5	41(46)	50
L	35	22	19	28	48	40.5	41(46)	50
L	35	28	24	28	48	40.5	41(46)	50
L	42	15	12	34	49.5	42.5	50	60
L	42	18	15	34	49.5	42	50	60
L	42	22	19	34	51.5	44	50	60
L	42	28	24	34	51.5	44	50	60
L	42	35	30	34	53.5	43	50	60
S	8	6	4	4	34	27	14	19
S	10	6	4	6	34.5	27.5	17	22
S	10	8	5	6	34.5	27.5	17	22
S	12	6	4	8	37	29	19	24
S	12	8	5	8	37	29	19	24
S	12	10	7	8	37	29.5	19	24
S	16	6	4	11	39	32	22	30
S	16	8	5	11	39	32	22	30
S	16	10	7	11	39	31.5	22	30
S	16	12	8	11	39	31.5	22	30

表 21（续）

单位为毫米

系列	管子外径 d_{22} 参考	管子外径 d_{23} 参考	d_1 参考	d_{19} 最小	L_{36} ±0.5	L_{37} 参考	s_1	S
S	20	6	4	14	43	36	27	36
		8	5	14	43	36		
		10	7	14	43	35.5		
		12	8	14	43	35.5		
		16	12	14	45	36.5		
	25	6	4	18	45.5	38.5	32(36)	46
		8	5	18	45.5	38.5		
		10	7	18	45.5	38		
		12	8	18	45.5	38		
		16	12	18	47.5	39		
		20	16	18	49.5	39		
	30	6	4	23	51	44	41	50
		8	5	23	51	44		
		10	7	23	51	43.5		
		12	8	23	51	43.5		
		16	12	23	53	44.5		
		20	16	23	55	44.5		
		25	20	23	57	45		
	38	6	4	30	54.5	47.5	50	60
		8	5	30	54.5	47.5		
		10	7	30	54.5	47		
		12	8	30	54.5	47		
		16	12	30	56.5	48		
		20	16	30	58.5	48		
		25	20	30	60.5	48.5		
		30	25	30	62.5	49		

表 22　带 O 形圈的堵头尺寸

系　列	管子外径 d_{10}	L_{38} ±0.5
L	6	19.0
	8	19.0
	10	20.5
	12	21.0
	15	21.0
	18	23.5

表 22（续）

系　　列	管子外径 d_{10}	L_{38} ±0.5
L	22	26.0
	28	26.5
	35	32.0
	42	32.5
S	6	19.0
	8	19.0
	10	21.0
	12	21.5
	16	25.0
	20	30.5
	25	32.5
	30	35.5
	38	40.5

参 考 文 献

［1］ GB/T 1800.2 极限与配合 基础 第2部分：公差、偏差和配合的基本规定（GB/T 1800.2—1998，eqv ISO 286-1：1988）

［2］ GB/T 1800.3 极限与配合 基础 第3部分：标准公差和基本偏差数值表（GB/T 1800.3—1998，eqv ISO 286-1：1988）

［3］ GB/T 1800.4 极限与配合 标准公差等级和孔、轴的极限偏差表（GB/T 1800.4—1999，eqv ISO 286-2：1988）

［4］ GB/T 2351 液压气动系统用硬管外径和软管内径（GB/T 2351—2005，ISO 4397：1993，IDT）

［5］ GB/T 7937 液压气动用管接头及其相关元件公称压力系列（GB/T 7937—2002，eqv ISO 4399：1995）

［6］ ISO 228-2 非螺纹密封连接的管螺纹 第2部分：用极限量规的检验方法

［7］ ISO 1179-3 一般用途和流体传动用管接头 ISO 228-1 螺纹及橡胶或金属对金属密封件的油口和螺柱端 第3部分：带O形圈及挡圈密封的轻型（L系列）螺柱端

ICS 23.100.60
J 20

中华人民共和国国家标准

GB/T 14041.3—2010/ISO 2941:2009
代替 GB/T 14041.3—1993

液压滤芯
第3部分:抗压溃(破裂)特性检验方法

Hydraulic fluid power—Filter elements—
Part 3:Verification of collapse/burst pressure rating

(ISO 2941:2009,Hydraulic fluid power—Filter elements—
Verification of collapse/burst pressure rating,IDT)

2011-01-14 发布　　2011-10-01 实施

中华人民共和国国家质量监督检验检疫总局
中国国家标准化管理委员会　发布

前　言

GB/T 14041《液压滤芯》分为以下四个部分：

——第1部分：结构完整性验证和初始冒泡点的确定；

——第2部分：材料与液体相容性检验方法；

——第3部分：抗压溃(破裂)特性检验方法；

——第4部分：额定轴向载荷检验方法。

本部分为GB/T 14041的第3部分。

本部分按照GB/T 1.1—2009给出的规则起草。

本部分代替GB/T 14041.3—1993《液压滤芯抗破裂性检验方法》，与GB/T 14041.3—1993相比，主要技术变化如下：

——改变了标准的名称；

——增加污染物的加入方式；

——增加试验油液黏度的检测和要求；

——对试验设备的规定更加明确；

——试验流量不要求为公称流量。

本部分使用翻译法等同采用ISO 2941:2009《液压传动　滤芯　抗压溃(破裂)特性的验证》(英文版)。

本部分与ISO 2941:2009技术内容相同。

与本部分中规范性引用的国际文件有一致性对应关系的我国文件如下：

——GB/T 786.1—2009　流体传动系统及元件图形符号和回路图　第1部分：用于常规用途和数据处理的图形符号(ISO 1219-1:2006,IDT)；

——GB/T 14041.1—2007　液压滤芯　第1部分：结构完整性验证和初始冒泡点的确定(ISO 2942:2004,IDT)；

——GB/T 14041.2—2007　液压滤芯　第2部分：材料与液体相容性检验方法(ISO 2943:1998,IDT)；

——GB/T 17446—1998　流体传动系统及元件　术语(idt ISO 5598:1985)。

为便于使用，本部分做了下列编辑性修改：

——为与现有标准系列一致，将标准名称改为《液压滤芯　第3部分：抗压溃(破裂)特性检验方法》；

——删除表1中压降的单位bar，只保留Pa及kPa；

——采用表的脚注的形式对表1中的“注入流量”及“注入系统容积”进行解释。

本部分由中国机械工业联合会提出。

本部分由全国液压气动标准化技术委员会(SAC/TC 3)归口。

本部分起草单位：中国船舶重工集团公司第七〇七研究所九江分部、新乡市平菲滤清器有限公司、黎明液压公司、广州机械科学研究院。

本部分主要起草人：刘勇、刘党华、高院安、王培培、吕寄中、叶萍、郑远、闵新和。

本部分所代替标准的历次版本发布情况为：

——GB/T 14041.3—1993。

引　言

在液压传动系统中，功率是通过密闭回路中的受压液体来传递和控制的。

过滤器通过滤除不可溶解的颗粒污染物来控制液体的污染度。滤芯是起实际过滤作用的多孔元件。

滤芯维持指定的油液污染度等级的能力不仅与其性能及结构完整性有关，还有赖于其抵御非稳定条件（如冷启动或突然的卸压）的能力。滤芯的抗压溃（破裂）特性可以用来评价其抵御上述不利条件影响的能力。

液压滤芯
第3部分:抗压溃(破裂)特性检验方法

1 范围

GB/T 14041的本部分规定了一种液压滤芯抗压溃(破裂)特性的检验方法,以确定滤芯在正常流动(指定流向)下承受指定压降的能力。通过向系统中不断注入试验粉末使得滤芯的压降不断升高,直至滤芯出现压溃(破裂)或者未压溃(破裂)而达到预定最大压降为止。

2 规范性引用文件

下列文件对于本文件的应用是必不可少的。凡是注日期的引用文件,仅注日期的版本适用于本文件。凡是不注日期的引用文件,其最新版本(包括所有的修改单)适用于本文件。

ISO 1219-1 流体传动系统和元件 图形符号和回路图 第1部分:用于常规用途和数据处理应用的图形符号(Fluid power systems and components—Graphic symbols and circuit diagrams—Part 1: Graphic symbols for conventional use and data-processing applications)

ISO 2942 液压传动 滤芯 结构完整性验证和初始冒泡点的确定(Hydraulic fluid power—Filter elements—Verification of fabrication integrity and determination of the first bubble point)

ISO 2943 液压传动 滤芯 材料与液体相容性检验(Hydraulic fluid power—Filter elements—Verification of material compatibility with fluids)

ISO 5598 流体传动系统及元件 术语集(Fluid power systems and components—Vocabulary)

ISO 12103-1 道路车辆 过滤器性能试验粉末 第1部分:亚利桑那试验粉末(Road vehicles—Test dust for filter evaluation—Part 1:Arizona test dust)

3 术语和定义

在ISO 5598中确立的术语和定义适用于本文件。

4 图形符号和系统图

本部分中的图形符号符合ISO 1219-1的规定。

5 试验回路及设备

5.1 试验回路

图1表示出按第6章所进行的抗压溃(破裂)特性试验的典型回路。

5.2 试验设备

5.2.1 被试过滤器壳体，要求确保试验液体不会旁通被试滤芯。

5.2.2 泵及电机，保证为试验回路提供足够的流量及压力以满足需要的压降。应能保证在整个试验过程中流量的波动不超过试验要求流量的±5%，流量波动引起试验流量过大或过小都将造成试验结果的不准确。

5.2.3 油箱，具有足够的容积以盛装试验回路的油液，设计成有利于试验粉末悬浮的结构，避免死区及盲角。

5.2.4 管路连接件及阀，可以控制油液通过被试过滤器。另外，可选择安装安全阀。

5.2.5 压差计，可以记录被试过滤器的压降。

5.2.6 带状电子图表记录仪，响应频率 40 Hz～100 Hz，或与记录仪器相匹配。

注：有时还可以在试验回路的被试过滤器下游接一自动颗粒计数器或污染指示器。

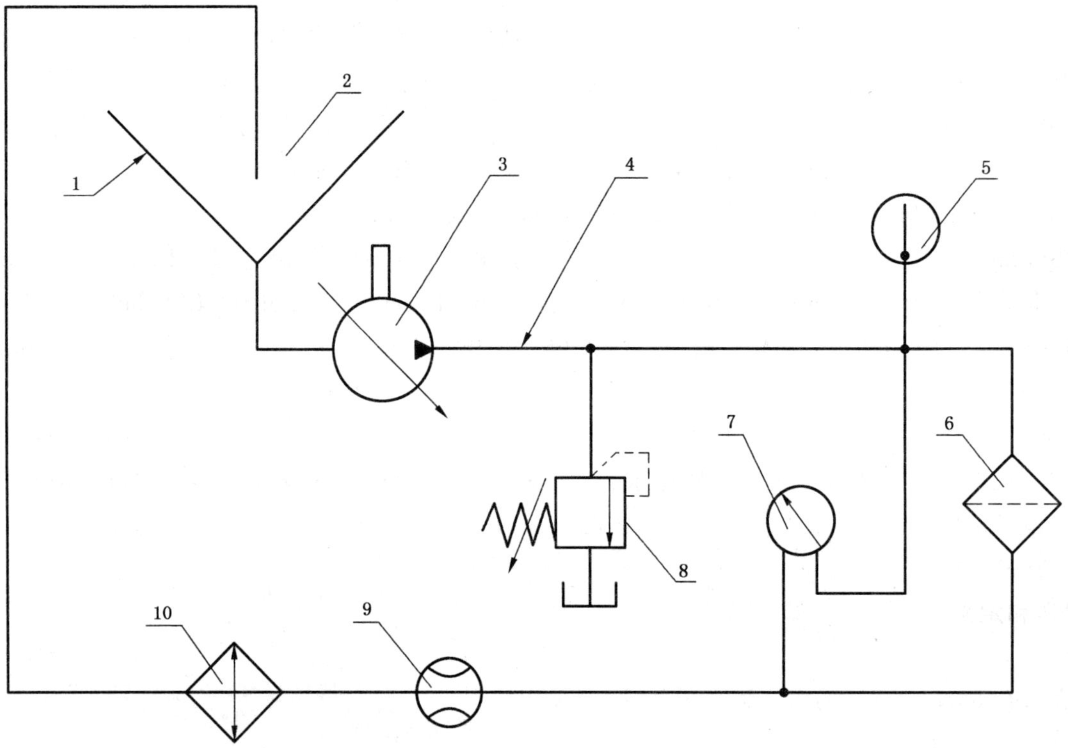

说明：

1——试验油箱；
2——污染物注入位置；
3——泵；
4——备用的污染物注入位置；
5——温度计；
6——被试过滤器；
7——压差计；
8——安全阀；
9——流量计；
10——冷却器。

图 1 典型的滤芯抗压溃(破裂)特性试验回路

5.3 油液

使用的试验油液按 ISO 2943 的要求应与被试滤芯的材料相容。

5.4 试验粉末

试验粉末应选用 ISO 12103-1 要求的 A2(ISO 精细试验粉末)或 A3(ISO 中级试验粉末),或其他惰性颗粒污染物。试验时的粉末不应改变滤芯的强度。

5.5 准确度和试验条件

仪器精度和试验条件应保持在表 1 规定的变化范围内。

表 1 仪器精度和试验条件的变化范围

试验参量	单位	仪器读数精度(±)	允许的试验条件变动范围(±)
压降	Pa 或 kPa	5%	—
注入流量[a]	mL/min	2%	5%
试验流量	L/min	2%	5%
运动黏度[b]	mm^2/s	2%	—
质量	g	0.1 mg	—
温度	℃	1 ℃	2%
时间	s	1 s	—
注入系统容积[c]	L	2%	—
过滤器试验系统容积	L	2%	5%

[a] 指单位时间内注入到试验系统的试验粉末悬浮液的体积。

[b] 1 mm^2/s=1 cst(centistoke)。

[c] 指试验时盛有试验粉末悬浮液的注入容器及注入管路总容积。

6 试验步骤

6.1 按 ISO 2942 的要求对滤芯进行结构完整性试验。

6.2 如果滤芯没有达到制造商指定的初始冒泡值,则不进行后续试验。如果滤芯达到或者超过滤芯制造商指定的初始冒泡值,则将滤芯上的残留液体烘干,或者用即将进行的抗压溃(破裂)特性试验所用的油液冲洗干净。

6.3 将被试过滤器壳体安装在图 1 所示的抗压溃(破裂)特性试验台上。

6.4 应以制造商所给的额定流量或该额定流量的 50%~80%,并在 15 ℃~40 ℃之间选择试验温度或以指定的试验温度,测定通过过滤器壳体的压降,并做好记录。

6.5 将滤芯安装进被试过滤器壳体中。

6.6 采用与 6.4 相同的流量和温度对滤芯进行试验。整个试验过程应维持恒定的流量。温度的变化范围不应超过±2 ℃,记录试验温度下油液的黏度以及总压降。系统安全阀的压力调定值不宜低于被试滤芯最终指定压溃(破裂)压降的150%。

6.7 连续或间断地向系统中注入试验粉末,间断注入时每次试验粉末的注入量不得超过滤芯预估纳污容量的5%,间隔时间至少2 min,试验时需维持指定的流量和温度。记录试验粉末的类型。试验粉末的注入应采取一致的方式,试验粉末的浓度应足够低,便于压力检测仪器能检测出滤芯的结构性破损。

为了减少试验时间,在制造商允许的条件下,可以为被试滤芯预添加50%预估纳污容量的粉末。

6.8 记录试验流量以及随着试验粉末的添加而不断增长的压降(压降值用kPa表示),粉末的注入量用克或单位时间内的试验粉末质量表示,直至滤芯净压降(滤器总成压降减去空滤壳压降)达到或超过指定压溃(破裂)值,或滤芯发生结构性破损。如果粉末为间断性注入,则在每次注入后,等待2 min再记录流量和压降值。

6.9 如果上述滤芯外观上没有任何损坏,则使用与6.1相同的液体,再次按ISO 2942的要求对该滤芯进行结构完整性试验。

6.10 记录如下数据:

a) 试验流量;

b) 滤芯达到的最大压降;

c) 油液温度;

d) 试验油液的类型及其在试验温度下的黏度;

e) 所注入试验粉末的类型;

f) 通过被试滤芯的油液流向;

g) 泵的类型。

6.11 如果在滤芯破裂或压溃前试验粉末已充满过滤器壳体,此试验应视为无效。

6.12 用粉末注入速率(g/min)乘以注入时间(min),即为试验粉末的总加入量。

6.13 绘制出压降对应于粉末注入量的线性坐标曲线图。

7 验收标准

如果被试滤芯在试验时同时满足如下条件,则可认为该滤芯通过抗压溃(破裂)性验证。

a) 按ISO 2942进行结构完整性验证时,滤芯的结构、滤材及密封件没有明显可见的损坏,且初始冒泡点不低于指定值;

b) 在6.13所示的曲线中,在达到指定的压溃(破裂)值之前,没有出现压降骤降(短暂的压降下降可以不予考虑)。

8 试验报告

8.1 滤芯按本部分进行试验后,其试验报告应包含如下信息:

a) 试验流量;

b) 滤芯压溃(破裂)前承受的最大压降;

c) 试验油液的温度;

d) 试验油液的类型及其在试验温度下的黏度;

e) 所注入试验粉末的类型;

f) 通过被试滤芯的油液流向；

g) 最小压溃(破裂)压力；

h) 泵的类型。

8.2 试验数据应采用附录B的格式进行记录。

9 标注说明

当完全遵照本部分时,在试验报告、产品目录和销售文件中作如下说明：

“滤芯抗压溃(破裂)特性按照GB/T 14041.3—2010《液压滤芯　第3部分:抗压溃(破裂)特性检验方法》测定”。

附　录　A
（资料性附录）
滤芯抗压溃（破裂）特性试验推荐使用的带状电子图表记录仪及其测得的典型曲线

A.1　概述

ISO 2941 对滤芯压降的测量精度有要求，因此最好采用自动数据记录方法，如数据记录器、计算机或图表记录器。在进行滤芯抗压溃（破裂）试验时，传感器（记录器）组合系统的频率应大于 50 Hz，以确定滤芯结构或滤材是否出现毁坏。使用记录仪器本身并不能保证带来好的结果。应仔细地调整好仪器。A.2 提供了一些指导信息。

A.2　特别建议

A.2.1　传感器的电衰减应维持在最小值。

A.2.2　传感器和过滤器进油管路之间不得有任何阻尼孔。

A.2.3　数据采集率及图表速度应合理设置，以便滤材或滤芯结构出现毁坏时，能够准确识别。

A.2.3.1　在试验的初始阶段，滤芯刚被安装时（也就是压降大概增长至压溃（破裂）估计值的 10%之前）记录仪器的数据采集率及图表速度应设定在最慢值。

A.2.3.2　在试验的临界阶段（也就是滤芯压降由压溃（破裂）估计值的 10%至毁坏压降或试验压降阶段），记录仪器的数据采样频率应能检测到滤芯毁坏的压降点。0.2 Hz 的数据采样频率及 5 mm/s 的图表速度已被证明是比较合适的，这也取决于所使用仪器的性能。

如果试验粉末是间断注入而不是连续注入的，建议记录仪器设定在合适的速度，以便及时记录压降的变化。

附 录 B
（资料性附录）
试验数据报告格式

试验日期：________________ 试验员：________________

试验条件及设备：

试验流量：________________ 试验温度：________________

泵类型：________________ 滤芯压溃（破裂）前承受的最大压降：________

试验粉末类型：________________ 通过滤芯的油液流向：________________

试验所用油液：

类型：________________ 黏度：________ mm^2/s 在________℃

被试滤芯：

制造商：________________

制造商的标识或部件号：________________

批次号/日期代码：________________

使用过/未使用：________________

评论（备注）：________________

最小压溃（破裂）压力值：________________

附 录 C
（资料性附录）
压降随试验粉末注入量上升的曲线中斜率突降的一些实例

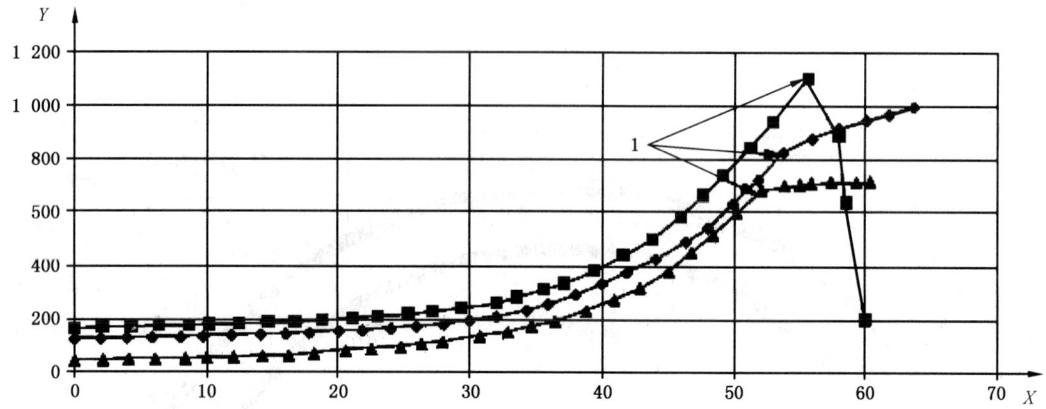

说明：

X——ISO 中级试验粉末的注入量，用 g 表示；

Y——压降，用 kPa 表示；

1——斜率突变的压溃值。

图 C.1 压降-污染物注入量曲线中压降斜率突降例 1

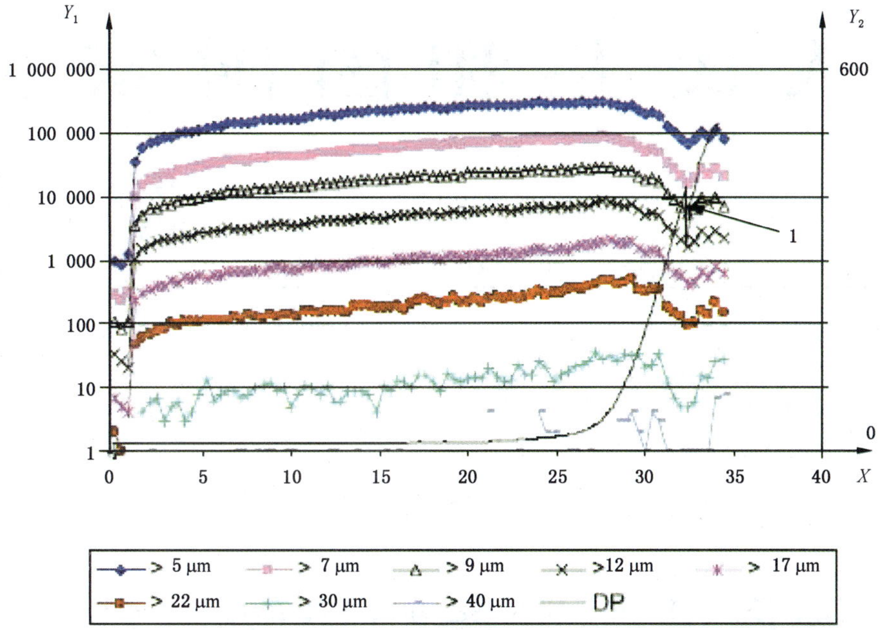

说明：

X——注入的 ISO 中级试验粉末质量，用 g 表示；

Y_1——每 10 mL 油液中的颗粒数；

Y_2——压降，用 kPa 表示；

1——滤芯内筒的压溃值。

图 C.2　压降-污染物注入量曲线中压降斜率突降例 2

ICS 29.130.20
K 32

中华人民共和国国家标准

GB 14048.4—2010
代替 GB 14048.4—2003

低压开关设备和控制设备 第4-1部分:接触器和电动机起动器 机电式接触器和电动机起动器（含电动机保护器）

Low-voltage switchgear and controlgear—Part 4-1:Contactors and motor-starters—Electromechanical contactors and motor-starters (Including motor protector)

(IEC 60947-4-1:2009 Ed.3.0,MOD)

2010-11-10 发布　　2011-09-01 实施

中华人民共和国国家质量监督检验检疫总局
中国国家标准化管理委员会 发布

前　　言

本部分中8.1.3、8.2.3、8.2.4.1、8.2.4.2、8.3.2.2、8.3.3.2、9.3.3.4、9.3.3.5.5、9.3.3.6、9.4为强制性条文，其余为推荐性条文。

本部分修改采用IEC 60947-4-1:2009-09 Ed.3.0《低压开关设备与控制设备　第4-1部分　接触器和电动机起动器-机电式接触器和电动机起动器》，本部分与IEC的差异见附录L。

本部分在技术内容与编写格式上基本与IEC一致。

本部分参考了GB 14048.1—2006《低压开关设备和控制设备　总则》，规定了补充要求：交流额定1 140 V的接触器和起动器可参照本部分执行。

本部分是GB 14048《低压开关设备和控制设备》系列标准之一，有关接触器和起动器的一般要求大量引用GB 14048.1—2006《低压开关设备和控制设备　总则》中的条款，故在使用中需与GB 14048.1—2006《低压开关设备和控制设备　总则》结合使用。《低压开关设备和控制设备》包括：

——GB 14048.1　低压开关设备和控制设备　第1部分：总则；

——GB 14048.2　低压开关设备和控制设备　第2部分：断路器；

——GB 14048.3　低压开关设备和控制设备　第3部分：开关、隔离器、隔离开关及熔断器组合电器；

——GB 14048.4　低压开关设备和控制设备　第4-1部分：接触器和电动机起动器　机电式接触器和电动机起动器（含电动机保护器）；

——GB 14048.5　低压开关设备和控制设备　第5-1部分：控制电路电器和开关元件　机电式控制电路电器；

——GB 14048.6　低压开关设备和控制设备　第4-2部分：接触器和电动机起动器　交流半导体电动机控制器和起动器（含软起动器）；

——GB/T 14048.7　低压开关设备和控制设备　第7-1部分：辅助器件　铜导体的接线端子排；

——GB/T 14048.8　低压开关设备和控制设备　第7-2部分：辅助器件　铜导体的保护导体接线端子排；

——GB 14048.9　低压开关设备和控制设备　第6-2部分：多功能电器（设备）控制与保护开关电器（设备）；

——GB/T 14048.10　低压开关设备和控制设备　第5-2部分：控制电路电器和开关元件　接近开关；

——GB/T 14048.11　低压开关设备和控制设备　第6-1部分：多功能电器　转换开关电器；

——GB/T 14048.12　低压开关设备和控制设备　第4-3部分：接触器和电动机起动器　非电动机负载用交流半导体控制器和接触器；

——GB/T 14048.13　低压开关设备和控制设备　第5-3部分：控制电路电器和开关元件　在故障条件下具有确定功能的接近开关(PDF)的要求；

——GB/T 14048.14　低压开关设备和控制设备　第5-5部分：控制电路电器和开关元件　具有机械锁闩功能的电气紧急制动装置；

——GB/T 14048.15　低压开关设备和控制设备　第5-6部分：控制电路电器和开关元件　接近传感器和开关放大器的DC接口(NAMUR)；

——GB/T 14048.16　低压开关设备和控制设备　第8部分：旋转电机用装入式热保护(PTC)控制单元。

本部分是对GB 14048.4—2003《低压开关设备和控制设备　低压机电式接触器和电动机起动器》的修订。本部分与GB 14048.4—2003的主要差别见附录M。

本部分代替GB 14048.4—2003《低压开关设备和控制设备　低压机电式接触器和电动机起动器》。

本部分的附录A、附录B、附录F、附录K和附录Q是规范性附录。

本部分的附录D、附录E、附录G、附录H、附录I、附录J、附录L和附录M是资料性附录。

本部分由中国电器工业协会提出。

本部分由全国低压电器标准化技术委员会归口(SAC/TC 189)。

本部分负责起草单位:上海电器科学研究所(集团)有限公司。

本部分参加起草单位:上海电器股份有限公司人民电器厂、常熟开关制造有限公司、杭州之江开关股份有限公司、浙江正泰电器股份有限公司、德力西电气股份有限公司、苏州万龙电气集团股份有限公司、天正集团有限公司、环宇集团有限公司、虎牌控股集团有限公司、人民电器集团有限公司、宁波奇乐电器实业有限公司、施耐德电气(中国)投资有限公司、罗克韦尔自动化研究(上海)有限公司、ABB新会低压开关有限公司、上海华建电力设备有限公司、珠海派诺电子有限公司、浙江瑞安工泰电器有限公司、常安集团有限公司。

本部分主要起草人:曾萍、季慧玉、胡景泰。

本部分参加起草人:陈永淑、周建兴、胡雪松、萧红卫、黄蓉蓉、肖桂平、郑士泉、王旭川、李丽芳、陆炳权、吴爱新、朱校钧、王津先、宋伟宏、曹锦瑞、王琦、徐斌、蔡甫寒、朱明龙。

本部分所代替标准的历次版本发布情况:GB 14048.4—1993、GB 14048.4—2003。

低压开关设备和控制设备 第4-1部分:接触器和电动机起动器 机电式接触器和电动机起动器 (含电动机保护器)

1 范围与目的

1.1 范围

本部分适用于1.1和1.2所规定的电器型式,其主触头用于连接额定电压交流不超过1 000 V或直流不超过1 500 V的电路。

本部分涉及的起动器和(或)接触器一般不用于分断短路电流。所以适当的短路保护电器(见9.3.4)构成了设备的一部分,但并不是接触器或起动器必需的。

本部分适用于下列接触器和起动器:

——配有过载和(或)短路保护电器的接触器;

——配有分立的短路保护电器和(或)配有分立的短路保护电器且自身具有过载保护电器的起动器;

——接触器或起动器按规定的条件与短路保护电器组装后,例如综合式起动器或保护式起动器,被视为一个整体单元。

在综合式起动器和保护式起动器中,作为短路保护电器的断路器或熔断器组合电器,相应地应满足GB 14048.2和GB 14048.3的要求。

本部分包括下列电器型式:

1.1.1 交流和直流接触器

交流和直流接触器用于接通和分断电路,如果与适当的继电器组合(见1.1.2),可以保护操作(运行)中可能发生过载的电路。

注:接触器与适当的继电器组合后用于短路保护时应满足断路器标准(GB 14048.2)规定的有关条件。

本部分也适用于接触器式继电器的操动器和接触器线圈电路的专用触头。

本部分也适用于带电子式控制电磁铁的接触器或起动器。

1.1.2 交流电动机起动器

交流电动机起动器用以起动电动机和将电动机加速到额定转速,保证电动机连续运行,对电动机及其有关电路的过载操作(运行)进行保护,以及切断电动机的电源。

起动器中的过载继电器,包括具有或不具有附录H中的扩展功能的电子式过载继电器,本部分均适用。

注:电子式过载继电器也称为"电动机保护器"或"电动机管理系统"等。

1.1.2.1 直接(全电压)交流起动器

直接起动器用于起动和加速电动机至正常转速,并对电动机及其有关电路的过载操作(运行)进行保护,以及切断电动机的电源。

本部分也适用于可逆起动器。

1.1.2.2 **交流减压起动器**

减压起动器用于经过一级以上的转换，通过将电压施加到电动机的端子上或逐渐增加施加到电动机端子上，使电动机起动和加速至正常转速，并对电动机及其有关电路的过载操作(运行)进行保护，以及切断电动机的电源。

自动转换电器可用于控制从一级到另一级的依次切换操作。例如：延时接触器式继电器或定时限有或无继电器、欠电流继电器和自动加速控制器(见5.10)均可作为自动转换电器。

1.1.2.2.1 **星-三角起动器**

星-三角起动器在起动三相电动机时为星形接法，正常运行为三角形接法，并对电动机及其有关电路的过载操作(运行)进行保护，以及切断电动机的电源。

本部分规定的星-三角起动器不能用于快速反转电动机，因此，该起动器不适用于AC-4使用类别。

注：在星形连接时，线电流和电动机的转矩大约为三角形连接时的1/3。因此星-三角起动器用在起动时冲击电流需要限制或被驱动机械要求限制起动力矩的场合。本部分图1中给出了电动机起动电流、电动机起动力矩和被驱动机械力矩的典型曲线。

1.1.2.2.2 **两级自耦减压起动器**

两级自耦减压起动器用于起动交流感应电动机，并在降低的力矩条件下将电动机加速至正常转速，对电动机及其有关电路的过载操作(运行)进行保护，以及切断电动机的电源。

本部分适用于作为起动器一部分的自耦变压器或专门用于起动器的独立的自耦减压器。

本部分不包括多于二级的自耦减压起动器。

本部分规定的自耦减压起动器不能用于电动机的点动控制或电动机快速反转控制，因此该起动器不适用于AC-4使用类别。

注：在起动位置和在额定电压下相比，线电流和电动机力矩将大约下降至起动电压与额定电压之比的平方。因此自耦减压起动器用在起动时冲击电流需要限制或被驱动机械要求限制起动力矩的场合。本部分图2中给出了电动机起动电流、电动机起动力矩和被驱动机械力矩的典型曲线。

1.1.2.3 **转子变阻式起动器**

转子变阻式起动器是通过切换已接入到转子电路中的电阻来起动具有绕线式转子的交流感应电动机，可对电动机及其有关电路的过载操作(运行)进行保护，以及切断电动机的电源。

对于绕线异步电动机，开路滑环间的最高电压应不超过接入转子电路的开关电器的绝缘电压的2倍(见5.3.1.1.2)。

注：上述要求的提出是基于转子的电气应力低于定子的电气应力，且电气应力为短时应力。

本部分也适用于当电动机停止时反接电动机定子接线使其能在两个方向旋转的起动器(见5.3.5.5)。点动、反向等操作必须有附加的要求，这些附加要求应由制造厂和用户协商解决。

本部分适用于作为起动器一部分的变阻器或专门用于起动器的独立的变阻器。

1.2 **本部分不适用于下述电器**

——直流起动器；

——特殊用途和在起动位置连续运行的：星-三角起动器、转子变阻式起动器及两级自耦减压起动器；

——不平衡转子变阻式起动器，即各相的电阻值不同；

——不仅用于起动而且用于调速的起动器；
——液态起动器和“液态-汽态”起动器；
——半导体接触器和在主电路中使用半导体接触器的起动器；
——定子变阻式起动器；
——特殊用途的接触器和起动器；
——接触器的辅助触头和接触器式继电器的触头，有关要求见 GB 14048.5—2008。

1.3 本部分的主要目的是规定

a) 接触器和起动器及辅助器件的特性。
b) 接触器和起动器应符合的条件：
   1) 操作和性能；
   2) 介电性能；
   3) 防护等级(如果有外壳的话)；
   4) 结构。
c) 验证满足上述条件的试验和试验所采用的方法。
d) 电器上标明的参数或制造厂说明书给出的参数。

2 规范性引用文件

下列文件对于本文件的应用是必不可少的。凡是注日期的引用文件，仅所注日期的版本适用于本文件。凡是不注日期的引用文件，其最新版本(包括所有的修改单)适用于本文件。

GB 755—2008 旋转电机 定额和性能(IEC 60034-1:2004,IDT)

GB/T 2421.1—2008 电工电子产品环境试验 概述和指南(IEC 60068-1:1988,IDT)

GB/T 2423.1—2008 电工电子产品环境试验 第2部分:试验方法 试验A:低温(IEC 60068-2-1:2007,IDT)

GB/T 2423.2—2008 电工电子产品环境试验 第2部分:试验方法 试验B:高温(IEC 60068-2-2:2007,IDT)

GB/T 2423.4—2008 电工电子产品环境试验 第2部分:试验方法 试验Db 交变湿热(12 h+12 h循环)(IEC 60068-2-30:2005,IDT)

GB/T 2423.5—1995 电工电子产品环境试验 第二部分:试验方法 试验Ea和导则:冲击(IEC 60068-2-27:1987,IDT)

GB/T 2423.10—2008 电工电子产品环境试验 第2部分:试验方法 试验Fc:振动(正弦)(IEC 60068-2-6:1995,IDT)

GB/T 2423.18—2000 电工电子产品环境试验 第2部分:试验方法 试验Kb:盐雾,交变(氯化钠溶液)(IEC 60068-2-52:1996,IDT)

GB/T 2828.1—2003 计数抽样检验程序 第1部分:按接收质量限(AQL)检索的逐批检验抽样计划(ISO 2859-1:1999,IDT)

GB/T 4798 系列标准 电工电子产品应用环境条件(IEC 60721-3 系列标准)

GB 4824—2004 工业、科学和医疗(ISM)射频设备 电磁骚扰特性 限值和测量方法(CISPR 11:2003,IDT)

GB/T 11021—2007 电气绝缘 耐热性分级(IEC 60085:2004,IDT)

GB 14048.1—2006 低压开关设备和控制设备 第1部分:总则(IEC 60947-1:2001,MOD)

GB 14048.2—2008 低压开关设备和控制设备 第2部分:断路器(IEC 60947-2:2006,IDT)

GB 14048.3—2008 低压开关设备和控制设备 第3部分：开关、隔离器、隔离开关以及熔断器组合电器(IEC 60947-3：2005，IDT)

GB 14048.5—2008 低压开关设备和控制设备 第5-1部分：控制电路电器和开关元件 机电式控制电路电器(IEC 60947-5-1：2003，MOD)

GB 14048.16—2006 低压开关设备和控制设备 第8部分：旋转电机装入式热保护(PTC)控制单元(IEC 60947-8：2003，IDT)

GB/T 16855.1—2008 机械安全 控制系统有关安全部件 第1部分：设计通则(ISO 13849-1：2006，IDT)

GB/T 17626.2—2006 电磁兼容 试验和测量技术 静电放电抗扰度试验(IEC 61000-4-2：2001，IDT)

GB/T 17626.3—2006 电磁兼容 试验和测量技术 射频电磁场辐射抗扰度试验(IEC 61000-4-3：2002，IDT)

GB/T 17626.4—2008 电磁兼容 试验和测量技术 电快速瞬变脉冲群抗扰度试验(IEC 61000-4-4：2004，IDT)

GB/T 17626.5—2008 电磁兼容 试验和测量技术 浪涌(冲击)抗扰度试验(IEC 61000-4-5：2005，IDT)

GB/T 17626.6—2008 电磁兼容 试验和测量技术 射频场感应的传导骚扰抗扰度(IEC 61000-4-6：2006，IDT)

GB/T 19582 基于Modbus协议的工业自动化网络规范(IEC 61158 CPE15(FDIS)-2006，MOD)

GB/T 20438 系列标准 电气/电子/可编程电子安全相关系统的功能安全(IEC 61508系列标准)

GB/T 21109 系列标准 过程工业领域安全仪表系统的功能安全(IEC 61511系列标准)

GB/T 21711.1—2008 基础机电继电器 第1部分：总则与安全要求(IEC 61810-1：2003，IDT)

IEC 60092-504：2001 船舶电气设施 第504部分：特项 控制和仪器仪表

IEC 60300-3-5：2001 可信性管理—第3-1部分：应用指南—可靠性试验条件和统计试验原则

IEC 61439-1：2009 低压成套开关设备和控制设备—第1部分：总则

IEC 61513：2001 核电厂—安全系统的使用仪器和控制—系统的一般要求

IEC 61649：2008 威布尔分析

IEC 62061：2005 机械安全—与安全有关的电气、电子和可编程电子控制系统的功能安全

3 术语和定义

3.1 概述

GB 14048.1—2006中的第2章除外，术语和定义、符号和缩写适用于本文件。

3.2 空

3.3 有关接触器的术语和定义

3.3.1

(机械)接触器 contactor (mechanical)

仅有一个休止位置，能接通、承载和分断正常电路条件(包括过载运行条件)下的电流的一种非手动操作的机械开关电器。

注1：接触器可根据闭合主触头所需要的力进行设计。(IEV 441-14-33)

以下的注不包含于IEV 441-14-33：

注2：术语"非手动操作"指电器可用一个或多个外部能源控制和保持在工作位置上。

注3：接触器通常用于频繁操作。

3.3.2

电磁式接触器 electromagnetic contactor

由电磁铁产生的力闭合接通主触头或断开分断主触头的接触器。

注：电磁铁可以是电子式控制的(见3.3.8)。

3.3.3

气动接触器 pneumatic contactor

由压缩空气装置而不用电的方式产生的力闭合接通主触头或断开分断主触头的接触器。

3.3.4

电气气动接触器 electro-pneumatic contactor

通过电气阀控制压缩空气装置产生的力闭合接通主触头或断开分断主触头的接触器。

3.3.5

锁扣接触器 latched contactor

当操作机构失去能量时，通过锁扣装置使可动部分不能返回至休止位置的接触器。

注1：锁扣机构的锁扣和释放可用机械的、电磁的、气动的等方法。

注2：由于有了锁扣机构，锁扣接触器实际上具有第二个休止位置，按接触器的定义严格的讲，不能称之为接触器。但是，不论在使用方面还是设计方面，锁扣接触器与其他类型的开关电器相比都更接近于接触器，因此，在所适用的场合它应符合接触器的标准较为恰当。(IEV 441-14-34)

3.3.6

真空接触器(或起动器) vacuum contactor (or starter)

主触头在高真空的壳内断开和闭合的接触器(或起动器)。

3.3.7

(接触器的)休止位置 position of rest (of a contactor)

当接触器的电磁铁或压缩空气装置未施加能量时，接触器可动部件所处的位置。(IEV 441-16-24)

3.3.8

电磁铁的电子式控制线圈 electronically energized coil of electromagnet

线圈由带有有源电子元件的电路激励。

3.4 有关起动器的术语和定义

3.4.1

起动器 starter

起动和停止电动机所需的所有开关电器与适当的过载保护电器相结合的组合电器。(IEV 441-14-38，修改的)

3.4.2

直接起动器 direct-on-starter

将电路电压直接加到电动机接线端子上的起动器。(IEV 441-14-40)

3.4.3

可逆起动器 reversing starter

在电动机运行的情况下，反接定子接线使电动机反转的起动器。

3.4.4

双向起动器 two-direction starter

仅在电动机停转的情况下反接定子接线使电动机反转的起动器。

3.4.5

减压起动器 reduced voltage starter

通过采用多于一级的方式将线电压施加到电动机的端子上或逐步增加施加在电动机端子上的电压的起动器。

3.4.5.1

星-三角起动器 star-delta starter

采用改变三相感应电动机定子绕组的接法，在起动时接成星形，在运行时改接为三角形的起动器。(IEV 441-14-44)

3.4.5.2

自耦减压起动器 auto-transformer starter

用自耦变压器引出一个或多个抽头，实现降低电压来起动电动机的起动器。(IEV 441-14-45)

注：(不包含于IEV 441-14-45)自耦变压器在GB 1094.1—1996中有如下定义："两线圈至少有一个公共部分的变压器"。

3.4.6

变阻式起动器 rheostatic starter

用一个或多个电阻器来得到电动机起动时的转矩特性和限制电流的起动器。(IEV 441-14-42)

注：(不包含于IEV 441-14-42)变阻式起动器一般由三个基本部分构成，这些部分可以组合提供，也可以是分立的部件在使用场合连在一起使用。这三部分包括：

——定子供电用的机械开关电器(通常装有过载保护电器)；

——接入定子或转子电路的电阻器；

——循序切除电阻器用的机械开关电器。

3.4.6.1

定子变阻式起动器 rheostatic stator starter

在起动时循序切除预先接在笼型电动机定子电路中的一个或多个电阻器的变阻式起动器。

3.4.6.2

转子变阻式起动器 rheostatic rotor starter

在起动时循序切除预先接在绕线式感应电动机转子电路中的一个或多个电阻器的变阻式起动器。(IEV 441-14-43)

3.4.7

保护式起动器 protected starter

由起动器、人力操作的开关电器和短路保护电器组成，制造厂将其定义为一个单元设备。

注1：保护式起动器可以带外壳也可以不带外壳。

注2：在本部分中，"制造厂"指的是任何个人、公司或组织，他们具有如下的基本责任：

——验证符合相应的标准；

——根据第6章的要求，提供产品的资料。

注3：人力操作的开关电器和短路保护电器可以是单一的电器，也可以包括过载保护。

3.4.8

综合式起动器 combination starter(见图3)

由具有隔离功能的保护式起动器组成。

注：也称为"综合式电动机控制器"。

3.4.9

人力操作起动器 manual starter

闭合主触头的力完全由人力产生的起动器。(IEV 441-14-39)

3.4.10

电磁起动器　electromagnetic starter

闭合主触头的力由电磁铁产生的起动器。

3.4.11

电动机操作起动器　motor-operated starter

闭合主触头的力由电动机产生的起动器。

3.4.12

气动起动器　pneumatic starter

闭合主触头的力由压缩空气装置而不用电的方式产生的起动器。

3.4.13

电气气动起动器　electro-pneumatic starter

闭合主触头的力由电气阀控制的压缩空气装置产生的起动器。

3.4.14

单级起动器　single-step starter

在断开和运行位置之间没有中间加速位置的起动器。

注：单级起动器是直接起动器(见3.3.2)。

3.4.15

两级起动器　two-step starter

在断开和运行位置之间只有一个中间加速位置的起动器。

例如：星-三角起动器是两级起动器。

3.4.16

***n* 级起动器　*n*-step starter(见图4)**

在断开和运行位置之间有(n—1)个中间加速位置的起动器。

例如：三级变阻式起动器有两个电阻用于起动。(IEV 441-14-41)

3.4.17

断相保护热过载继电器或脱扣器　phase loss sensitive thermal overload relay or release

按规定的要求，当过载和断相时动作的多极热过载继电器或脱扣器。

3.4.18

欠电流继电器或脱扣器　under-current relay or release

当通过继电器或脱扣器的电流低于整定值时自动动作的继电器或脱扣器。

3.4.19

欠电压继电器或脱扣器　under-voltage relay or release

当施加于继电器或脱扣器的电压低于整定值时自动动作的继电器或脱扣器。

3.4.20

(变阻式起动器的)起动时间　starting time (of a rheostatic starter)

起动时起动电阻或部分起动电阻的载流时间。

注：起动器的起动时间比电动机总的起动时间短，后者还包括转换到运行位置后接着的一段加速过程。

3.4.21

(自耦减压起动器的)起动时间　starting time (of an auto-transfomer starter)

起动时自耦变压器的载流时间。

注：起动器的起动时间比电动机总的起动时间短，后者还包括转换到运行位置后接着的一段加速过程。

3.4.22

开路转换(自耦减压起动器或星-三角起动器)　open transition (with an auto-transformer starter or star-delta starter)

电路设计成当起动器从一级转换到另一级时电源被分断后再接通。

注：这种转换不作为附加级。

3.4.23

闭路转换(自耦减压起动器或星-三角起动器) closed transition(with an auto-transformer starter or star-delta starter)

电路设计成当起动器从一级转换到另一级时其电源不被分断(即使是瞬间)。

注：这种转换不作为附加级。

3.4.24

密接通断(点动) inching (jogging)

在很短的时间内多次通断电动机或线圈，使被驱动机构得到小的位移。

3.4.25

反接制动与反向 plugging

当电动机运行时反接电动机的定子接线迅速使电动机停止或反向运行。

3.4.26

保护式开关电器 protected switching device

由接触器或半导体控制器、过载保护、人力操作开关电器和短路保护电器组成，制造厂将其定义为一个单元设备(非电动机负载)。

注1：保护式开关电器可以带外壳也可以不带外壳。

注2：在本部分中，“制造厂”指的是任何个人、公司或组织，他们具有如下的基本责任：

——验证符合相应的标准；

——根据第6章的要求，提供产品的资料。

注3：人力操作的开关电器和短路保护电器可以是单一的电器，也可以包括过载保护。

3.4.27

综合式开关电器 combination switching device

由具有隔离功能的保护式开关电器组成。

3.4.28

电子式堵转过载继电器 stall sensitive (electronic overload) relay

根据相关要求，起动过程中如果电流在规定时间内没有减小到预定值以下，或当继电器接收到的输入信号表明电动机在规定时间过后没有旋转，在上述任何一种情况下均会动作的电子式过载继电器。

注1：堵转指的是转子在起动过程中被锁定。

注2：适当调整电流和起动时间，这种继电器可用于检测起动超时。

3.4.29

电子式阻塞过载继电器 jam sensitive electronic overload relay

根据相关要求，如果发生过载且操作过程中电流超过规定值达到一定时间，在上述任何一种情况下均会动作的电子式过载继电器。

注：阻塞指的是起动完成以后发生了很大的过载，使电流达到了被控制电动机的锁定转子电流。

3.4.30

禁止保护时间 inhibit time

继电器的脱扣功能被推迟执行的一段时间(可以调节)。

3.5 特性量

3.5.1

瞬态恢复电压 transient recovery voltage(缩写：TRV)(IEV 441-17-26)

GB 14048.1—2006中2.5.34适用，并补充如下规定：

注：(不包含于IEV 441-17-26)：在真空接触器或起动器中，最高瞬态恢复电压可能出现在另一极而不是首先分断的一极。

3.5.2

CO 操作　CO operation

电路由 SCPD 分断，电路接通由被试电器完成。

3.5.3

O 操作　O operation

电路由 SCPD 分断，电路接通由另一电器完成而被试电器始终处于闭合位置。

注： 接通电路之前 SCPD 通常处于闭合位置；有些情况下，SCPD 必须要闭合电路(见 9.3.4.2.2b)。

3.6 符号和缩写

AQL	接受质量限
EMC	电磁兼容
I_c	接通和分断电流(表 7)
I_e	额定工作电流(5.3.2.5)
I_{er}	额定转子工作电流(5.3.2.7)
I_{es}	额定定子工作电流(5.3.2.6)
I_{ic}	禁止保护电流(H.2.5)
I_{th}	约定自由空气发热电流(5.3.2.1)
I_{the}	约定封闭发热电流(5.3.2.2)
I_{thr}	约定转子发热电流(5.3.2.4)
I_{ths}	约定定子发热电流(5.3.2.3)
I_u	额定不间断电流(5.3.2.8)
SCPD	短路保护电器
T_p	脱扣时间(表 2)
U_c	额定控制电路电压(5.5)
U_e	额定工作电压 (5.3.1.1)
U_{er}	额定转子工作电压(5.3.1.1.2)
U_{es}	额定定子工作电压(5.3.1.1.1)
U_i	额定绝缘电压(5.3.1.2)
U_{imp}	额定冲击耐受电压(5.3.1.3)
U_{ir}	额定转子绝缘电压(5.3.1.2.2)
U_{is}	额定定子绝缘电压(5.3.1.2.1)
U_r	工频或直流恢复电压(表 7)
U_s	额定控制电源电压(5.5)

4 分类

5.2 中电器的种类和型式均可作为分类的依据。

5 接触器和起动器的特性

5.1 特性概要

接触器和起动器的特性用下列项目加以规定(当适用时)：

——电器的种类和型式(5.2)；

——主电路的额定值和极限值(5.3);
——使用类别(5.4);
——控制电路(5.5);
辅助电路(5.6);
——继电器和脱扣器的型式和特性(5.7);
——与短路保护电器的协调配合(5.8);
——自动转换电器和自动加速控制电器的型式和特性(5.10);
——两级自耦减压起动器的自耦变压器的型式和特性(5.11);
——转子变阻式起动器的起动电阻的型式和特性(5.12)。

5.2 电器的种类和型式

电器的种类和型式如下所述(见6)。

5.2.1 电器的种类

——接触器;
——直接交流起动器;
——星-三角起动器;
——两级自耦减压起动器;
——转子变阻式起动器;
——综合式起动器或保护式起动器。

5.2.2 极数

5.2.3 电流种类(交流或直流)

5.2.4 灭弧介质(空气、油、气体、真空等)

5.2.5 电器的操作条件

5.2.5.1 操作方式

例如:人力,电磁铁,电动机,气动,电气-气动。

5.2.5.2 控制方式

例如:
——自动式(由指示开关操作或程序控制);
——非自动式(手操作或按扭操作);
——半自动式(部分是自动的,部分是非自动的控制)。

5.2.5.3 特殊型式起动器的转换方式

星-三角起动器,转子变阻式起动器或自耦减压起动器的转换可以是自动式,非自动式或半自动式(见图4和图5)。

5.2.5.4 特殊型式的起动器的连接方式

例如:开路转换起动器,闭路转换起动器(见图5)。

5.3 主电路的额定值和极限值

接触器和起动器的额定值应根据5.3.1到5.4、5.8和5.9的规定来表示，根据需要可以增减。

注：转子变阻式起动器的额定值应根据5.3.1.2、5.3.2.3、5.3.2.4、5.3.2.6、5.3.2.7和5.3.5.5的规定来表示，根据需要可以增减。

5.3.1 额定电压

接触器和起动器的额定电压规定如下：

5.3.1.1 额定工作电压(U_e)

GB 14048.1—2006中的4.3.1.1适用。

5.3.1.1.1 额定定子工作电压(U_{es})

转子变阻式起动器的额定定子工作电压与额定定子工作电流一起确定了定子电路(包括其机械开关电器)的用途，且通断能力、工作制和起动特性与其有关。在任何情况下最大额定工作电压不应超过相应的额定绝缘电压。

注：额定定子工作电压用线电压表示。

5.3.1.1.2 额定转子工作电压(U_{er})

转子变阻式起动器的额定转子工作电压与额定转子工作电流一起确定了转子电路(包括其机械开关电器)的用途，且通断能力、工作制和起动特性与其有关。

额定转子工作电压等于当电动机定子端施加额定工作电压，电动机停转且转子开路时在滑环间测得的电压。

额定转子工作电压仅在起动位置短时施加，因此允许额定转子工作电压超过额定转子绝缘电压100%。

在选择和配置设备时，应考虑到起动器转子电路中的不同带电部件(如开关电器、变阻器、连接件等)之间的最大电压不相同。

5.3.1.2 额定绝缘电压(U_i)

GB 14048.1—2006中的4.3.1.2适用。

5.3.1.2.1 额定定子绝缘电压(U_{is})

转子变阻式起动器的额定定子绝缘电压是指接在定子电路中的电器及其组成单元的电压值，且与介电性能和爬电距离有关。

除非另有规定，额定定子绝缘电压就是起动器额定定子工作电压的最大值。

5.3.1.2.2 额定转子绝缘电压(U_{ir})

转子变阻式起动器的额定转子绝缘电压是指接在转子电路中的电器及其组成单元的电压值，且与介电性能试验和爬电距离有关。

5.3.1.3 额定冲击耐受电压(U_{imp})

GB 14048.1—2006中的4.3.1.3适用。

5.3.1.4 自耦减压起动器的额定起动电压

自耦减压起动器的额定起动电压是从自耦变压器抽头上得到的已降低的电压。

额定起动电压的优选值为额定工作电压的50%、65%或80%。

5.3.2 电流或功率

接触器或起动器的电流规定如下：

注：下列电流对于星-三角起动器是指三角形连接时的电流值，对于两级自耦减压起动器和转子变阻式起动器是指运行状态下的电流值。

5.3.2.1 约定自由空气发热电流(I_{th})

GB 14048.1—2006中的4.3.2.1适用。

5.3.2.2 约定封闭发热电流(I_{the})

GB 14048.1—2006中的4.3.2.2适用。

5.3.2.3 约定定子发热电流(I_{ths})

起动器约定定子发热电流或与开启式电器的电流 I_{ths}(见5.3.2.1)相一致，或与封闭式电器的电流 I_{thes}(见5.3.2.2)相一致。

转子变阻式起动器的定子发热电流是指在8 h工作制下起动器所能承载的最大电流(见5.3.4.1)，在此电流下起动器按9.3.3.3试验时，其各部分温升应不超过8.2.2规定的极限值。

5.3.2.4 约定转子发热电流(I_{thr})

起动器约定转子发热电流或与开启式电器的电流 I_{thr}(见5.3.2.1)相一致，或与封闭式电器的电流 I_{ther}(见5.3.2.2)相一致。

转子变阻式起动器的转子发热电流是指运行位置时亦即电阻器切除后，起动器中载有转子电流的各部分在8 h工作制(见5.3.4.1)下能承载的最大电流，在此电流下起动器按9.3.3.3进行试验，其温升应不超过8.2.2规定的极限值。

注1：对于在运行位置时实际上无电流流过的那些元件(开关电器、连接线、电阻器)，应验证在制造厂规定的额定工作制(见5.3.4)下，积分值 $\int_0^t i^2 dt$ 不导致温升高于8.2.2规定的极限值。

注2：当起动器内装电阻器时，应考虑其对温升的影响。

5.3.2.5 额定工作电流(I_e)或额定工作功率

接触器或起动器的额定工作电流是在考虑到额定工作电压(见5.3.1.1)、约定自由空气发热电流或约定封闭发热电流、过载继电器的额定电流、额定频率(见5.3.3)、额定工作制(见5.3.4)、使用类别(见5.4)和外壳防护型式的情况下，由制造厂作出相应的规定。

对于直接通断单台电动机的电器，在考虑到额定工作电压的条件下，额定工作电流可用电器规定配用的电动机的最大额定输出功率来代替或补充，制造厂应提供电动机功率与电流之间的关系。

注：附录G给出了额定工作电流和额定工作功率之间关系的相关数值。

对于起动器，额定工作电流指起动器在运行位置的电流。

5.3.2.6 额定定子工作电流(I_{es})或额定定子工作功率

转子变阻式起动器的额定定子工作电流是在考虑到装入起动器内过载继电器的额定电流、额定定子工作电压(见5.3.1.1.1)、约定自由空气发热电流或约定封闭发热电流、额定频率(见5.3.3)、额定工作制(见5.3.4)、起动特性(见5.3.5.5)和外壳防护型式的情况下,由制造厂作出相应的规定。

在考虑到额定定子工作电压的条件下,额定定子工作电流可用起动器在定子电路部分所能控制的电动机的最大额定输出功率来代替。

5.3.2.7 额定转子工作电流(I_{er})

转子变阻式起动器的额定转子工作电流是在考虑到额定转子工作电压(见5.3.1.1.2)、约定自由空气发热电流或转子封闭发热电流、额定频率(见5.3.3)、额定工作制(见5.3.4)、起动特性(见5.3.5.5)和外壳防护型式的情况下,由制造厂作出相应的规定。

额定转子工作电流等于在转子短接、电动机满载运行、定子供以额定电压及额定频率时,流过转子导体的电流。

当转子变阻式起动器的转子部分被单独规定额定值时,在考虑到额定转子工作电压的条件下,额定转子工作电流可用起动器的部件(开关电器、连接线、继电器、电阻器)规定配用的电动机的最大额定输出功率来补充。实际上,此功率主要随预定的疲倒转矩而异,因而应考虑其起动特性(见5.3.5.5)。

5.3.2.8 额定不间断电流(I_u)

GB 14048.1—2006 中的4.3.2.4适用。

5.3.3 额定频率

GB 14048.1—2006 中的4.3.3适用。

5.3.4 额定工作制

GB 14048.1—2006 中的4.3.4适用。

5.3.4.1 8 h 工作制(连续工作制)

GB 14048.1—2006 中的4.3.4.1适用,并补充如下要求:

对星-三角起动器、两级自耦减压起动器或转子变阻式起动器,是指起动器的主触头在运行位置上保持闭合时,每一主触头承载一稳定电流且持续足够长时间以使起动器达到热平衡状态,但通电不超过8 h的工作制。

5.3.4.2 不间断工作制

GB 14048.1—2006 中的4.3.4.2适用,并补充如下要求:

对星-三角起动器、两级自耦减压起动器或转子变阻式起动器,是指起动器的主触头在运行位置上保持闭合,承载一稳定电流且持续时间超过8 h(数星期、数月、数年)也不断开的工作制。

5.3.4.3 断续周期工作制或断续工作制

GB 14048.1—2006 中的4.3.4.3适用,并补充如下要求:

对减压起动器,是指起动器的开关电器的主触头在运行位置保持闭合的时间与无载时间保持一定的比值、且二者都很短,不足以使起动器达到热平衡的工作制。

断续工作制优选的级别为:

——接触器:每小时的操作循环次数(操作频率)为:1、3、12、30、120、300、1 200;

——起动器:每小时操作循环次数(操作频率)为:1、3、12、30。

操作循环是指一次闭合操作和一次断开操作的完整的工作循环。

对于起动器，一次操作循环包括起动、运转至额定转速和分断电动机电源。

注：对断续工作制下的起动器，过载继电器和电动机之间的热时间常数的不同有可能使热继电器不适用于作为过载保护。对于规定用于断续工作制的设备的过载保护问题，由制造厂与用户协商。

5.3.4.4 短时工作制

GB 14048.1—2006 中的 4.3.4.4 适用。

5.3.4.5 周期工作制

GB 14048.1—2006 中的 4.3.4.5 适用。

5.3.5 正常负载和过载特性

GB 14048.1—2006 中的 4.3.5 适用，并补充如下要求：

5.3.5.1 耐受通断电动机过载电流的能力

接触器应满足 8.2.4.4 的条件。

5.3.5.2 额定接通能力

对应不同使用类别（见 5.4）的要求见 8.2.4.1。当接触器或起动器按 8.2.1.1 和 8.2.1.2 的要求操作时，额定接通能力才有效。

5.3.5.3 额定分断能力

对应不同使用类别（见 5.4）的要求见 8.2.4.1。当接触器或起动器按 8.2.1.1 和 8.2.1.2 的要求操作时，额定分断能力才有效。

5.3.5.4 约定操作性能

约定操作性能由 8.2.4.2 中规定的接通和分断操作确定。

5.3.5.5 起动器的起动和停止特性（见图 6）

起动器的典型使用条件如下：

a) 一个旋转方向，断开在正常使用条件下运行的电动机（AC-2 和 AC-3 使用类别）。

b) 两个旋转方向，但仅当起动器已断开且电动机完全停转以后才能实现在第二个方向的运行（AC-2 和 AC-3 使用类别）。

c) 一个旋转方向，或如 b）条件所述两个旋转方向，但具有不频繁点动的可能性，直接起动器通常用于这种使用条件（AC-3 使用类别）。

d) 一个旋转方向且有频繁点动，直接起动器通常用于这种使用条件（AC-4 使用类别）。

e) 一个或两个旋转方向，但具有不频繁的反接制动来停止电动机的可能性，反接制动（如果有的话）是用转子电阻制动来进行的（具有制动器的可逆起动器），转子变阻式起动器通常用于这种工作条件（AC-2 使用类别）。

f) 两个旋转方向，但当电动机在一个方向上旋转时，为获得电动机在另-个方向的旋转，分断正常使用条件下电动机电源并反接电动机定子接线使其反转（反接制动与反向），直接可逆起动器通常用于这种工作条件（AC-4 使用类别）。

除非另有规定，起动器是以电动机的起动特性及表 7 规定的接通能力为依据设计的。表 7 中的接通能力包括了大多数标准电动机的暂态或稳态的起动电流。然而，部分大电动机的起动电流可能会达到峰值，且相应的功率因数也会低于表 7 中的规定值。此时，接触器或起动器的工作电流应相应降低，以不超过表 7 规定的接通能力为限。

5.3.5.5.1 转子变阻式起动器的起动特性

绕线电动机的定子电路和转子电路的电流及电压应有区别。然而，起动过程中定子和转子电路电流值的变化在正常工作条件下近似地成比例。

转子电路具有下列特征量：

U_{er}　　额定转子工作电压；

I_{er}　　额定转子工作电流；

Z_r　　交流绕线感应电动机转子特性阻抗；

这里 $Z_r=\dfrac{U_{er}}{\sqrt{3}\times I_{er}}$

I_1　　短接一电阻段前瞬间转子电路的电流值；

I_2　　短接一电阻段后瞬间转子电路的电流值；

$I_m=1/2(I_1+I_2)$；

T_e　　电动机额定工作转矩；

t_s　　起动时间；

k　　起动严酷度，即 I_m/I_{er}。

考虑到转子变阻式起动器的不同用途具有不同的起动要求，即不仅要求不同的起动级数和不同的 I_1 和 I_2 值，而且要求在每一电阻段上有不同的 I_1 和 I_2 值，因此没有必要列出标准的参数，但应考虑以下因素：

——对大多数使用场合，根据负载力矩、惯量和起动严酷度要求，2 个到 6 个起动级数就足够了。

——每段电阻应考虑在驱动机构的起动时间内具有足够承受热的能力，起动时间与负载力矩和负载惯量有关。

5.3.5.5.2 转子变阻式起动器起动特性的接通和分断能力的标准条件

接通和分断能力的标准条件见表 7，该条件适用于高转矩起动(有关机械开关电器的名称见图 4)。

注：全转矩和半转矩的起动条件正在考虑中。

本部分表 7 给出的相应 AC-2 使用类别的接通和分断能力的条件是标准条件。

起动器电路应设计成能在断开定子开关电器前(或大致同时)断开所有转子电阻器的开关电器，否则，定子开关电器应符合 AC-3 使用类别的要求。

5.3.5.5.3 两级自耦变压器的起动特性

除非另有规定，自耦减压起动器特别是自耦变压器应根据在所有工作制(见 5.3.4)下，起动时间不超过 15 s 进行设计。对于快速接连两次起动，在进行再次起动前允许起动器和自耦变压器冷却到周围空气温度，除此之外，每小时操作次数是假定两次起动之间的周期相等。

当起动时间需要超过 15 s 时，由制造厂与用户协商。

5.3.6 额定限制短路电流

GB 14048.1—2006 中的 4.3.6.4 适用。

5.4 使用类别

5.4.1 一般要求

GB 14048.1—2006 中的 4.4 适用，并补充如下要求：

表1给出的接触器和起动器的使用类别是标准的使用类别。任何其他使用类别应由制造厂和用户协商，但制造厂的样本或提供的资料可作为一种协议。

每种使用类别是用表7和表10给出的电流、电压、功率因数或时间常数和其他数据及本部分规定的试验条件表示其特征的。

对于规定使用类别的接触器和起动器，因其额定接通与分断能力参数直接由表7所列的使用类别来确定，故不必单独规定这些参数。

所有使用类别的电压，除了转子变阻式起动器是指定子的额定工作电压以外，其余均指接触器或起动器的额定工作电压。

所有的直接起动器应属于下列使用类别中的一种或多种，即AC-3，AC-4，AC-7b，AC-8a和AC-8b。

所有的星-三角起动器和两级自耦减压起动器属于AC-3使用类别。

转子变阻式起动器属于AC-2使用类别。

5.4.2 根据试验结果选择使用类别

a) 如果接触器或起动器已进行过一种使用类别或其他参数组合(如最高工作电压和电流)的试验，只要下述条件成立可以选用于其他的使用类别，而不必进行试验。这种条件为：由表7和表10给的试验电流、电压、功率因数或时间常数、操作循环次数、闭合和断开时间各项参数及选择使用类别的试验电路不比接触器或起动器已进行试验的使用类别严酷，且已进行过的验证温升试验的电流不低于所选用使用类别在长期工作制下的额定工作电流的最大值。

表1 接触器和电动机起动器主电路通常选用的使用类别及其代号

电流	使用类别代号	附加类别名称	典型用途举例
AC	AC-1	一般用途	无感或微感负载、电阻炉
	AC-2		绕线式感应电动机的起动、分断
	AC-3		笼型感应电动机的起动、运行中分断
	AC-4		笼型感应电动机的起动、反接制动或反向运行、点动
	AC-5a	镇流器	放电灯的通断
	AC-5b	白炽灯	白炽灯的通断
	AC-6a		变压器的通断
	AC-6b		电容器组的通断
	AC-7a		家用电器和类似用途的低感负载
	AC-7b		家用的电动机负载
	AC-8a		具有手动复位过载脱扣器的密封制冷压缩机中的电动机控制
	AC-8b		具有自动复位过载脱扣器的密封制冷压缩机中的电动机控制
DC	DC-1		无感或微感负载、电阻炉
	DC-3		并激电动机的起动、反接制动或反向运行、点动、电动机在动态中分断
	DC-5		串激电动机的起动、反接制动或反向运行、点动、电动机在动态中分断
	DC-6	白炽灯	白炽灯的通断

注1：AC-3使用类别可用于不频繁的点动或在有限的时间内反接制动，例如机械的移动。在有限的时间内操作次数不超过1 min内5次或10 min内10次。

注2：密封制冷压缩机是由压缩机和电动机构成的，这两个装置都装在同一外壳内，无外部传动轴或轴封，电动机在冷却介质中操作。

注3：使用类别AC-7a和AC-7b见GB 17885—2009。

例如：当已在 AC-4 使用类别下进行过试验的接触器，如在相同的额定工作电压下的 AC-3 的 I_e 不高于 AC-4 的 I_e 的 1.2 倍(但不超过 I_{th})，则可按 AC-3 使用类别使用。

b) 只要满足下述条件，则认为 DC-3 和 DC-5 使用类别的接触器具有接通和分断不是其已进行过试验的参数的能力。这些条件为：

——电流和电压不超过规定的 I_e 和 U_e 值；

——储存在实际负载中的能量 J 等于或小于接触器已试负载中储存的能量 J_c。

储存在试验线路中能量值如下：

使用类别	储存能量 J_c
DC-3	$0.005\ 25 \times U_e \times I_e$
DC-5	$0.031\ 5 \times U_e \times I_e$

系数 0.005 25 和 0.031 5 由下式得出：

$$J_c = 0.5LI^2$$

式中的时间常数(L/R)由表 7 中的 2.5×10^{-3} s(DC-3)和 15×10^{-3} s(DC-5)代入，且 $U = 1.05U_e$，$I = 4I_e$，L 为试验电路电感。

5.5 控制电路

GB 14048.1—2006 中的 4.5 适用；而且，对于电子式控制电磁铁，GB 14048.1—2006 中的 4.5.1 适用，并补充如下要求。

如果电子部分是电器的一个固有功能，那么电子部分可以作为一个完整的部分或一个独立的部分。无论哪种情况，都应在电子部分按正常使用条件安装的情况下对电器进行试验。

电子式控制电路的特性如下所述：

——电流的类型；

——功耗；

——额定频率(或直流)；

——额定控制电路电压，U_c(交流/直流)；

——额定控制电源电压，U_s(交流/直流)；

——外部控制电路电器的类型(触头、传感器、光偶、电子有源元件等)。

附录 E 给出了不同电路配置的例子和说明。

注：控制电路电压 U_c 和控制电源电压 U_s 是有区别的，控制电路电压是控制输入信号，控制电源电压是施加到电器控制电路电源端子处的电压，由于控制电路中有内置变压器、整流器、电阻、电子电路等，故该电压可能与 U_c 不同。

5.6 辅助电路

GB 14048.1—2006 中的 4.6 适用。

接触器和电动机起动器中的数字输入和(或)数字输出(预期与 PLC 兼容)应符合 GB 14048.1—2006 中附录 S 的要求。

5.7 继电器和脱扣器(过载继电器)特性

注：本部分的以下部分中，“过载继电器”代表“过载继电器或过载脱扣器”。

5.7.1 特性概要

继电器和脱扣器特性规定如下(如适用的话)：

——继电器或脱扣器的型式(见 5.7.2);
——特性量(见 5.7.3);
——过载继电器的标志和电流整定值(见 5.7.4);
——过载继电器的时间-电流特性(见 5.7.5);
——周围空气温度的影响(见 5.7.6)。

5.7.2 继电器或脱扣器的型式

a) 具有分励线圈的脱扣器(分励脱扣);
b) 欠压和欠电流动作的继电器或脱扣器;
c) 过载延时继电器延时型式为:
   1) 实际上与原先负载无关(如电磁式延时过载继电器);
   2) 与原先负载有关;
   3) 与原先负载有关且具有断相保护。
d) 瞬时过电流继电器或脱扣器(如阻塞继电器);
e) 其他继电器或脱扣器(如与电动机热保护器组合的控制继电器);
f) 堵转继电器或脱扣器。

5.7.3 继电器或脱扣器的特性量

a) 具有分励线圈脱扣器、欠压(欠电流)动作的继电器或脱扣器、过压(瞬时过电流)动作的继电器或脱扣器,电流或电压不对称以及反相断开继电器或脱扣器:
   ——额定电压(电流);
   ——额定频率;
   ——工作电压(电流);
   ——动作时间(适用的话);
   ——禁止保护时间(适用的话)。
b) 过载继电器:
   ——标志和电流整定值(见 5.7.4);
   ——额定频率(如电流互感器式过载继电器);
   ——时间-电流特性(或电流特性范围);
   ——根据表 2 分类的脱扣级别或在 8.2.1.5.1 表 3 中 D 列规定的条件下脱扣时间超过 40 s 时的最大脱扣时间;
   ——继电器的类型:热、电磁、电子或无热记忆的电子式(不符合 8.2.1.5.1.2 热记忆试验验证要求的电子式继电器应标志“~~Thm~~”);
   ——复位方式:手动和(或)自动;在手动和自动复位相结合的情况下,应标明整定位置;
   ——在-5 ℃或更低温度下,如果等级为 10A 的过载继电器,其脱扣时间大于 2 min,则标明其脱扣时间(见 8.2.1.5.1.1c))。
c) 具有接地电流检测继电器的脱扣器:
   ——额定电流;
   ——工作电流;
   ——动作时间或者按表 H.1 得到的时间-电流特性;
   ——禁止保护时间(适用的话);
   ——型式名称(见附录 H)。

表 2 过载继电器的脱扣级别

脱扣级别	在 8.2.1.5.1 表 3 中 D 列规定条件下的脱扣时间 T_p/ s	在 8.2.1.5.1 表 3 中 D 列规定条件下的用于更严格允差(公差带 E)的脱扣时间 T_p[a]/ s
2	—	$T_p \leqslant 2$
3	—	$2 < T_p \leqslant 3$
5	$0.5 < T_p \leqslant 5$	$3 < T_p \leqslant 5$
10A	$2 < T_p \leqslant 10$	—
10	$4 < T_p \leqslant 10$	$5 < T_p \leqslant 10$
20	$6 < T_p \leqslant 20$	$10 < T_p \leqslant 20$
30	$9 < T_p \leqslant 30$	$20 < T_p \leqslant 30$
40	—	$30 < T_p \leqslant 40$

[a] 制造厂应该对脱扣等级加上字母 E，以表明符合公差带 E。

注 1：根据继电器的类型，在 8.2.1.5 中给出了脱扣条件；

注 2：对于转子变阻式起动器，过载继电器通常接在定子电路中。因此，过载继电器不能有效地保护转子电路，特别是电阻器（通常，起动器在故障条件下起动时，电阻器比转子本身和开关电器更易损坏），因此，转子电路的保护应符合制造厂和用户的协议（见 8.2.1.1.3）；

注 3：对于两级自耦减压起动器，起动用自耦变压器一般仅在起动时间内使用，如在故障条件下起动时，自耦变压器不能受到过载继电器的有效保护。因此，自耦变压器的保护应符合制造厂和用户的协议（见 8.2.1.1.4）；

注 4：考虑到不同的热元件特性和制造误差，可选择 T_p 的最小值。

5.7.4 过载继电器的标志和电流整定值

过载继电器应标明其电流整定值（如可调的话，应标明电流整定值范围的最大值和最小值）及其脱扣级别。

电流整定值（或整定范围）应标志在继电器上。

如果电流整定值受使用条件或其他因素的影响，这些影响又不易在继电器上标出时，则在继电器或其他可更换件（例如热元件、控制线圈或电流互感器）上应带有统一编号或标志，以便从制造厂或其产品样本中获得有关资料，最好是直接从起动器所带有的数据中获得有关资料。

对具有电流互感器的过载继电器，其标志可以是电流互感器的一次电流，也可以是过载继电器的整定电流，两种情况下均应注明电流互感器的变比。

5.7.5 周围空气温度的影响

制造厂应以曲线簇的形式提供典型时间电流特性。这些曲线应表示继电器从冷态开始（见 5.7.6）的脱扣时间及其至少到继电器配用的电动机满载电流的 8 倍范围内随电流变化的关系，制造厂应以适当的方法给出这些曲线通常的误差和得出曲线所用的导体截面（见 9.3.3.2.2c））。

注：推荐以对数坐标的横坐标表示电流，纵坐标表示时间，推荐电流用整定电流的倍数、时间用 s 标注，有关表示方法见 GB 13539.1—2008 的 5.6.1 和图 1、GB/T 13539.2—2008 的图 104、图 504 和图 505。

5.7.6 过载继电器的时间-电流特性

时间电流特性（见 5.7.5）与规定的周围空气温度有关，且与原先负载无关（即该特性是过载继电器在冷态的条件下做出的）。周围空气温度应清楚地标明在时间-电流特性曲线上，其推荐值为＋20 ℃或＋40 ℃。

当周围空气温度在－5 ℃至＋40 ℃范围内时，过载继电器应正常工作。制造厂应说明周围空气温度变化对过载继电器特性的影响。

5.8 与短路保护电器(SCPD)的协调配合

接触器和起动器与SCPD的协调配合是由SCPD的型式、额定值和特性值表示其特性的。SCPD提供了接触器和起动器的短路保护。本部分的8.2.5.1、8.2.5.2和GB 14048.1—2006中4.8给出了具体要求。

5.9 空

5.10 自动转换电器和自动加速控制电器的型式和特性

5.10.1 型式

a) 延时电器，如用作控制电路电器的延时接触器式继电器(见GB 14048.5—2008)、定时限有或无继电器(见GB/T 21711.1—2008)；
b) 欠电流电器(欠电流继电器)；
c) 自动加速控制用的其他电器：
——取决于电压的电器；
——取决于功率的电器；
——取决于速度的电器。

5.10.2 特性

a) 延时电器的特性
——额定延时或延时范围(当可调时)；
——带有线圈的延时电器的额定电压(当电器的电压不同于起动器的线电压时)。
b) 欠电流电器的特性
——额定电流(根据制造厂的说明：发热电流和(或)额定短时耐受电流)；
——电流整定值或整定范围(当可调时)。
c) 由制造厂和用户确定的其他电器的特性。

5.11 两级自耦减压起动器的自耦变压器型式和特性

考虑到其起动特性(见5.3.5.5.3)，起动用自耦变压器应规定如下特性：
——自耦变压器的额定电压；
——用于调整起动转矩和电流的抽头数；
——起动电压，即抽头端子上的电压，该值为自耦变压器额定电压的百分数；
——在规定时间内承载的电流；
——额定工作制(见5.3.4)；
——冷却方式：油冷却或空气冷却。
自耦变压器可为如下安装方式：
——装入起动器中，在确定起动器额定值时应考虑其对温升的影响；
——单独提供，其连接线的尺寸和类型应由变压器制造厂和起动器制造厂协商。

5.12 转子变阻式起动器的起动电阻的型式和特性

考虑到起动特性(见5.3.5.5.1)，起动电阻应规定如下要求：

——额定转子绝缘电压(U_{ir})；
——电阻值；
——平均发热电流，由电阻器在规定的时间内能承载的稳定电流值确定；
——额定工作制(见 5.3.4)；
——冷却方式：空气式，强迫风冷式，油浸式。

电阻器可为如下安装方式：
——装入起动器中，应限制电阻器的温升，以免引起起动器内其他部件受到损害；
——单独提供，其连接线的类型和尺寸应由电阻器制造厂和起动器制造厂协商。

6 产品资料

6.1 资料内容

制造厂应提供下列有关资料：

6.1.1 铭牌

a) 制造厂厂名或商标；
b) 产品型号或系列号；
c) 产品符合的标准号。

6.1.2 特性、基本的额定值和使用类别

特性：
d) 额定工作电压(见 5.3.1.1)；
e) 额定工作电压下的使用类别和额定工作电流(或额定工作功率)(见 5.3.2.5 和 5.4)；
f) 额定频率(50/60)Hz 或符号═══，或其他的额定频率，例如 16 2/3 Hz、400 Hz；
g) 额定工作制，并标明断续周期工作制级别(如有的话)(见 5.3.4)，按表 10 脚注 d)的规定表明间隔时间(如果需要的话)。

相关值：
h) 额定通断能力。如适用，可用相应的使用类别代替(见表 7)。

安全性和安装：
i) 额定绝缘电压(见 5.3.1.2)；
j) 额定冲击耐受电压(见 5.3.1.3)；
k) 外壳防护等级，对有外壳的封闭电器而言(见 8.1.11)；
l) 污染等级(见 7.1.3.2)；
m) ——对于接触器或起动器：额定限制短路电流(见 5.3.6)、配合类型(见 8.2.5.1)及 SCPD 的型式、电流额定值和特性；
——对于综合式起动器、综合式开关电器、保护式起动器和保护式开关电器：额定限制短路电流(见 5.3.6)及协调配合类型(见 8.2.5.1)；
n) 空。

控制电路：
下列控制电路的参数应标在线圈或电器上：
o) 额定控制电路电压(U_c)，电流性质额定频率；

注 1：其他相关信息例如功耗等可以在产品说明书等资料中给出。

p) 额定控制电源电压(U_s)，电流性质和额定频率和(如有必要)。

由压缩空气操作的接触器或起动器的供气系统：

q) 压缩空气的额定供气气压和压力的变化范围(如果不同于 8.2.1.2)。

辅助电路：

r) 辅助电路的额定值(见 5.6)。

过载继电器和脱扣器：

s1) 5.7.2、5.7.5 和 5.7.6 规定的特性；

s2) 5.7.3 和 5.7.4 规定的特性。

对某些类型接触器和起动器的附加信息：

转子变阻式起动器：

t) 线路图；

u) 起动严酷度(见 5.3.5.5.1)；

v) 起动时间(见 5.3.5.5.1)。

自耦减压起动器：

w) 额定起动电压，即在抽头端子上的电压。

注 2：该值可用起动器额定工作电压的百分比表示。

真空接触器和起动器：

x) 安装使用点的最大允许海拔，如低于海拔 2 000 m。

EMC 性能：

y) 环境 A 或 B，见 GB 14048.1—2006 中的 7.3.1；

z) 特殊要求，例如应用屏蔽线和双绞线。

注 3：通常的安装条件不使用屏蔽线和双绞线。

6.2 标志

GB 14048.1—2006 中的 5.2 适用，并补充如下要求：

6.1.2 中的 d)至 x)的数据应标在铭牌上或产品上或制造厂出版的说明书中。

6.1.1c)和 6.1.2k)、s2)的数据应标志在产品上；时间电流特性(或特性范围)可以在制造商的手册中提供。

在具有电子式控制电磁铁的情况下，除了 6.1.2 中 o)和 p)的数据外，还需要给出其他的数据；见 5.5 和附录 E。

注：在美国和加拿大，表 1 所给出的附加类别名称标志在多极设备上。

6.3 安装、操作和维修说明

GB 14048.1—2006 中的 5.3 适用，并补充如下要求：

制造厂应提供说明，建议用户在遇到短路时或考虑到电磁兼容性时(如果有的话)应采取何种措施。

对于保护式起动器，制造厂也应提供必要的安装和接线说明。

自动复位过载继电器可以实现自动重启，对于带自动复位过载继电器的起动器，其制造商应随起动器一起提供必需的信息，以提醒用户自动重启的可能性。

7 正常的使用、安装和运输条件

GB 14048.1—2006 中的第 6 章适用，并补充如下要求：

7.1.1.2 污染等级

接触器和起动器的污染等级规定为 3 级，其定义见 GB 14048.1—2006 中的 6.1.3.2。但也可规定为其他污染等级，这取决于接触器或起动器所处的影响绝缘的所有因素的微观环境。

8 结构和性能要求

8.1 结构要求

8.1.1 一般要求

GB 14048.1—2006 中的 7.1 适用。

8.1.2 材料

8.1.2.1 一般材料要求

GB 14048.1—2006 中的 7.1.1 适用。

8.1.2.2 灼热丝试验

GB 14048.1—2006 中的 7.1.1.1 适用，并补充如下要求。

在电器上或电器部件上进行试验时，用于固定载流部件所使用的绝缘材料部件应该满足 GB 14048.1—2006 中 8.2.1.1.1 规定的灼热丝试验要求，温度为 850 ℃。

8.1.2.3 基于材料可燃性类别的试验

GB 14048.1—2006 中的 7.1.1.1 适用。

8.1.3 载流部件及其连接

GB 14048.1—2006 中的 7.1.2 适用。

8.1.4 电气间隙和爬电距离

GB 14048.1—2006 中的 7.1.3 适用。

8.1.5 操动器

GB 14048.1—2006 中的 7.1.4 适用，并补充以下要求；

综合起动器的人力操作开关的操作手柄应提供一种能使手柄锁定的方法。

8.1.5.1 绝缘

GB 14048.1—2006 中的 7.1.4.1 适用。

8.1.5.2 运动方向

GB 14048.1—2006 中的 7.1.4.2 适用。

8.1.5.3 安装

安装在可拆卸面板或可开启门上的操动器，当装上面板或关上门时，操动器和相应的机构应能正确地连接。

8.1.6 触头位置的指示

8.1.6.1 指示方法

对于人力操作的起动器，GB 14048.1—2006 中的 7.1.5.1 适用。

8.1.6.2 用操动器作位置指示

GB 14048.1—2006 中的 7.1.5.2 适用。

8.1.7 具有隔离功能的电器的附加要求

GB 14048.1—2006 中的 7.1.6 适用。

8.1.8 接线端子

GB 14048.1—2006 中的 7.1.7 适用，并补充如下要求：

接线端子的识别和标志应符合 GB 14048.1—2006 中 7.1.7.4 的规定，并且应符合本部分附录 A 的要求。

8.1.9 具有中性极的接触器或起动器的附加要求

GB 14048.1—2006 中的 7.1.8 适用。

8.1.10 保护接地的要求

GB 14048.1—2006 中的 7.1.9 适用。

8.1.11 电器外壳

8.1.11.1 设计

GB 14048.1—2006 中的 7.1.10.1 适用，并补充以下要求：

装在外壳内的起动电阻所产生的热量不应损害壳内的其他电器及材料。

对于综合式起动器，其盖或门应有联锁，当人力操作开关电器未处于打开位置时，盖或门不能打开。

但是当人力操作开关电器处于闭合位置时，使用工具可以打开门或盖。

8.1.11.2 绝缘

GB 14048.1—2006 中的 7.1.10.2 适用。

8.1.12 防护式接触器或起动器的防护等级

GB 14048.1—2006 中的 7.1.11 适用。

8.1.13 导线管的拔出、金属导线管的扭转和弯曲

GB 14048.1—2006 中的 7.1.12 适用。

8.2 性能要求

8.2.1 动作（操作）条件

8.2.1.1 一般条件

GB 14048.1—2006 中的 7.2.1.1 适用，并补充以下要求：

8.2.1.1.1 一般条件 A

a) 起动器应能自由脱扣；

b) 当电动机运行时或在起动过程中的任何时刻，起动器所选用的脱扣方法应能使其触头断开；

c) 起动顺序不正确时应不能起动。

8.2.1.1.2 **一般条件B**

装有接触器的起动器，在周围空气温度(即+20 ℃)下，过载继电器(如可调的话)整定在最小和最大值时承载额定满载电流达到热平衡后按9.3.3.1试验时，由于接触器操作引起的冲击不应导致起动器脱扣(动作)。

8.2.1.1.3 **一般条件C**

对于变阻式起动器，过载继电器应连接在定子电路中。如用户要求，可用特殊布置的方法来防止转子接触器和电阻器过热。

8.2.1.1.4 **一般条件D**

对于起动器因起动电阻器或变压器的过热会引起损害的情况，推荐安装一种合适的电器，以使在出现过热前自动断开起动器的电源。

8.2.1.1.5 **一般条件E**

多极电器中同时接通和分断的动触头，无论人力还是自动操作，其连接应保证各极同时闭合和断开。

8.2.1.2 **接触器和动力操作起动器的动作范围**

8.2.1.2.1 **电磁式接触器和起动器的动作范围**

单独使用或装在起动器中使用的电磁式接触器，在其额定控制电源电压U_s的85%～110%之间任何值应可靠地闭合。此范围的85%U_s适用于下限值，110%U_s适用于上限值。

接触器释放和完全断开的极限值是其额定控制电源电压U_s的20%～75%(交流)和10%～75%(直流)。此范围的20%U_s(交流)或10%U_s(直流)适用于上限值，75%U_s(交、直流)适用于下限值。

闭合的极限值是在周围空气温度为制造厂声明的环境温度(但不小于+40 ℃)、线圈在100%U_s下持续通电达到稳定温升后确定的。

释放的极限值是线圈电路电阻在−5 ℃时确定的，此值可用在正常室温下获得的数值计算验证。

上述极限值适用于直流和规定频率的交流。

注：对于其他的动作范围由用户和制造厂协商。

8.2.1.2.2 **具有电子式控制电磁铁的接触器和起动器的动作范围**

8.2.1.2.1适用，并作如下修改。

第二段改为：

具有电子式控制电磁铁的接触器释放和完全断开的极限值是：

——直流：额定控制电源电压U_s的75%～10%；

——交流：额定控制电源电压U_s的75%～20%；

——交流：如果制造厂有规定，可为额定控制电源电压U_s的75%～10%；

——交流：如果制造厂规定极限值的范围为额定控制电源电压U_s的75%～10%，那么接触器还应进行8.2.1.2.4的电容性释放试验。

注：对于电子式控制电磁铁，可能会导致接触器释放出现延时，制造厂应在产品上或其他资料中标明该延时时间。

上述范围的 20%U_s 或 10%U_s 适用于上限值，75%U_s 适用于下限值。

8.2.1.2.3 电气-气动接触器和起动器的动作范围

电气-气动或气动接触器在其额定气源压力的 85%～110%范围内均应可靠地闭合，在额定气源压力的 75%～10%的范围内断开。

8.2.1.2.4 电容性释放试验

电源电路(电压为 U_s)中串入电容 C，连接导体的总长度小于或等于 3 m。电容被一个阻抗可忽略的开关短路。电源电压调到 110%的 U_s。

当开关打到断开位置时，可以验证接触器释放。

电容的取值应该为

$C(\mathrm{nF})=30+200\,000/(f\times U_s)$

例如，对于额定电压为 12 V～24 V，频率为 50 Hz 的线圈，电容为 196 nF(U_s 取最大值，见注 1)。

注 1：试验电压是所声明的额定电源电压范围 U_s 的最大值。

注 2：计算电容器的大小，用以模拟长 100 m 截面积为 1.5 mm^2 的电缆，该电缆连接到具有 1.3 mA 漏电流的静态输出端。

注 3：对于特定的使用情况例如紧急分断应规定这一释放时间。

8.2.1.3 欠压继电器和脱扣器的动作范围

GB 14048.1—2006 中的 7.2.1.3 适用，并补充：试验方法见 9.3.3.2.2。

8.2.1.4 分励脱扣器的动作范围

GB 14048.1—2006 中的 7.2.1.4 适用，并补充：试验方法见 9.3.3.2.2。

8.2.1.5 电流动作型继电器和脱扣器的动作范围

8.2.1.5.1 延时过载继电器各极通电时的动作范围

8.2.1.5.1.1 过载继电器脱扣的一般要求

注 1：电源电压中存在谐波时电动机的热保护正在考虑中。

按如下要求进行试验时，继电器应符合表 3 的要求：

a) 通常装在外壳内的过载继电器或起动器，周围空气温度对应于表 3 规定值，在 A 倍整定电流时，从冷态开始在 2 h 内不脱扣，但是当过载继电器接线端子在试验电流下小于 2 h 就已达到热平衡时，则试验所需时间可取为达到热平衡所需的时间；

b) 当电流接着上升到 B 倍整定电流时，应在 2 h 内脱扣；

c) 根据 GB 755—2008 中的 9.3.3，对于脱扣级别为 2、3、5 和 10A 级的过载继电器，在整定电流下达到热平衡后，开始通以 C 倍整定电流，应在 2 min 内脱扣；对于脱扣级别为 10A 级的过载继电器，周围空气温度在 −5 ℃或以下的，制造商可以规定一个较长的脱扣时间，但不大于 20 ℃时脱扣时间的 2 倍。

注 1：GB 755—2008 中 9.3.3 的规定："额定输出不超过 315 kW，额定电压不超过 1 kV 的多相电动机应该可以耐受 1.5 倍额定电流，不少于 2 min。"

d) 对于脱扣级别为 10 级、20 级、30 级和 40 级的过载继电器，在整定电流下达到热平衡后，开始通以 C 倍整定电流，应分别在 4 min、8 min、12 min 或 16 min 内脱扣；

e) 从冷态开始，在 D 倍整定电流下，对于适当的脱扣级别和公差带，应在表 2 给出的极限值内脱扣。

对电流整定值可调的过载继电器，动作极限值对于继电器承载相应最大整定电流和承载相应最小整定电流均应适用。

对于无温度补偿的过载继电器，其电流倍数/周围温度特性应不大于1.2%/K。

注2： 1.2%/K是PVC绝缘导体的降容特性。

如果过载继电器符合表3中在+20 ℃栏下的有关要求，且在其他温度下也在图7所示范围以内，则认为该过载继电器是有温度补偿的。

表3　延时过载继电器各极同时通电时的动作范围

过载继电器型式	整定电流倍数				周围空气温度
	A	B	C	D	
热式无周围空气温度补偿	1.0	1.2[b]	1.5	7.2	+40 ℃
热式有周围空气温度补偿	[d]	[d]	—	—	低于−5 ℃[e]
	1.05	1.3	1.5	—	−5 ℃
	1.05	1.2[b]	1.5	7.2	+20 ℃
	1.0	1.2[b]	1.5	—	+40 ℃
	[d]	[d]	—	—	高于+40 ℃[e]
电子式	1.05	1.2[b]	1.5	7.2[a]	0 ℃、+20 ℃[c]和+40 ℃

[a] 本试验仅在+20 ℃条件下进行。

[b] 如果制造厂另有规定，脱扣电流可不为120%但不超过125%。此时，试验电流应等于脱扣电流。这种情况下，脱扣电流值应在产品上标明。

[c] +20 ℃条件下仅进行A倍和B倍电流整定值的试验。

[d] 整定电流倍数应该由制造商规定。

[e] 温度超过−5 ℃～+40 ℃范围的试验方法见9.3.3.2.2。

8.2.1.5.1.2　热记忆试验验证

除非制造厂规定产品不包括热记忆，否则电子式过载继电器应符合下列要求（见图8）：

——通以电流 I_e，直到电器达到热平衡；

——中断电流 $2\times T_p$ 时间（见表2），相对公差为±10%（T_p 是根据表3，在D电流下测得的时间）；

——通以电流 $7.2\times I_e$；

——继电器应在50% T_p 的时间内脱扣。

8.2.1.5.2　三极延时过载继电器两极通电时动作范围

参见表4：

装在外壳内的过载继电器或起动器应在外壳内试验。对于三极通电的继电器，在表4规定的周围空气温度下，从冷态开始通以A倍整定电流，在2 h内应不脱扣。

紧接着当两极的电流值增加到B倍整定电流（对于断相保护继电器，此时两极会承载较高的电流）且第三极不通电时，应在2 h内脱扣。

上述要求适用于各极所有不同组合的情况。

对整定值可调的过载继电器，其特性对于继电器承载相应最大整定电流和承载相应最小整定电流均应适用。

表 4 三极延时过载继电器仅二极通电时的动作范围

过载继电器型式	整定电流倍数		周围空气温度/℃
	A	B	
热式有周围空气温度补偿或电子式无断相保护	3 极 1.0	2 极 1.32 1 极 0	+20
热式无周围空气温度补偿无断相保护	3 极 1.0	2 极 1.25 1 极 0	+40
热式有周围空气温度补偿或电子式有断相保护	2 极 1.0 1 极 0.9	2 极 1.15 1 极 0	+20

8.2.1.5.3 瞬时电磁过载继电器的动作极限值

对于所有的整定电流值，瞬时电磁过载继电器在整定电流的±10%误差范围内应能脱扣。

注：本部分中的瞬时电磁过载继电器不适用于短路保护。

8.2.1.5.4 自动转换中的欠电流继电器和欠电流脱扣器的动作范围

8.2.1.5.4.1 欠电流继电器的动作范围

与开关电器配合使用的欠电流继电器或脱扣器，如果运行过程中各极的电流小于 0.9 倍欠电流整定值，那么继电器或脱扣器应该在 80%～120%的整定时间内断开开关电器，如果动作时间小于 1 s，制造商可以规定不同的允差，但是上限不能大于 1.2 s。

注：允差的规定取决于检测技术。

8.2.1.5.4.2 欠电流继电器自动转换的动作范围

——对于从星形到三角形的星-三角起动器，

——对于从起动到运行位置的自耦减压起动器。

欠电流继电器的最小动作电流应不大于过载继电器实际整定电流的 1.5 倍，该继电器可在起动或星形连接时动作。欠电流继电器应能承受从其最小整定电流至起动位置或星形连接时堵转电流的任何电流值，而承载时间则取决于过载继电器在最大整定电流时的脱扣时间。

8.2.1.5.5 电子式堵转过载继电器的动作范围

与开关电器一起使用的电子式堵转过载继电器，应该在 80%到 120%的整定时间内(堵转禁止保护时间)或由制造厂规定的精度范围内断开开关电器。

a) 电流检测继电器；电流比整定堵转电流高 20%；

举例：堵转继电器的整定电流为 100 A，整定时间为 6 s，精度为±10%，那么当电流等于或大于 100 A×1.2=120 A 时，继电器应该在 5.4 s～6.6 s 的范围内脱扣。

b) 旋转检测继电器；输入信号表明电动机没有旋转。

8.2.1.5.6 电子式阻塞过载继电器和脱扣器的动作范围

对于与开关电器一起使用的电子式阻塞过载继电器或脱扣器，如果起动结束后的运行期间，电流超过 1.2 倍阻塞继电器的整定电流值，那么阻塞继电器或脱扣器应该在 80%到 120%的整定时间内(阻塞禁止保护时间)或由制造厂规定的精度范围内断开开关电器。

8.2.2 温升

8.2.2.1 一般要求

GB 14048.1—2006 中 7.2.2 的规定适用，试验应在清洁的、新的起动器和接触器上进行。

注 1：试验电压低于 100 V 时，由于氧化而产生的接触电阻可能会影响温升试验。在低于 100 V 的情况下进行试验时，电器的触头要进行清洁，可通过非研磨的方法，或者在表 10 规定的条件下，在任意适用的使用类别、任意电压下进行 10 次操作循环。

按 9.3.3.3 规定的条件进行试验时所测得的温升应分别不超过表 5 和 GB 14048.1—2006 中 7.2.2.1 和 7.2.2.2 规定的极限值。

如果有电子式控制电磁铁，那么通过电阻的变化测量线圈的温升是不可行的，此时可以采用其他的方法，例如热电偶或其他适用的方法。

由于自耦减压起动器中的自耦变压器只是断续通电，所以当起动器是按 5.3.4 和 5.3.5.5.3 的要求操作时，变压器绕组的最高温升允许比表 5 的数值增高 15 K。

注 2：表 5 和 GB 14048.1—2006 中 7.2.2.2 给出的温升极限值仅适用于－5 ℃～＋40 ℃的周围空气温度。

8.2.2.2 接线端子

GB 14048.1—2006 中的 7.2.2.1 适用。

8.2.2.3 易接近部件

GB 14048.1—2006 中的 7.2.2.2 适用。

8.2.2.4 周围空气温度

GB 14048.1—2006 中的 7.2.2.3 适用。

表 5 绝缘线圈的温升极限

绝缘材料等级 （根据 GB/T 11021—2007）	电阻法测得的温升极限/K	
	线圈在空气中	线圈在油中
A	85	60
E	100	60
B	110	60
F	135	—
H	160	—

8.2.2.5 主电路

按 9.3.3.3.4 规定进行试验时，接触器或起动器包括与之连接的过电流脱扣器的主电路应能承载下述电流，而其温升不超过 GB 14048.1—2006 中 7.2.2.1 规定的极限值：

a) 8 h 工作制：约定自由空气发热电流（见 5.3.2.1 和 5.3.2.2）；

b) 不间断工作制、断续周期工作制或短时工作制：额定工作电流（见 5.3.2.5）。

8.2.2.6 控制电路

GB 14048.1—2006 中的 7.2.2.5 适用。

8.2.2.7 线圈和电磁铁的绕组

8.2.2.7.1 不间断工作制和 8 h 工作制绕组

当主电路通以 8.2.2.5 规定的最大电流时，接触器或起动器线圈的绕组（包括电气-气动接触器或起动器的电气操作阀绕组）必须在持续负载和额定频率（当为交流时）下承受最高额定控制电源电压而不超过表 5 和 GB 14048.1—2006 中 7.2.2.6 规定的温升极限。

注：根据一些技术方法（例如某些型式的电子式控制电磁铁），当线圈按正常运行连接时，控制电源电压可以不直接施加在线圈绕组上。

8.2.2.7.2 断续周期工作制绕组

当主电路无电流流过时，线圈绕组在额定频率（当为交流时）及最高额定控制电源电压下，按表 6 给出的断续周期工作制进行操作时，其温升不超过表 5 和 GB 14048.1—2006 中 7.2.2.2 规定的温升极限。

注：根据一些技术方法（例如某些型式的电子式控制电磁铁），当线圈按正常运行连接时，控制电源电压可以不直接施加在线圈绕组上。

表 6 断续周期工作制的试验循环数

断续周期工作制级别		每一次闭合-断开操作循环/s	线圈通电时间
接触器	起动器		
1	1	3 600	通电时间根据制造厂规定的负载因数选取
3	3	1 200	
12	12	300	
30	30	120	
120		30	
300		12	
1 200		3	

8.2.2.7.3 特殊额定值（短时或周期工作制）绕组

特殊额定值绕组应在相应于其所使用的最严酷工作制的操作条件下进行试验，其额定值由制造厂规定。

注：特殊额定值绕组可包括只在起动位置通电的起动器线圈、锁扣接触器的脱扣线圈和供气动接触器或起动器联锁用的电磁阀门线圈。

8.2.2.8 辅助电路

GB 14048.1—2006 中的 7.2.2.7 适用。

8.2.2.9 其他部分

GB 14048.1—2006 中的 7.2.2.8 适用，也适用于绝缘材料制成的零部件。

8.2.3 介电性能

GB 14048.1—2006 中的 7.2.3 适用。

8.2.4 正常负载和过载条件下的性能要求

5.3.5 中的正常负载和过载特性要求在 8.2.4.1、8.2.4.2 和 8.2.4.4 中规定。

8.2.4.1 接通和分断能力

接触器或起动器按 9.3.3.5 所述的试验方法，应能接通和分断表 7 中与使用类别相对应的电流及次数。

通电时间和间隔时间应不超过表 7 和表 8 的规定值。

表 7 不同使用类别的接通与分断能力的接通和分断条件

使用类别	接通和分断(通断)条件					
	I_c/I_e	U_r/U_e	$\cos\phi$ 或 L/R/ms	通电时间[b]/s	间隔时间/s	操作循环次数
AC-1	1.5	1.05	0.8	0.05	[f]	50
AC-2	4.0[h]	1.05	0.65[h]	0.05	[f]	50
AC-3[i]	8.0	1.05	[a]	0.05	[f]	50
AC-4[i]	10.0	1.05	[a]	0.05	[f]	50
AC-5a	3.0	1.05	0.45	0.05	[f]	50
AC-5b	1.5[c]	1.05	[c]	0.05	60	50
AC-6a	[j]					
AC-6b	[e]					
AC-8a[k]	6.0	1.05	[a]	0.05	[f]	50
AC-8b[k]	6.0	1.05	[a]	0.05	[f]	50
DC-1	1.5	1.05	1.0	0.05	[f]	50[d]
DC-3	4.0	1.05	2.5	0.05	[f]	50[d]
DC-5	4.0	1.05	15.0	0.05	[f]	50[d]
DC-6	1.5[c]	1.05	[c]	0.05	60	50[d]
使用类别	接通条件[i]					
	I/I_e	U/U_e	$\cos\phi$	通电时间[b]	间隔时间	操作循环次数
AC-3	10	1.05[g]	[a]	0.05	10	50
AC-4	12	1.05[g]	[a]	0.05	10	50

I：接通电流，接通电流用直流或交流对称有效值表示，但对交流而言，接通操作时实际的电流峰值可能会高于对称峰值。

I_c：接通和分断电流，用直流或交流对称有效值表示。

I_e：额定工作电流。

U：外施电压。

U_r：工频或直流恢复电压。

U_e：额定工作电压。

$\cos\phi$：试验电路的功率因数。

L/R：试验电路的时间常数。

表 7（续）

使用类别	接通和分断(通断)条件					
	I_c/I_e	U_r/U_e	cosϕ 或 L/R/ ms	通电时间[b]/ s	间隔时间/ s	操作循环次数

[a] $I_e \leqslant 100$ A，cosϕ=0.45；$I_e > 100$ A，cosϕ=0.35。

[b] 若触头在重新断开之前已经完全闭合到底，则允许时间小于 0.05 s。

[c] 试验用白炽灯作为负载。

[d] 用一种极性做 25 次，另 25 次换为相反极性。

[e] 电容性的额定值可由通断电容器试验获得，或以实验或经验的基础加以确定。表 7b 中给出了一个参考公式作为指南，这个公式未计及谐波电流产生的热效应，因此，用本公式导出的数值应把温升考虑进去。

[f] 见表 8。

[g] 对于 U/U_e，允许±20%的误差。

[h] 所给的值用于定子电路的接触器，对用于转子电路的接触器，应通以 4 倍的额定转子工作电流，功率因数为 0.95。

[i] 使用类别 AC-3 和 AC-4 的接通条件也必须验证，当制造厂同意时，可与接通和分断试验一起进行，此时，接通电流的倍数为 I/I_e，分断电流为 I_c/I_e。25 次操作循环的控制电源电压为额定控制电源电压 U_s 的 110%，另 25 次为 U_s 的 85%，间隔时间由表 8 确定。

[j] 制造厂可通过用变压器进行试验确定使用类别 AC-6a 的额定值或根据表 9 使用类别 AC-3 的值推算确定。

[k] 如果由制造商规定，则转子堵转电流/满载电流可以选用较低值。

表 8　验证额定接通与分断能力时分断电流 I_c 和间隔时间的关系

分断电流 I_c/A	间隔时间/s
$I_c \leqslant 100$	10
$100 < I_c \leqslant 200$	20
$200 < I_c \leqslant 300$	30
$300 < I_c \leqslant 400$	40
$400 < I_c \leqslant 600$	60
$600 < I_c \leqslant 800$	80
$800 < I_c \leqslant 1\,000$	100
$1\,000 < I_c \leqslant 1\,300$	140
$1\,300 < I_c \leqslant 1\,600$	180
$1\,600 < I_c$	240

若制造厂同意，可缩短间隔时间。

表 9　根据 AC-3 额定值确定 AC-6a 和 AC-6b 工作电流

额定工作电流	由使用类别 AC-3 的额定电流确定
I_e(AC-6a)——用于通断冲击电流峰值不大于额定电流 30 倍的变压器	0.45I_e(AC-3)

表 9（续）

额定工作电流	由使用类别 AC-3 的额定电流确定
I_e(AC-6b)——用于通断单独电容器组，电容器安装处的预期短路电流为 i_k	$i_k \cdot X^2/(X-1)^2$ 其中 $X=13.3 \cdot I_e(\text{AC-3})/i_k$ 且 $i_k > 205 I_e(\text{AC-3})$

工作电流 I_e(AC-6b)的最高冲击电流峰值由下式导出：

$$I_{p,\max} = \frac{U_e \cdot \sqrt{2}}{\sqrt{3}} \cdot \frac{1+\sqrt{\dfrac{X_c}{X_L}}}{X_L - X_c}$$

式中：

U_e——额定工作电压；

X_L——电路短路阻抗；

X_c——电容器组的电抗。

本公式有效的条件是：接触器或起动器电源端的电容可忽略不计且电容器没有预充电。

8.2.4.2 约定操作性能

GB 14048.1—2006 中的 7.2.4.2 适用，并补充如下要求：

接触器或起动器按 9.3.3.6 所述的试验方法，应能接通和分断表 10 中与使用类别相对应的电流及操作循环次数。

8.2.4.3 寿命

GB 14048.1—2006 中的 7.2.4.3 适用，并补充如下要求：

8.2.4.3.1 机械寿命

接触器或起动器的机械寿命作为特殊试验可由制造厂自行验证。该试验的推荐方法见附录 B。

8.2.4.3.2 电寿命

接触器或起动器的电寿命作为特殊试验可由制造厂自行验证。该试验的推荐方法见附录 B。

表 10 不同使用类别的约定操作性能的接通和分断条件

使用类别	接通和分断条件					
	I_c/I_e	U_r/U_e	$\cos\phi$	通电时间[b]/s	间隔时间/s	操作循环次数
AC-1	1.0	1.05	0.80	0.05	[c]	6 000[i]
AC-2	2.0	1.05	0.65	0.05	[c]	6 000[i]
AC-3	2.0	1.05	[a]	0.05	[c]	6 000[i]
AC-4	6.0	1.05	[a]	0.05	[c]	6 000[i]
AC-5a	2.0	1.05	0.45	0.05	[c]	6 000[i]
AC-5b	1.0[e]	1.05	[e]	0.05	60	6 000[i]
AC-6	[g]	[g]	[g]	[g]	[g]	[g]

表 10（续）

使用类别	接通和分断条件					
	I_c/I_e	U_r/U_e	cos ϕ	通电时间[b]/s	间隔时间/s	操作循环次数
AC-8a	1.0	1.05	0.80	0.05	[c]	30 000
AC-8b[h,j]	6.0	1.05	[a]	1	9	5 900
				10	90[d]	100
			— L/R ms			
DC-1	1.0	1.05	1.0	0.05	[c]	6 000[f]
DC-3	2.5	1.05	2.0	0.05	[c]	6 000[f]
DC-5	2.5	1.05	7.5	0.05	[c]	6 000[f]
DC-6	1.0[e]	1.05	[e]	0.05	60	6 000[f]

I_c：接通或分断电流，除使用类别 AC-5b、AC-6 或 DC-6 外接通电流用直流或交流对称有效值表示，但对交流而言，接通操作时实际的电流峰值可能会高于对称峰值。

I_e：额定工作电流。

U_r：工频或直流恢复电压。

U_e：额定工作电压。

[a] $I_e \leqslant 100$ A，cos $\phi=0.45$。
$I_e > 100$ A，cos $\phi=0.35$。

[b] 若触头在重新断开之前已经完全闭合到底，则允许时间小于 0.05 s。

[c] 断电时间不应大于表 8 的规定。

[d] 制造商可以选择任意的断电时间但不大于 200 s。

[e] 试验用白炽灯作为负载。

[f] 用一种极性做 3 000 次操作循环，另 3 000 次换为相反极性。

[g] 在考虑中。

[h] 使用类别 AC-8b 的试验应与 AC-8a 的试验相伴进行，试验允许在不同的试品上进行。

[i] 对于人力操作的开关电器，有载次数为 1 000 次，接着进行的无载操作次数为 5 000 次。

[j] 如果由制造商规定，则 I_c/I_e(转子堵转电流/满载电流)可以选用较低值。

8.2.4.4 接触器耐受过载电流的能力

使用类别为 AC-3 或 AC-4 的接触器，应能承受表 11 给出的过载电流，试验方法见 9.3.5。

注：该试验也包括试验电流小于表 11 规定、通电时间大于 10 s 的工作制，但 I^2t 值不应超过规定值。

表 11 耐受过载电流要求

额定工作电流/A	试验电流	通电时间/s
≤630	$8 \times I_{e,max}$(AC-3)	10
>630	$6 \times I_{e,max}$(AC-3)*	10

* 最小值为 5 040 A。

注：该表也适用于电流小于表 11 的规定和试验时间超过 10 s 的工作制，此时 i^2t 的试验值不应超过表 11 的规定。

8.2.5 与短路保护电器的协调配合

8.2.5.1 短路条件下的性能（额定限制短路电流）

用短路保护电器（SCPD）作为后备保护的接触器和起动器，以及综合式起动器、综合式开关电器、保护式起动器和保护式开关电器，其额定限制短路电流性能，应根据 9.3.4 所述试验方法进行验证。试验规定为：

a) 预期电流“r”，见表 13；

b) 额定限制短路电流 I_q（仅当 I_q 大于预期电流“r”时，才进行 I_q 电流试验）。

SCPD 的额定值应适用于任何给定的额定工作电流、额定工作电压及相应的使用类别。

协调配合类型（保护型式）有如下两种，其试验方法见 9.3.4.2.1 和 9.3.4.2.2。

a) “1”型协调配合，要求接触器或起动器在短路条件下不应对人及设备引起危害，在未修理和更换零件前，允许不能继续使用；

b) “2”型协调配合，要求接触器或起动器在短路条件下不应对人及设备引起危害，且应能够继续使用，允许触头熔焊，但制造厂应指明关于设备维修所采用的方法。

注：选用不同于制造厂推荐的 SCPD 时，协调配合可能会无效。

8.2.5.2 起动器和 SCPD 在交点电流上的协调配合

起动器和 SCPD 在交点电流上的协调配合为特殊试验，验证方法见附录 B.4。

8.2.6 空

8.2.7 具有隔离功能的综合式起动器、综合式开关电器的附加要求

在考虑中。

8.3 电磁兼容性（EMC）

8.3.1 一般要求

GB 14048.1—2006 中的 7.3.1 适用，并补充如下要求：

工频磁场试验不需要进行，因为电器通常就是在这种磁场中运行的。抗扰性能通过成功完成约定操作性能试验（见 9.3.3.5 和 9.3.3.6）得以验证。

这种电器对控制电源的电压跌落和短时中断存在固有的敏感，它会在 8.2.1.2 规定的极限值内作出反应，在 9.3.3.2 规定的动作范围试验中验证。

8.3.2 抗扰性

8.3.2.1 无电子线路的电器

GB 14048.1—2006 中的 7.3.2.1 适用。

8.3.2.2 具有电子线路的电器

GB 14048.1—2006 中的 7.3.2.2 适用，并补充如下要求：

根据表 12 规定的性能判据确定试验结果。

8.3.3 发射

环境 B 所要求的严酷度等级包含了环境 A 的要求。

适用本部分的电器不会产生有影响的谐波电平，因此不需进行谐波试验。

8.3.3.1 无电子线路的电器

GB 14048.1—2006 中的 7.3.3.1 适用，并补充如下要求：

仅包含如二极管、可调电阻、电阻器或电容器等元件的电器不需进行试验(如浪涌抑制器)。

8.3.3.2 具有电子线路的电器

GB 14048.1—2006 中的 7.3.3.2 适用。

表 12 抗扰性试验规定的验收判据

项　目	验收判据		
	A	B	C
一般要求	在规定限值内的正常性能	功能或性能出现暂时性降低或丧失，但可自行恢复	功能或性能出现暂时性降低或丧失，但需要人为介入或系统复位使其恢复，不应有任何零件(元件)的损坏
电源和控制电路的工作	无误动作 ——接触器保持在预期位置； ——过载继电器不应脱扣	瞬间的误动作，但不足以引起脱扣。 不允许触头误接通或分断。 能自行恢复	过载继电器脱扣。 允许触头误接通或分断。 不能自行恢复
显示器和辅助电路的工作	可见的显示器信息没有变化。 仅有 LED 灯亮度的轻微波动或字符的漂移 辅助触头无误动作	暂时的可见变化，例如不期望的 LED 发光。 辅助触头无误动作	永久丧失显示信息。 辅助触头无误动作
信息处理和检测功能	与外部设备进行通信和数据交换无误动作或错误信息	由于外部影响临时干扰通信，但可自行恢复	信息的错误处理，数据和(或)信息丢失，不能自行恢复

9 试验

9.1 试验分类

9.1.1 一般要求

GB 14048.1—2006 中的 8.1.1 适用。

9.1.2 型式试验

型式试验用于验证各种类型的接触器和起动器的设计是否符合本部分，试验包括以下项目：

a) 温升(见 9.3.3.3)；

b) 介电性能(见 9.3.3.4)；

c) 额定接通和分断能力(见 9.3.3.5)；

d) 转换能力及反向能力(如果适用)(见 9.3.3.5)；

e) 约定操作性能(见 9.3.3.6)；

f) 动作条件及动作范围(见 9.3.3.1，和 9.3.3.2)；

g) 接触器耐受过载电流能力(见 9.3.5)；

h) 短路条件下的性能(见 9.3.4);

i) 接线端子的机械性能(见 GB 14048.1—2006 中的 8.2.4);

j) 带外壳的接触器和起动器的外壳防护等级(见 GB 14048.1—2006 中附录 C);

k) 电磁兼容(EMC)(如果适用)(见 9.4)。

9.1.3 常规试验

不进行抽样试验(见 9.1.4)时,GB 14048.1—2006 中的 8.1.3 适用。

接触器和起动器的常规试验包括:

——动作及动作范围的验证(见 9.3.6.2);

——介电试验(见 9.3.6.3)。

9.1.4 抽样试验

接触器和起动器的抽样试验包括:

——动作及动作范围的验证(见 9.3.6.2);

——介电试验(见 9.3.6.3)。

GB 14048.1—2006 中的 8.1.4 适用,并补充如下要求:

制造厂可用抽样试验代替常规试验。抽样试验应满足或超过 GB/T 2828.1—2003 规定的下列要求:

——接受质量限 AQL≤1;

——合格判定数 Ac=0(无不合格品);

——不合格判定数 Re=1(如有一台产品不合格,则整批全部检查)。

对每一特定批,应固定间隔进行抽样。

另外,还可使用符合 GB/T 2828.1 规定的统计方法,例如统计的方法控制连续生产或以能力指数进行过程控制。

电气间隙抽样试验按照 GB 14048.1—2006 中 8.3.3.4.3 的规定进行。

9.1.5 特殊试验

9.1.5.1 一般要求

特殊试验包括机械寿命试验、电寿命试验以及验证起动器和 SCPD 在交点电流处的协调配合试验(见附录 B)。试验结果可用来获取功能安全性应用所需的数据(见附录 K)。

9.1.5.2 特殊试验-湿热、盐雾、振动和冲击

附录 Q 适用并补充以下要求:

附录 Q 要求的验证操作可靠性,可用 9.3.6.2 验证。

振动试验应在设备处于断开和闭合位置时进行。试验过程中过载继电器不应脱扣。为了检查主触头和辅助触头的特性,可以在任意电流/电压值下进行试验。

设备上的冲击试验应该在断开位置进行。

对于干热试验,试验期间设备应处于闭合位置(见 GB/T 2423.2—2008 中的 5.3.3)。对于使用类别 A、B 和 C,试验时各极可以不通电,对于使用类别 D、E 和 F,应在 AC-3 最大额定电流下进行试验,但实际进行试验时可限制在 100 A。在最后 1 h 内,接触器应动作 5 次。在整个试验过程中,过载继电器可以脱扣。

对于低温试验,应选择试验 Ad 而不是试验 Ab,冷却期间接触器应处于断开位置。应在最后 1 h 内通电。对于使用类别 A、B 和 C,试验时各极可以不通电,对于使用类别 D、E 和 F,应在 AC-3 最大额定

电流下进行试验，但实际进行试验时可限制在 100 A。在最后 1 h 内，接触器应动作 5 次。在整个试验过程中，过载继电器不应脱扣。

在湿热试验中，对于使用类别 A、B 和 C，试验时各电极可以不通电，对于使用类别 D、E 和 F，第一个循环周期电器应通以 AC-3 的最大额定电流，第二个循环周期不通电。

实际进行试验时电流可限制在 100 A。温升达到稳定后，在第一个循环周期的前 2 h 以及第二个循环周期的后 2 h 期间，接触器应动作 5 次。只有当根据其温升要求允许脱扣时过载继电器才能脱扣。

如果制造商同意，恢复时间可以缩短。

盐雾试验后，如果制造商同意可以对产品进行清洗。

9.2 验证结构要求

GB 14048.1—2006 中的 8.2 适用。

9.3 验证性能要求

9.3.1 程序试验

每一程序试验均应在一台新产品上进行。

注 1：经制造厂同意允许在同一台产品上进行多于一个的程序试验或全部程序试验，但对于下列同一程序中的各项试验，必须按顺序在同一台产品上进行。

注 2：程序试验中的下列试验仅仅是为了减少试品数量，其试验结果对其前后的试验没有影响。因此经制造厂同意，为了便于试验的进行，这些试验可以在单独的新试品上进行，并从相关的程序试验中删除。试验项目为：

——爬电距离验证(见 GB 14048.1—2006 中 8.3.3.4.1.7)；

——接线端子的机械性能(见 GB 14048.1—2006 中 8.2.4)；

——外壳防护等级(见 GB 14048.1—2006 中附录 C)。

程序试验按下述规定进行：

a) 程序试验 1
   1) 温升验证(见 9.3.3.3)；
   2) 动作条件及动作范围验证(见 9.3.3.1 和 9.3.3.2)；
   3) 介电性能验证(见 9.3.3.4)。
b) 程序试验 2
   1) 额定接通和分断能力验证(如果适用，包括相应的转换能力和反向能力)(见 9.3.3.5)；
   2) 约定操作性能验证(见 9.3.3.6)。
c) 程序试验 3
   短路条件下的性能验证(见 9.3.4)。
d) 程序试验 4(仅适用于接触器)
   耐受过载电流能力验证(见 9.3.5)。
e) 程序试验 5
   1) 接线端子机械性能验证(见 GB 14048.1—2006 中 8.2.4)；
   2) 外壳防护等级验证(见 GB 14048.1—2006 中附录 C)。

每一项试验均不应失败。

9.3.2 一般试验条件

GB 14048.1—2006 中的 8.3.2 适用，并补充如下要求：

对于具有相同的基本设计，结构无显著差别的一系列电器，试品的选择应根据工程的判断来决定。

除了仅用于一个频率的电器之外，50 Hz 下进行的试验认为适用于 60 Hz 的情况，反之亦然。

除非相应的试验条款中另有规定，否则连接处的拧紧力矩应该按制造商的规定，或者如果没有规定的话，应按 GB 14048.1—2006 中表 4 的规定。

9.3.3 空载、正常负载和过载条件下的性能

9.3.3.1 动作(操作)条件

按 8.2.1.1.2 的要求验证接触器和起动器的动作性能。

应验证起动器对于接触器动作的抗冲击性。试验时，起动器按 8.2.2 的要求通电并达到稳定温度后，接触器按正常操作顺序操作 3 次，每次操作之间没有人为的停顿，起动器不应因接触器的动作而脱扣。

若过载继电器带有组合式的停止和复位操作机构，当接触器闭合时，应能操动复位机构使接触器释放。若过载继电器带有单一的复位或者是停止和复位二者分离的操作机构，当接触器闭合时，操动复位机构至复位位置，则脱扣机构应能动作使接触器释放。这种试验的目的是验证当复位机构保持在复位位置时，过载脱扣动作不应失效。

对于变阻式转子起动器，应验证延时继电器的时间整定值和其他用于控制起动速率的电器的刻度在制造厂规定的范围内。

应验证每一级起动电阻值与规定值的差异在±10%以内。

应验证转子开关电器以正确顺序切除各级电阻。

对于两级自耦减压起动器，应验证其抽头的开路电压符合设计值以及在起动位置和运行位置上两级自耦减压起动器的电动机接线端子上的电压相序的正确性。

9.3.3.2 动作范围

9.3.3.2.1 动力操作的装置

接触器和起动器应验证其性能符合 8.2.1.2 的要求。

9.3.3.2.2 继电器和脱扣器

a) 欠电压继电器和脱扣器的动作
   应根据 8.2.1.3 的要求验证欠电压继电器和脱扣器，每一极限值操作 3 次。
   对于释放试验，电压应以约在 1 min 的时间内由额定值降到零的均匀速度下降。
b) 分励脱扣器的动作
   应根据 8.2.1.4 的要求验证分励脱扣器，应在起动器的各种操作条件下，在额定电压的 70% 和 110% 下进行试验。
c) 热过载继电器、电子式过载继电器和延时电磁过载继电器
   过载继电器和起动器应根据下述电流值，按 GB 14048.1—2006 中表 9、表 10 和表 11 选用连接导线：
   ——脱扣级别为 2、3、5 和 10A 的所有型式(见表 2)的过载继电器，以及 10、20、30 和 40 型式的电子式过载继电器，为过载继电器电流整定值的 100%；
   ——脱扣级别为 10、20、30 和 40(见表 2)的热过载继电器，以及规定的最大脱扣时间大于 40 s 的过载继电器(见 5.7.3)，为过载继电器电流整定值的 125%。
   各极都通电时，验证继电器和脱扣器按照 8.2.1.5.1 的要求动作。
   8.2.1.5.1 中规定的特性应该在－5 ℃，＋20 ℃，＋40 ℃下验证。任何超过－5 ℃～＋40 ℃范围而规定的时间-电流特性应在最低和最高温度下进行验证。但是，对于具有周围温度补偿

的继电器或脱扣器，如果制造厂规定的温度范围大于表 3 规定的温度范围，而且在所声明的最低和最高温度下进行过试验，相应的脱扣电流值符合表 3 规定的－5 ℃和(或)＋40 ℃的极限值，那么在－5 ℃和(或)＋40 ℃下的特性不需要进行验证。

对于电子式过载继电器，8.2.1.5.1.2 的热记忆试验验证应该在＋20 ℃条件下进行。

三极热过载继电器或电子式过载继电器两极通电时，对于整定电流可调的继电器，各极的所有不同组合仅需按 8.2.1.5.2 的规定进行最大和最小电流整定值的试验。

d) 瞬时电磁过载继电器

每一继电器均应分别进行试验。通过继电器的电流应以能够准确读数的速度增长，试验电流值应符合 8.2.1.5.3 的规定。

e) 欠电流继电器

根据 8.2.1.5.4.1 的规定验证动作范围。

f) 自动转换中的欠电流继电器

根据 8.2.1.5.4 的规定验证动作范围。

g) 堵转继电器

根据 8.2.1.5.5 的规定验证动作范围。

对于电流检测堵转继电器，应该在最小和最大整定电流下，以及最小和最大堵转禁止保护时间下进行验证(4 个整定值)。

带有旋转检测的堵转继电器，应该在最小和最大堵转禁止保护时间下进行验证。可以通过在堵转继电器的传感器输入端施加一个合适的信号模拟传感器。

h) 阻塞继电器

根据 8.2.1.5.6 的规定验证动作范围。

对于电流检测阻塞继电器，应该在最小和最大整定电流下，以及最小和最大阻塞禁止保护时间下进行验证(4 个整定值)。

对于 4 个整定值中的每一个整定值，应该在下述条件下进行试验：

——试验电流为 95％的整定电流值，阻塞继电器不应脱扣；

——增加试验电流至 120％的整定电流值。根据 8.2.1.5.6 中给出的要求，阻塞继电器应该脱扣。

9.3.3.3 温升试验

9.3.3.3.1 周围空气温度

GB 14048.1—2006 中的 8.3.3.3.1 适用。

9.3.3.3.2 部件温度的测量

GB 14048.1—2006 中的 8.3.3.3.2 适用。

9.3.3.3.3 部件的温升

GB 14048.1—2006 中的 8.3.3.3.3 适用。

9.3.3.3.4 主电路的温升试验

GB 14048.1—2006 中的 8.3.3.3.4 适用，并补充下述要求：

主电路按 8.2.2.4 的规定通电。

通常通电的辅助电路通以其最大额定工作电流(见 5.6)，控制电路施加额定电压。

起动器应装有符合 5.7.4 的过载继电器。电流整定值的选择规定如下：

——不可调式继电器

电流整定值应等于起动器的最大工作电流，且试验在此电流下进行；

——可调式继电器

最大电流整定值应尽量接近但不超过起动器的最大工作电流。

试验时，过载继电器的电流整定值应调整至最接近其最大刻度。

注：上述选择方法用以确保过载继电器接线端子的温升和起动器耗散的功率不小于其他任何可能出现的接触器和继电器的组合情况。在过载继电器受这些值的影响可忽略的情况下(即电子式过载继电器)，试验电流应是起动器的最大工作电流。

9.3.3.3.5 控制电路的温升

GB 14048.1—2006 中的 8.3.3.3.5 适用，并补充规定如下：

温升试验在 9.3.3.3.4 的试验时同时进行。

9.3.3.3.6 线圈和电磁铁绕组的温升

GB 14048.1—2006 中的 8.3.3.3.6 适用，并补充下述规定：

a) 不间断或 8 h 工作制的接触器和起动器的电磁铁绕组，仅按 8.2.2.7.1 的规定进行试验，试验过程中主电路通以相应的额定电流，温升值在 9.3.3.3.4 的试验中进行测量；

b) 断续周期工作制的接触器或起动器的电磁铁绕组，除了应按上述方法进行试验外，还应根据其工作制的级别按 8.2.2.7.2 的规定进行试验，试验时主电路不通电；

c) 特殊额定值(短时工作制或周期工作制)的绕组应按 8.2.2.7.3 的规定，在主电路不通电时进行试验。

9.3.3.3.7 辅助电路的温升

GB 14048.1—2006 中的 8.3.3.3.7 适用，并补充下述规定：

温升试验在 9.3.3.3.4 的试验时同时进行。

9.3.3.3.8 转子变阻式起动器的起动电阻器的温升

起动器在其工作制(见 5.3.4)下工作，并符合其起动特性(见 5.3.5.5.1)时，起动电阻器的温升应不超过 GB 14048.1—2006 中表 3 规定的极限值。

通过电阻器每一段的电流应是在起动器额定状态(见 5.3.4 和 5.3.5.5.1)下，即被控电动机在最大起动转矩及起动时间内所对应的等效发热电流，允许用 I_m(见 5.3.5.5.1)。

起动操作循环应按每小时的起动次数均匀间隔。

壳体及通风口气流的温升应不超过 GB 14048.1—2006 中表 3 规定的极限值。

注：对电动机输出功率和转子电压及电流的每一组合的起动电阻器的性能进行试验是不现实的，只要做足够数目的试验，用内插法或推论来证明符合本部分即可。

9.3.3.3.9 两级自耦减压起动器的自耦变压器的温升

当起动器在额定工作制(见 5.3.4)工作时，自耦变压器的温升不应超过 GB 14048.1—2006 中表 3 的规定值，并不应超过表 5 规定值的 15 K(见 8.2.2)。

通过自耦变压器各个绕组的电流等于在起动器额定状态(见 5.3.5.5.3)下，被控电动机在起动时间内最大起动电流的等效发热电流，以下条件满足时，可认为达到此条件：起动时间内自耦变压器的输出电流等于 5.3.5.5.3 中规定的最大起动电流与下式的乘积：

$$0.8 \times \frac{\text{起动电压}}{U_e} \qquad \text{（见 5.3.1.4）}$$

起动操作循环应按每小时的起动次数均匀间隔(见 5.3.4.3)。

在连续两次起动(见 5.3.4.3)的情况下，自耦变压器的温升允许超过 8.2.2 规定的最大值，但自耦变压器不应有损坏。

自耦变压器有几个抽头时，试验应在变压器消耗功率最大的抽头上进行。试验时间应足够长以使温升达到稳定值。

为了便于进行本试验，本部分推荐采用星形连接的阻抗代替电动机。

9.3.3.4 介电性能

GB 14048.1—2006 中的 8.3.3.4 适用，并作如下修改。

9.3.3.4.1 型式试验的介电性能验证

GB 14048.1—2006 中的 8.3.3.4.1 适用，并补充如下要求：

——在 1)的末尾加入以下内容：

在电器正常操作过程中或设备调节当中有可能被人触及的表面，以及可能被标准试指触及的表面都应该包覆金属箔。

在通断和短路试验之后的工频耐受试验不应该覆盖金属箔。

——在 2)b)的第二段之后加入以下内容：

如果接触器或起动器电路中的电器已进行过 U_{imp} 试验，且试验电压低于 GB 14048.1—2006 中 7.2.3.1 和 8.3.3.4.2 的规定，那么根据制造厂的说明，试验时该电路可以断开。

——在 2)c)②后面加入下面的内容：

正常接入主电路的控制电路断开的话(根据 8.3.3.4.1 中 2)b)的规定)，保持主触头闭合的方法应该在试验报告中说明。

——在 8.3.3.4.1 中 8)的末尾加入：

对于适用于隔离的电器，应该在每一极的触头处于打开位置，且试验电压为 $1.1U_e$ 时测量泄漏电流，该电流不应超过 0.5 mA。

不作隔离用的电器(见 GB 14048.1—2006 的 8.3.3.4.1 中 2)c)④)，不需要进行断开触头间冲击耐受电压的试验。

9.3.3.5 接通和分断能力

GB 14048.1—2006 中的 8.3.3.5 适用，并补充如下要求：

9.3.3.5.1 一般试验条件

在表 7 中所述的操作条件下进行试验时，不应出现故障(见 9.3.3.5.5f)。

对于单独的 AC-3 或 AC-4 接通试验，控制电源电压对于全部工作循环的一半为 $110\%U_s$，另一半为 $85\%U_s$。对于其他的通断试验，控制电源电压为 $100\%U_s$。

主电路的接线应与接触器或起动器正常工作时相同。如果需要，或是为了方便，控制及辅助电路，特别是接触器或起动器的电磁线圈，可以由一独立的电源供电，此电源应提供与正常使用条件规定的相同种类的电流及相同的电压。

进行额定接通和分断能力试验时，允许将起动器中的过载继电器和 SCPD 短接。

9.3.3.5.2 试验电路

GB 14048.1—2006 中的 8.3.3.5.2 适用。

9.3.3.5.3 瞬态恢复电压的特性

GB 14048.1—2006 中的 8.3.3.5.3 适用于使用类别 AC-2，AC-3，AC-4，AC-8a 和 AC-8b(见表 1)。单独进行(AC-3 和 AC-4 使用类别)接通能力试验时，不需要调整参数 γ 和振荡频率。

9.3.3.5.4 空

9.3.3.5.5 额定接通和分断能力

如果装在起动器内的接触器已单独满足下述 a)项相应使用类别的要求，则起动器不需进行本试验。

a) 接触器的额定接通和分断能力

接触器应能够接通和分断表 7 中给出的相应使用类别及操作循环次数的电流，可逆接触器同时见 d)项要求。

使用类别 AC-3 和 AC-4 的接触器，先进行 50 次单独的接通操作，紧接着进行 50 次通断操作。

b) 直接起动器和双向起动器(AC-3)以及转子变阻式起动器的定子开关电器(AC-2)的额定接通和分断能力

起动器应能接通和分断表 7 中给出的相应使用类别和操作次数的电流。

使用类别 AC-3 的起动器先进行 50 次单独的接通操作，紧接着进行 50 次通断操作。

c) 星-三角起动器(AC-3)和两级自耦减压起动器(AC-3)的额定接通和分断能力及转换能力

起动器应能接通和分断表 7 中给出的相应使用类别的电流。

在起动和运行位置(对星-三角起动器为星形和三角形位置)应首先各进行 50 次单独的接通操作，电流由其他开关电器分断。

然后起动器再进行 50 次接通和分断操作，每个操作循环应包括下列顺序：

——在起动或星形位置接通电流；

——在起动或星形位置分断电流；

——在运行或三角形位置接通电流；

——在运行或三角形位置分断电流；

——间隔时间。

负载电路应像电动机绕组一样连接到起动器上，起动器额定工作电流(I_e)为运行或三角形位置时的电流。

注：对于星-三角起动器，由于电源阻抗对变比有显著的影响，因此在星形和三角形接法时测量试验电流是很重要的。

当变压器有多于一个的输出电压时，应接在最大起动电压的抽头上。

起动位置和运行位置的通电时间及间隔时间应符合表 7 的规定。

d) 直接起动器和可逆起动器的额定接通和分断能力(AC-4)

起动器应能够接通和分断表 7 给出的电流。

先进行 50 次的单独接通操作，紧接着进行 50 次的通断操作。

负载电路应象电动机绕组一样连接到起动器上。

对于装有 2 台接触器的起动器，2 台接触器 A 和 B 应像正常使用时一样接线，50 次操作的每一循环包括：

闭合 A——断开 A——闭合 B——断开 B——间隔时间

从“断开 A”到“闭合 B”的转换应如正常控制系统所允许的一样快。

正常状态下装有的机械联锁或电气联锁装置均应使用。

如果反向电路的构成使得 2 台接触器可能同时通电，则需进行 10 次附加的 2 台接触器同时通电的操作程序。

e) 转子变阻式起动器转子开关电器的额定接通和分断能力

验证 AC-2 使用类别的转子开关电器的接通和分断能力应按 9.3.3.5.5b)项的规定进行，其中 $I_e = I_{er}$（即起动器设计时考虑的最大额定转子工作电流），$U_e = U_{er}$（额定转子工作电压），$U/U_e = 0.8$，功率因数为 0.95。试验时起动电阻可不接入，对于有 2 个以上起动级的起动器，试验应对每一开关电器依次进行。由于 2 个以上起动级的起动器中的转子开关电器并不在转子全电压下分断和接通，试验电压可按下述比例降低：

$$\frac{\text{切换的启动电阻}}{\text{全部起动电阻}}$$

当起动器的接线为定子开关电器先于转子开关电器分断电路时，不需验证分断能力。

对于已经满足上述相应要求的转子开关电器，不需进行本试验。

f) 接触器或起动器进行接通和分断能力、转换和反向试验过程中及试验后的性能

在 9.3.3.5 规定的接通和分断能力试验及 9.3.3.6.1 至 9.3.3.6.6 规定的约定操作性能验证试验过程中，应不发生持续燃弧、相间飞弧、接地回路中的熔断体熔断(见 9.3.3.5.2)或触头熔焊。当接触器或起动器由适用的控制方法进行操作时，触头应能够动作。

9.3.3.6 约定操作性能

GB 14048.1—2006 中的 8.3.3.6 适用，并补充下述要求：

约定操作性能试验的目的是验证接触器或起动器是否符合表 10 规定的要求。

接触器或起动器主电路的接线应和正常使用时相同。

试验时允许将起动器内装的过载继电器和 SCPD 短接。

试验线路见 9.3.3.5.2，负载根据 9.3.3.5.3 的规定进行调整。

控制电压为额定控制电源电压的 100%。

如果起动器内的接触器已单独满足 9.3.3.6.1 相应使用类别的规定，则起动器不需要进行本试验。

9.3.3.6.1 接触器的约定操作性能

接触器应能够接通和分断表 10 中相应使用类别及次数的电流（见 9.3.3.6.4）。

9.3.3.6.2 直接起动器和双向起动器（AC-3）及变阻式转子起动器的定子开关电器（AC-2）约定操作性能

起动器应能够接通和分断表 10 中相应使用类别及次数的电流。

9.3.3.6.3 星-三角起动器（AC-3）和两级自耦减压起动器（AC-3）的约定操作性能

起动器应能够接通和分断表 8 中相应使用类别及次数的电流。

除 50 次单独接通试验不做外，试验程序按 9.3.3.5.5c)的规定。

9.3.3.6.4 直接起动器和可逆起动器（AC-4）的约定操作性能

起动器应能够接通和分断表 8 中相应使用类别及次数的电流。

除 50 次单独接通操作以及 10 次附加的同时通电的试验不做外，试验程序按 9.3.3.5.5d)的规定。

9.3.3.6.5 转子变阻式起动器转子开关电器的约定操作性能

转子开关电器的约定操作性能验证按 9.3.3.6.1 中规定的表 8 中 AC-2 使用类别的要求进行。

试验程序按 9.3.3.5.5e)的规定。

9.3.3.6.6 接触器或起动器在约定操作性能试验过程中及试验后性能

应满足 9.3.3.5.5f)的要求，并且根据 GB 14048.1—2006 中 8.3.3.4.1 中 4)的要求进行工频耐压

试验。

对于适用于隔离的电器，应该在每一极的触头处于打开位置，且试验电压为 1.1U_e 时测量泄漏电流，该电流不应超过 2 mA。

带有镜像触头的电器，应该进行 F.7.3 的附加试验。

9.3.4 短路条件下的性能

本试验是验证接触器或起动器是否符合 8.2.5.1 的规定。有关试验程序、试验顺序、试后条件及协调配合的类型见 9.3.4.1 和 9.3.4.2。

9.3.4.1 短路试验的一般条件

9.3.4.1.1 短路试验的一般要求

GB 14048.1—2006 中的 8.3.4.1.1 适用，并作如下修改。

如果在自由空气中进行过试验的电器也可用于单独的外壳中，则应该在制造商规定的最小外壳中进行附加试验。对于仅用于自由空气的电器，应提供信息标明不适用于单独的外壳。

单独外壳应符合制造厂的规定。如果有多个外壳可供选择，应选用最小容积的外壳。

封闭式固定和可移动组件按照 IEC 61439-1 进行试验。

9.3.4.1.2 短路试验电路

GB 14048.1—2006 中的 8.3.4.1.2 适用，并补充规定如下：

对于"1"型协调配合，用长度为 1.2 m～1.8 m，截面积为 6 mm^2 的硬线替代熔断体 F 和电阻 R_L，接至中性点。若制造厂同意，可接至某一相。

注：这一较大尺寸的导线并非作为探测器，而是建立一种判定允许损坏程度的"接地"条件。

9.3.4.1.3 试验电路的功率因数

GB 14048.1—2006 中的 8.3.4.1.3 适用。

9.3.4.1.4 试验电路的时间常数

GB 14048.1—2006 中的 8.3.4.1.4 适用。

9.3.4.1.5 试验电路的调整

GB 14048.1—2006 中的 8.3.4.1.5 适用。

9.3.4.1.6 试验程序

GB 14048.1—2006 中的 8.3.4.1.6 适用，并补充规定如下：

接触器或起动器连同其相应的 SCPD，综合式起动器、综合式开关电器、保护式起动器或保护式开关电器按正常使用情况安装和接线，试验时，主电路每一相采用最长为 2.4 m 的电缆（相应于起动器的额定工作电流选用）连接。

如果 SCPD 与起动器是分离的，则采用上述电缆（总长不超过 2.4 m）将其连接至起动器。

三相试验结果对单相使用的情况亦有效。

9.3.4.1.7 暂空

9.3.4.1.8 记录波形图的说明

GB 14048.1—2006 中的 8.3.4.1.8 适用。

9.3.4.2 接触器、起动器、综合式起动器、综合式开关电器、保护式起动器和保护式开关电器的限制短路电流

接触器或起动器和相应的SCPD，以及综合式起动器、综合式开关电器、保护式起动器或保护式开关电器应进行9.3.4.2.1和9.3.4.2.2规定的试验，所进行的试验应包括使用类别AC-3时最大的I_e和最大的U_e。

对于电磁操作的接触器或起动器，电磁铁用单独的电源在额定控制电源电压(U_s)下保持闭合，所用的SCPD应符合8.2.5.1的规定，如果SCPD是电流整定值可调的断路器，则试验时应根据规定的协调配合及选择性的类型，将断路器调整到最大整定值进行。

进行试验时，所有外壳的门均应象正常时一样关上，且门或盖用提供的工具固紧。

对于适用于某一范围电动机额定值和配有可更换过载继电器的起动器，试验应在装有最大阻抗的过载继电器和装有最小阻抗的过载继电器的起动器并连同其相应的SCPD上进行。

对于“1”型协调配合，在9.3.4.2.1和9.3.4.2.2的试验中的每一次O或CO操作均允许使用新试品。

对于“2”型协调配合，预期电流“*r*”(见9.3.4.2.1)试验中O-CO应使用同一台试品，预期电流I_q(见9.3.4.2.2)试验中O-CO使用另一台试品。

经制造厂同意，电流“*r*”和电流I_q试验允许在同一台试品上进行。

9.3.4.2.1 预期电流“*r*”试验

电路应调整到表12中规定的与额定工作电流对应的预期试验电流。

将接触器或起动器及其相应的SCPD、综合式起动器、综合式开关电器、保护式起动器或保护式开关电器接入电路，按下述操作顺序进行试验：

a) 所有开关电器在试验之前闭合，SCPD进行一次分断操作(“O”操作)；

b) SCPD的一次分断操作应由接触器或起动器接通短路电流(“CO”操作)。

功率因数或时间常数根据GB 14048.1—2006中8.3.4.1.4选取。

表13 相应于额定工作电流的预期试验电流“*r*”

额定工作电流 I_e(AC-3)* /A	预期电流“*r*”/kA
$0<I_e\leqslant16$	1
$16<I_e\leqslant63$	3
$63<I_e\leqslant125$	5
$125<I_e\leqslant315$	10
$315<I_e\leqslant630$	18
$630<I_e\leqslant1\ 000$	30
$1\ 000<I_e\leqslant1\ 600$	42
$1\ 600<I_e$	由用户与制造厂协商
* 如果接触器或起动器没有规定使用类别AC-3的额定值，预期电流“*r*”可根据制造厂规定的各使用类别中最高的额定工作电流加以确定。	

9.3.4.2.2 额定限制短路电流I_q试验

注：仅当I_q电流比“*r*”电流大时进行本试验。

调整电路使预期短路电流I_q等于额定限制短路电流。

若SCPD为熔断器，且试验电流在熔断器的限流范围内，如有可能，则熔断器应按允许的最大峰值允通电流(I_p)和最大允通能量(I^2t)选取。

将接触器或起动器及其相应的 SCPD、综合式起动器、综合式开关电器、保护式起动器或保护式开关电器接入电路。

按下述操作顺序进行试验：

a) 所有开关电器在试验之前闭合，SCPD 进行一次分断操作（“O”操作）；

b) SCPD 的一次分断操作应由接触器或起动器接通短路电流（“CO”操作）；

c) 对于综合式起动器或保护式起动器，如果 SCPD 中开关电器的短路分断能力或额定限制短路电流低于综合式起动器或保护式起动器的额定限制短路电流，则应进行下述附加试验：SCPD 的一次分断操作应由开关电器（开关或断路器）接通短路电流（“CO”操作），接触器或起动器已经闭合。该试验可在新试品（起动器及其 SCPD）上进行，也可经制造商同意，在第一个试品上进行。经过该项试验的试品，仅需满足 9.3.4.2.3a)～g)的要求。

9.3.4.2.3 **试验结果的判别**

根据规定的协调配合类型，若满足下述条件，则认为接触器、起动器或综合式起动器、综合式开关电器、保护式起动器或保护式开关电器通过了“r”电流和 I_q 电流试验（如适用）。

两种配合类型（所有电器）：

A ——由 SCPD、综合式起动器或综合式开关电器成功分断故障电流且外壳与电源之间的熔断器或熔体或固体连接未熔断；

B ——外壳的门或盖未被掀开且能够打开，只要外壳防护等级不小于 IP2X，允许外壳变形；

C ——导线或接线端子应无损坏，且导线未与接线端子分离；

D ——外部绝缘基座不应有使带电体安装整体受到破坏性的碎裂；

两种配合类型（仅综合式起动器、综合式开关电器、保护式起动器或保护式开关电器）：

E ——断路器或开关电器应能够用工具靠人力打开；

F ——SCPD 的任何一端都没有从其固定装置完全分离至外露的导体部件上；

G ——如果断路器的额定极限短路分断能力比综合式起动器、综合式开关电器、保护式起动器或保护式开关电器规定的额定限制短路电流小，断路器应进行下述脱扣试验：

a) 带瞬态脱扣继电器或脱扣器的断路器，试验在脱扣电流的 120%下进行；

b) 带有过载继电器或脱扣器的断路器，试验在断路器额定电流的 250%下进行；

“1”型协调配合（所有电器）

H ——壳体外的零件应未击穿，而接触器或过载继电器受到损坏是允许的，每一次操作之后，允许起动器不能够继续操作。为此，应检查起动器，必要时使接触器或过载继电器和断路器的脱扣器复位，对于熔断器保护，则更换全部熔断体；

“1”型协调配合（仅适用于综合式起动器和保护式起动器）

I ——根据 GB 14048.1—2006 中 8.3.3.4.1 4)的规定，每一次操作（对于“r”电流和 I_q 电流）后，在进行试验的完整单元（SCPD 及接触器或起动器，且是更换零件之前）上用介电试验验证绝缘强度，工频耐受电压为 $2U_e$ 且不小于 1 000 V，试验电压施加在电源输入端子上，开关电器或断路器处于断开位置，电压施加在：

——每一极和所有接至起动器支架的各极之间；

——连接在一起的所有各极的带电体和起动器支架之间；

——连接在一起的电源端的进线端和连接在一起的另一端接线端子之间。

对于适用于隔离的电器，应该在每一极的触头处于打开位置，且试验电压为 $1.1U_e$ 时测量泄漏电流，该电流不应超过 6 mA。

“2”型协调配合（所有电器）

J ——如果容易分离（如用螺丝旋具）且无明显变形的话，则接触器或起动器的触头熔焊是允许的，除此之外，过载继电器或其他部件不应损坏，在试验过程中除了当熔断器保护时应更换全部熔断体外不允许更换其他零件；

如果出现上述触头熔焊的情况，电器的功能应在表10中相应使用类别的试验条件下进行10次操作循环的验证。

K——短路试验前及试验后，均应根据5.7.5的规定，在过载继电器的一个电流整定值倍数上验证其脱扣特性与所提供的脱扣性能相符；

L——根据GB 14048.1—2006中8.3.3.4.1 4)的规定，对于接触器、起动器、综合式起动器、综合式开关电器、保护式起动器和保护式开关电器，用介电试验验证绝缘强度，工频耐受电压为$2U_e$且不小于1 000 V。

对于综合式起动器、综合式开关电器、保护式起动器或保护式开关电器，应按GB 14048.1—2006中8.3.3.4.1 3)中的规定，在电器的主电极两端进行附加试验，开关电器或断路器的触头断开而起动器的触头闭合。

对于适用于隔离的电器，应该在每一极的触头处于打开位置，且试验电压为$1.1U_e$时测量泄漏电流，该电流不应超过2 mA。

如果有熔断体，则将熔断体短路。

9.3.5 接触器耐受过载电流能力试验

接触器应按9.3.2的规定安装、接线和操作。

接触器的各极同时按8.2.4.4规定的过载电流和持续时间进行本试验，本试验在室温下以任意方便的电压进行。

试验后，产品应无可观察到的变形及损伤。

注：本试验计算出的I^2t值(焦耳积分)不能用于估计短路条件下接触器的性能。

9.3.6 常规试验和抽样试验

9.3.6.1 一般要求

常规试验应在9.1.2规定的型式试验相同或等效的条件下进行，而9.3.3.2规定的验证动作范围试验可在常温下及单独的过载继电器上进行，但可能需要对常温条件进行校正。

9.3.6.2 动作及动作范围

对于电磁、气动和电气-气动接触器或起动器，验证动作范围试验按8.2.1.2的规定进行。

对于人力操作的起动器，进行验证起动器正常工作性能的试验(见8.2.1.2、8.2.1.3和8.2.1.4)。

注：进行本试验时可不必达到热平衡，这可采用串联电阻或降低电压范围的方法进行补偿。

应验证过载继电器的刻度，对于延时过载继电器，各极可通以同一整定电流倍数的电流，以验证脱扣时间(在规定范围内)与制造厂提供的曲线一致，对于电磁式瞬时过载继电器，试验在1.1倍的电流整定值下进行。对于欠电流继电器、堵转继电器和阻塞继电器，应进行试验验证其动作性能(见8.2.1.5.4、8.2.1.5.5和8.2.1.5.6)。

注：对于延时电磁式过载继电器，当其延时由液体阻尼器实现时，可在阻尼器空时按制造厂规定的电流整定值的百分比进行验证，且能够用特殊试验证明其正确。

9.3.6.3 介电试验

GB 14048.1—2006中的8.3.3.4.2适用，并补充如下要求。

对于变阻式转子起动器，转子开关电器的各极应按正常使用情况通过起动电阻连接，因此介电试验电压仅需施加在转子电路和起动器支架之间。

无需使用金属箔。

注：允许进行GB 14048.1—2006中8.3.3.4.2的组合试验。

9.4 EMC试验

9.4.1 一般要求

GB 14048.1—2006中的8.3.2.1、8.3.2.3和8.3.2.4适用，并补充如下要求：

经制造厂同意，多项EMC试验或所有的EMC试验可在同一台试品上进行。这一试品可以是新的，也可以是经过了9.3.1规定的程序试验后的试品。EMC的程序试验可以是任意方便的顺序。

试验报告应包括任何为符合标准要求而必须采取的特殊措施，例如使用屏蔽线或特殊的电缆，如果为了符合抗扰度或辐射试验的要求，接触器或起动器使用了辅助电器，应在报告中说明。

试品应处于断开或闭合中较为不利的位置，操作时应通以额定电源控制电压。

9.4.2 抗扰性

按表14进行试验，具体的要求见9.4.2.1～9.4.2.6。

如果在EMC试验中，试品需要连接导线，导线的截面积和类型可任意选取但必须符合制造厂的规定。

表14 EMC抗扰性试验

试验类型	所要求的试验水平
射频场传导骚扰抗抗扰度试验[b,c] (150 kHz～80 MHz) GB/T 17626.6—2008	GB 14048.1—2006中表23规定的相应试验水平适用[d]
1.2/50 μs～8/20 μs浪涌抗扰度试验 GB/T 17626.5—2008	GB 14048.1—2006中表23规定的相应试验水平适用
电快速瞬变/脉冲群抗扰度试验[a] GB/T 17626.4—2008	GB 14048.1—2006中表23规定的相应试验水平适用
射频电磁场辐射抗扰度试验 (80 MHz～1 GHz,1.4 GHz～2 GHz) GB/T 17626.3—2006	GB 14048.1—2006中表23规定的相应试验水平适用
静电放电抗扰度试验 GB/T 17626.2—2006	GB 14048.1—2006中表23规定的相应试验水平适用

[a] 试验过程中接触器至少操作一次，过载继电器应通以0.9倍的整定电流但不超过100 A。

[b] 仅适用于电缆接口，根据制造商性能规范，电缆长度可以超过3 m。

[c] 试验电平也可以定义为150 Ω负载的等效电流。

[d] 对国际电信同盟(ITU)广播频段(47 MHz ～ 68 MHz)，试验水平应为3 V。

9.4.2.1 试验过程和试后电器的性能

除非另有规定，应满足性能判据B的要求，见8.3.2.2。

试验过程中和试后电器的性能不应丧失。试验结束后，应在室温下以合适的电流验证9.3.6.2规定的动作极限值。

9.4.2.2 静电放电

试验方法见GB/T 17626.2—2006。

除金属部件应进行接触放电外，其余部件仅需进行空气放电。

对每一试点应施加正、负极性脉冲电压各10次，各放电间隔时间为1 s。

电源端子不必进行该试验。除线圈通电外，试验不需使用导线。

9.4.2.3 电磁场

试验方法和试验程序见 GB/T 17626.3—2006。

电器应满足性能判据 A 的要求。

9.4.2.4 快速瞬变脉冲群

试验方法见 GB/T 17626.4—2008,重复频率为 5 kHz。

试验电压应施加在主电路、控制电路或辅助电路的端子上,无论电子式或传统的触头。

试验电压施加时间为 1 min。

9.4.2.5 浪涌(1.2/50 μs~8/20 μs)

试验方法见 GB/T 17626.5—2008。优先采用电容耦合。试验电压应施加在主电路、控制电路或辅助电路的端子上,无论电子式或传统的触头。

试验电压按表 14 的规定,但不超过 GB 14048.1—2006 中 7.2.3 有关制造厂规定的相应的 U_{imp} 值。

试验电压应正、负极性各施加 5 次,试验频率为 1 min 一次。

9.4.2.6 谐波

尚在考虑中。

9.4.2.7 射频场传导骚扰抗扰度试验

GB 14048.1—2006 中的 8.4.1.2.6 适用,并补充如下要求:

按表 14 进行试验的电器应满足性能判据 A 的要求。

9.4.3 发射

适用于环境 A 的电器,应向用户提出警告(例如在使用指南中)说明这类电器用于环境 B 时可能会产生无线电干扰,此时,用户可能需要采取附加的减缓措施。

9.4.3.1 射频传导发射试验

试验叙述、试验方法及试验布置见 GB 4824—2004。

电器不应超过表 15 规定的限值。

表 15 射频传导发射试验限值

频带/MHz	环境 A	环境 B
0.15~0.5	79 dB(μV)准峰值 66 dB(μV)平均值	66 dB(μV)~56 dB(μV)准峰值 56 dB(μV)~46 dB(μV)平均值 (随频率的对数降低)
0.5~5.0	73 dB(μV)准峰值 60 dB(μV)平均值	56 dB(μV)准峰值 46 dB(μV)平均值
5.0~30	73 dB(μV)准峰值 60 dB(μV)平均值	60 dB(μV)准峰值 50 dB(μV)平均值

9.4.3.2 射频辐射发射试验

试验叙述、试验方法及试验布置见 GB 4824—2004。

当控制电路和辅助电路包含有基波开关频率高于 9 kHz 的元件时(例如开关电源等),应进行本试验。

电器的发射不应超过表 16 规定的限值。

表 16 辐射发射试验限值

频带/MHz	环境 A*	环境 B
30～230	30 dB(μV/m)准峰值 30 m 测量距离	30 dB(μV/m)准峰值,在 10 m 处
230～1 000	37 dB(μV/m)准峰值 30 m 测量距离	37 dB(μV/m)准峰值,在 10 m 处
* 试验在 10 m 测量距离进行时,限值可增加 10 dB。		

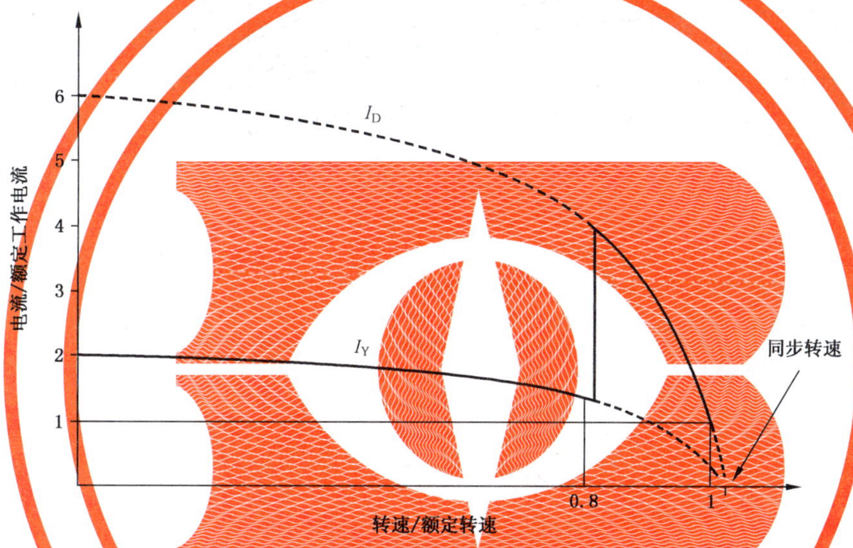

I_D ——三角形连接时的电流;

I_Y ——星形连接时的电流。

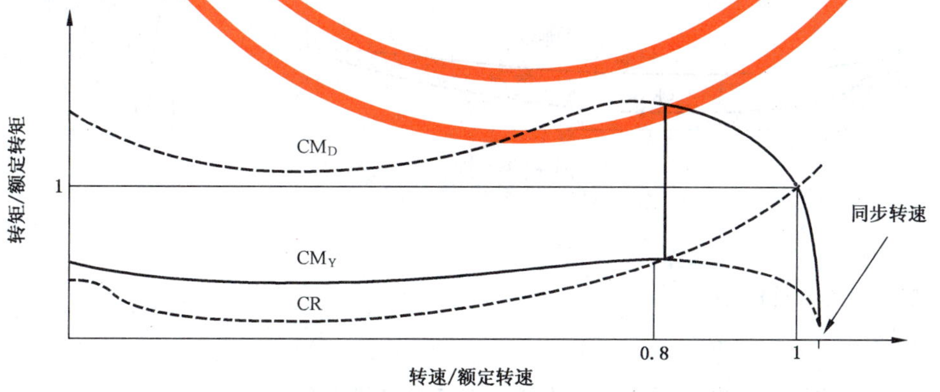

CM ——电动机转矩;

CR ——负载力矩。

图 1 星-三角起动时电流和转矩的典型曲线(见 1.2.2.1)

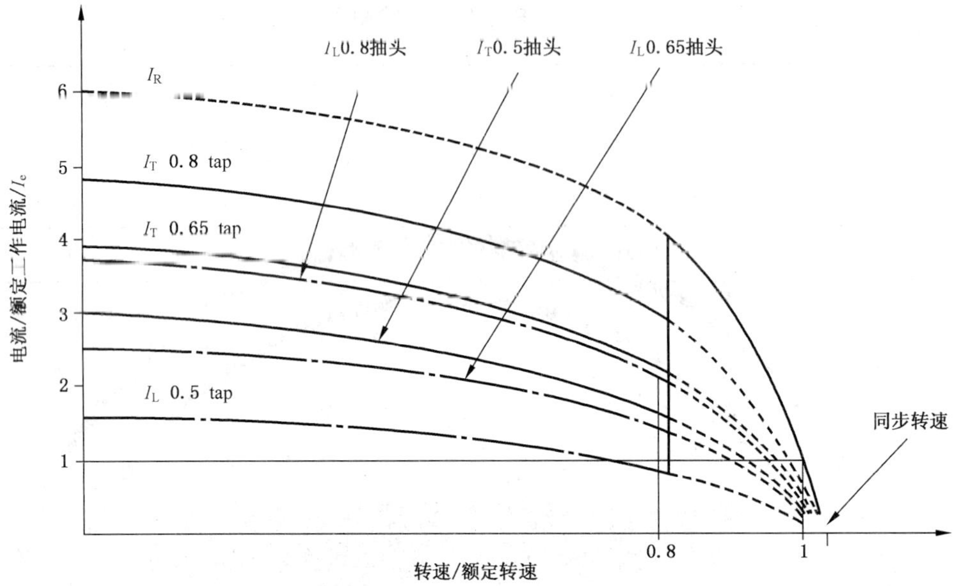

I_R ——额定电压下的电动机电流；
I_T ——减压后的电动机电流；
I_L ——减压后的线电流。

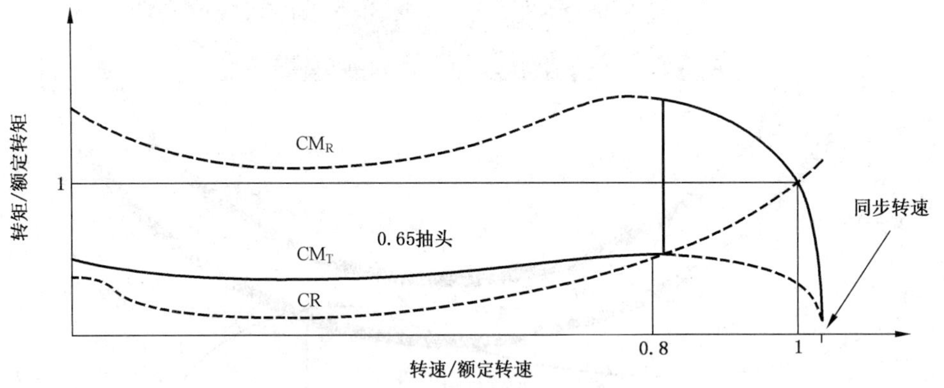

CM_R ——额定电压下的电动机转矩；
CM_T ——减压后的电动机转矩；
CR ——负载力矩。

图 2　自耦减压起动时电流和转矩的典型曲线(见 1.2.2.2)

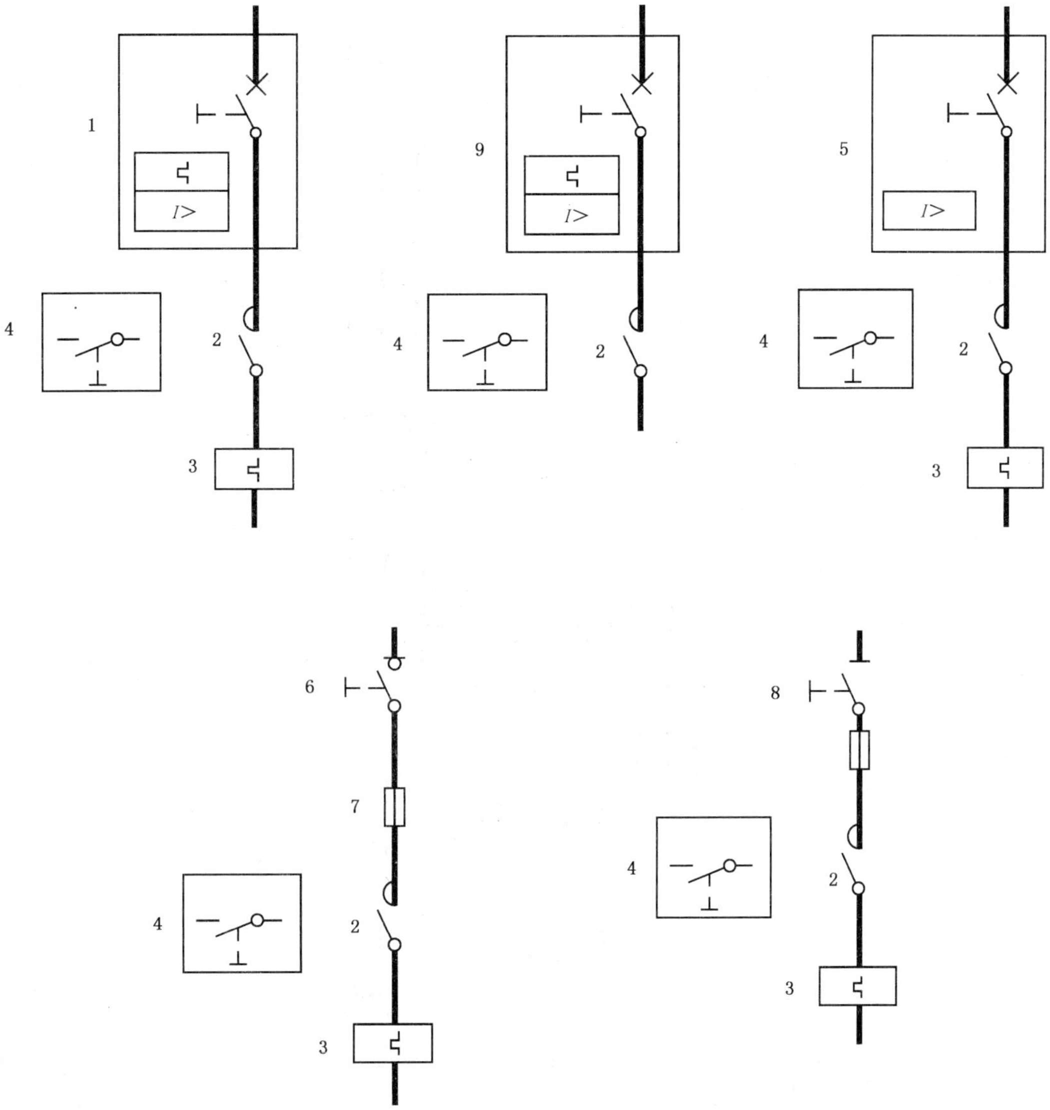

1——断路器；
2——接触器；
3——过载继电器；
4——控制开关；
5——仅带电磁脱扣器的断路器；
6——隔离开关；
7——熔断器；
8——隔离器熔断器组；
9——带符合本部分过载脱扣器的断路器。

图 3　保护式起动器、综合式起动器、保护式开关电器和综合式开关电器的典型种类

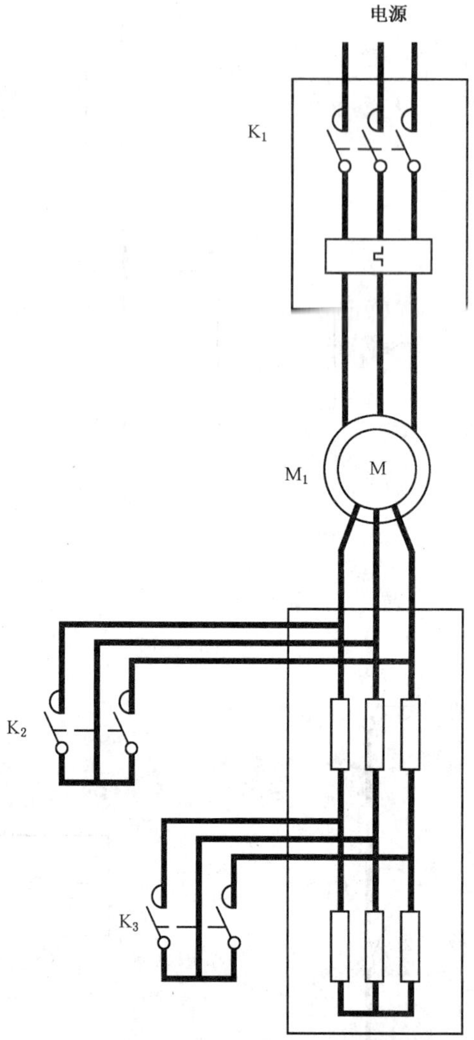

机械开关电器	起动器位置				
	停	起动			运行
		一级	二级	三级	
K_1	O	C	C	C	
K_2	O	O	O	C	
K_3	O	O	C	C	

O:机械开关电器断开

C:机械开关电器闭合

图4 有三个起动级和一个旋转方向的转子变阻式起动器的三相线路图的例子(所有机械开关电器均为接触器)

串联闭路转换

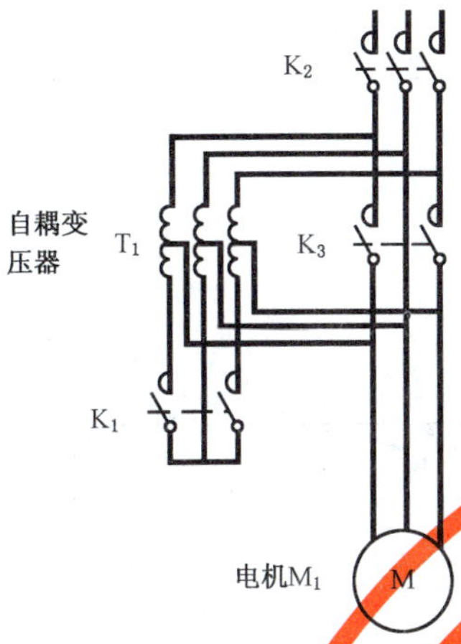

图 A1

并联开路或闭路转换

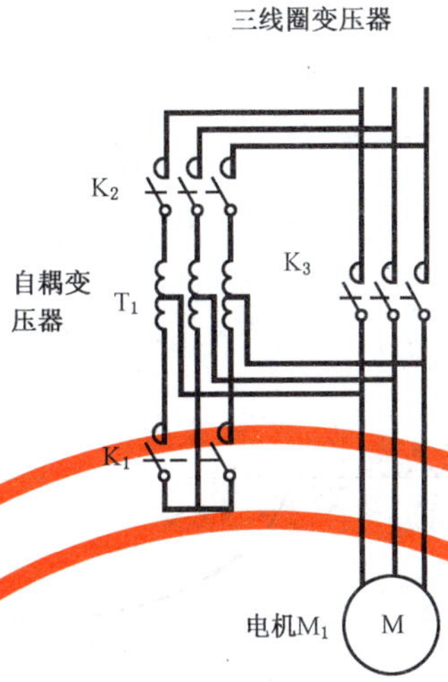

图 B1

并联开路转换

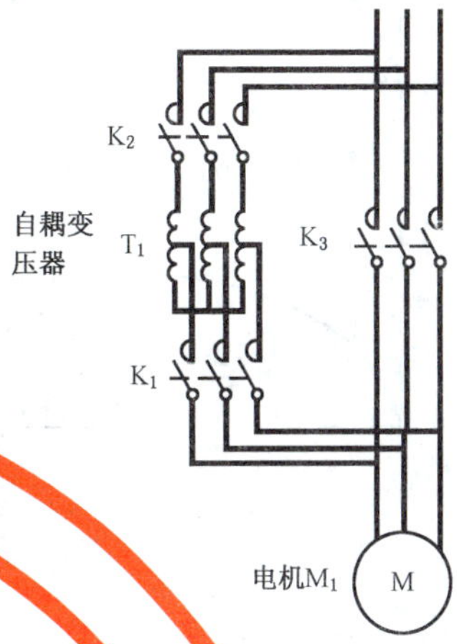

图 C1

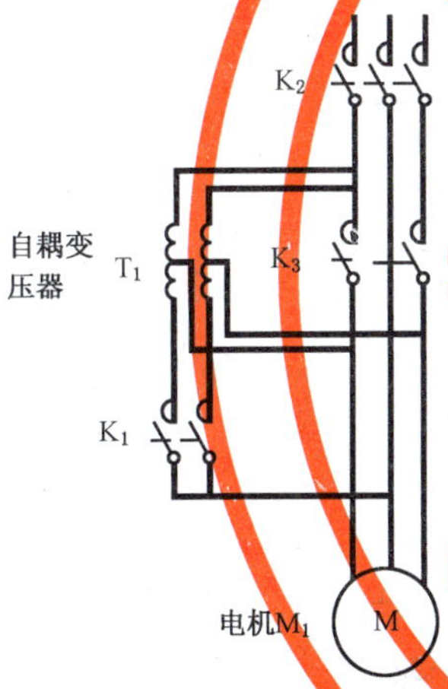

图 A2

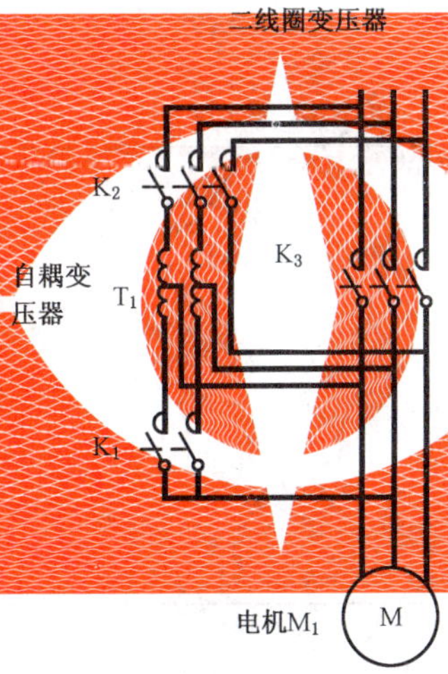

图 B2

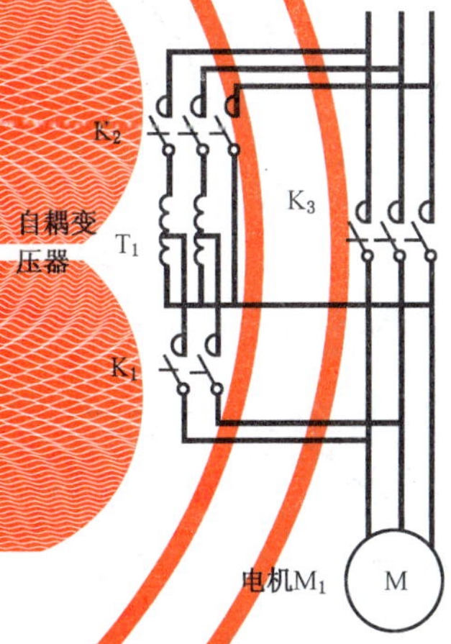

图 C2

触头动作顺序			
触头	起动	转换	运行
K_1	C	O	O
K_2	C	C	C
K_3	O	O	C

C：触头闭合

O：触头断开

触头动作顺序					
触头	起动	转换			运行
		开路	闭路		
			1	2	
K_1	C	O	O	O	O
K_2	C	O	C	C	O
K_3	O	O	O	C	C

对于开路转换，K_1 和 K_2 可以是同一个机械开关电器的触头

触头动作顺序			
触头	起动	转换	运行
K_1	C	O	O
K_2	C	O	O
K_3	O	O	C

K_1 和 K_2 可以是同一个机械开关电器的触头

注：上图中所使用的符号相当于所有机械开关电器都是接触器的情况。

图 5　用自耦减压起动器起动交流感应电动机的典型方式及其示意图

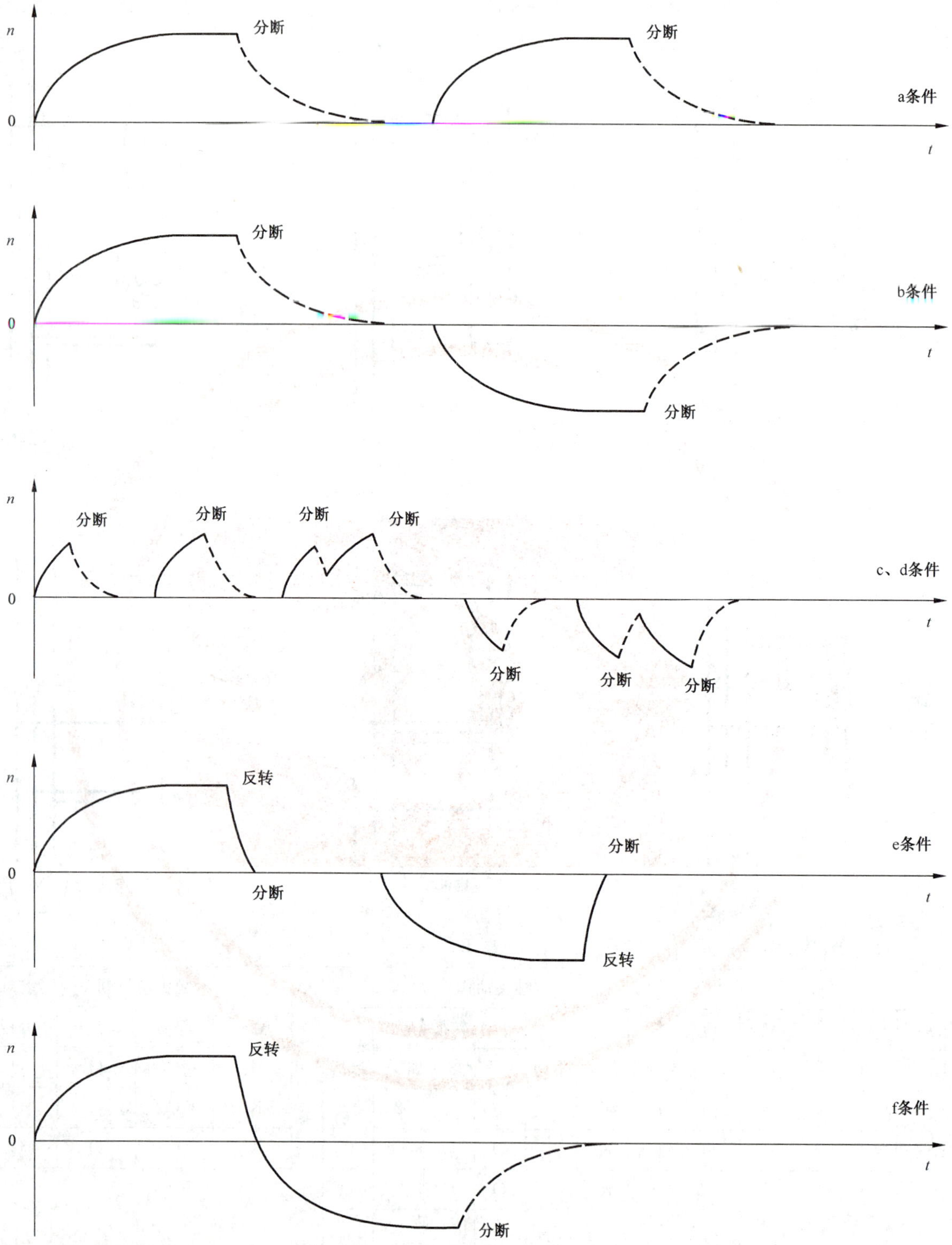

注：曲线的虚线部分相应于电动机没有电流流过的周期

图 6 相应于 5.3.5.5 的 a)、b)、c)、d)、e)、f)条件的转速/时间曲线的举例

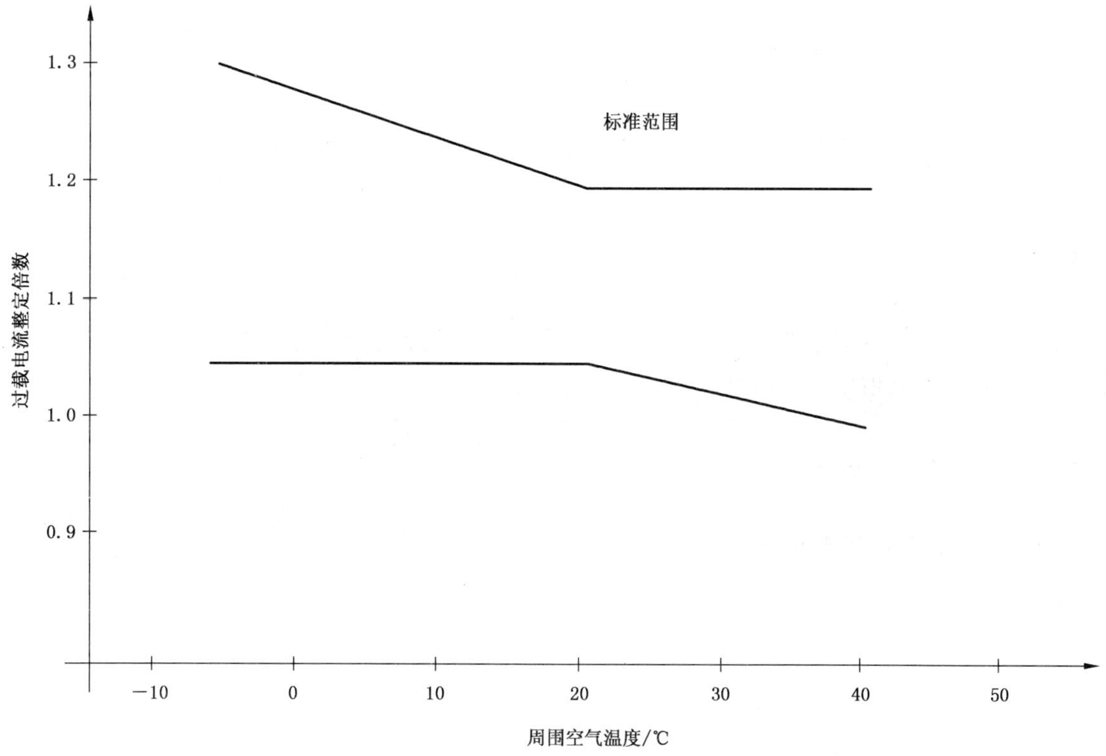

图 7　周围空气温度补偿的延时过载继电器电流整定范围的倍数(见 8.2.1.5.1)

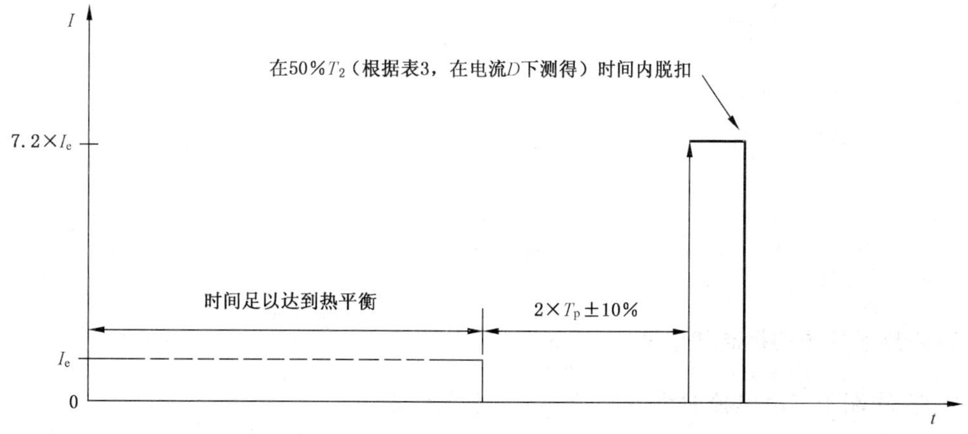

图 8　热记忆试验

附　录　A
（规范性附录）
接触器及相应的过载继电器接线端子的标志和识别

A.1　总则

接触器和相应的过载继电器接线端子标志的目的就是提供关于每个接线端子的功能，或与其他接线端子相关的位置及其他用途的信息。

A.2　接触器接线端子的标志和识别

A.2.1　线圈接线端子的标志和识别

电磁接触器线圈的接线端子由字母数字系统标志，应分别标志为 A1 和 A2。

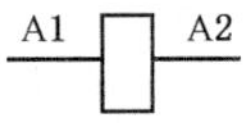

对有抽头的线圈，抽头的接线端子应按顺序标志 A3、A4 等。

例如：

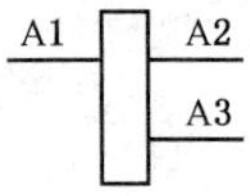

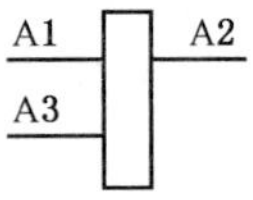

注：按此顺序输入端和输出端均可以是奇数或偶数。

对具有两个绕组的线圈，第一个绕组的接线端子标志为 A1、A2，第二个绕组标志为 B1、B2。

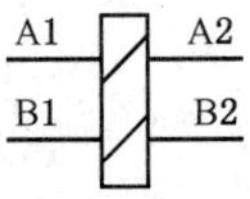

A.2.2　主电路接线端子的标志和识别

主电路的接线端子应由单独的数字和字母数字系统标志。

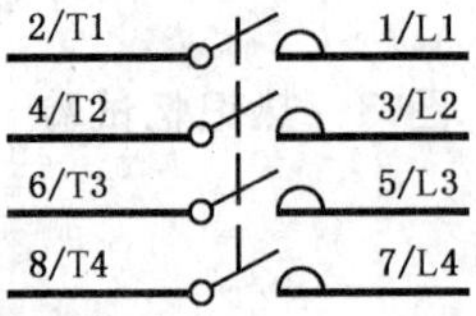

注：现在使用的两个可交换的标志方法即 1-2 和 L1-T1 将逐步由上述新方法代替。

换句话说，接线端子可由电器提供的接线图识别。

A.2.3　辅助电路的接线端子标志和识别

辅助电路的接线端子应用两位数标志和识别：个位数是功能数，十位数是序列数。

下列例子说明如何标志：

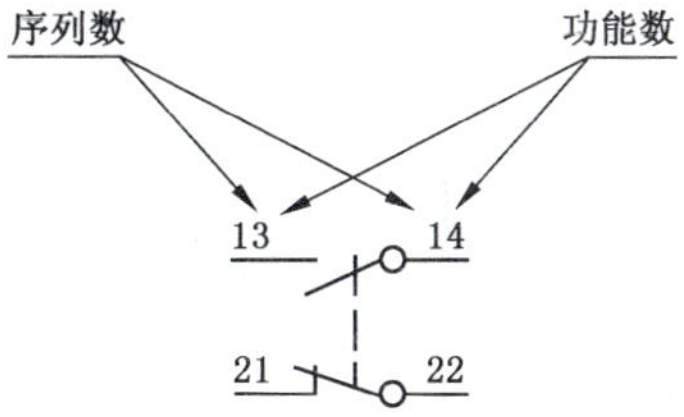

A.2.3.1 功能数字

在电器中用功能数字 1、2 表示为分断触头电路、功能数 3、4 为接通触头电路。

注 1：接通触头和分断触头的定义见 GB 14048.1—2006 中的 2.3.12 和 2.3.13。

例如：

注 2：上面的圆点代表顺序号，此处必须添上相适用的数字。

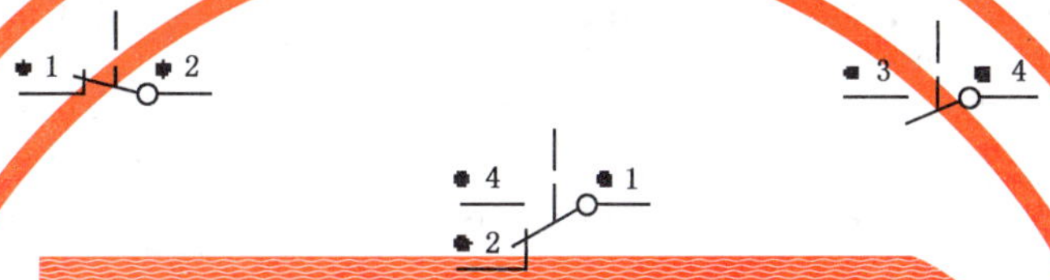

转换触头元件电路接线端子应由功能数 1、2 和 4 标志。

功能数 5 和 6(分断触头)、7 和 8(接通触头)规定为包含具有特殊功能的辅助触头的辅助电路的接线端子。例如：

分断触头闭合延时　　　　接通触头闭合延时

具有特殊功能的转换触头元件电路的接线端子，应用功能数 5、6 和 8 标志。例如：

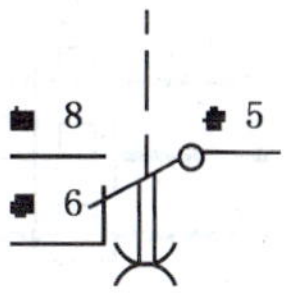

在二个方向上都有延时作用的转换触头

A.2.3.2 序列数

属于同一触头元件的接线端子应用相同的序列数标出。

所有的具有相同功能的触头元件应有不同的序列数。

例如：

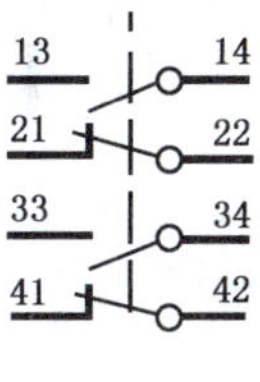

四触头元件

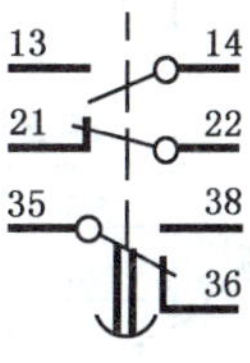

三触头元件

如果制造厂或用户提供的附加信息明确规定了序列数，则端子标志可省略序列数。

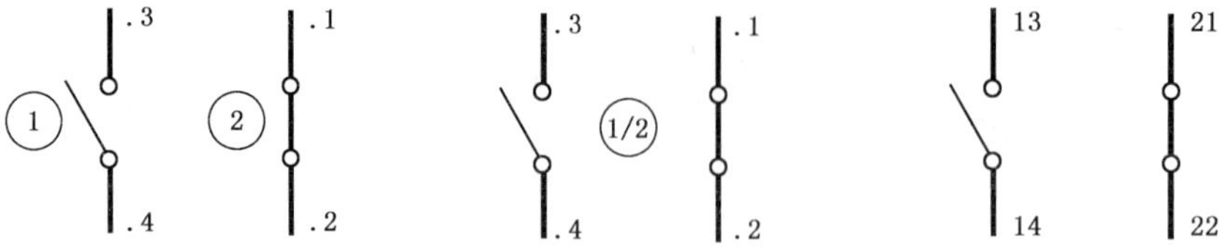

或

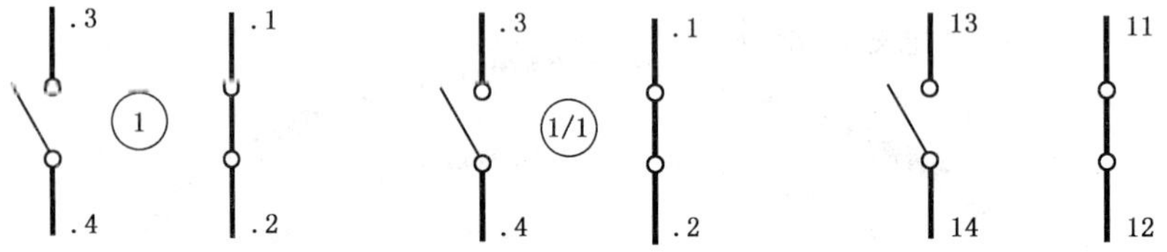

电器　　　　电器　　　　接线图

注：以上图例中的圆点仅仅表示关联关系，在实际中不需使用。

A.3　过载继电器接线端子的标志与识别

过载继电器主电路的接线端子应与接触器主电路接线端子的标志方法一致(见 A2.2)。

过载继电器的辅助电路的接线端子应与具有规定功能的接触器辅助电路的接线端子标志方法一致(见 A2.3)。

序列数规定为 9，如果要求第二个序列数可用数字 0。

例如：

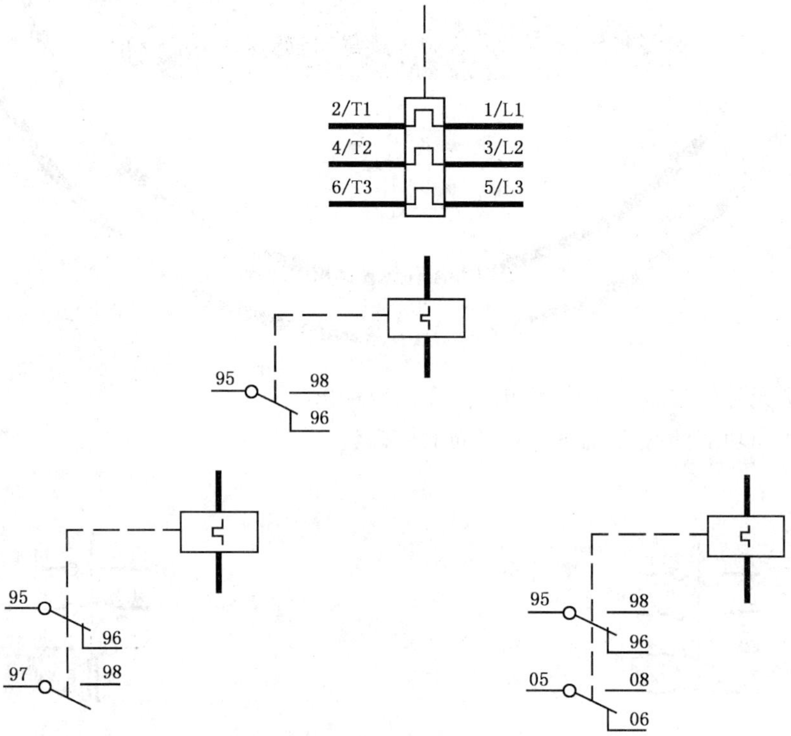

换句话说，接线端子可由电器提供的接线图来识别。

附 录 B
（规范性附录）
特殊试验

B.1 总则

特殊试验按制造厂的规定进行。

B.2 机械寿命

B.2.1 总则

接触器或起动器的机械寿命用其在需要维修或更换机械零件前所能承受的无载操作循环次数来表示，但B.2.2.1和B.2.2.3规定的正常的维修包括更换触头是允许的。通常，接触器或起动器有90%以上的零部件达到或超过无载操作循环次数。

推荐的机械寿命次数为（万次）：

0.1，0.3，1，3，10，30，100，300和1 000。

B.2.2 机械寿命的验证

B.2.2.1 接触器或起动器的试验条件

接触器或起动器应按正常使用条件安装，特别是应如正常使用情况一样接好导线。

试验时主电路不通电，如果规定在正常使用中需要润滑，则在试验前可以加润滑剂。

B.2.2.2 操作条件

控制电磁铁的线圈应施加额定电压，对于交流，应为额定频率的额定电压。

如果有电阻或阻抗与线圈串联，不管操作时短接与否应如正常操作时一样将这些元件接入一起进行试验。

气动与电气-气动的接触器或起动器应供以额定气压的压缩空气。

手动起动器应按正常使用一样操作。

B.2.2.3 试验程序

a） 试验在断续周期工作制相应级别所规定的操作频率下进行。但是，如果制造厂认为使用更高操作频率时仍能满足所要求的条件，可以提高操作频率。

b） 对于电磁式和电气-气动接触器和起动器，控制线圈的通电时间应大于接触器或起动器的动作时间，且线圈的不通电时间应足够长，以使接触器或起动器停留到两个极端位置。

进行的操作次数应不少于具体产品标准规定的无载操作循环次数。

若机械联锁连同其接触器在起动器上进行过相应的机械寿命试验，则起动器的机械寿命试验允许不带机械联锁在其各组元件上单独进行。

c） 对于带有分励线圈或欠电压脱扣器的接触器或起动器，至少10%的断开操作次数应由这些脱扣器完成。

d） 每进行B.2.1规定的全部操作次数的1/10后，继续试验前允许：

——在不拆开的情况下，清理整台产品；

——对制造厂规定在正常使用时需要润滑的零件加润滑剂；

——若触头的开距和压力可调整，则允许调整这些参数。

e) 这种维修不包括任何零部件的更换。

f) 对于星-三角起动器，在闭合星形连接到闭合三角形连接期间产生延时的内装电器，如果是可调的，应调整到最小值。

g) 对于转子变阻式起动器，在转子开关电器闭合期间产生延时的内装电器如果是可调的，应调整到最小值。

h) 对于自耦减压起动器，在起动位置闭合到运行位置闭合期间产生延时的内装电器，如果是可调的，应调整到最小值。

B.2.2.4 试验结果的评定

机械寿命试验后，接触器或起动器应仍能满足室温下8.2.1.2和9.3.3.2所规定的操作要求，且连接导线用的零部件不松动。

任何时间继电器或用于自动控制的电器仍能操作。

B.2.2.5 接触器或起动器试验结果的统计分析

接触器或起动器的机械寿命由制造厂规定，对试验结果进行统计分析以验证。

对小批生产的接触器或起动器，B.2.2.6和B.2.2.7规定的试验方法不适用。

但是，对于小批生产且与原始设计仅有细微变化的接触器或起动器，其细微的变化不影响产品的特性，制造商可根据类似的设计经验、分析、材料的特性以及大批相同设计的产品的试验分析结果来确定机械寿命。

机械寿命试验由制造厂根据具体情况（例如根据生产产量或约定自由空气发热电流）在下列两种方法中任选一种。

注：本试验不作为批量生产或用户的产品接受性试验。

B.2.2.6 单八制试验

8台接触器或起动器必须一直试到指定的机械寿命。

如果不合格的台数不超过2台，则认为试验合格。

B.2.2.7 双三制试验

3台接触器或起动器必须一直试到指定的机械寿命。

如果都合格，则认为试验合格；如果有一台以上不合格，则认为试验不合格；如果有一台不合格，则再试3台，一直试到指定的机械寿命，若不再有不合格，则认为试验合格。在任何情况下只要总共有2台或更多台不合格，则认为试验不合格。

注：单八制试验和双三制试验方法的确定客观上是基于对接触器或起动器有限数量的试验结果采用基本相同的统计特性（接受质量限：10%）。

B.2.2.8 其他方法

也可以采用GB/T 2828.1规定的其他方法。最大接受质量限应为10%。选定的试验方法应在试验报告中说明。

注：单八和双三试验在GB/T 2828.1—2003中均有规定（见表10-C-2和表10-D-2）。选用这两种试验方法的目的是为了可以用有限数量的接触器或起动器做试验，且具有相同的统计特性（接受质量限：10%）。

B.3 电寿命

B.3.1 总则

接触器和起动器的电寿命用相应于表 B.1 所规定的条件下，不修理或不更换任何零部件所能承受的有载操作次数来表示。

对于星-三角起动器、两级自耦减压起动器和转子变阻式起动器，操作在不同使用条件下变化很大，因此很难确定适当的试验条件标准值。但是推荐制造厂规定确定条件下的起动器寿命，这个电寿命可从相应的起动器部件的试验结果中估算出。

对于使用类别 AC-3 和 AC-4，试验电路应由电感和电阻组成，以便给出表 B.1 规定的电流、电压和功率因数。特别是使用类别 AC-4，应采用接通和分断能力的试验电路，见 9.3.3.5.2。

在所有情况下，操作速度应由制造厂选择。

当试验电流和试验电压在下列偏差范围内时，试验有效。

——电流±5%；

——电压±5%。

试验应在符合 B.2.2.1 和 B.2.2.2 规定条件的接触器或起动器上进行，如适用的话，可采用 B.2.2.3 的试验程序，但不允许更换触头。

对于起动器，如果配备的接触器已通过了等效的电寿命试验，起动器可不必重复进行该试验。

表 B.1 不同使用类别下验证电寿命的接通和分断条件

使用类别	额定工作电流/A	接通			分断		
		I/I_e	U/U_e	$\cos\phi$ 或 L/R/ms	I_c/I_e	U_r/U_e	$\cos\phi$ 或 L/R/ms
AC-1	全部值	1	1	0.95	1	1	0.95
AC-2	全部值	2.5	1	0.65	2.5	1	0.65
AC-3	$I_e \leqslant 17$	6	1	0.65	1	0.17	0.65
	$I_e > 17$	6	1	0.35	1	0.17	0.35
AC-4	$I_e \leqslant 17$	6	1	0.65	6	1	0.65
	$I_e > 17$	6	1	0.35	6	1	0.35
DC-1	全部值	1	1	1	1	1	1
DC-3	全部值	2.5	1	2	2.5	1	2
DC-5	全部值	2.5	1	7.5	2.5	1	7.5

I_e：额定工作电流。

U_e：额定工作电压。

I：接通电流。

交流接通电流用有效值表示，但对称电流的峰值在相应的电路功率因数下可能会呈现出较高值。

U：外施电压。

U_r：工频或直流恢复电压。

I_c：分断电流。

注：$\cos\phi$ 的误差为±0.05；

L/R 的误差为±15%。

B.3.2 试验结果

试验后，接触器或起动器在室温下应能满足9.3.6.2规定的动作条件，并能承受GB 14048.1—2006的8.3.3.4.1中4)b)规定的介电试验，施加方法见GB 14048.1—2006的8.3.3.4.1中4)的规定，试验电压仅施加在以下部位：

——连接在一起的所有极和接触器或起动器的框架之间，

——每一极和连接至接触器或起动器框架的所有其他极之间。

B.3.3 接触器或起动器试验结果的统计分析

接触器或起动器的电寿命由制造商指定，通过试验结果的统计分析验证。制造商可以选择B.3.3.1、B.3.3.2和B.3.3.3所规定的最合适的方法，例如根据计划的生产量或根据约定发热电流。

对于小批量生产的接触器或起动器，B.3.3.1和B.3.3.2所描述的试验不适用。然而，对于小批量生产的接触器或起动器，如果与原始设计只有细微的变化，其细微的变化不影响产品的特性，那么制造商可根据类似的设计经验、分析、材料的特性以及大批相同设计的产品的试验分析结果来确定电寿命。

注：本试验不作为批量生产或用户的产品接受性试验。

B.3.3.1 单八制试验

8台接触器或起动器必须一直试到指定的电寿命。如果不合格的台数不超过2台，则认为试验合格。

B.3.3.2 双三制试验

3台接触器或起动器必须一直试到指定的电寿命。如果都合格则认为试验合格，如果有一台以上不合格，则认为试验不合格。如果有一台不合格，则再试3台，一直试到指定的电寿命，若不再有不合格，则认为试验合格。在任何情况下只要总共有2台或更多台不合格，则认为试验不合格。

B.3.3.3 其他试验方法

可以采用GB/T 2828.1规定的其他方法。最大接受质量限应为10%。选定的试验方法应在试验报告中说明。

注：单八和双三制试验在GB/T 2828.1—2003中都有规定(见表10-C-2和10-D-2)。选用这两种试验方法是为了可以采用基本相同的统计特性，对有限数量的接触器或起动器进行试验(接受质量限：10%)。

B.4 起动器和相应的SCPD在交点电流的协调配合

B.4.1 总则和定义

B.4.1.1 总则

本附录规定了验证起动器和SCPD在起动器和SCPD制造厂提供的时间-电流特性交点电流 I_{co} 附近的特性及验证8.2.5.1中所述的协调配合类型的不同的试验方法。

起动器和SCPD在交点电流附近的协调配合可用B.4.2特殊试验中规定的直接法验证，对于“2”型协调配合，也可用B.4.5中规定的间接法验证。

B.4.1.2 定义

B.4.1.2.1 交点电流 I_{co}

表征过载继电器和相应SCPD的时间-电流特性的平均曲线或规定曲线的交点处的电流。

注：平均曲线是指由制造厂提供的时间-电流特性误差推算出来的平均值构成的曲线。

B.4.1.2.2 试验电流 I_{cd}

试验电流大于 I_{co}，该电流由制造厂规定并包括误差在内，按表B.2的规定进行验证。

B.4.1.2.3 接触器/起动器时间-电流特性耐受能力

接触器/起动器随时间变化能承受的电流的曲线。

B.4.2 用直接法验证交点电流的协调配合的试验条件

起动器及相应的SCPD应象正常使用一样安装和接线，所有试验均自冷态开始。

B.4.3 试验电流和试验电路

除瞬态恢复电压不需调整外，试验电路应符合GB 14048.1—2006中8.3.3.5.2的规定。试验电流为：

——$0.75I_{co}{}^{\ 0}_{-5\%}$和

——$1.25I_{co}{}^{+5\%}_{\ 0}$

试验电路的功率因数应符合表7的规定。对于高阻抗的小继电器，则主要使用电感器以获得尽可能低的功率因数，恢复电压为额定工作电压的1.05倍。

SCPD应如8.2.5.1所述且具有与9.3.4.2试验中所使用的SCPD相同的额定值及特性。

若开关电器是接触器，其线圈应由一独立的电源供电，该电源电压为接触器线圈的额定控制电源电压，连接方式应当使得过载继电器动作时接触器断开。

B.4.4 试验程序及试验结果

B.4.4.1 试验程序

起动器和SCPD保持闭合，由另外的接通电器接通符合B.4.3规定的试验电流，任何情况下试验电器均处于室温条件。

每次试验后均需要检查SCPD，如有必要，使过载继电器和断路器的脱扣器复位，或当至少有一相熔断器熔断时，更换全部熔断器。

B.4.4.2 试验结果

B.4.3中较小电流试验后，SCPD不应动作而过载继电器或脱扣器动作使起动器断开，起动器应无损坏。

B.4.3中较大电流试验后，SCPD应在起动器之前动作，起动器应满足9.3.4.2.3中制造厂规定的相应协调配合类型的条件。

B.4.5 用间接法验证交点电流的协调配合特性

注：对"1"型协调配合，间接法可能会不同于附录B中所述，其方法尚在考虑中。因此，间接法仅适用于对"2"型协调配合。

当验证交点电流的协调配合特性满足下述条件时，间接法可由一曲线图(见图 B.1)得出结论：

——由制造厂提供自冷态起动的过载继电器/脱扣器的时间-电流特性，应能指明脱扣时间是如何随电流上升(至少至 I_{co})而变化的；这一曲线在电流小于 I_{co}时应位于 SCPD 时间-电流特性的下方。

——I_{cd}(见 B.4.5.1)应大于 I_{co}；

——接触器时间-电流耐受特性(见 B.4.5.2)在电流小于 I_{co}时应位于过载继电器时间-电流特性(自冷态起动)的上方。

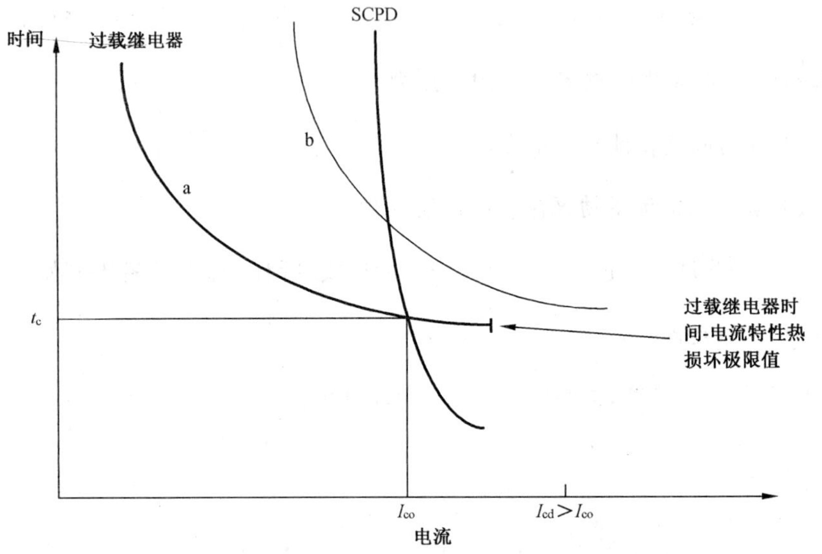

a)　与熔断器配合

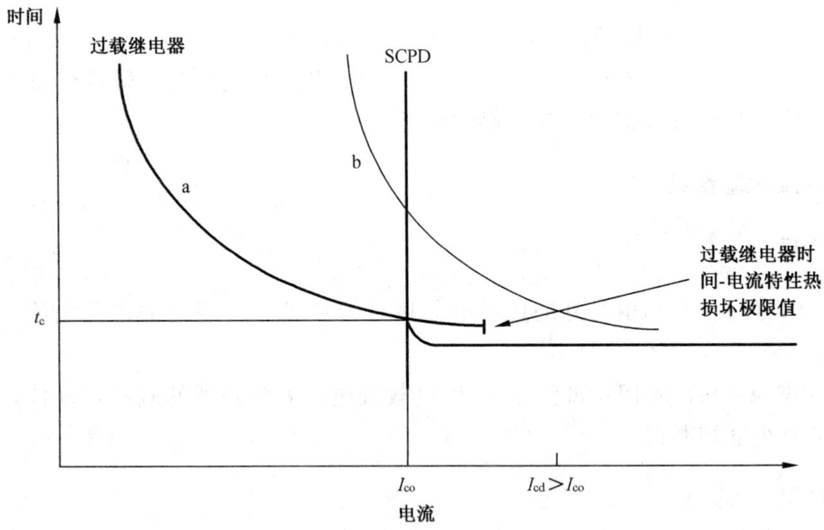

b)　与断路器配合

a——自冷态起的过载继电器时间-电流特性平均曲线；

b——接触器时间-电流特性耐受能力。

图 B.1　时间-电流耐受特性图例

B.4.5.1　电流 I_{cd}试验

9.3.4.1 适用，并补充如下规定：

——试验程序：接触器或起动器应能按表 B.2 规定的条件和操作次数接通和分断试验电流 I_{cd}，进行试验时电路中不接入 SCPD。

表 B.2 试验条件

	U_r/U_e	cosϕ	通电时间[b]/s	间隔时间/s	操作次数
I_{cd}	1.05	[a]	0.05	[c]	3

[a] 功率因数的选择见 GB 14048.1—2006 中表 16。

[b] 若触头在重新断开之前已完全闭合到底，允许小于 0.05 s。

[c] 见表 8。

——I_{cd}电流试验过程及试后接触器或起动器的性能：

a) 试验过程中，不应发生持续燃弧、相间飞弧、接地回路中的熔断体熔断(见 9.3.4.1.2)或触头熔焊。

b) 试后性能：

1) 当接触器或起动器由适当的控制方式进行操作时，触头应能正确动作；

2) 接触器或起动器应通过介电性能试验，试验电压实际上为正弦，电压值为 $2U_e$ 但不小于 1 000 V，试验电压按 GB 14048.1—2006 中 8.3.3.4.1 2c)i)和 2)c)ii)的规定施加 60 s。

B.4.5.2 接触器/起动器的时间-电流特性耐受能力

该特性由制造厂确定，而数值是根据 9.3.5 规定的试验获得，并综合过载电流及其耐受时间(见 8.2.4.4)确定了至少至 I_{co}的特性。

该特性对在室温下开始的过载电流是有效的。接触器在这样两个过载试验之间所需的最小冷却时间由制造厂确定。

附 录 C
空

附　录　D
（资料性附录）
提交制造厂与用户协议的条款

注：就本附录而言：

——"协议"包括非常广泛的内容；

——"用户"包括试验站。

GB 14048.1—2006 附录 J 与本部分有关的条款、分条款均适用，并补充如下：

本部分的条款及分条款号	项　　目
1.2.3	有关双向起动器、点动和反向制动的附加要求
5.3.4.3 注	间断工作制起动器的过载保护
5.3.5.5.3	起动时间超过 15 s 的自耦减压起动器的两次连续起动之间的时间间隔
5.4	表 1 规定的使用类别以外的使用类别
5.7.2	瞬时过流继电器或脱扣器的特殊用途和除 5.7.2 规定以外的继电器或脱扣器的特殊用途
5.7.3	转子变阻式起动器转子线路的保护
5.7.3	自耦减压起动器自耦变压器的保护
5.7.5	过载继电器时间-电流特性的偏差（由制造厂说明）
5.10.2	自动加速控制装置的特性
5.11;5.12	连接线的性质和尺寸： a)　自耦减压器与自耦变压器之间，若自耦变压器是分开提供的； b)　转子变阻式起动器和电阻器之间，若电阻器是分开提供的。 条款 a)及 b)的协议将按具体情况在起动器制造厂、变压器制造厂或电阻器制造厂之间作出结论
8.2.1.2.1	对于其他的动作范围由用户和制造厂协商
8.2.2.7.3	特殊规格绕组的额定值（由制造厂确定）
表 7	在接通和分断试验期间进行接通时的接通条件的验证（与制造厂协商）
表 13	I_e＞1 600 A 的电器的限制短路电流试验的预期电流"r"的值
H.5.5	实际工作电流小于额定工作电流为特殊的使用情况，此时电流不平衡的保护方式可由制造厂与用户协商。

附 录 E
（资料性附录）
控制电路的配置举例

E.1 外部控制电器(ECD)

E.1.1 ECD 的定义

影响接触器或起动器控制的任何外部元件。

E.1.2 ECD 的图示

ECD 的图示见图 E.1。

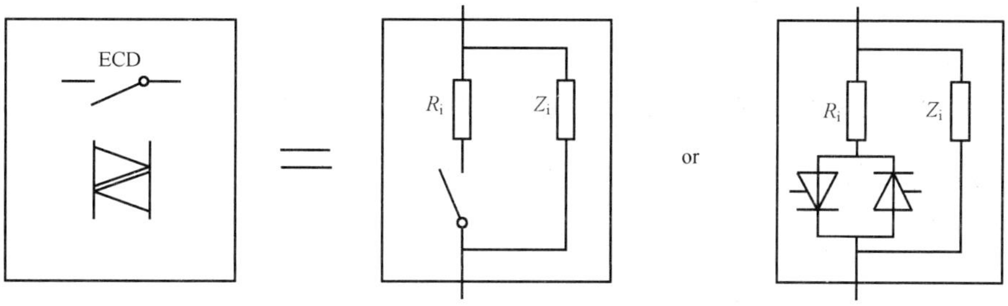

图 E.1

E.1.3 ECD 的参数

——R_i:内阻;

——Z_i:内部泄漏阻抗。

注:如果 ECD 是机械按钮,则 R_i 常常可以忽略,Z_i 可看作无穷大。

E.2 控制电路的配置

E.2.1 具有外部控制电源的接触器或起动器

E.2.1.1 单电源和控制输入

单电源和控制输入见图 E.2。

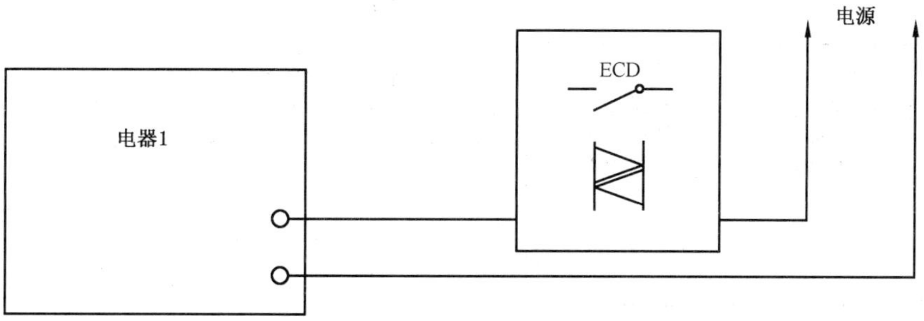

图 E.2

E.2.1.2 独立电源和控制输入

独立电源和控制输入见图 E.3。

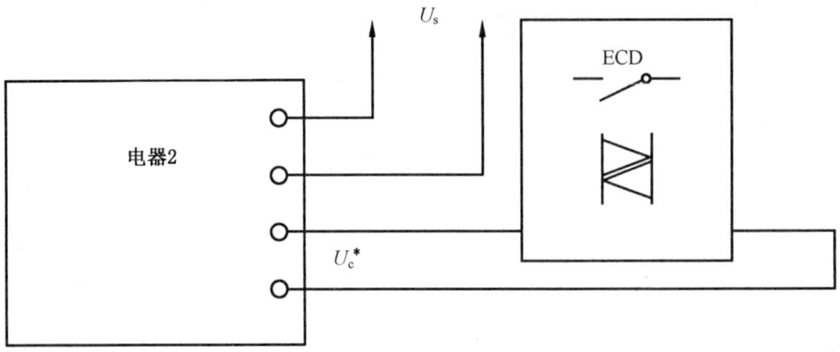

* 处于断开状态

图 E.3

E.2.2 只有内部控制电源和控制输入的接触器或起动器

只有内部控制电源和控制输入的接触器或起动器见图 E.4。

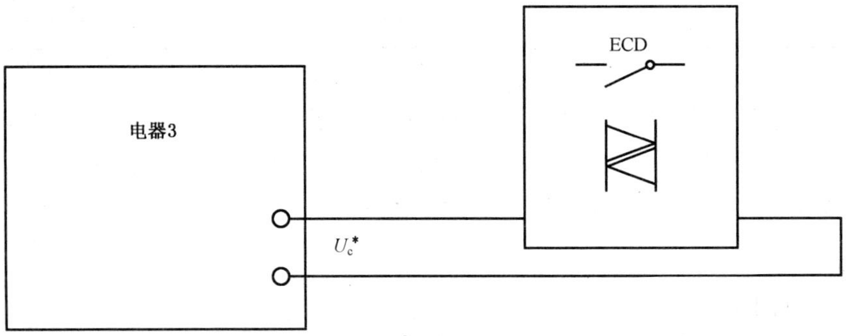

* 处于断开状态

图 E.4

E.2.3 具有多个外部控制电源的接触器或起动器

具有多个外部控制电源的接触器或起动器见图 E.5。

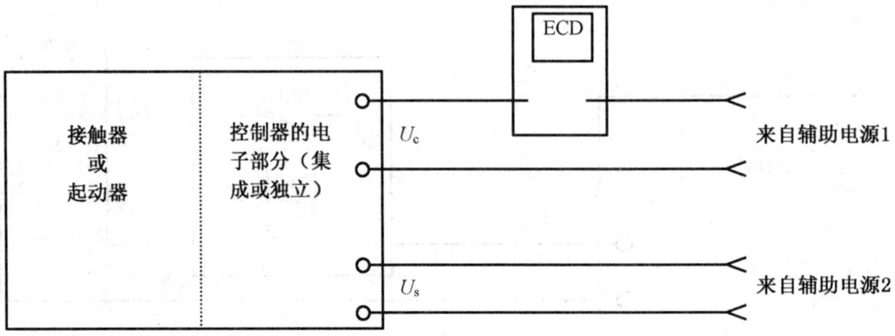

图 E.5

E.2.4 具有总线接口的接触器或起动器(可以与其他的电路配置组合)

具有总线接口的接触器或起动器(可以与其他的电路配置组合)见图E.6。

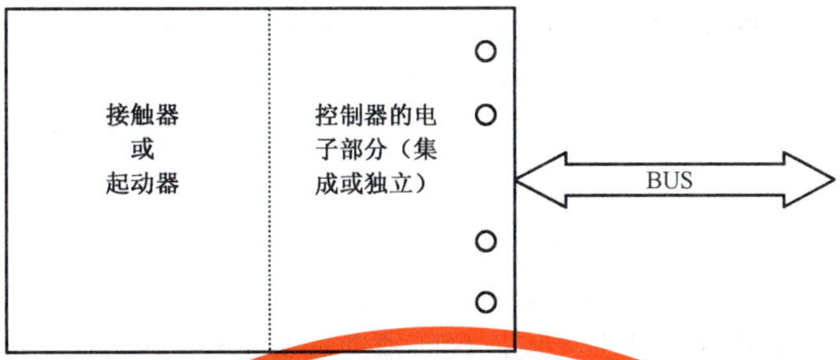

图 E.6

附 录 F
（规范性附录）
与电源触头相连的辅助触头的要求（镜像触头）

F.1 范围和目的

F.1.1 范围

本附录适用于与接触器的电源触头机械连接的辅助触头，为避免与 GB 14048.5—2008 附录 L 中的机械连接的触头元件相混淆，故称其为镜像触头。但是，一个给定的辅助触头应既符合本附录中镜像触头的要求，也应符合 GB 14048.5—2008 附录 L 中的机械连接的触头的要求。

注 1：镜像触头的典型应用就是，在电机控制电路中，镜像触头可以可靠地监测接触器的状态。但是，也不能过分的依赖镜像触头而将其作为确保安全的措施。

注 2：镜像触头以前被称为肯定安全触头、强制触头、连接触头或肯定驱动触头。

F.1.2 目的

本附录规定了一些附加要求（定义、要求和试验），可用以描述镜像触头所要求的设计特性、标志和性能。

F.2 定义

补充下述定义。

F.2.1

镜像触头 mirror contact

在 F.7 规定的条件下，不能与接通主触头同时处于闭合位置的分断辅助触头。

注：一台接触器可以有一个以上的镜像触头。

F.3 特性

所有镜像触头也应该符合本部分中规定的相关要求。

F.4 产品资料

第 6 章适用，并补充如下要求。

镜像触头应该能清楚的识别：

——在接触器本体上可以识别，

——在制造厂的手册中可以识别，

——两者都可以识别。

用符号表示镜像触头时，应如图 F.1 所示。

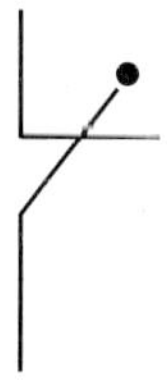

图 F.1 镜像触头

F.5 正常的使用、安装和运输条件

没有补充的要求。

F.6 结构和性能要求

第8章适用，并补充如下要求。

任何一个主触头闭合时，镜像触头不应闭合。

注：推荐采用镜像触头自检电路。

F.7 试验

F.7.1 一般要求

第9章适用，并补充如下要求。

试验应根据F.7.2和F.7.3进行。

F.7.2 在新产品上的试验

对每一个镜像触头，应该在 m 个产品上进行试验，这里的 m 指的是主触头数。

每一个主触头的每一个镜像触头都应该采用新产品进行试验。

应该在新产品上，在清洁的条件下进行试验。试验步骤如下：

a) 为了模拟一个主电极发生熔焊，应该将一个主触头保持在闭合位置，例如可通过焊接或粘贴的方式将每个触点连在一起(例如，对于双断触头，可以通过焊接将两个触点焊在一起)。焊接或粘贴的厚度不应该使触头之间的距离发生显著变化，而且所采用的方法应该在试验报告中说明。

b1) 线圈不带电操作时，应该在镜像触头两端施加冲击试验电压，海平面处为2.5 kV(根据下表F.1进行修正，表F.1是根据GB 14048.1—2006中表12计算所得)。不应该有破坏性放电。

表 F.1 不同海拔处的试验电压

海平面	200 m	500 m	1 000 m	2 000 m
2.5 kV	2.37 kV	2.37 kV	2.29 kV	2.12 kV
注：按照GB/T 16935.1—2008的图A.1,A.2和A.3(GB 14048.1—2006的表13就是由此得出的)，该试验确保了一个0.5 mm的最小气隙。				

b2) 作为b1)的替代方法，当线圈不带电操作时，应该通过直接方法测量触头间的气隙；气隙应该

大于 0.5 mm。如果有两个或更多的触头气隙，那么触头气隙的和应该大于 0.5 mm。

在每一个焊接的主触头试品上重复进行试验顺序 a)和 b)(包括 b1)和 b2))，试验应通过。

F.7.3 约定操作性能试验后的试验(在表 10 中定义)

根据 9.3.3.6 进行过约定操作性能试验之后，在线圈通电时，应该验证镜像触头能够承受其额定绝缘电压 U_i。

附　录　G
（资料性附录）
电动机用开关电器的额定工作电流和额定工作功率

G.1　总则

表 G.1 中给出的数值是额定工作电流和额定工作功率之间关系的指导性数值。当必须要向用户提供关于产品的资料时，应该考虑该数值。

本附录的内容适用于所有类型的电动机用开关电器。

本附录的图与 IEC 一致，所以可作为制造厂规定的所有产品资料的基础。

表 G.1 给出的数值是在相应的额定工作功率下，电动机典型的额定工作电流。

如果产品符合这些规定的值，那么该产品就能够接通和分断大部分现有的电动机。

这些数值对于开关电器的设计给出了一致的指导。

G.2　额定工作功率和额定工作电流

根据表 G.1，额定工作功率与不同电压下的额定工作电流有关。

额定工作电流的指导性数值是以四极鼠笼电动机在 400 V，1 500 r/min，50 Hz 的条件下为基础而确定的。其他电压下的额定工作电流是根据 400 V 时确定的值计算而得。

表 G.1　电动机的额定工作功率和额定工作电流

额定工作功率/		不同电压下的额定工作电流的指导性数值										
kW[a]	hp[b]	110 V～120 V/A	200 V/A	208 V/A	230 V/A	220 V～240 V/A	380 V～415 V/A	400 V/A	440 V～480 V/A	500 V/A	550 V～600 V/A	690 V/A
0.06	—	—	—	—	0.35	—	—	0.20		0.16	—	0.12
0.09	—	—	—	—	0.52	—	—	0.30	—	0.24	—	0.17
0.12	—	—	—	—	0.70	—	—	0.44	—	0.32	—	0.23
0.18	—	—	—	—	1.0	—	—	0.60	—	0.48	—	0.35
0.25	—	—	—	—	1.5	—	—	0.85	—	0.68	—	0.49
0.37	—	—	—	—	1.9	—	—	1.10	—	0.88	—	0.64
—	1/2	4.4	2.5	2.4	—	2.2	1.3	—	1.1	—	0.9	—
0.55	—	—	—	—	2.6	—	—	1.5	—	1.2	—	0.87
—	3/4	6.4	3.7	3.5	—	3.2	1.8	—	1.6	—	1.3	—
—	1	8.4	4.8	4.6	—	4.2	2.3	—	2.1	—	1.7	—
0.75	—	—	—	—	3.3	—	—	1.9	—	1.5	—	1.1
1.1	—	—	—	—	4.7	—	—	2.7	—	2.2	—	1.6
—	1～1/2	12.0	6.9	6.6	—	6.0	3.3	—	3.0	—	2.4	—
—	2	13.6	7.8	7.5	—	6.8	4.3	—	3.4	—	2.7	—
1.5	—	—	—	—	6.3	—	—	3.6	—	2.9	—	2.1
2.2	—	—	—	—	8.5	—	—	4.9	—	3.9	—	2.8
—	3	19.2	11.0	10.6	—	9.6	6.1	—	4.8	—	3.9	—
3.0	—	—	—	—	11.3	—	—	6.5	—	5.2	—	3.8
4	—	—	—	—	15	—	—	8.5	—	6.8	—	4.9
—	5	30.4	17.5	16.7	—	15.2	9.7	—	7.6	—	6.1	—
5.5	—	—	—	—	20			11.5		9.2	—	6.7
—	7～1/2	44.0	25.3	24.2	—	22.0	14.0	—	11.0	—	9.0	—
—	10	56.0	32.2	30.8	—	28.0	18.0	—	14.0	—	11.0	—
7.5	—	—	—	—	27	—	—	15.5	—	12.4	—	8.9

表 G.1（续）

额定工作功率/		不同电压下的额定工作电流的指导性数值										
kW[a]	hp[b]	110 V～120 V/A	200 V/A	208 V/A	230 V/A	220 V～240 V/A	380 V～415 V/A	400 V/A	440 V～480 V/A	500 V/A	550 V～600 V/A	690 V/A
11	—	—	—	—	38.0	—	—	22.0	—	17.6	—	12.8
—	15	84	48.3	46.2	—	42.0	27.0		21.0	—	17.0	—
—	20	108	62.1	59.4	—	54.0	34.0		27.0	—	22.0	—
15	—	—	—	—	51	—	—	29	—	23	—	17
18.5	—	—	—	—	61	—	—	35	—	28	—	21
—	25	136	78.2	74.8	—	68	44	—	34	—	27	—
22	—	—	—	—	72	—	—	41	—	33	—	24
—	30	160	92	88	—	80	51	—	40	—	32	—
—	40	208	120	114	—	104	66	—	52	—	41	—
30	—	—	—	—	96	—	—	55	—	44	—	32
37	—	—	—	—	115	—	—	66	—	53	—	39
—	50	260	150	143	—	130	83	—	65	—	52	—
—	60	—	177	169	—	154	103	—	77	—	62	—
45	—	—	—	—	140	—	—	80	—	64	—	47
55	—	—	—	—	169	—	—	97	—	78	—	57
—	75	—	221	211	—	192	128	—	96	—	77	—
—	100	—	285	273	—	248	165	—	124	—	99	—
75	—	—	—	—	230	—	—	132	—	106	—	77
90	—	—	—	—	278	—	—	160	—	128	—	93
—	125	—	359	343	—	312	208	—	156	—	125	—
110	—	—	—	—	340	—	—	195	—	156	—	113
—	150	—	414	396	—	360	240	—	180	—	144	—
132	—	—	—	—	400	—	—	230	—	184	—	134
—	200	—	552	528	—	480	320	—	240	—	192	—

表 G.1（续）

额定工作功率/		不同电压下的额定工作电流的指导性数值										
kW[a]	hp[b]	110 V～120 V/A	200 V/A	208 V/A	230 V/A	220 V～240 V/A	380 V～415 V/A	400 V/A	440 V～480 V/A	500 V/A	550 V～600 V/A	690 V/A
150	—	—	—	—	—	—	—	—	—	—	—	—
160	—	—	—	—	487	—	—	280	—	224	—	162
185	—	—	—	—	—	—	—	—	—	—	—	—
—	250	—	—	—	—	604	403	—	302	—	242	—
200	—	—	—	—	609	—	—	350	—	280	—	203
220	—	—	—	—	—	—	—	—	—	—	—	—
—	300	—	—	—	—	722	482	—	361	—	289	—
250	—	—	—	—	748	—	—	430	—	344	—	250
280	—	—	—	—	—	—	—	—	—	—	—	—
—	350	—	—	—	—	828	560	—	414	—	336	—
—	400	—	—	—	—	954	636	—	477	—	382	—
300	—	—	—	—	—	—	—	—	—	—	—	—
315	—	—	—	—	940	—	—	540	—	432	—	313
—	450	—	—	—	—	1 030	—	—	515	—	412	—
335	—	—	—	—	—	—	—	—		—	—	—
355	—	—	—	—	1 061	—	—	610	—	488	—	354
—	500	—	—	—	—	1 180	786	—	590	—	472	—
375	—	—	—	—	—	—	—	—	—	—	—	—
400	—	—	—	—	1 200	—	—	690	—	552	—	400
425	—	—	—	—	—	—	—	—	—	—	—	—
450	—	—	—	—	—	—	—	—	—	—	—	—
475	—	—	—	—	—	—	—	—	—	—	—	—
500	—	—	—	—	1 478	—	—	850	—	680	—	493
530	—	—	—	—	—	—	—	—	—	—	—	—

表 G.1（续）

额定工作功率/		不同电压下的额定工作电流的指导性数值										
kW[a]	hp[b]	110 V～120 V/ A	200 V/ A	208 V/ A	230 V/ A	220 V～240 V/ A	380 V～415 V/ A	400 V/ A	440 V～480 V/ A	500 V/ A	550 V～600 V/ A	690 V/ A
560	—	—	—	—	1 652	—	—	950	—	760	—	551
600	—	—	—	—	—	—	—	—	—	—	—	—
630	—	—	—	—	1 844	—	—	1 060	—	848	—	615
670	—	—	—	—	—	—	—	—	—	—	—	—
710	—	—	—	—	2 070	—	—	1 190	—	952	—	690
750	—	—	—	—	—	—	—	—	—	—	—	
800	—	—	—	—	2 340	—	—	1 346	—	1 076	—	780
850	—	—	—	—	—	—	—	—	—	—	—	—
900	—	—	—	—	2 640	—	—	1 518	—	1 214	—	880
950	—	—	—	—	—	—	—	—	—	—	—	—
1 000	—	—	—	—	2 910	—	—	1 673	—	1 339	—	970

[a] 根据 GB/T 4772.1—1999，优先选用额定值（优先数系）。

[b] 根据 UL 508，选择马力和电流值（60 Hz）。

附 录 H
(资料性附录)
电子式过载继电器的扩展功能

H.1 范围

H.1.1 一般要求

本附录预期用于覆盖不直接与过载保护相关的电子式过载继电器的扩展功能。扩展功能也可能包括部分控制功能,控制功能在考虑中。

注:起动器中的过载继电器,包括具有或不具有本附录中的扩展功能的电子式过载继电器均应符合本部分的要求。

具有扩展功能的电子式过载继电器在该领域内也有其他的名称,例如"电动机管理系统","电动机保护器"等。

本附录只适用于交流电路中使用的电子式过载继电器。

H.1.2 接地故障保护功能

使用可检测接地故障电流的电器作为保护系统。这种电器常与电子式过载继电器配合使用或作为一个内置部件使用以检测设备接地故障电流,可以提供附加的保护防止由于过流保护功能无法检测的连续性的接地故障引起火灾和其他危险。不考虑由于存在直流分量而引起的故障。

本附录不适用于设备保护的剩余电流保护电器,该部分内容见 GB 14048.2。

注:本附录所指的接地故障保护不适用于电击保护。

H.2 定义

下列定义适用于本附录。

H.2.1

具有接地故障保护功能的电子式过载继电器 electronic overload relay with ground/earth fault detection

根据规定的要求,当主电路中电流的矢量和超过规定值时动作的多极电子式继电器。

注:为了方便,本附录的其他地方使用"接地故障继电器"一词来表示。

H.2.2

具有电流不平衡保护功能的电子式过载继电器 electronic overload relay with current imbalance detection

根据规定的要求,当电流幅值不平衡时动作的电子式过载继电器。

注:为了方便,本附录的其他地方使用"电流不平衡继电器"一词来表示。

H.2.3

具有电压不平衡保护功能的电子式过载继电器 electronic overload relay with voltage imbalance detection

根据规定的要求,当电压幅值不平衡时动作的电子式过载继电器。

注:为了方便,本附录的其他地方使用"电压不平衡继电器"一词来表示。

H.2.4

具有反相保护功能的电子式过载继电器　electronic overload relay with phase reversal detection

根据规定的要求，当起动器线路侧的相序不正确时动作的多极电子式过载继电器。

注：为了方便，本附录的其他地方使用“反相继电器”一词来表示。

H.2.5

具有过电压保护功能的电子式过载继电器　electronic overload relay with over-voltage detection

根据规定的要求，当电压超过规定值时动作的电子式过载继电器。

注：为了方便，本附录的其他地方使用“过电压继电器”一词来表示。

H.2.6

具有欠功率保护功能的电子式过载继电器　electronic overload relay with under-power detection

根据规定的要求，当功率值低于规定值时动作的电子式过载继电器。

注：为了方便，本附录的其他地方使用“欠功率继电器”一词来表示。

H.2.7

具有起动超时保护功能的电子式过载继电器　electronic overload relay with long start-detection

根据规定的要求，当起动时间大于规定值时动作的电子式过载继电器。

注：为了方便，本附录的其他地方使用“起动超时继电器”一词来表示。

H.2.8

具有温度保护功能的电子式过载继电器　electronic overload relay with thermistor de-tection

根据规定的要求，当被测点的温度高于规定值时动作的电子式过载继电器。

注：为了方便，本附录的其他地方使用“温度继电器”一词来表示。

H.2.9

禁止保护电流（I_{ic}）　inhibit current（I_{ic}）

故障电流超过该保护设定值，开关电器不应被触发断开。

H.3　电子式过载继电器的分类

H.2.1～H.2.8规定了分类标准。

H.4　继电器的型式

CI-A和CI-B型：CI型电子式过载继电器在所有水平的故障电流情况下都能断开开关设备；

CII-A和CII-B型：CII型电子式过载继电器在大于设定电流水平I_{ic}（禁止保护电流）的情况下不能断开开关设备。

注1：CII型(-A或-B)的典型用途就是与分断能力低于最大预期故障电流的开关电器配合使用。禁止保护电流设定值I_{ic}根据开关电器的最大分断能力可调。

注2：根据动作特性A型(CI或CII)与B型(CI或CII)是不同的(见表H.1)。

H.5　性能要求

H.5.1　接地故障继电器的动作限值

接地故障继电器与开关电器配合使用时，应该在表H.1给定的条件下动作使得开关电器断开。对于接地故障电流设定值为一个范围的继电器，继电器的动作限值应在最小设定值和最大设定值下验证。

表 H.1 接地故障继电器的动作时间

型式	接地故障电流设定值倍数	动作时间 T_p/ms
CI-A 和 CII-A	≤0.9 1.1	不动作 $10<T_p\leqslant 1\,000$
CI-B 和 CII-B	≤0.75 1.25	不动作 $10<T_p\leqslant 5\,000$

H.5.2 CII(-A 和-B)型接地故障继电器的动作限值

H.5.1 适用并补充如下：

与开关电器配合使用时，当任意一相的故障电流达到或超过设定的禁止保护电流 I_{ic}(见 H.4)的 95%，CII 型接地故障继电器不应使开关电器动作；当任意一相的故障电流为小于或等于 75% I_{ic} 时，CII 型接地故障继电器应动作并使得开关电器断开。

H.5.3 电压不平衡继电器的动作限值

当电压不平衡度大于电压不平衡度设定值的 1.2 倍时，电压不平衡继电器应能动作并使得相关的开关电器在不超过 120% 的设定时间内断开，且应能防止开关电器闭合。电压不平衡度 U_{imb}(定义见式(H.1))是相对于平均电压 U_{avg} 的最大偏移量与平均电压之间的比值。

$$U_{imb}=\frac{\operatorname*{Max}_{i=1}^{n}|U_i-U_{avg}|}{U_{avg}} \tag{H.1}$$

$U_{avg}=\frac{\sum_{i=1}^{n}U_i}{n}$ 中，n 是相数，U_i 是各相的电压有效值。

当动作时间小于 1 s 时，制造厂应给出误差。

H.5.4 反相继电器的动作限值

当起动器电源侧的电压相序与预定的电压相序一致时，反相继电器应允许相关开关电器闭合。交换两相的顺序后，反相继电器应能防止开关电器闭合。

H.5.5 电流不平衡继电器的动作限值

当电流不平衡度大于电流不平衡度设定值的 1.2 倍时，与开关电器配合使用的电流不平衡继电器应能动作并使得开关电器在 80%～120% 设定时间内断开，电流不平衡度[定义见式(H.2)]是相对于平均电流 I_{avg} 的最大偏移量与平均电流之间的比值。8.2.1.5.1.1 中规定的一般脱扣要求保持不变。

$$Ratio=\frac{\operatorname*{Max}_{i=1}^{n}|I_i-I_{avg}|}{I_{avg}} \tag{H.2}$$

这里

$I_{avg}=\frac{\sum_{i=1}^{n}I_i}{n}$，$n$ 是相数，I_i 是每一相的电流有效值。

当动作时间小于 1 s 时，制造厂应给出误差。

注：实际工作电流小于额定工作电流为特殊的使用情况，此时电流不平衡的保护方式可由制造厂与用户协商。

H.5.6 过电压继电器的动作限值

a) 动作电压

当电源电压大于设定值或在规定时间内持续大于继电器或脱扣器额定电压的 110%时，过电压继电器应动作并使得开关电器断开，且应能防止开关电器闭合。

b) 动作时间

对于延时过电压继电器，延时时间的测量应从电压达到动作值瞬间起至继电器动作使开关电器开始脱扣的瞬间止。

动作时间误差为±10%，当动作时间小于 1 s 时，制造厂应给出误差。

H.5.7 欠功率继电器

当负载功率低于欠功率设定值的 0.8 倍时，欠功率继电器应能动作并使得相关的开关电器在不超过 120%的设定时间内断开。

H.5.8 起动超时继电器的动作限值

起动超时过载继电器，在设定的起动时间内电流未降到额定电流的 110%，继电器应能动作并使得开关电器在设定的动作时间内断开。

动作时间误差为±10%，当动作时间小于 1 s 时，取制造厂给出误差与±10%中的较大者。

H.5.9 温度继电器的动作限值

热敏电阻类型为 PTC 时，应符合 GB 14048.16—2006 中 5.2.6 的 A 型控制单元特性。

热敏电阻类型为 NTC 时，温度保护应符合 NTC 供应商提供的特性。

注：对应于 GB 14048.16—2006 中 5.2.6“控制单元”的“闭合”或“断开”，本部分指过载继电器在规定时间内“动作”。

H.6 试验

H.6.1 CI 和 CII(-A 和-B)型接地故障继电器的动作限值

动作限值见 H.5.1，按如下规定进行验证：

对于接地故障电流可调的继电器，试验应在最小和最大电流设定值进行。试验电路按照图 H.1 或者使用电子控制电流源来产生故障电流、在任意方便的电压和电流条件下进行。

试验电路应根据适用情况，在表 H.1 规定的每一个接地故障动作电流值下进行校准，开关 S1 处于闭合位置，闭合开关 S2 就会迅速建立接地故障电流。

对于 CII 型接地故障继电器，禁止电流应至少比最大接地故障电流整定值大 30%。

H.6.2 CII(-A 和-B)型接地故障继电器禁止保护功能的验证

对于接地故障电流可调的继电器，试验应在最低的设定值进行。

对于禁止保护电流 I_{ic} 可调的继电器，试验应分别在最小和最大的 I_{ic} 设定值进行。

注：禁止保护电流值应设定为大于最小接地故障电流。

调整阻抗 Z 可使流过电路的电流等于：

a) 95%的禁止保护电流 I_{ic}

开关 S1 处于闭合位置，闭合开关 S2 建立试验电流。

过载继电器不应使得开关电器断开。

b) 75%的禁止保护电流 I_{ic}

开关S1处于闭合位置,闭合开关S2建立接地故障试验电流。

过载继电器应使开关电器断开。

每一相必须单独试验。

H.6.3 电流不平衡继电器

电流不平衡继电器的动作限值按照H.5.5进行验证。

H.6.4 电压不平衡继电器

电压不平衡继电器的动作限值按照H.5.3进行验证。

H.6.5 反相继电器

反相继电器的动作限值按照H.5.4进行验证。

H.6.6 过电压继电器

过电压继电器的动作限值按照H.5.6进行验证。

H.6.7 欠功率继电器

欠功率保护继电器的动作限值按照H.5.7进行验证。

H.6.8 起动超时继电器

起动超时保护继电器的动作限值按照H.5.8进行验证。

H.6.9 温度继电器

H.6.9.1 PTC热敏电阻型

GB 14048.16—2006中的9.3.3.10适用。

H.6.9.2 NTC热敏电阻型

考虑中。

H.7 常规试验和抽样试验

具有扩展功能的电子式过载继电器,除了进行9.3.6的试验之外,还应该按照H.5的要求进行附加试验以验证其相关的附加功能。

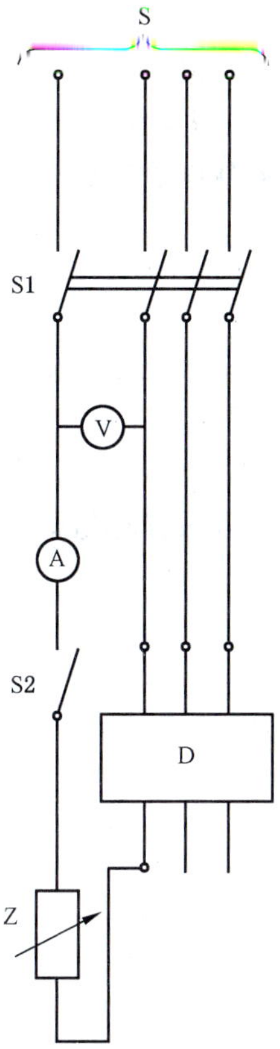

S ——电源(仅在必要时为三相)；
V ——电压表；
A ——电流表；
S1——多极主开关；
S2——单极开关；
D ——被试过载继电器；
Z ——可调阻抗。

表 H.1 验证电子式接地故障电流保护过载继电器动作特性的试验电路

附 录 I
（资料性附录）
用于半导体控制电动机负载的 AC1 接触器

接触器常与半导体控制器、起动器或驱动器一起使用。此时的接触器不用于接通或分断系统规定电压下的电动机负载电流。

此时接触器用于承载控制器线路侧或负载侧的电动机电流，在关断条件下使控制器可以从线路和/或负载侧移开。还可以用于旁路控制器，一般是为了在加速条件下减少热损耗。在这种情况下要控制接触器并将其联锁，以防止有负载电流存在时接触器被打开或闭合。

当满足上述条件时，可根据 AC1 使用类别选择接触器。

附 录 J
(资料性附录)
电子式过载继电器的通信功能

J.1 范围

本附录适用于具有通信功能的电子式过载继电器(又称为"电动机保护器")。

本附录涉及到的总线包括:

——DeviceNet 总线;

——Profibus-DP 总线;

——MODBUS 总线。

J.2 具有通信功能的过载继电器的有关要求

J.2.1 一般要求

具有通信功能的继电器,应能通过通信接口或通信适配器与总线连接,在实现保护、控制等功能时,通信特性不应受到任何影响。

J.2.2 电磁兼容性

J.2.2.1 一般要求

8.3.1 适用。

J.2.2.2 抗扰度

8.3.2 适用,并补充如下:

对于具有通信功能的过载继电器,在正常工作条件下进行通信时,抗扰性试验采用下列判别标准:

——判别标准 A:当继电器按预期要求使用时,不允许性能有超过规定限度的退化;

——判别标准 B:实际操作状态或存贮数据不允许改变。在试验过程中允许性能的退化,例如显示或控制屏暂时的信息可视的变化或丧失,暂时的通信干扰,可能有内部及外部装置的出错报告等。试验后,按预期要求使用时,不允许性能有超过规定限度的退化或功能丧失。

判别标准 A(试验过程中)和判别标准 B(试验后)的具体判别要求见表 J.1,根据不同的抗扰度试验,不允许出现表 J.1 中判别标准 A 或判别标准 B 规定的状况。

J.2.2.3 发射

8.3.3 适用。

J.2.3 一致性测试

具有通信功能的继电器,应根据所采用总线的有关要求进行一致性测试或与其类似的测试,当具体的总线有更多的要求时,也应满足。

表 J.1 抗扰性试验判别标准

功能类型		判别标准 A	判别标准 B
任意模块		出现意外操作 锁死 操作员干涉 损坏	出现意外操作 锁死 操作员干涉 损坏
外部通信		节点离线	节点离线
内部通信	辐射,传导	>1 次出错/10 次传送	
	快速瞬态群		>1 次出错/10 次传送
	静电放电		锁死
	浪涌		锁死

J.3 试验

J.3.1 通信功能

具有通信功能的继电器,通信功能验证试验应在过载保护试验(见 9.3.3.2.2.3)同时进行,动作响应应符合相应的要求,远程通信主站应能正确读取信息;试验应分别在－5 ℃、＋20 ℃、＋40 ℃的条件下进行。

J.3.2 电磁兼容性

J.3.2.1 一般要求

经制造商同意,多项 EMC 试验或所有的 EMC 试验可在同一台试品上进行。这一试品可以是新的,也可以是经过了程序试验后的试品。EMC 的试验可以是任意方便的顺序。

试验报告应包括任何为符合标准要求而必须采取的特殊措施,例如使用屏蔽线或特殊的电缆,如果为了符合抗扰度或辐射试验的要求,继电器使用了辅助电器,应在报告中说明。

继电器按正常工作条件安装,操作时通以额定控制电源电压。

试验中继电器按使用条件连接,通过通信接口或专用的通信适配器与总线连接,用测试软件或测试站对通信进行测试和监测。

J.3.2.2 抗扰性

试验在常温条件下进行按 9.4.2 规定的抗扰性要求进行试验,抗扰性试验过程中和过程后应验证过载保护性能(见 9.3.3.2.2.3),其动作时间应分别满足相应的规定,抗扰性性能应满足 8.3.2 的要求。

J.3.2.3 发射

9.4.3 适用。

J.3.3 一致性测试

对具有通信功能的继电器,应根据所采用总线的有关要求进行一致性测试或与其类似的测试。

J.3.3.1 DeviceNet 总线

DeviceNet 总线一致性测试包括物理层测试、协议一致性测试和互操作性测试，测试分别根据 ODVA 协会《DeviceNet 物理层、指示灯和开关的测试》、《DeviceNet 协议测试规范》和《DeviceNet 互操作一致性测试说明书》的要求进行。

J.3.3.2 Profibus-DP 总线

Profibus-DP 总线一致性测试包括硬件测试、协议一致性测试和互操作性测试，测试根据 TC1 04-0002《技术手册——PROFIBUS-DP 从站的测试规范》的要求进行。

J.3.3.3 MODBUS 总线

Modbus 总线一致性测试包括协议一致性测试和互操作性测试，测试根据 GB/T 19582 的要求进行。

J.4 常规试验和抽样试验

通信功能验证按 J.3.1 的规定进行，但仅需在常温条件下验证。

附 录 K
（规范性附录）
确定功能安全性应用中所用机电式接触器数据的步骤

K.1 总则

K.1.1 简介

假定这些数据可选的，由制造商决定。

K.1.2 范围和目的

本附录规定了用于确定表征功能安全性应用中所使用的机电式接触器特性的数据的步骤。

在功能安全性标准，例如GB/T 20438系列、IEC 62061、GB/T 21109、IEC 61513和GB/T 16855.1中，这些数据都有要求。

功能安全性应用中的特定数据包括：每次操作的失效率、使用寿命、置信水平和总体寿命。

本附录只规定了机电式接触器的主要功能。

K.1.3 一般要求

功能安全性的特定数据可以通过本附录规定的步骤获得。

为了提供可靠性数据，该步骤是以试验结果的统计分析为基础的。

在电器使用寿命期间与失效率计算相关的置信水平应该为60%，除非制造厂另有规定。

注：为了与功能安全性应用中使用的其他产品保持一致，所以选择了与可靠性相关的数据。

根据本附录得到的统计数据只在接触器的使用寿命期间有效。

在本附录中，为了保持统计数据的一致性，术语“时间”指的是操作循环次数。

本附录不考虑在试验过程中以及应用中替换接触器零部件的情况。

K.2 术语、定义和符号

K.2.1 术语和定义

K.2.1.1 可靠性（性能）

在给定条件给定时间间隔内能够执行要求功能的能力[IEV 191-02-06，修改]。

K.2.1.2 使用寿命

在给定条件下，从给定的时刻开始，到失效率变的不可接受的时刻为止的时间间隔。

注：对于接触器，使用寿命用操作次数来表示。

K.2.1.3 恒定失效率期

在不可修复件（如果有的话）的使用年限内失效率近似恒定的期间。

[IEV 191-10-09]

K.2.1.4 总寿命

为了保持由于任意的硬件故障而引起的估计的失效率有效而不能超过的电器的寿命。

注1：总寿命也包含没有使用的时间段，例如存储。总寿命用年数来表示。

注2：根据 IEC 62061，总寿命对应 T_1，根据 GB/T 16855.1，总寿命对应于 T_M。

K.2.1.5 审查

在一定的故障次数之后或一定时间之后仍然有可用部件时停止试验。

K.2.1.6 暂停

一个没有发生故障，或在检查中没发生故障的部件由于其他原因失效而从试验中移去的一种状态。

K.2.1.7 无接通分断电流的使用类别

开关电器不带负载进行接通和分断的情况。

K.2.1.8 失效时间

从第一次使用或修复之后开始，直到失效的工作时间。

注：对于接触器来说，失效时间用操作次数来表示。

K.2.2 符号

n 试品数量

r 失效数

t 操作循环次数

η 威布尔(Weibull)特性寿命或比例参数

β 威布尔(Weibull)形状参数

c 每小时的操作次数

λ_u 置信水平 60%时的评定失效率(上限)，用每次操作的失效率表示

λ 失效率，用每小时的失效率表示

λ_D 危险失效率，用每小时的失效率表示

K.3 以寿命试验结果为基础的方法

K.3.1 一般方法

由于这种产品的失效是随机的，所以该方法要以寿命试验中对接触器连续监测所得的结果为基础。

K.3.2 试验要求

根据 B.2.1～B.2.2.4 的规定确定机械寿命。对于无接通分断电流的使用类别，也应确定机械寿命。

根据 B.3.1～B.3.2 的规定确定电寿命，除非制造厂另有规定，否则电寿命试验中选用 AC-3 使用类别。

试验环境按第 7 章要求。

对 K.5 所列数据没有影响的产品修改不要求重新进行试验。

K.3.3 失效模式的特点

发生一个或多个表 K.1 所列的失效模式，或者达到了制造商规定的操作循环次数，则试验结束。

表 K.1　接触器的失效模式

失效模式	常开接触器的特点
断开失效	线圈断电后仍有电流存在
闭合失效	在线圈通电后，一个或多个极上没有电流
极间短路	极间绝缘失效
极与任一相邻部件间短路	与任一相邻部件间绝缘失效

K.3.4　威布尔(Weibull)建模

K.3.4.1　建模方法

根据 IEC 61649，通过将试验结果用威布尔(Weibull)分布进行建模，从而得到可靠性数据。

如果失效数小于等于 20，应该使用中位秩回归(MRR)法。如果失效数大于 10，那么在 $\gamma=60\%$ 时检查 Fisher 分布(F_{γ})的拟合度试验之后，可以使用极大似然法(MLE)得到参数 β 和 η 的点估计值。

$$H \geqslant F_{\gamma}(2\lfloor (r-1)/2 \rfloor, 2\lfloor r/2 \rfloor)$$

符号$\lfloor x \rfloor$表示小于或等于 x 的最大整数。

注 1：IEC 61649 给出了详细的计算方法及计算示例。

注 2：试品数量少会增加寿命参数估计的不确定性，从而导致每次操作的失效率下限比较小。

如果在一个规定的时间 T，在所有产品失效之前停止试验，那么该数据称为定时检查数据。按上述讨论的失效模式没有失效的产品要暂停试验。一般来说，产品暂停试验的时间必须通过调整等级范围包括在分析中。然而，通过省略产品暂停数，本附录规定的估计威布尔(Weibull)参数的的方法得到了简化。进一步的检查和暂停的讨论见 IEC 60300-3-5，相关的计算见 IEC 61649。

K.3.4.2　中位秩回归

中位秩回归(MRR)是一种用线性回归技术估计分布参数的方法，该技术采用中位秩和操作循环作为变量。

如果没有中位秩表也不能用贝塔(Beta)分布计算中位秩，可用伯纳德(Bernard)近似方程计算：

$$F_{\mathrm{i}}=\frac{(i-0.3)}{(N+0.4)}\times 100\% \qquad (\text{K}.1)$$

式中：

N ——样本大小；

i ——样本编号。

注：该方程主要用于 $N\leqslant 30$；当 $N>30$，累计频率可不必修正，即：$F_{\mathrm{i}}=(i/N)\times 100\%$。

样本数太少则测量拟合度的难度较大，测定系数通常用于检查威布尔(Weibull)分布，可用方程(K.2)进行计算：

$$r^2=\frac{\left(\sum_{i=1}^{n} x_{\mathrm{i}} y_{\mathrm{i}}-\frac{\sum_{i=1}^{n} x_{\mathrm{i}} \sum_{i=1}^{n} y_{\mathrm{i}}}{n}\right)^2}{\left[\sum_{i=1}^{n} x_{\mathrm{i}}^2-n(\bar{x})^2\right]\left[\sum_{i=1}^{n} y_{\mathrm{i}}^2-n(\bar{y})^2\right]} \qquad (\text{K}.2)$$

式中 x_{i} 和 $y_{\mathrm{i}}(i=1,\cdots,n)$分别中位秩和失效时间。

r^2 是一个可以用威布尔(Weibull)假设进行解释的变量比值，该比值越接近于 1，其拟合结果越近似为威布尔(Weibull)分布，该比值越接近于0，拟合度越差。

以下为绘制步骤：

a) 首先，将操作循环次数由开始到结尾依次编号；

b) 使用伯纳德(Bernard)近似方程(K.1)计算中位秩；

c) 在1×1的威布尔(Weibull)或对数坐标纸上画出失效时间(x)与中位秩$F_i(y)$的对数曲线；

d) 用直线回归函数计算$\hat{\beta}$以获得直线方程：$y_{\ln}=\hat{\beta}x_{\ln}+b$；

e) 计算$\hat{\eta}=e^{(\frac{b}{\beta})}$；

f) 画出回归直线验证拟合度。

通常对于电磁式的接触器，$\hat{\beta}$大于或等于1。

K.3.5 使用寿命及失效率的上限

K.3.5.1 数字方法

假设一个恒定失效率，使用寿命认为是循环次数的置信水平下限，10%的电器会失效($B_{10|\text{lower limit}}$)。

对于20个或更少的数据点，无论有或没有检查时间，都应该采用K.3.4.2中描述的由中位秩回归法(MRR)得到的威布尔(Weibull)参数$\hat{\beta}$和$\hat{\eta}$。

K.3.5.2 失效时间分位点(10%)的点估计

使用方程(K.3)计算10%的设备发生失效的$\hat{B}_{10}$(B_{10}的点估计)，时间：

$$\hat{B}_{10}=\hat{\eta}\left[\ln\left(\frac{1}{0.9}\right)\right]^{1/\hat{\beta}} \tag{K.3}$$

K.3.5.3 使用寿命

使用方程(K.4)，(K.5)，(K.6)和(K.7)计算置信水平B_{10}的下限$(1-y)100\%$：

$$h_1=\ln[-\ln(0.9)] \tag{K.4}$$

$$\delta_1=\frac{-A_6x^2-rh_1+x\sqrt{(A_6^2-A_4A_5)x^2+rA_4+2rh_1A_6+rA_5h_1^2}}{r-x^2A_5} \tag{K.5}$$

$x=u_\gamma$是正态分布的外分位数。除非制造厂另有规定，否则应该采用60%的置信水平下限(所以$\gamma=0.4$，$u_\gamma=0.2533$)。

A_4，A_5和A_6按下面的公式计算，比例因子$q=r/n$：

$$A_4=0.49q-0.134+0.622q-1;$$

$$A_5=0.2445(1.78-q)(2.25+q);$$

$$A_6=0.029-1.083\ln(1.325q)。$$

$$Q_1=e^{\left(-\frac{\delta_1+h_1}{\beta}\right)} \tag{K.6}$$

$$B_{10|\text{下限}}=Q_1\hat{B}_{10} \tag{K.7}$$

$B_{10|\text{下限}}$是使用寿命。

K.3.5.4 失效率的上限

每次操作的失效率上限按方程(8)计算：

$$\lambda_U=\frac{-\ln(0.9)}{B_{10|\text{下限}}}\approx\frac{1}{10\times B_{10|\text{下限}}} \tag{K.8}$$

K.3.5.5 试验条件

正常条件见第7章的规定。

其他的条件由用户和制造商协商决定。此时，应该在这些条件下获得相应的数值。

K.3.6 可靠性数据

可靠性数据包括：

——每次操作的失效率：λ_U

——使用寿命＝$B_{10|下限}$

K.4 以现场经验为基础的方法

该方法可以采用同样的统计计算，但是由现场收集到的失效数据可以与更多的环境条件和使用类别相关。

该方法正在考虑中。

K.5 数据

产品的可靠性数据包括下列各种相关特性的综合：

——每次操作的失效率 λ_U（见 K.3.6）；

——使用寿命（见 K.3.6）；

——不同于 60％的置信水平；

——不同于 AC-3 的使用类别或无接通分断电流的使用类别；

——最大开关频率；

——不同于 U_e 的最大电压；

——特定使用类别的最大电流 I；

——总寿命＝20 年，除非制造厂另有规定；

——非正常条件的环境。

注 1：以“每小时”表示的失效率 λ 等于以“每次操作”表示的失效率 λ_u 乘以每小时的操作次数 C。

$$\lambda = \lambda_u \times C$$

注 2：20 年的总体寿命一般用作可靠性分析的统计参考。

对于一台接触器，硬件的故障容差一般为 0。

注 3：在 IEC 62061 中，硬件故障容差 N 指的是 $N+1$ 次故障会导致功能丧失。

表 K.2 给出了用于计算危险失效率 λ_D 的典型的失效率，危险失效率按下式计算：

$$\lambda_D = \lambda \times F$$

表 K.2 常开接触器典型的失效率

失效模式	与 AC3 使用类别的常开接触器电寿命试验结果相关的典型的失效率 F^a/％	与常开接触器机械寿命试验结果相关的典型的失效率 F^a/％
断开失效[b]	73	50
闭合失效	25	50
极间短路	1	0
极与任何相邻件之间短路（例如辅助部件、接地盘、线圈）	1	0

表 K.2（续）

失效模式	与 AC3 使用类别的常开接触器电寿命试验结果相关的典型的失效率 F^a/%	与常开接触器机械寿命试验结果相关的典型的失效率 F^a/%
注：如果接触器的工作模式会产生一种不安全的状态，这种不安全状态是由失效率大于 40% 的失效模式引起的，那么该系统就需要一个诊断功能和适当的故障保护功能。		
[a] 该典型值是通过在不同的接触器上做试验得出的。 [b] 如果提供适当的故障保护功能的话，带镜像触头的接触器子系统的诊断范围可达 99%。		

K.6 示例

K.6.1 试验结果

共有 15 台接触器（$n=15$）同时试验，直到所有接触器都失效为止。15 个失效时间（$r=15$）在表 K.3 中用 i 按顺序列出。

表 K.3　15 台接触器按发生故障的顺序排列的示例

i	周期
1	1 000 000
2	1 250 000
3	1 400 000
4	1 550 000
5	1 650 000
6	1 750 000
7	1 850 000
8	1 950 000
9	2 050 000
10	2 150 000
11	2 280 000
12	2 420 000
13	2 500 000
14	2 700 000
15	2 800 000

K.6.2 威布尔（Weibull）分布和中位秩回归

中位秩的计算结果如下：

i	操作次数 t_i	中位秩/%
1	1 000 000	4.5
2	1 250 000	11.0
3	1 400 000	17.5
4	1 550 000	24.0
5	1 650 000	30.5
6	1 750 000	37.0
7	1 850 000	43.5
8	1 950 000	50.0
9	2 050 000	56.5
10	2 150 000	63.0
11	2 280 000	69.5
12	2 420 000	76.0
13	2 500 000	82.5
14	2 700 000	89.0
15	2 800 000	95.5

测定系数 $r^2=0.998$，该数值接近于1，表征了一个很好的威布尔(Weibull)分布。

具有两个自然对数比值的线性回归：$y=3.908x-57$

由该方程，可以推导出分布参数：$\hat{\beta}=3.908$，$\hat{\eta}=2\ 149\ 131$

由MRR得出的拟合度结果可以确保一个很好的威布尔(Weibull)分布(见图K.1)。

K.6.3 使用寿命和失效率

为了计算有10%的接触器发生失效的循环次数的置信水平下限，计算示例见K.3.5。

点估计 $\hat{B}_{10}=1\ 212\ 879$

因数 $Q_1=0.960\ 1$ 和 $B_{10|下限}=1\ 164\ 541$

最后，失效率的上限 $\lambda_u=9.05\times10^{-8}$

数字方法的结果见图K.1所示。

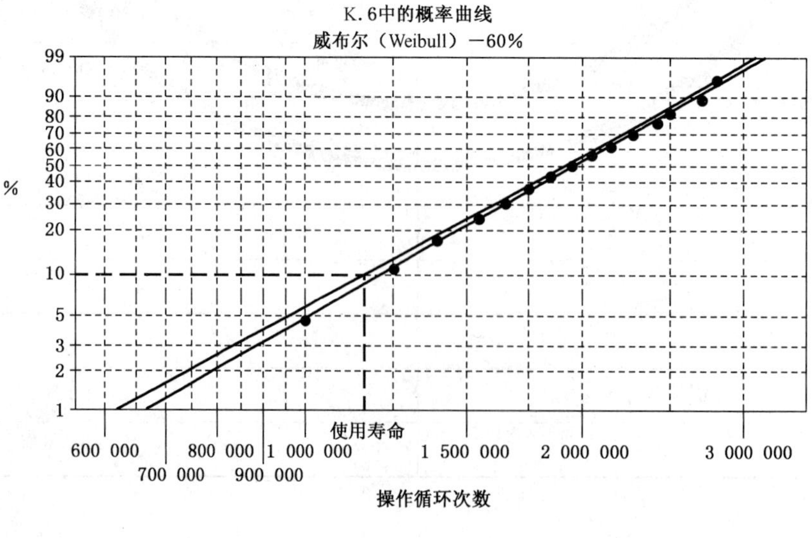

图 K.1 威布尔(Weibull)中位秩回归直线

附 录 L
（资料性附录）
本部分与 IEC 60947-4-1:2009(Ed. 3.0)标准内容的差异及其原因

本附录列出了本部分与 IEC 60947-4-1:2009(Ed. 3.0)(以下简称"IEC")标准内容之间的差异，并列出差异的原因。

表 L.1 本部分与 IEC 60947-4-1:2009(Ed. 3.0)标准内容的差异及其原因

本部分条款	IEC 60947-4-1:2009 (Ed. 3.0)	本部分 GB 14048.4—2010	原 因	备注
前言	无	交流额定电压 1 140 V 的接触器或起动器可参照本部分执行	根据我国的实际情况，大量矿用产品采用 1 140 V 电压等级，必须加以考虑	
1.1.2	无	增加关于电子式过载继电器又被称为"电动机保护器"的注	"电动机保护器"这一术语在我国被广泛使用	新增
3.2	为术语索引	空	IEC 按照英文首字母索引比较清晰，中文较难排序，故省略，但考虑其后的条款号与 IEC 对应，保留该条款号	新增
3.3.1	注 4	删除原文注 3，将注 4 改为注 3	原文中注 3 是对法文的解释	
表 2 第二列表头	有注 a	删除	该列不适用于公差带 E	新增
 8.1.1 8.1.2.1 8.1.2.2 8.1.2.3 8.1.3 8.1.4 8.1.5 8.1.5.1 8.1.5.2 8.1.6.1 8.1.6.2 8.1.7 8.1.8 8.1.9 8.1.10 8.1.11.1 8.1.11.2 8.1.12 8.1.13	(引用) 7.1.1 7.1.2.1 7.1.2.2 7.1.2.3 7.1.3 7.1.4 7.1.5 7.1.5.1 7.1.5.2 7.1.6.1 7.1.6.2 7.1.7 7.1.8 7.1.9 7.1.10 7.1.11.1 7.1.11.2 7.1.12 7.1.13	(引用) 7.1 7.1.1 7.1.1.1 7.1.1.1 7.1.2 7.1.3 7.1.4 7.1.4.1 7.1.4.2 7.1.5.1 7.1.5.2 7.1.6 7.1.7 7.1.8 7.1.9 7.1.10.1 7.1.10.2 7.1.11 7.1.12	IEC 标准中引用 2007 年版的 IEC 60947-1，而现行国家标准 GB 14048.1—2006 修改采用 2001 年版本的 IEC 60947-1，两个版本结构要求的条款号不同	
8.2.1.2.1 注	无	对于其他的动作范围由用户和制造厂协商。	考虑某些产品的特殊范围，如交直流通用及矿用产品等	新增

表 L.1（续）

本部分条款	IEC 60947-4-1:2009 (Ed.3.0)	本部分 GB 14048.4—2010	原　　因	备注
8.2.1.2.2 注	无	对于电子式控制电磁铁，可能会导致接触器释放出现延时，制造厂应在产品上或其他资料中标明该延时时间	因为释放延时时间延长可能在许多场合的应用会受到限制，故应对该现象加以说明	新增
8.2.2.9	其中“绝缘材料”改为“绝缘部件”	也适用于绝缘材料制成的零部件	表达更清晰	
9.1.5.2	IEC 60947-1 中的附录 Q	附录 Q	由于 IEC 60947-1:2007 尚未转化为国标，故将 IEC 60947-1 中的附录 Q 直接引用为本部分的附录	新增
9.3.3.3.9	并不应超过表 5 规定值的 15%	并不应超过表 5 规定值的 15 K	IEC 中的 15% 与 8.2.2 的 15 K 有矛盾	
9.3.3.5.4	标题为空，但内容仍保留	标题为空，内容删除	IEC 60947 系列标准已将该内容(操作过电压)全部删除	修订
附录 B	引用 IEC 604 10 中的表 X-C-2 和表 X-D-2	引用 GB 2828.1—2003(ISO 2859-1:1999,IDT)中的表 10-C-2 和表 10-D-2	因我国关于抽样的国家标准为 GB/T 2828.1—2003，经查对，引用表格中的数据基本相同，因此改为引用国家标准	
附录 H	无	H.2.7、H.2.8、H.5.8、H.5.9、H.6.8、H.6.9	为电动机保护器的常用功能	新增
H.5.5	无	注：实际工作电流小于额定工作电流为特殊的使用情况，此时电流不平衡的保护方式可由制造厂与用户协商。	这种情况为特殊情况，为制造厂提供解决方案。	新增
H.5.6	无	动作时间误差为±10%，当动作时间小于 1 s 时，制造厂应给出误差。	IEC 中未给出动作时间的误差，加以补充	新增
附录 J	无	电子式过载继电器的通信功能	电子式过载继电器通常带有通信功能，有必要对此制定标准进行规范	新增
附录 L	无	本部分与 IEC 60947-4-1:2009-09(Ed.3.0)标准内容的差异及其原因	由于与 IEC 标准的差异较多，增加本附录进行比较更清晰	新增
附录 M	无	本部分与 GB 14048.4—2003 标准内容的差异及其原因		新增
附录 Q	无	特殊试验——湿热、盐雾、振动和冲击	由于 IEC 60947-1:2007 尚未转化为国标，故将 IEC 60947-1 中的附录 Q 直接引用为本部分的附录	新增

附 录 M
（资料性附录）
本部分与 GB 14048.4—2003 标准内容的差异及其原因

本附录列出了本部分与 GB 14048.4—2003 标准内容之间的差异，并列出部分差异的原因。

表 M.1 本部分与 GB 14048.4—2003 标准内容的差异及其原因

本部分条款	GB 14048.4—2003	本部分 GB 14048.4—2010	原　因	备注
全文	固态过载继电器	电子式过载继电器	电子技术的发展扩宽了产品的覆盖面	修订
1.1.2	依赖于热继电器（IEC 60255-8:1990）作为电动机保护的起动器，或是电动机装入式热保护器（GB/T 13002—1991）不必满足本标准的所有有关要求。（条款号为 1.2）	删除	表达更清晰，避免混淆	修订
	无	增加下列术语定义：电磁铁的电子式控制线圈、欠电流继电器或脱扣器、欠电压继电器或脱扣器、综合式开关电器、保护式开关电器、电子式堵转过载继电器、电子式阻塞过载继电器、禁止保护时间等，并对上述脱扣器进行相应的性能要求	电子产品飞速发展，出现了较多原热过载继电器不具备的功能	新增
3.6	无	符号和缩写	便于理解各符号含义	新增
6.3	无	对于自动复位过载继电器，其制造商应提供必需的信息，以提醒用户自动重启的可能性	提高安全性	新增
8.2.1.2.1 注	无	对于其他的动作范围由用户和制造厂协商。	考虑某些产品的特殊范围，如交直流通用及矿用产品等	新增
8.2.1.2.2	无	具有电子式控制电磁铁的接触器和起动器的动作范围	接触器中采用电子式控制的电磁铁系统越来越多，其特性与电磁式的有所区别	新增
8.2.1.2.2 注	无	对于电子式控制电磁铁，可能会导致接触器释放出现延时，制造厂应在产品上或其他资料中标明该延时时间	因为释放延时时间延长可能在许多场合的应用会受到限制，故应对该现象加以说明	新增
8.2.1.5.1.1	无	新增“2、3、5、40”四组脱扣级别及相应脱扣时间的要求，并增加公差带 E 的动作时间	电子式过载继电器的特性更精准	新增

表 M.1（续）

本部分条款	GB 14048.4—2003	本部分 GB 14048.4—2010	原　　因	备注
8.2.1.5.1.1 表 3	无	对热式有周围空气温度补偿产品在各极通电时的反时限特性的验证温度，并增加了电子式产品的验证要求	对热式有周围空气温度补偿产品，在不同温度下验证特性更为合理	新增
8.2.1.5.1.2 5.7.3	无	电子式过载继电器的热记忆试验验证，并要求无热记忆功能的电子式过载继电器应加以标志	电子式过载继电器必须通过软件功能才能实现热记忆功能，而热过载继电器自身即带有该功能，因此对于宣称具有该功能的产品有必要进行验证	新增
8.2.3 9.3.3.4	型式试验： 若具体产品标准中已规定 U_{imp} 值，则进行冲击耐压试验。 若具体产品标准中未规定 U_{imp} 值，则进行工频耐压验证常规试验为工频耐压。	型式试验必须同时进行冲击耐压试验和工频耐压试验。 常规试验采用冲击耐受电压和工频耐受电压或二者的混合试验	冲击耐受电压和工频耐压试验的验证内容不同，有必要均进行	修订
8.2.4.1	表 7a、表 7b	序号改为表 8、表 9，其后的表格序号顺延	与 IEC 60947-4-1:2009(Ed.3.0)一致	修订
8.3.2.2 表 12	无	一般要求 信息处理和检测功能		新增
9.1.5.2	无	特殊试验——湿热、盐雾、振动和冲击	对特殊环境要求进行规范	新增
9.3.3.5.4	通断操作过电压	删除	IEC 60947 系列标准已将该内容全部删除	修订
9.4.2.7	无	射频场传导骚扰抗扰度		新增
B.2.2.8	无	机械寿命的其他试验方法		补充
B.3.3.1 B.3.3.2 B.3.3.3	无	单八制试验 双三制试验 其他试验方法		新增
B.4.5.1b)2)	5 s	60 s		修订
附录 C	低压接触器和起动器的电气间隙和爬电距离	空	符合 GB 14048.1 中的规定，保持系列标准的一致性	修订
附录 E	无	控制电路的配置举例	实际产品中出现了更多的控制电路配置	新增
附录 F	无	与主电路触头连锁的辅助触头（反相触头）的要求	提高安全性	新增
附录 G	无	电动机用开关电器的额定工作电流和额定工作功率	提高参考数据	新增

表 M.1（续）

本部分条款	GB 14048.4—2003	本部分 GB 14048.4—2010	原　　因	备注
附录 H	无	电子式过载继电器的扩展功能	正文部分未能覆盖电子式过载继电器的常用扩展功能	新增
附录 I	无	用于半导体控制的电动机负载的 AC1 用途接触器	实际使用中常出现此用途	新增
附录 J	无	电子式过载继电器的通信功能	较多电子式过载继电器具有通信功能	新增
附录 K	无	确定功能安全性应用中所用机电式接触器数据的步骤		新增
附录 L	无	本部分与 IEC 60947-4-1：2009 (Ed. 3.0)标准内容的差异及其原因		新增
附录 M	无	本部分与 GB 14048.4—2003 标准内容的差异及其原因		新增
附录 Q	无	特殊试验——湿热、盐雾、振动和冲击	对特殊环境要求进行规范	新增

附　录　Q
（规范性附录）
特殊试验——湿热、盐雾、振动和冲击

Q.1　导言

本附录的目的在于确定开关电器在某些特定的、异于第7章中描述的正常工作条件的气候状况下正常工作的要求。

本附录阐述了试验条件、试验顺序、及要获得的试验结果。

下列特殊试验应由制造商规定或由制造商和用户协商一致确定。作为特殊试验、本部分新增试验内容不作强制性要求，设备可不必满足该类试验要求。

Q.2　设备分类

设备分类基于6组由不同环境因素（温度、湿度、振动、冲击、盐雾）组合而成的环境试验。

——温度和湿度试验范围：

CC1：−5 ℃～+55 ℃（范围1：干热试验温度+55 ℃/湿热试验+40 ℃/冷态试验−5 ℃）

CC2：−25 ℃～+70 ℃（范围2：干热试验温度+70 ℃/湿热试验+55 ℃/冷态试验−25 ℃）

——振动和冲击试验：

MC1：无振动

MC2：振动

MC3：振动加冲击

——盐雾：

SC1：无盐雾

SC2：有烟雾（试验按GB/T 2423.1进行）

将上述环境因素组合可以得到六类环境类别A，B，C，D，E和F：

——A：受温度和湿度影响的受控环境（试验温度范围：−5 ℃～+55 ℃）＝MC1＋CC1＋SC1

注1：该环境状况可描述为“潮湿”。

——B：受温度和湿度影响的环境（试验温度范围：−25 ℃～+70 ℃）＝MC1＋CC2＋SC 1

注2：该环境状况可描述为“湿冷”。

——C：受温度、湿度、和盐雾影响的环境＝MC1＋CC1＋SC2

注3：该环境状况可描述为“咸湿”或“码头”等类似场所。

——D：受温度、湿度、和振动影响的环境＝MC2＋CC2＋SC1

注4：该环境状况可描述为“存在振动的船上的湿冷条件”。

——E：受温度、湿度、振动、和冲击影响的环境＝MC3＋CC2＋SC1

注5：该环境状况可描述为“开放甲板上无盐雾湿冷条件”或“非海上严酷环境”。

——F：受温度、湿度、振动、冲击、和盐雾影响的环境＝MC3＋CC2＋SC2

注6：该环境状况可描述为“开放甲板上湿冷咸条件”或“海上严酷环境”。

Q.3　试验

Q.3.1　一般试验条件

除非有另外说明，否则9.3.2适用，并补充以下内容：

该类试验验证设备在特定试验条件下实现所需功能的能力；设备所需实现的功能在试验顺序中给出。

设备应在断开位置进行试验、试验前设备应在正常环境条件下放置至少 24 h。正常环境条件具体为：

——温度：25 ℃±10 ℃；

——相对湿度：60%±30%；

——气压：96 kPa±10 kPa

在试验箱内进行试验时，线缆长度至少应为 5 cm；若设备有外壳，则线缆外露于外壳外的长度至少应为 5 cm，线缆穿越外壳的操作方法应按制造商规定进行。

在制造商允许的条件下，可使用截面积小于 9.3.3.3.4 中规定值的线缆。对于具有高额定电流值的设备，如果试验箱空间有限，可忽略线缆连接的影响。

注：鉴于 GB 14048.1—2006 中 6.1.4 的“冲击和振动”一节仍在考虑中，本附录不预先判定冲击和振动的一般条件，待到 6.1.4 完成后，本附录将做相应修正。

Q.3.2 试验顺序

在选定所要求的试验环境之后，按表 Q.1 中给出的顺序进行试验。

表 Q.1 试验顺序

环境	受温度和湿度影响的受控环境	受温度和湿度影响的环境	受温度、湿度、和盐雾影响的环境	受温度、湿度、和振动影响的环境	受温度、湿度、振动、和冲击影响的环境	受温度、湿度、振动、冲击、和盐雾影响的环境
分类	A	B	C	D	E	F
温度范围	−5 ℃/+55 ℃	−25 ℃/+70 ℃	−25 ℃/+70 ℃	−25 ℃/+70 ℃	−25 ℃/+70 ℃	−25 ℃/+70 ℃
1 试验前测绝缘电阻及目测检查	[a]	[a]	[a]	[a]	[a]	[a]
2 振动试验	N. A.	N. A.	N. A.	振动 GB/T 2423.10—2008 试验 Fc[b]	振动 GB/T 2423.10—2008 试验 Fc[b]	振动 GB/T 2423.10—2008 试验 Fc[b]
3 冲击试验	N. A.	N. A.	N. A.	N. A.	GB/T 2423.5—1995 试验 Ea[c]	GB/T 2423.5—1995 试验 Ea[c]
4 验证操作性能	N. A.	N. A.	N. A.	根据产品标准[d]	根据产品标准[d]	根据产品标准[d]
5 干热试验	GB/T 2423.5—1995 试验 Bd，16 h，55 ℃[e]	GB/T 2423.5—1995 试验 Bd，16 h，70 ℃[e]	GB/T 2423.5—1995 试验 Bd，16 h，70 ℃[e]	GB/T 2423.5—1995 试验 Bd，16 h，70 ℃[ef]	GB/T 2423.5—1995 试验 Bd，16 h，70 ℃[ef]	GB/T 2423.5—1995 试验 Bd，16 h，70 ℃[ef]
6 湿热试验	循环的 GB/T 2423.4—2008 试验 Db，2 个周期，40 ℃，变量 2，无载	循环的 GB/T 2423.4—2008 试验 Db，2 个周期，55 ℃，变量 2[g]	循环的 GB/T 2423.4—2008 试验 Db，2 个周期，55 ℃，变量 2，无载	循环的 GB/T 2423.4—2008 试验 Db，2 个周期，55 ℃，变量 2[g]	循环的 GB/T 2423.4—2008 试验 Db，2 个周期，55 ℃，变量 2[g]	循环的 GB/T 2423.4—2008 试验 Db，2 个周期，55 ℃，变量 2[g]
7 恢复	在正常大气条件下 24 h 内恢复至常态[h]	在正常大气条件下 24 h 内恢复至常态[h]	在正常大气条件下 24 h 内恢复至常态[h]	在正常大气条件下 24 h 内恢复至常态[h]	在正常大气条件下 24 h 内恢复至常态[h]	在正常大气条件下 24 h 内恢复至常态[h]
8 绝缘电阻	[i]	[i]	[i]	[i]	[i]	[i]

表 Q.1（续）

环境	受温度和湿度影响的受控环境	受温度和湿度影响的环境	受温度、湿度、和盐雾影响的环境	受温度、湿度、和振动影响的环境	受温度、湿度、振动、和冲击影响的环境	受温度、湿度、振动、冲击、和盐雾影响的环境
分类	A	B	C	D	E	F
温度范围	−5 ℃/+55 ℃	−25 ℃/+70 ℃	−25 ℃/+70 ℃	−25 ℃/+70 ℃	−25 ℃/+70 ℃	−25 ℃/+70 ℃
9 低温试验	GB/T 2423.1—2008 试验 Ab，试验室温度应从初始温度降低至 −5 ℃；此温度应维持在±3 ℃范围内持续 16 h。	GB/T 2423.1—2008 试验 Ab，试验室温度应从初始温度降低至 −25 ℃；此温度应维持在±3 ℃范围内持续 16 h。	GB/T 2423.1—2008 试验 Ab，试验室温度应从初始温度降低至 −25 ℃；此温度应维持在±3 ℃范围内持续 16 h。	GB/T 2423.1—2008 试验 Ab，试验室温度应从初始温度降低至 −25 ℃；此温度应维持在±3 ℃范围内持续 16 h。	GB/T 2423.1—2008 试验 Ab，试验室温度应从初始温度降低至 −25 ℃；此温度应维持在±3 ℃范围内持续 16 h。	GB/T 2423.1—2008 试验 Ab，试验室温度应从初始温度降低至 −25 ℃；此温度应维持在±3 ℃范围内持续 16 h。
10 恢复	在正常大气条件下 24 h 内恢复至常态[h]	在正常大气条件下 24 h 内恢复至常态[h]	在正常大气条件下 24 h 内恢复至常态[h]	在正常大气条件下 24 h 内恢复至常态[h]	在正常大气条件下 24 h 内恢复至常态[h]	在正常大气条件下 24 h 内恢复至常态[h]
11 绝缘电阻	[i]	[i]	[i]	[i]	[i]	[i]
12 介电试验	GB 14048.1—2006 8.3.3.4.1 项 3）	GB 14048.1—2006 8.3.3.4.1 项 3）	GB 14048.1—2006 8.3.3.4.1 项 3）	GB 14048.1—2006 8.3.3.4.1 项 3）	GB 14048.1—2006 8.3.3.4.1 项 3）	GB 14048.1—2006 8.3.3.4.1 项 3）
13 验证操作性能	根据产品标准[d]	根据产品标准[d]	根据产品标准[d]	根据产品标准[d]	根据产品标准[d]	根据产品标准[d]
14 盐雾	N.A.	N.A.	GB/T 2423.18—2000 试验 Kb，严酷度等级（2）[j]	N.A.	N.A.	GB/T 2423.18—2000 试验 Kb，严酷度等级（2）[j]
15 绝缘电阻	N.A.	N.A.	[i]	[i]	[i]	[i]
16 验证操作性能	N.A.	N.A.	根据产品标准[d]	N.A.	N.A.	根据产品标准[d]
17 目测检查	N.A.	N.A.	[k]	N.A.	N.A.	[k]

表 Q.1（续）

环境	受温度和湿度影响的受控环境	受温度和湿度影响的环境	受温度、湿度、和盐雾影响的环境	受温度、湿度、和振动影响的环境	受温度、湿度、振动、和冲击影响的环境	受温度、湿度、振动、冲击、和盐雾影响的环境
分类	A	B	C	D	E	F
温度范围	−5 ℃/+55 ℃	−25 ℃/+70 ℃	−25 ℃/+70 ℃	−25 ℃/+70 ℃	−25 ℃/+70 ℃	−25 ℃/+70 ℃

N.A.:不适用

注1：上述分类不同于 GB/T 4798 中的分类。

注2：脚注“a”和“i”的值不同于 IEC 60092-504。

[a] 绝缘电阻应在电路与电路之间、电路与地之间测量。（某些元器件，如用于暂态抑制的元件，可以不连接至试验线路中）

试验电压 d.c.	绝缘电阻最小值(新条件)
最小值:2×最大电源电压(最大值为 500 V)	1 MΩ

[b] 振动试验用参数

——频率为 2^{+3}_{-0} Hz 至 13.2 Hz 时，位移为±1 mm；频率为 13.2 Hz～100 Hz 时，加速度为±0.7 g；

——持续时间(在无共振条件下)：90 min，30 Hz；

——持续时间(在每一共振频率且 $Q \geqslant 2$ 时)：90 min；

——在振动试验中，应验证操作条件；

——试验应在三组相互垂直的位面上进行；

——作为指导，推荐 Q 不超过 5；

——危险频率功放系数大于 2、且无间断的共振频率范围；

——如果在 0.8～1.2 倍的危险频率范围内(扫频)有多个共振频率，试验持续时间应为 120 min；

试验结果：在振动试验中，触头非故意断开和闭合时间大于 3 ms 被认为试验失败，除非制造商在其说明书或目录中规定了更长时间的值。

规定的中断时间(弹跳)也许会使一些设备出现问题(如由于高速输入引起的 PLC-监测问题)，因此试验时可采取适当措施。

[c] 三次正向和反向冲击，在每一方向沿着三组正交轴向：

——脉冲波形：半个正弦波；

——峰值加速度：150 m/s^2，(此值产品委员会可考虑规定不同的值，如合适)

——脉冲持续时间：11 ms。

试后应根据本表第 4 项验证产品标准中规定的相关操作性能，应不发生改变。

[d] 本试验意预检查电器是否能确保其最小的操作特性，应在产品标准中规定。

表 Q.1（续）

环境	受温度和湿度影响的受控环境	受温度和湿度影响的环境	受温度、湿度、和盐雾影响的环境	受温度、湿度、和振动影响的环境	受温度、湿度、振动、和冲击影响的环境	受温度、湿度、振动、冲击、和盐雾影响的环境
分类	A	B	C	D	E	F
温度范围	−5 ℃/+55 ℃	−25 ℃/+70 ℃	−25 ℃/+70 ℃	−25 ℃/+70 ℃	−25 ℃/+70 ℃	−25 ℃/+70 ℃

[e] 相关产品标准中应规定电器在环境、测试和功能性试验中的动作性能。试品的恢复应在正常大气条件下根据产品标准的规定放置(1～2)h 或更长时间。GB/T 2421.1:2008(标准环境条件)中 5.3 适用。

[f] 经制造商和用户许可，试验 5-17 可以在新的试品上进行。所有试品应按照 1、15、16 项的规定进行初始和最后检测。所用试品的数量应在试验报告中说明。

[g] 功能性试验应在试验温度下第 1 个周期的最初的 2 h 内及第 2 个周期的最后 2 h 内进行。

[h] 相关产品标准可以规定其他恢复时间。

[i] 绝缘电阻试验应在恢复时间之后 1 h 内进行。绝缘电阻应在电路与电路之间、电路与地之间测量。(某些元器件，如用于暂态抑制元件，可以不连接至试验线路中

试验电压 d.c.	绝缘电阻最小值(新条件)
最小值：2×最大电源电压(最大值为 500 V)	1 MΩ

[j] 盐雾试验后——恢复：GB/T 2423.18—2000 中第 10 章适用，并增加下列要求：

经过洗涤之后，由制造商决定电器在自由空气中 24 h 或在+55 ℃±2 ℃温度中 1 h 风干，然后在可控的恢复条件下(GB/T 2423.1—2008 中的 5.4.1)存贮，存贮时间不少于 1 h 但不超过 2 h。

对于某些产品，洗涤可能削弱产品的操作。在这种情况下，产品标准中应规定相关措施。

[k] 目测检查：

具有功能性或安全作用的机械部件应检查氧化情况：旋转针轴、磁铁、铰链、锁等。

此外，进行用于保持的用户可移动的部件的目测检查。标识应保持清晰。

允许下列有限的损坏：

——电磁线路中有铁斑痕迹；

——螺钉上出现腐蚀斑点；

——铜合金的电气触头支撑件上出现铜绿；

——涂层片上有白色腐蚀斑点。

参 考 文 献

[1] GB 1094.1—1996 电力变压器 第1部分 总则(eqv IEC 60076-1:1993)

[2] GB/T 2900.13—2008 电工术语 可信性与服务质量(IEC 60050(191):1990、Amend.1:1999 And Amend.2:2002,IDT)

[3] GB/T 2900.18—2008 电工术语 低压电器

[4] GB/T 4772.1—1999 旋转电机尺寸和输出功率等级 第1部分:机座号 56～400 和凸缘号 55～1080(idt IEC 60072-1:1991)

[5] GB 13539.1—2008 低压熔断器 第1部分:基本要求(IEC 60269-1:2006,IDT)

[6] GB/T 13539.2—2008 低压熔断器 第2部分:专职人员使用的熔断器的补充要求(主要用于工业的熔断器)标准化熔断器系统示例 A 至 I(IEC 60269-2:2006,IDT)

[7] GB/T 16935.1—2008 低压系统内设备的绝缘配合 第1部分:原理、要求和试验(IEC 60664-1:2007,IDT)

[8] GB 17885—2009 家用及类似用途机电式接触器(IEC 61095:2000,MOD)

[9] ODVA 协会 DeviceNet 物理层、指示灯和开关的测试(英文版)

[10] ODVA 协会 DeviceNet 协议测试规范(英文版)

[11] ODVA 协会 DeviceNet 互操作一致性测试说明书(英文版)

[12] TC1-04-0002 技术手册—PROFIBUS-DP 从站的试验规范(英文版)

[13] UL 508 工业控制设备(英文版)

ICS 31.260
L 51

中华人民共和国国家标准

GB/T 14078—2010
代替 GB/T 14078—1993

氦氖激光器技术条件

He-Ne laser specification

2011-01-14 发布　　　　2011-05-01 实施

中华人民共和国国家质量监督检验检疫总局
中国国家标准化管理委员会　发布

前　言

本标准是对 GB/T 14078—1993《氦氖激光器技术条件》的修订。

本标准与 GB/T 14078—1993《氦氖激光器技术条件》相比主要变化如下：

——增加了激光器分类；

——在“5 要求”中，增加了激光器腔长的系列值(取消范围值)；模式增加了多模；预热时间增加了系列值(取消范围值)；增加了输出功率不稳定度的系列值(取消范围值)；取消了输出功率方位不稳定度指标；偏振(消光比)增加系列值(取消范围值)；取消了寿命指标；

——在“6 试验方法”中，直接给出了激光器的测试方法。

本标准代替 GB/T 14078—1993《氦氖激光器技术条件》。

本标准由中国机械工业联合会提出并归口。

本标准起草单位：北京拓达激光器械有限公司。

本标准主要起草人：张仁、邵立新。

本标准于 1993 年首次发布。

氦氖激光器技术条件

1 范围

本标准规定了氦氖激光器(以下简称激光器)的激光器分类、技术要求、试验方法、验收规则、标志、包装、运输、贮存等。

本标准只适用于波长632.8 nm的TEM模连续波常用氦氖激光器。

2 规范性引用文件

下列文件的条款通过本标准的引用而成为本标准的条款,凡是注日期的引用文件,其随后所有的修改单(不包括勘误的内容)或修订版均不适用于本标准,然而,鼓励根据本标准达成协议的各方研究是否可使用这些文件的最新版本。凡是不注明日期的引用文件,其最新版本适用于本标准。

GB/T 191—2008 包装储运图示标志(ISO 780:1997,MOD)

GB/T 2423.1—2008 电工电子产品环境试验 第2部分:试验方法 试验A:低温(IEC 60068-2-1:2007,IDT)

GB/T 2423.2—2008 电工电子产品环境试验 第2部分:试验方法 试验B:高温(IEC 60068-2-2:2001,IDT)

GB/T 2423.6—1995 电工电子产品环境试验 第二部分:试验方法 试验Eb和导则:碰撞(idt IEC 60068-2-29:1987)

GB/T 2423.10—2008 电工电子产品环境试验 第2部分:试验方法 试验Fc:振动(正弦)(IEC 60068-2-6:1995,IDT)

GB/T 2828.1—2003 计数抽样检验程序 第1部分:按接受质量限(AQL)检索的逐批检验抽样计划(idt ISO 2859-1:1999)

GB/T 2829—2002 周期检验计数抽样程序及表(适用于对过程稳定性的检验)

GB 4793.1—2007 测量、控制和实验室用电气设备的安全要求 第1部分:通用要求

GB/T 4799—2001 激光器型号命名方法

GB 7247.1—2001 激光产品的安全 第1部分:设备分类、要求和用户指南(IEC 60825-1:1993,IDT)

GB/T 7257 氦氖激光器参数测试方法

GB/T 12082—1989 气体激光器文字符号

GB/T 15301 气体激光器总规范

GB/T 15313 激光术语

3 术语和定义、符号

3.1

激光器 laser

以受控受激发射为基础的、光学范围内的电磁辐射发生器(见GB/T 15301中的3.1)。

3.2

氦氖激光器 Helium-neon laser

以氦气和氖气为工作物质的激光器。

3.3

失效前平均时间(平均寿命) mean time to failure mean life;MTTF

不可修复产品的寿命平均值。

3.4

氦氖激光器的参数定义

见 GB/T 7257 氦氖激光器参数测试方法和 GB/T 15313 激光术语中的定义。

3.5

符号、代号

标准中涉及的符号、代号符合 GB/T 12082—1989 的规定;激光器命名应符合 GB/T 4799—2001 的规定。

4 激光器分类、组成和基本参数

4.1 激光器分类

依照 GB 7247.1—2001 的规定,按激光器的"人员接触"可分为以下三类:

a) 2 类:"人员接触"不超过 2 类可达发射极限(AEL)——1 mW;

b) 3A 类:"人员接触"不超过 3A 类可达发射极限(AEL)——5 mW;

c) 3B 类:"人员接触"不超过 3B 类可达发射极限(AEL)——500 mW。

4.2 激光器组成

由氦气、氖气组成的工作物质、电极和光学谐振腔组成(包括内腔式和外腔式氦氖激光器)。

4.3 基本参数

4.3.1 正常工作条件

a) 温度:0 ℃~40 ℃;

b) 相对湿度:≤85%RH;

c) 气压:70 kPa~106 kPa;

d) 周围无明显的振动及气流。

4.3.2 平均寿命(MTTF)

激光器的 MTTF 值应按 4 000 h、6 300 h、10 000 h、16 000 h、25 000 h、40 000 h 系列(或转换为年)具体选定。

4.3.3 激光波长:632.8 nm。

5 要求

5.1 环境适应性

根据激光器特性及特殊的使用要求,规定有关环境条件的要求。

5.2 激光器的主要技术指标

5.2.1 结构参数

腔长:在表 1 系列要求中选定 L 值,且满足 $L \leqslant 500$ mm,误差为±5 mm;$L>500$ mm,误差为±10 mm。

表 1

参 数	要 求			
腔长 L/mm	150;200;250	320;400;500	630;800;1 000	1 300;1 600;2 000
(横)模式 TEM_{mn}	TEM_{00} 或 TEM_{mn} $(m+n \geqslant 1)$			
输出功率 P_{out}(P_{out}^{*})	0.25 mW~4 mW	2 mW~15 mW	10 mW~60 mW	50 mW~130 mW
预热时间 T	1 min;5 min;15 min;30 min;60 min			

表 1（续）

参　数	要　求	
输出功率不稳定度 P_w	±1.0%；±2.5%；±5.0%；±10.0%；±15.0%	
发散角 $\theta(\theta^*)$	<2mrad	<1mrad
光斑直径 $D(D^*)$	0.5 mm～1.5 mm	1 mm～2.5 mm
消光比(偏振)	随机或 500∶1；1 000∶1；2 000∶1	
起辉电压 U_X	<8 kV	<15 kV
工作电压 U_{op}	<4 kV	<8 kV
工作电流 I_{opt}	<10 mA	<20 mA

5.2.2　性能参数

a）预热时间：达到产品标准所规定的参数指标时的时间，应符合表 1 中的要求。

b）（横）模式：基横模或多模；

c）输出功率：应在表 1 相关条款中的范围内，选取一功率值加上小于 10% 的偏差；

d）输出功率不稳定度：应符合表 1 中的要求；

e）发散角：适用时，应符合表 1 中的要求；

f）光斑直径：适用时，应符合表 1 中的要求；

g）消光比（偏振）：适用时，应符合表 1 中的要求。

5.2.3　电参数

a）起辉电压：应符合表 1 中的要求；

b）工作电压：应符合表 1 中的要求；

c）工作电流：达到产品标准所规定的参数指标时的电流，应符合表 1 中的要求。

5.3　外观

5.3.1　激光器外观整洁、色泽均匀，无划痕、剥落等机械损伤。

5.3.2　文字及标志符号清晰。

5.3.3　激光器的外形尺寸、电极引线的位置和尺寸应符合激光器外形图的规定。

5.3.4　激光器的玻璃与玻璃、玻璃与金属、玻璃与陶瓷封接处应可靠牢固。

5.3.5　适用时，激光器的机械结构应牢固，各调节及控制组件灵活可靠，紧固件无松动。

5.4　安全与防护

5.4.1　如果适用，应符合 GB 7247.1—2001 中第 4 章、第 5 章、第 6 章的适用要求。

5.4.2　如果激光器中含有电气元件部分，应参考 GB 4793.1—2007，并符合其适用要求。

6　试验方法

为了保障工作人员的安全，对高压、激光辐射等应有保护措施，应遵守有关安全防护标准。

6.1　外观检验

直观法的检验：适用于 5.3.1、5.3.2、5.3.4 的检验；5.3.3 的尺寸要求用直尺或卡尺进行检验。

6.2　环境适应性的试验方法

按 GB/T 2423.1—2008、GB/T 2423.2—2008、GB/T 2423.6—1995、GB/T 2423.10—2008 的有关试验方法进行。

6.3　激光器技术指标的检验方法

6.3.1　预热时间的检验

参照图 1 接好测量系统，将测试仪器调试在待测状态，使被测激光器着火（点燃），并立即调到给定的工作电流。将此刻定为预热时间的起始时刻，开始计时。当激光器达到产品标准所规定的参数指标时为预热时间的终止时刻。

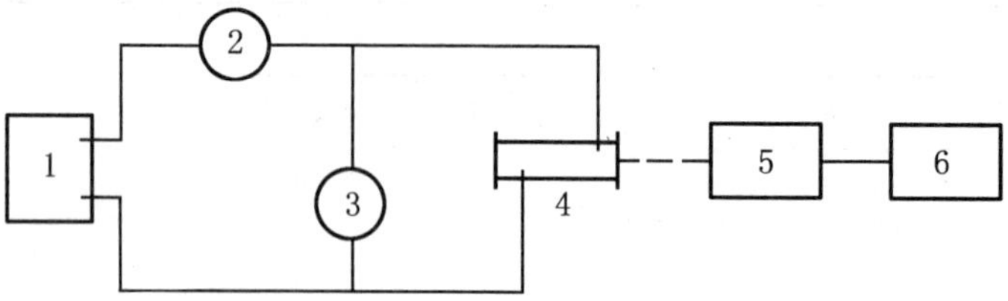

1——电压可以调节的激光电源；
2——直流电流表；
3——高压电压表；
4——激光器；
5——激光功率计；
6——阻抗匹配及指示器。

图 1 预热时间检验原理图

6.3.2 (横)模式的检验(鉴别)方法

按图 2 接好检验系统，按规定对激光器进行预热，将激光器输出的光束耦合到共焦型球面干涉仪中，在示波器上显示出被测激光器模的频谱。当频率间隔满足 $\Delta\upsilon=C/2nL$(式中：C——光速；n——工作物质折射率；L——激光器谐振腔长)时，则为基横模(记为 TEM_{00})，否则是多模(记为 TEM_{mn})。每支激光器的观测时间不小于 2 min。

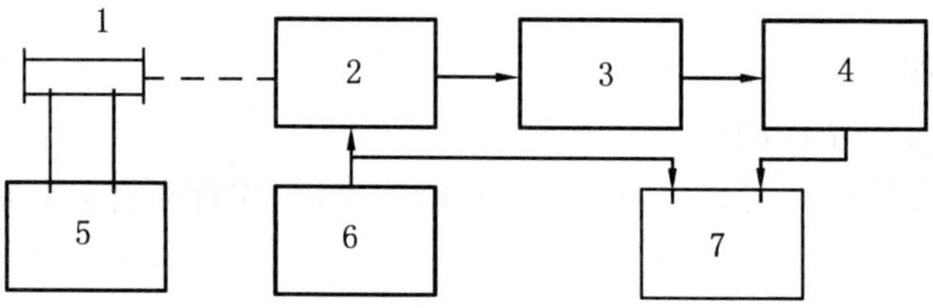

1——激光器；
2——共焦型球面扫描干涉仪；
3——激光功率计；
4——放大器；
5——激光器电源；
6——信号发生器；
7——示波器。

图 2 模式检验原理图

6.3.3 输出功率的检验

参照图 1 接好检验系统，激光器预热后，将激光束全部正射入至功率计探头的中央部位，探头与激光器输出端之间的距离不得小于 10 cm，将电流调至给定的工作电流，用功率计测出激光器的输出功率，每隔一定时间(不小于 1 min)测一次，共测 5 次，取平均值。

6.3.4 输出功率不稳定度的检验

按图 3 接好检验系统，激光器预热后，将激光束正入射至光电探测器的中央部位，并接通记录仪(也可用计算机、数字电压表等代替记录仪采集数据)，将记录仪调至适当的灵敏度和采样速度，在规定时间范围内(不小于 1 h 或产品标准规定的时间)记录激光功率随时间变化的曲线。在记录曲线上查出其中最大值 P_{max} 和最小值 P_{min}，算出 $\Delta P=P_{max}-P_{min}$，在记录曲线上按等时间间隔取 n 个数值(n 不小于5 次)，求出 $P_{平均}$，按下式求出规定时间范围内的激光器输出功率的不稳定度：$S_P=\pm\Delta P/P_{平均}\times100\%$

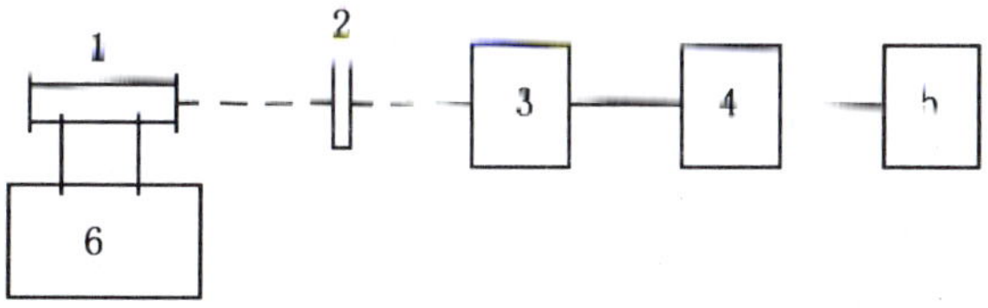

1——激光器；
2——光衰减器；
3——激光功率计；
4——阻抗变换线性放大器；
5——记录仪；
6——稳压或稳流的激光电源。

图 3 输出功率不稳定度检验原理图

6.3.5 发散角的检验

按图 4 接好检验系统，激光器预热后，将小孔（小孔为圆形，半径略小于该激光器光斑半径的理论值）置于激光束的远场 $Z(Z \geqslant 7\pi\omega_0^2/\lambda)$ 处，且与光束同轴，使小孔沿激光束光斑最大的方向扫描，探测器输出可得到光强分布曲线，在归一化的光强分布曲线上，光强为峰值光强 $1/e^2$ 处的尺寸为 Z 处的光束直径 $d(d=2\omega)$，根据公式 $\theta=2\omega/Z$ 计算发散角。

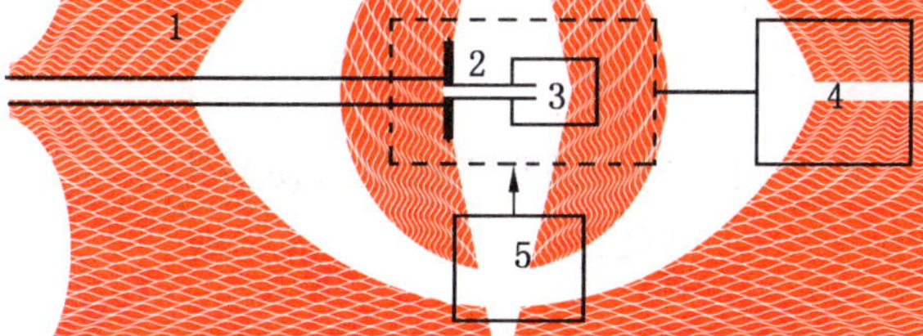

1——待测激光束；
2——光阑；
3——探测器；
4——记录仪；
5——扫描驱动器。

图 4 发散角检验原理图

6.3.6 光斑直径的检验

参照图 4 接好检验系统，激光器预热后，将小孔（小孔为圆形，半径略小于光斑半径的理论值）置于激光束的 Z 处，且与光束同轴，使小孔沿激光束直径方向扫描，探测器输出可得到光强分布曲线，在归一化的光强分布曲线上，光强为峰值光强 $1/e^2$ 处的尺寸为 Z 处的光束直径 $d(d=2\omega)$。

6.3.7 消光比（偏振）的检验

按图 5 接好检验系统，激光器预热后，将激光束对准偏振器，绕光束的轴旋转偏振器，测出光束经过偏振器的最大透过光功率 P_{max} 和最小透过光功率 P_{min}，将 P_{min} 归一，即 $P_{max}/P_{min}=P/1$，消光比表示为：$P:1$。

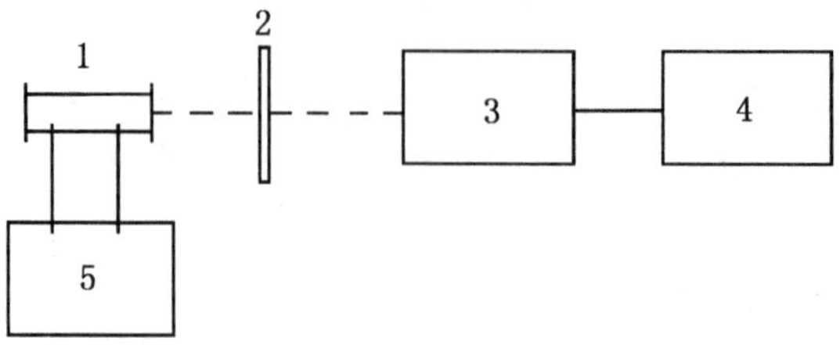

1——线偏振激光器；
2——偏振器；
3——激光功率计；
4——阻抗匹配及指示器；
5——激光电源。

图5 消光比(偏振)检验原理图

6.3.8 起辉电压的检验

参照图1接好检验系统，接通电源，使激光器放电管二电极之间的电压从零伏起缓慢增加，直至放电管着火，从电压表上读出在着火瞬间的电压值，重复测量三次，取其中最大的一次电压值，即为起辉电压(着火电压)。

6.3.9 工作电压的检验

参照图1接好检验系统，激光器预热后，在给定的工作电流下，从电压表上读出电压值，即为工作电压。

6.3.10 工作电流的检验

参照图1接好检验系统，激光器预热后，调整工作电流使激光器达到产品标准所规定的参数指标时，从电流表上读取的电流值即为工作电流。

6.4 安全与防护的检验

按GB 7247.1—2001和(或)GB 4793.1—2007的相关条款进行。

7 验收规则

7.1 总则

激光器应由制造企业检验部门进行检验，合格后方可提交验收。

7.2 检验形式

激光器检验分为出厂检验和型式检验。

7.3 出厂检验

7.3.1 出厂检验采用逐台检验方式。必验项目为5.2.2c)、5.2.3c)，其他检验项目可为出厂抽检项目。

7.3.2 检验项目及抽样方法由激光器实际应用中的要求和(或)供货方和收货方协商规定。

7.3.3 当检验项目为抽样检验项目时，可采用GB/T 2828的规定。

7.3.4 每个检验项目均需合格，如有不合格项目，经返工后重新进行该项目及相关项目的检查，合格后方可提交用户。

7.4 型式检验

7.4.1 在下列情况下进行型式检验：

a) 新产品投产或老产品转厂生产时；

b) 激光器设计、工艺、材料有较大改变，可能影响激光器性能时；

c) 激光器停产超过半年，又恢复生产时；

d） 国家质量监督机构提出进行型式检验要求时。

7.4.2 型式检验采用抽样检验方式，检查项目应为全性能检验。

7.4.3 抽样方法按 GB/T 2829 进行。

8 标志、包装、运输、贮存

8.1 标志

8.1.1 每台激光器在适当的、明显位置应有下列标志。当激光器只作为产品零部件时，至少需要下列标志中的 a)、b)、e)三项。

a） 制造企业名称；

b） 激光器名称或型号；

c） 激光输出最大功率；

d） 使用电源、电压、频率、额定功率；

e） 激光器出厂编号或出厂日期；

f） 安全标志，按 GB 7247.1 标准要求。

8.1.2 包装箱上应有下列标志。当激光器只作为产品零部件时，至少需要下列标志中的 a)、b)、e)三项。

a） 制造企业名称及地址；

b） 激光器名称；

c） 毛重、净重；

d） 体积(长×宽×高)；

e） 符合 GB/T 191—2008 要求的标记。

8.2 包装

8.2.1 每台激光器至少附有下列产品随行文件：

a） 激光器使用说明书；

b） 产品合格证；

c） 装箱单。

产品合格证应含有制造企业名称、激光器名称或型号、检验员代号及检验日期的内容。

8.2.2 激光器应符合下列包装要求。当激光器只作为产品零部件时，可按订货合同规定。

a） 外包装箱内应有防雨、防湿装置，软性衬垫等防震材料，应能保证激光器在正常储、运状态下的安全，不受自然损坏；

b） 激光器随行文件、附件等，应有中性材料的单独包装，并置于包装箱内的明显位置。

8.3 运输

经包装的激光器应适合汽车、火车、飞机、轮船等运输工具的正常运输。

8.4 贮存

包装后的激光器应贮存在－10 ℃～40 ℃、相对湿度不超过 80%RH，无腐蚀性气体和通风良好的室内。

9 质量保证期

在遵守储运、贮存和使用规则的条件下，自销售之日起在企业产品标准规定的寿命时间内，激光器因制造质量问题不能正常工作时，制造企业应无偿为用户修理、更换零件或激光器。

ICS 35.220.20
L 63

中华人民共和国国家标准

GB/T 14080—2010
代替 GB/T 14080—1993

硬磁盘驱动器头堆组件通用规范

General specification of head stack assembly for hard disk drive

2011-01-14 发布　　2011-05-01 实施

中华人民共和国国家质量监督检验检疫总局
中国国家标准化管理委员会　发布

前 言

本标准代替 GB/T 14080—1993《温盘驱动器小型磁头通用技术条件》。

本标准与 GB/T 14080—1993 的主要区别如下：

——GB/T 14080—1993 只针对头臂组件，本标准范围扩大到头堆组件。

——标准题目修订为《硬磁盘驱动器头堆组件通用规范》。

——根据磁存储技术发展，重写了“要求”和“试验方法”。

——更新了“检验规则”和“标志、包装、运输、贮存”。

——增加了“附录 A 浮动块几何尺寸定义”。

——增加了“附录 B 静电敏感度测试”。

本标准的附录 A 是资料性附录，附录 B 是规范性附录。

本标准由全国信息技术标准化技术委员会提出并归口。

本标准起草单位：深圳长城开发科技股份有限公司、工业和信息化部电子工业标准化研究所。

本标准主要起草人：何彩英、刘路、郑洪仁、冉红锋、张海贝、朱毅、陆锋、雷民生。

本标准于 1993 年首次发布，本次为第一次修订。

硬磁盘驱动器头堆组件通用规范

1 范围

本标准规定了硬磁盘驱动器头堆组件的技术要求、试验方法、检验规则、标志、包装、运输、贮存等。

本标准适用于符合GB/T 12628—2008的63.5 mm(2.5 in)和90 mm(3.5 in)硬磁盘驱动器的头堆组件。其他尺寸的头堆组件(以下简称产品)可参照本标准。

2 规范性引用文件

下列文件中的条款通过本标准的引用而成为本标准的条款。凡是注日期的引用文件,其随后所有的修改单(不包括勘误的内容)或修订版均不适用于本标准。然而,鼓励根据本标准达成协议的各方研究是否可使用这些文件的最新版本。凡是不注日期的引用文件,其最新版本适用于本标准。

GB/T 191—2008 包装储运图示标志(ISO 780:1997,MOD)

GB/T 2423.1—2008 电工电子产品环境试验 第2部分:试验方法 试验A:低温(IEC 60068-2-1:2007,IDT)

GB/T 2423.2—2008 电工电子产品环境试验 第2部分:试验方法 试验B:高温(IEC 60068-2-2:2007,IDT)

GB/T 2423.3—2006 电工电子产品环境试验 第2部分:试验方法 试验Cab:恒定湿热试验(IEC 60068-2-78:2001,IDT)

GB/T 2828.1—2003 计数抽样检验程序 第1部分:按接收质量限(AQL)检索的逐批检验抽样计划(ISO 2859-1:1999,IDT)

GB/T 4798.2 电工电子产品应用环境条件 第2部分:运输(GB/T 4798.2—2008,ISO 60721-3-2:1997,MOD)

GB/T 4857.5—1992 包装 运输包装件 跌落试验方法(eqv ISO 2248:1985)

GB/T 12628—2008 硬磁盘驱动器通用规范

GB/T 50073—2001 洁净厂房设计规范

GJB 2605—1996 可热封柔韧性防静电阻隔材料规范

3 术语和定义

下列术语和定义适用于本标准。

3.1

头堆组件 head stack assembly

于驱动架上堆叠一个或多个头臂组件,配置轴承、音圈、软电缆和连接器,并能经过读写通道实现读写功能的组件。见图1。

3.2

读头和写头 reader and writer

集成在浮动块中的两个基本元件,分别实现信号的读出和写入功能。

3.3

空气支撑面 air bearing surface

浮动块上支撑浮动块飞行的表面。

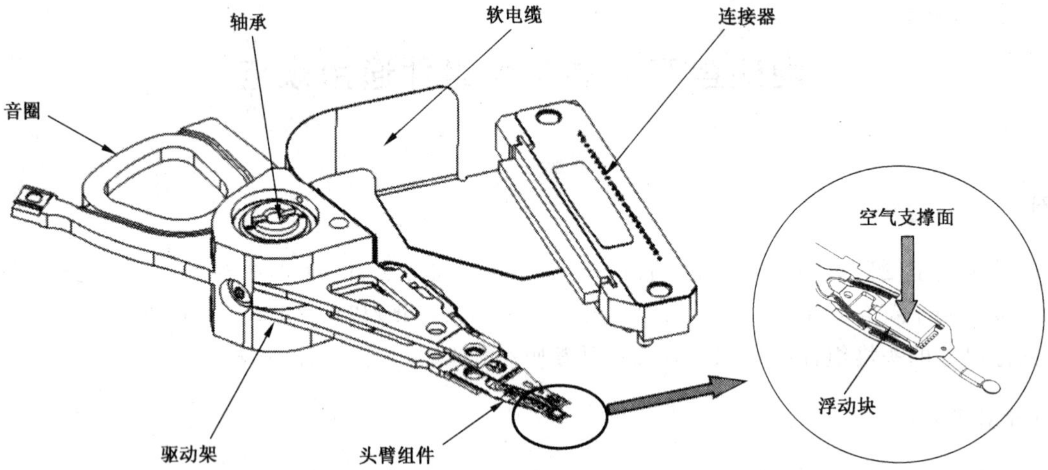

图 1　头堆组件示意图

3.4

浮动块　slider

集成读头和写头并提供空气支撑面的部件。

注：浮动块几何尺寸系列名称见附录 A。

3.5

弹性臂　suspension

连接浮动块与驱动架之间的柔性结构。

3.6

头臂组件　head gimbal assembly

浮动块与弹性臂两者装配而成的组件。

3.7

驱动架　E-block

承载头臂组件的机械结构主体。

3.8

读头电阻和写头电阻　reader resistance and writer resistance

在无外加磁场条件下读头和写头的电阻。

3.9

电磁传输特性　electro-magnatic transfer characteristics

读头将磁信号转换成电信号的传输性能。

3.10

加载力　gram load

通过弹性臂预加在浮动块上的压力，以平衡浮动块飞行时产生的空气支撑力和调节飞高。

注：为符合行业习惯，单位用牛顿(N)。

3.11

飞高　fly height

产品在硬盘内处于工作状态时，空气支撑面相对于盘片的高度。

3.12

头偏　head alignment

浮动块中心偏离产品轴向中心面的距离。

3.13

纵摆　pitch static attitude

浮动块飞行时,平行于飞行方向的前后两边距盘片表面的高度差。

3.14

横摆　roll static attitude

浮动块飞行时,垂直于飞行方向的左右两边距盘片表面的高度差。

3.15

冲孔扭矩　swaging torque

将头臂组件剥离驱动架所需的最小扭矩。

3.16

静电敏感度　ESD sensitivity

读头在特定试验模式下受到静电损坏的最低电压。特定试验模式包括但不限于:人体模式,机器模式,充电器件模式。

3.17

人体模式　human body model

一种静电放电模式。用于模拟带静电人体接触接地器件,静电传导至器件并通过器件放电的过程。

3.18

机器模式　machine model

一种静电放电模式。用于模拟带静电机器接触接地器件,静电传导至器件并通过器件放电的过程。

3.19

充电器件模式　charged device model

一种静电放电模式。用于模拟器件本身带静电,当器件发生接地时,静电通过器件放电的过程。

3.20

去离子水　deionized water

除去了离子态杂质后的纯水。

4　要求

4.1　结构和外观

4.1.1　产品应结构完整。

4.1.2　产品表面不应有明显的凹痕、划伤、裂缝、变形等,表面涂镀层不应起泡、龟裂和脱落,金属零部件不应有锈蚀及其他机械损伤。

4.2　机械性能

产品机械性能要求如表1所示。

表1　机械性能要求

参　　数	数　　值
加载力 N	$18\times10^{-3}\sim30\times10^{-3}$
浮动块纵摆 (°)	−1.88～1.88
浮动块横摆 (°)	−1.08～1.08
头偏 mm	−0.228～0.228
冲孔扭矩 N·cm	>0.14

4.3 电磁性能

4.3.1 读头、写头电阻

读头、写头电阻值由产品标准规定。

4.3.2 电磁传输特性

电磁传输特性由产品标准规定。

4.4 静电敏感度

读头的静电敏感度在人体模式下不得低于 3 V，在机器模式和充电器件模式下不得低于 1 V。

4.5 洁净度

产品的洁净度要求如表 2 所示。

表 2 洁净度要求

参数		数值
表面粒子含量(粒子粒径≥ 0.6 μm) 颗/cm²		<30 000
表面阴/阳离子含量 μg/cm²	氟离子	<0.05
	氯离子	<0.05
	溴离子	<0.05
	硝酸根离子	<0.05
	磷酸根离子	<0.05
	硫酸根离子	<0.05
	铵根离子	<0.10
总挥发性有机物含量 纳克/个		<30 000
非挥发性残留物 μg/cm²	非挥发性残留物	<1.0
	硅油含量	<0.005

4.6 环境适应性

4.6.1 气候适应性

产品在以下气候条件下工作和运输贮存时(见表 3)，无机械特性异常变化及电磁性能损坏。

表 3 气候适应性条件

参数	工作状态(在硬盘中)	贮存状态(有包装)
温度/℃	0～55	−40～65
湿度/%	20～80	8～90 无凝露
大气压力/kPa	86～106	86～106

4.6.2 振动、冲击和跌落适应性

带包装的产品在经受以下外界振动、冲击或跌落时(见表 4，表 5，表 6)，无机械性能异常变化及电磁性能损坏。

表 4 振动适应性条件

参数	数值
振动频率/Hz	10～200(GB/T 4798.2 的 2M3 等级)
加速度幅值/(m/s²)	20
振动测试时间/min	15
振动波型为正弦波。	

表 5　冲击适应性条件

参　数	数　值
冲击加速度/(m/s^2)	300(GB/T 4798.2 的 2M3 等级)
冲击次数/次	3
脉冲宽度/ms	1
冲击波形为半正弦波。	

表 6　跌落适应性条件

参　数	数　值
高度/m	0.8

4.6.3　电磁兼容适应性

产品应在电磁辐射不超过 1 000 mV/m 的环境中工作、运输及贮存而不出现电磁性能损坏。

5　试验方法

5.1　试验环境条件

本标准中除环境适应性试验以外，其他试验均在下述试验条件下进行：

a)　温度：20 ℃～24 ℃；

b)　相对湿度：45%～65%；

c)　大气压：86 kPa～106 kPa；

d)　空气洁净度等级：GB/T 50073—2001 中规定的 5 级或更高级别(除 5.6.2，5.6.3 和 5.6.4 外)；

e)　电磁辐射：受试样品周围(30 cm 内)的电磁辐射强度不超过 1 000 mV/m。

5.2　结构和外观

用 10 倍显微镜对产品进行目视检查。不确定时用 30 倍显微镜确认。检查内容和要求见 4.1。

5.3　机械性能

5.3.1　加载力

将轴承固定，抬升弹性臂使浮动块空气支撑面处于飞高位置，用压力传感器测量抬升弹性臂所需的垂直作用力。

5.3.2　浮动块纵摆

在浮动块侧视方向(如图 2 所示)，选取空气支撑面上水平间距为 L 的两个截面，测量两截面间的高度差 Δh(如图 3 所示)，则 $\theta=\arctan(\Delta h/L)$ 为浮动块纵摆。

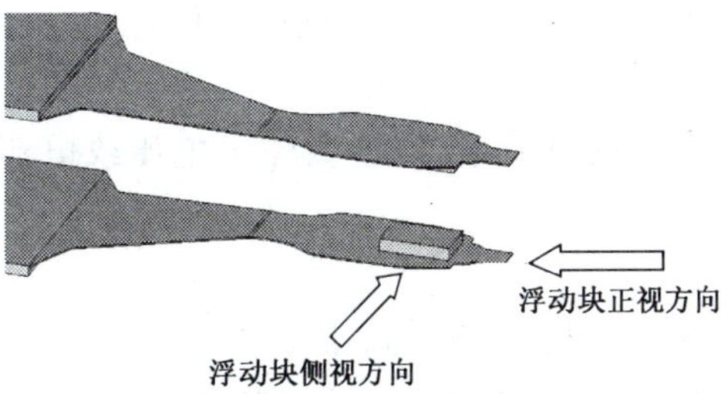

图 2　浮动块视觉方向

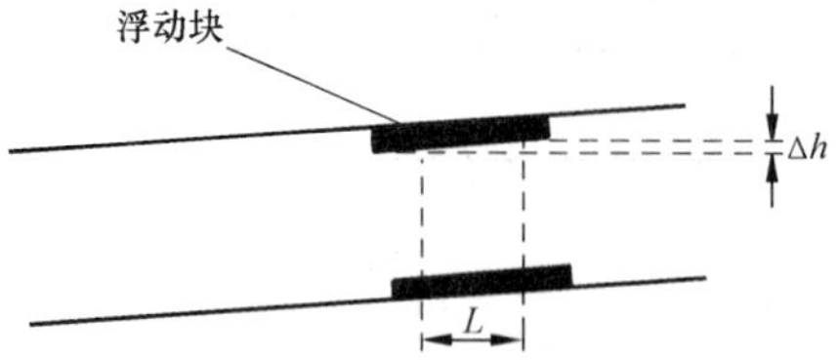

图 3　浮动块纵摆测量

5.3.3　浮动块横摆

在浮动块正视方向(如图 2 所示),测量浮动块中心截面宽度 w 和宽度方向上两边的高度差 Δh(如图 4 所示),则 $\theta=\arctan(\Delta h/w)$ 为浮动块横摆。

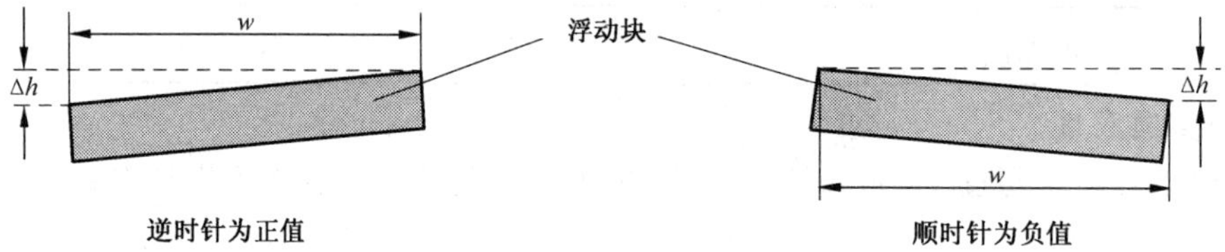

图 4　浮动块横摆测量

5.3.4　头偏

在浮动块正视方向(如图 2 所示),用非接触方式测量浮动块中心偏离产品轴向中心面的距离(如图 5 所示)。要求设备测量精度高于 0.002 μm。

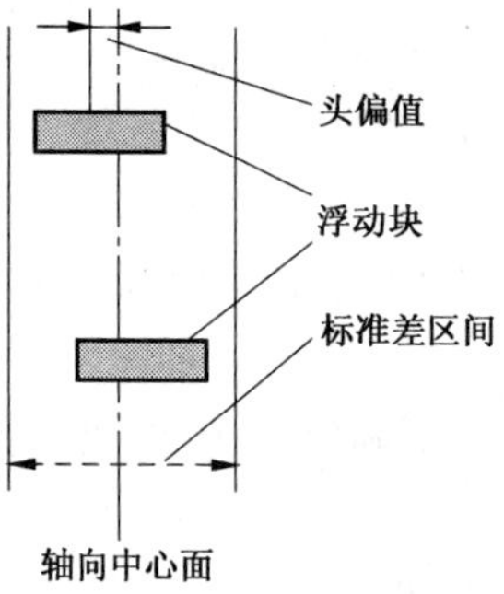

图 5　头偏测量

5.3.5　冲孔扭矩

固定驱动架,将头臂组件沿着与产品平行方向剥离,该过程中最大的扭矩数值为冲孔扭矩。

5.4　电磁性能

5.4.1　读头电阻

在无外加磁场的条件下,通过在读头组件上加载恒定电流或电压偏置(根据软电缆上芯片规格设置,电流为毫安级别,电压为毫伏级别),检测输出电压或电流值,由欧姆定律计算得出读头电阻。

5.4.2　写头电阻

通过在写头组件上加载恒定电流或电压偏置,检测输出电压或电流值,由欧姆定律计算得出写头电阻。

5.4.3　电磁传输特性

在读头上施加正负对称的扫描磁场和恒定电流,采集随磁场变化的读头输出电压值,在二维坐标中绘制输出电压对磁场的曲线,以表征电磁传输特性。曲线的各项指标由硬盘制造商定义。

5.5　静电敏感度

5.5.1　静电敏感度测试用于评估产品抗静电损伤能力,为产品生产、运输和贮存提供静电防护依据。

5.5.2 静电敏感度测试分为:人体模式、机器模式和充电器件模式。具体见附录 B。

5.6 洁净度

5.6.1 表面粒子含量

测试样品浸没于定量的去离子水中，通过超声波清洗缸(频率为 68 kHz)进行超声波萃取，时间为 1 min。然后使用液体粒子计数器对萃取后的溶液进行测量，取累积粒子总数进行计算。每次测试都要求进行空白测试。计算公式如下：

$$X=\frac{(A-B)\times D}{N\times C} \quad \cdots\cdots(1)$$

式中：

X——表面粒子含量，单位为颗每平方厘米(颗/cm^2)；

A——样品读数，单位为颗每毫升(颗/mL)；

B——空白读数，单位为颗每毫升(颗/mL)；

C——样品的表面积，单位为平方厘米(cm^2)；

D——萃取液的体积，单位为毫升(mL)；

N——测试的样品个数。

5.6.2 表面阴/阳离子含量

测试样品浸没于定量的去离子水中，在温度为 80 ℃±5 ℃的条件下进行萃取，时间为 1 h，然后使用离子色谱对萃取溶液中的阴/阳离子进行定性定量分析。每次测试都要求进行空白测试。计算公式如下：

$$X=\frac{(A-B)\times V}{N\times C} \quad \cdots\cdots(2)$$

式中：

X——表面离子含量，单位为微克每平方厘米($\mu g/cm^2$)；

A——样品离子含量，单位为微克每升($\mu g/L$)；

B——空白离子含量，单位为微克每升($\mu g/L$)；

V——所使用的去离子水的体积，单位为升(L)；

C——样品的表面积，单位为平方厘米(cm^2)；

N——测试的样品个数。

5.6.3 总挥发性有机物

测试样品放置于特氟隆气体采样器中，在温度为 80 ℃±2 ℃、氮气流速 50 mL±2 mL/min 的条件下，使用吸附采样管(100 mg Carbotrap B 和 200 mg Carbotrap C)进行样品采集，时间为 3 h。然后使用热脱附技术-气相色谱质谱联用仪进行测量，用外标法(标准物质为 1 000 ng 的正十六烷)对总挥发性有机物进行半定量分析，计算公式如下：

$$X=\frac{A\times 1\,000}{N\times C} \quad \cdots\cdots(3)$$

式中：

X——总挥发性有机物含量，单位为纳克每个(ng/个)；

A——挥发性有机物总的峰面积；

C——1 000 ng 的正十六烷的峰面积；

N——测试的样品个数。

5.6.4 非挥发性残留物

使用 25 mL 正己烷(高效液相色谱级)对测试样品的表面进行冲洗，冲洗液收集于干净的铝称量盘，在约 65 ℃加热板上蒸发至完全干燥，称重，计算非挥发性残留物含量。每次测试都要求进行空白测试。计算公式如下：

$$X=\frac{(A-B)-(C-D)}{N\times E} \quad \cdots\cdots(4)$$

式中：

X——非挥发性残留物的含量，单位为微克每平方厘米($\mu g/cm^2$)；

A——样品测试中称量盘和非挥发性残留物的重量，单位为微克(μg)；

B——样品测试中称量盘的重量，单位为微克(μg)；

C——空白测试中称量盘和非挥发性残留物的重量，单位为微克(μg)；

D——空白测试中称量盘的重量，单位为微克(μg)；

E——样品的表面积，单位为平方厘米(cm^2)；

N——测试的样品个数。

使用傅立叶红外光谱仪(波数范围：4 000 cm^{-1}～400 cm^{-1})对非挥发性残留物进行定性分析，如检测到硅油，使用标准曲线法进行定量分析。

5.7 环境适应性

5.7.1 气候适应性

5.7.1.1 贮存条件下气候适应性

测试分为三类：

a) 温度下限测试，按 GB/T 2423.1—2008“试验 Ab”进行。

b) 温度上限测试，按 GB/T 2423.2—2008“试验 Bb”进行。

c) 恒定湿热试验，按 GB/T 2423.3—2006“试验 Cab”进行。

测试前，受试样品应进行初始检测，严酷程度取表 3 中规定的贮存温度和湿度的极限值，存放 16 h，恢复时间为 2 h，然后按照 5.3 和 5.4 测试方法进行机械性能和电磁性能测试。

5.7.1.2 工作条件下气候适应性

把产品组装成硬盘后评估。按 GB/T 12628—2008 中 5.7“环境试验”进行。

5.7.2 振动

将带包装的产品按正常存储和放置方向固定在振动台上，按表 4 设置振动参数。具体操作过程参考设备说明指引。

振动测试结束后应按照 5.3 和 5.4 测试方法进行机械性能和电磁性能测试。

5.7.3 冲击

将带包装的产品固定在标定后的冲击台面上，包装开盖方向朝上。按表 5 设置冲击参数。连续冲击间隔时间要求足够，即下一次的冲击应在包装盒上的响应衰减完全后施加，间隔参考值为 3 s。具体操作过程参考设备说明指引。

冲击测试结束后应按照 5.3 和 5.4 测试方法进行机械性能和电磁性能测试。

5.7.4 跌落

按 GB/T 4857.5—1992 进行，并按表 6 设置跌落参数。具体操作过程参考设备说明指引。

跌落测试结束后应按照 5.3 和 5.4 测试方法进行机械性能和电磁性能测试。

6 检验规则

6.1 总则

产品在定型、交收和制造过程中应通过规定的检验，以确定产品是否符合标准规定的要求。

6.2 检验分类

产品检验分为三类：

a) 定型检验；

b) 交收检验；

c) 例行检验。

各类检验的试验项目和顺序分别按表 7 进行。

表 7 检验项目

试验项目	要　求	试验方法	定型检验	交收检验	例行检验
结构和外观	4.1	5.2	○	○	—
机械性能	4.2	5.3	○	○	—
电磁性能	4.3	5.4	○	○	—
静电敏感度	4.4	5.5	○	—	—
洁静度	4.5	5.6	○	—	○
环境适应性	4.6	5.7	○	—	○
注："○"表示在分项检验中应进行的试验项目，"—"表示在该类检验中不进行的试验项目。					

6.3 定型检验

6.3.1 产品在生产定型时应进行定型检验，检验的最少样本数为 2 个。

6.3.2 定型检验由产品承制方的质量检验部门或由上级主管部门认可或委托的质量检验单位负责进行。

6.3.3 检验中出现故障或某项通不过时，应停止试验，查明故障原因，提出故障分析报告，排除故障，重新进行该项试验。若在以后的试验中再出现故障或某项通不过时，再查明故障原因，提出故障分析报告，排除故障，重新进行定型检验。

6.3.4 检验后应提交定型检验报告。

6.4 交收检验

6.4.1 批量生产或连续生产的产品应按 GB/T 2828.1—2003 进行交收抽样检验。由产品标准具体规定抽样方案和拒收后的处理方法。

6.4.2 交收检验由产品承制方的质量检验部门负责进行。

6.5 例行检验

6.5.1 批量生产的产品，其间隔时间超过 6 个月时，每批均应进行例行检验；连续生产的产品，每年应至少进行一次例行检验。当主要设计、工艺及关键元器件、原材料改变时，应进行例行检验。

6.5.2 例行检验由产品承制方质量检验部门或上级主管部门认可或委托的质量检验单位负责进行。

6.5.3 例行检验的样品应在交收检验合格产品中随机抽取，试验样本数为 2 个。

6.5.4 例行检验中出现故障或任一项通不过时，应查明故障原因，提出故障分析报告。经修复之后，从该项开始顺序做后续各项检验，如再次出现故障或某项通不过，查明故障原因后提出故障分析报告，再经修复后，应重新进行例行检验。在重新进行例行检验中，如又出现某一项通不过时，则判该产品通不过例行检验。例行检验中经环境试验的样品，应印有标记，不准作为正品出厂。

7 标志、包装、运输、贮存

7.1 标志

7.1.1 包装箱外应注明产品型号、数量、制造单位名称、地址、制造日期、产品执行标准编号。

7.1.2 包装箱外应印刷或贴有符合 GB/T 191—2008 的"易碎物品"、"向上"、"怕雨"、"怕辐射"等贮运标志。

7.1.3 说明功能的文字、符号应清晰端正。

7.2 包装

7.2.1 内包装应使用静电屏蔽材料，其表面电阻率和静电屏蔽性能应符合 GJB 2605—1996 中所定义的Ⅰ类阻隔材料的要求。

7.2.2 外包装箱应符合防潮、防尘、防震的要求，包装箱内应有装箱清单、检验合格证及相关文件。

7.2.3 包装应有足够的抗振能力，保证产品符合4.6.2的振动、冲击和跌落适应性。

7.3 运输

包装在运输过程中不能有破损，不允许雨雪或液体直接淋袭。箱体倾斜角度不能超过30°，运输要求应符合电工电子产品应用环境条件GB/T 4798.2中的规定。

7.4 贮存

包装后的产品应贮存在环境温度为0 ℃～40 ℃，相对湿度为30%～80%的仓库内。仓库内不允许有任何有害气体、易燃和易爆物品及有腐蚀性的化学物品，并且应无强烈的机械振动、冲击和强磁场作用。包装箱应垫离地面至少15 cm，距离墙壁、热源、冷源、窗口或空气入口至少50 cm。

如无其他规定，贮存期一般应小于6个月。如制造厂的存放期超过6个月，则应在出厂前重新进行交收检验。

附　录　A
（资料性附录）
浮动块几何尺寸

本附录给出浮动块几何尺寸系列，见表 A.1 及图 A.1 所示。

表 A.1　浮动块几何尺寸系列

系　列　名	尺寸/mm		
	长度	宽度	厚度
毫级(milli)	4.00	3.20	0.86
微级(micro)	2.80	2.24	0.60
纳级(nano)	2.00	1.60	0.43
皮级(pico)	1.25	1.00	0.30
飞级(femto)	0.85	0.70	0.23

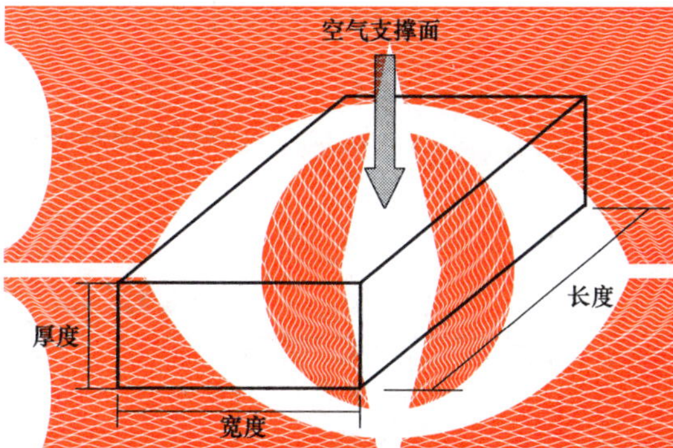

图 A.1　浮动块几何尺寸定义

附 录 B
（规范性附录）
静电敏感度测试

本附录定义了三种静电敏感度测试，即人体模式、机器模式和充电器件模式。

图 B.1 给出了三种模式下静电放电过程的等效示意图。当开关合向 A 点时模拟人体、机器或器件充电；当开关合向 B 点时带电电容通过右边闭合回路模拟人体对器件-地、机器对器件-地或器件本身对地放电。电源电压可调。测试过程一般从低电压开始，每步进升高一次重复充、放电过程。在对产品每进行一次放电过程后，需进行电磁性能检测以确定该电压是否对产品产生了损坏，并将最小损坏产品电磁性能的电压定义为该模式下的静电敏感度。

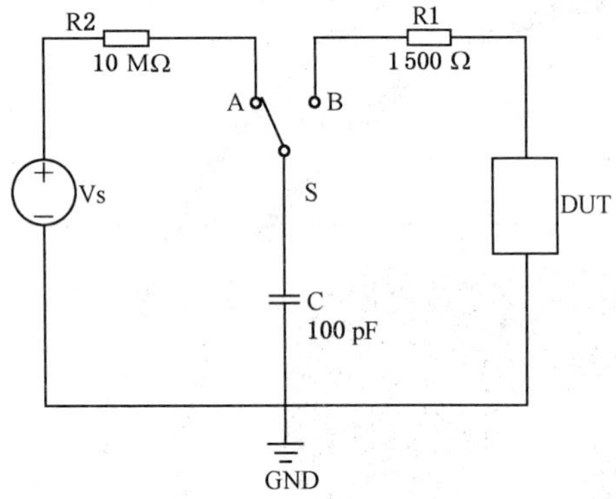

a）人体模式

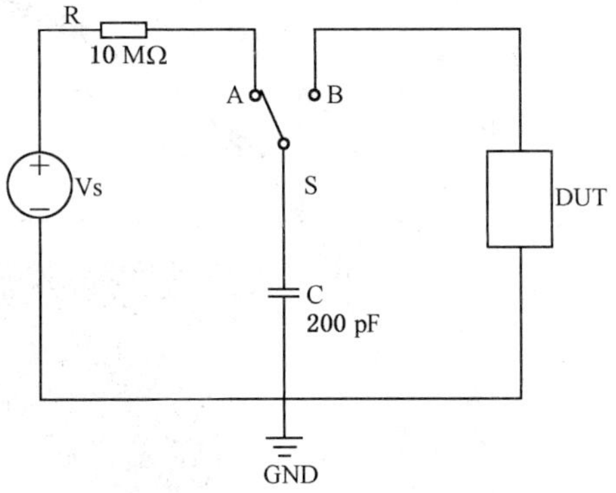

b）机器模式

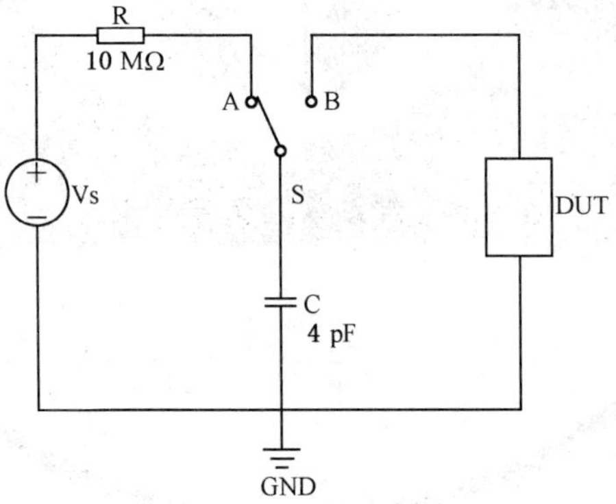

c）充电器件模式

DUT——待测器件。

图 B.1 静电放电等效示意图

ICS 35.180
L 63

中华人民共和国国家标准

GB/T 14081—2010
代替 GB/T 14081—1993

信息处理用键盘通用规范

General specification of keyboard for information processing

2011-01-14 发布

2011-05-01 实施

中华人民共和国国家质量监督检验检疫总局
中国国家标准化管理委员会 发布

前 言

本标准是对 GB/T 14081—1993《信息处理用键盘(西文)通用技术条件》的修订。

本标准与 GB/T 14081—1993 的主要区别如下：

——标准名称修改为“信息处理用键盘通用规范”；

——取消设计要求；

——明确规定了键盘键帽上字符耐磨的要求和相应的检测方法；

——规定了键盘连接方式的要求和相应的检测方法；

——明确规定了键盘主要性能的各项指标和相应的检测方法；

——取消接触电流和抗电强度的要求；

——取消原标准中对电磁敏感度的要求，增加抗扰度限值要求；

——振动、冲击和碰撞的适应性要求中取消分级；

——取消运输包装件的振动要求；

——增加有毒有害物质要求。

本标准代替 GB/T 14081—1993《信息处理用键盘(西文)通用技术条件》。

本标准的附录 A 是规范性附录。

本标准由中华人民共和国信息产业部提出。

本标准由全国信息技术标准化技术委员会归口。

本标准起草单位：东莞市金河田实业有限公司、中国电子技术标准化研究所。

本标准主要起草人：张贻南、谢月明、高健。

本标准所代替标准的历次版本发布情况为：

——GB/T 14081—1993。

信息处理用键盘通用规范

1 范围

本标准规定了信息处理用键盘(以下简称键盘)的术语和定义、技术要求、试验方法、检验规则、标志、包装、运输、贮存等。

本标准适用于信息处理用键盘,其他电子设备用键盘可参照使用。本标准是制定产品标准的依据。

2 规范性引用文件

下列文件中的条款通过本标准的引用而成为本标准的条款。凡是注日期的引用文件,其随后所有的修改单(不包括勘误的内容)或修订版均不适用于本标准,然而,鼓励根据本标准达成协议的各方研究是否可使用这些文件的最新版本。凡是不注日期的引用文件,其最新版本适用于本标准。

GB/T 191—2008 包装储运图示标志(eqv ISO 780:1997)

GB/T 2421.1 电工电子产品环境试验 概述和指南(GB/T 2421.1—2008,IEC 60068-1:1988,IDT)

GB/T 2422 电工电子产品环境试验 术语(GB/T 2422—1995,eqv IEC 60068-5-2:1990)

GB/T 2423.1—2008 电工电子产品环境试验 第2部分:试验方法 试验A:低温(IEC 60068-2-1:2007,IDT)

GB/T 2423.2—2008 电工电子产品环境试验 第2部分:试验方法 试验B:高温(IEC 60068-2-2:2007,IDT)

GB/T 2423.3—2006 电工电子产品环境试验 第2部分:试验方法 试验Cab:恒定湿热试验(IEC 60068-2-78:2001,IDT)

GB/T 2423.5—1995 电工电子产品环境试验 第二部分:试验方法 试验Ea和导则:冲击(idt IEC 60068-2-27:1987)

GB/T 2423.6—1995 电工电子产品环境试验 第二部分:试验方法 试验Eb和导则:碰撞(idt IEC 60068-2-29:1987)

GB/T 2423.10—2008 电工电子产品环境试验 第2部分:试验方法 试验Fc:振动(正弦)(IEC 60068-2-6:1995,IDT)

GB/T 4857.5—1992 包装 运输包装件 跌落试验方法(eqv ISO 2248:1985)

GB/T 4857.7—2005 包装 运输包装件 基本试验 第7部分:正弦定频振动试验方法(ISO 2247:2000,MOD)

GB 4943—2001 信息技术设备的安全(eqv IEC 60950:1999)

GB/T 5080.7—1986 设备可靠性试验 恒定失效率假设下的失效率与平均无故障时间的验证试验方案(idt IEC 60605-7:1978)

GB/T 5271.14—1985 信息技术 词汇 14部分:可靠性、可维护性和可用性

GB 9254 信息技术设备的无线电骚扰限值和测量方法(GB 9254—2008,CISPR 22:2006,IDT)

GB/T 17618 信息技术设备抗扰度限值和测量方法(GB/T 17618—1998,idt CISPR 24:1997)

SJ/T 11363—2006 电子信息产品中有毒有害物质的限量要求

SJ/T 11364—2006 电子信息产品污染控制标识要求

SJ/T 11365—2006 电子信息产品中有毒有害物质的检测方法

3 术语和定义

下列术语和定义适用于本标准。

3.1

盘芯 core of keyboard

构成形式以控制电路为基本单元，分为以下两类：

——第一类为带控制电路的盘芯，即在电路板上装有按键、控制电路、固定座板（或无固定座板）、连接器件；

——第二类是不带控制电路的盘芯，即在电路板上装有按键、固定座板（或无固定座板）、连接器件。

3.2

键盘 keyboard

在盘芯的基础上，装配上外壳、连接装置就成为键盘。

4 要求

4.1 外观和结构

4.1.1 键盘表面不应有明显的凹痕、划伤、裂缝、变形和脏污等。表面涂镀层应均匀，不应起泡、龟裂、脱落和磨损。金属零部件不应有锈蚀及其他机械损伤。

4.1.2 键盘的零部件应紧固无松动，按键开关应灵活、可靠。

4.1.3 键盘上的字符应色调鲜明、清晰。

4.1.4 键盘布局应符合相关标准的规定。

4.1.5 键盘上键帽的数量应在产品标准中规定。

4.1.6 键帽上的字符经受擦拭 250 次，字形应完整、无变色现象。

4.2 连接方式

4.2.1 接口

键盘接口为 USB 接口或 PS/2 接口，并应在产品标准中说明。

USB 接口、PS/2 接口应符合有关标准的规定。

4.2.2 连线

键盘与主机的连线方式可采用有线连接或(和)无线连接。

有线连接键盘的线缆应符合有关标准的规定。

无线连接键盘信号的发射角度、距离、频率等指标应符合有关标准的规定，并应在产品标准中说明。

4.3 主要性能

4.3.1 按键寿命

按键寿命应不小于 1×10^7 次。

4.3.2 按键压力

按键压力为 0.54 N±0.14 N。特殊功能的按键及作特殊使用的键盘的按键，其压力应在产品标准中规定。

4.3.3 键帽拉拔力

按键键帽的拉拔力应不小于 12 N，特殊功能的键帽及特殊使用键盘的键帽，其拉拔力应在产品标准中规定。

4.3.4 接触电阻

接触电阻应不大于 1 kΩ。

4.3.5 抖动时间

按键的抖动时间应不大于 15 ms。

4.3.6 其他

键盘的功耗、工作时钟、编码方式等性能在产品标准中说明。

4.4 安全

应符合 GB 4943—2001 中的有关规定。

4.5 电源适应能力

产品应能在直流电压标称值变化±5%的条件下正常工作。直流电压标称值应在产品标准中规定。对于电源有特殊要求的单元应在产品标准中加以说明。

4.6 电磁兼容性

4.6.1 无线电骚扰限值

产品的无线电骚扰限值应符合 GB 9254 的规定,并应在产品标准中指明是 A 级或 B 级。

4.6.2 抗扰度限值

产品的抗扰度限值应符合 GB/T 17618 规定的要求。

4.7 环境适应性

4.7.1 气候环境

气候环境适应性应符合表 1 的规定。

表 1 气候环境适应性

项目		级别		
		1	2	3
温度	工作	10 ℃～35 ℃	0 ℃～40 ℃	−10 ℃～55 ℃
	贮存运输	−40 ℃～55 ℃		
相对湿度	工作	40%～80%	40%～90%	20%～90%(40 ℃)
	贮存运输	≤93%(40 ℃)		
大气压		86 kPa～106 kPa		

4.7.2 机械环境

机械环境适应性应符合表 2～表 5 的规定。

表 2 振动适应性

试验项目	试验内容	参数
初始和最后响应检查	频率范围	5 Hz～35 Hz
	扫频速率	≤1 oct/min
	位移幅值或加速度	0.15 mm
定频耐久试验	位移幅值或加速度	0.15 mm
	试验时间	(10±0.5)min
扫频耐久试验	频率范围	5 Hz～35 Hz～5 Hz
	位移幅值或加速度	0.15 mm
	扫频速率	≤1 oct/min
	循环次数	2
注：表中驱动振幅为峰值。		

表 3 冲击适应性

峰值加速度	脉冲持续时间	冲击波形
300 m/s^2	11 ms	半正弦波

表 4 碰撞适应性

峰值加速度	脉冲持续时间	碰撞次数	碰撞波形
100 m/s^2	11 ms	1 000	半正弦波

表 5 运输包装件跌落适应性

包装件质量/kg	跌落高度/mm
≤15	1 000
>15～30	800
>30～40	600

4.7.3 特殊环境

特殊环境的要求应在产品标准中规定。

4.8 可靠性

键盘的平均故障间隔时间(MTBF)的 m_1 应不少于 10 000 h。

4.9 有毒有害物质

键盘中有毒有害物质的含量应符合 SJ/T 11363—2006 的规定。

键盘中有毒有害物质的标识应符合 SJ/T 11364—2006 的规定。

5 试验方法

5.1 试验环境条件

本标准中除气候环境试验、可靠性试验以外,其他试验均可在下述测试用标准大气条件下进行:

a) 温度:15 ℃～35 ℃;

b) 相对湿度:25%～75%;

c) 大气压:86 kPa～106 kPa。

5.2 外观和结构检查

5.2.1 目测法和触摸法检查,产品应符合 4.1.1～4.1.5 的要求。

5.2.2 字符耐磨测试

测试条件:

a) 材料:1107 橡皮擦;

b) 频率:1 次/s(一个来回为一次);

c) 压力:10 N。

键盘在上述条件下测试,其测试次数应满足 4.1.6 的规定。

5.3 连接测试

将具有与受试键盘接口相适应的主机或得到验证的模拟器和受试键盘相连接,由主机(或模拟器)发送接口检验程序,检验接口上各信号线状态的正确性,符合 4.2 的规定。

5.4 主要性能试验

5.4.1 按键寿命测试条件:

a) 加电;

b) 频率:不小于 4 次/s;

c) 压力:按键压力最大值。

键盘在上述条件下测试，其测试次数应满足 4.3.1 的规定，试验后输入信息应正常。

5.4.2 按键压力测试

用精度不低于 0.01 N 的压力计测量键帽的压力。

5.4.3 按键拉拔力测试

用精度不低于 0.1 N 的拉力计测量键帽垂直拉出所需要的力。

5.4.4 接触电阻测试

用万用表量测按键信息通路最长两端。

5.4.5 抖动时间测试

键盘的按键按下时电路接触瞬间到电路接触稳定所需要的时间。用示波器观察并测量触点电路上电平从一个稳态末到相邻的下一个稳态初所需要的总时间。

5.4.6 其他性能测试

按产品标准中规定的测试方法进行。

5.5 安全试验

按 GB 4943—2001 的有关规定进行。

5.6 电源适应能力试验

调节直流电源电压，使其偏离标称值±5%，并对键盘性能进行检查，受试样品工作应正常。

5.7 电磁兼容性试验

5.7.1 无线电骚扰限值的测量方法

按 GB 9254 规定的方法进行。

5.7.2 抗扰度限值测量方法

按 GB/T 17618 规定的方法进行。

5.8 环境试验

5.8.1 一般要求

本标准中，环境试验方法的总则、术语和定义应符合 GB/T 2421.1、GB/T 2422 的有关规定。

5.8.2 温度下限试验

5.8.2.1 工作温度下限试验

按 GB/T 2423.1—2008"试验 Ad"进行。受试样品须进行初始检测，严酷程度取表 1 规定的工作温度下限值，在温度达到规定值时，加电工作，持续时间 2 h，工作应正常。恢复时间为 2 h。

5.8.2.2 贮存温度下限试验

按 GB/T 2423.1—2008"试验 Ab"进行。受试样品须进行初始检测，严酷程度取表 1 规定的贮存温度下限值，受试样品在不工作条件下存放 16 h，恢复时间为 2 h，然后进行最后检测。

为防止试验中受试样品结霜和凝露，允许将受试样品用聚乙烯薄膜密封后进行试验，必要时还可以在密封套内装吸潮剂。

5.8.3 温度上限试验

5.8.3.1 工作温度上限试验

按 GB/T 2423.2—2008"试验 Bd"进行。受试样品须进行初始检测，严酷程度取表 1 规定的工作温度上限值，在温度达到规定值时，加电工作，持续时间 2 h，工作应正常。恢复时间为 2 h。

5.8.3.2 贮存温度上限试验

按 GB/T 2423.2—2008"试验 Bb"进行。受试样品须进行初始检测，严酷程度取表 1 规定的贮存温度上限值，受试样品在不工作条件下存放 16 h，恢复时间为 2 h，然后进行最后检测。

5.8.4 恒定湿热试验

5.8.4.1 工作条件下恒定湿热试验

按 GB/T 2423.3—2006"试验 Ca"进行。受试样品须进行初始检测，严酷程度取表 1 规定的工作温度、湿度上限值，在温度、湿度达到规定值时，加电工作。持续时间 2 h，工作应正常。恢复时间为 2 h。

5.8.4.2 贮存条件下恒定湿热试验

按 GB/T 2423.3—2006“试验 Ca”进行。受试样品须进行初始检测，受试样品在不工作条件下按表 1 规定上限存储温度和湿度存放 48 h，恢复时间为 2 h，并进行最后检测。

5.8.5 振动试验

按 GB/T 2423.10—2008“试验 Fc”进行。受试样品须进行初始检测，并按工作位置固定在振动台上，受试样品在不工作状态下，按表 2 规定值进行试验，分别对 3 个互相垂直轴线方向进行振动，试验完成后须进行最后检测。

5.8.5.1 初始振动响应检查

试验在给定频率范围内，在一个扫频循环上完成。试验过程中记录危险频率，包括机械共振频率和导致故障及影响性能的频率。

5.8.5.2 定频耐久试验

用初始振动响应检查中记录的危险频率进行定频试验。如果两种危险频率同时存在，则不得只选其中一种。

在试验规定频率范围内如无明显共振频率或无影响性能的频率，或危险频率超过 4 个则不做定频耐久试验，仅做扫频耐久试验。

5.8.5.3 扫频耐久试验

按表 2 给定频率范围由低到高，再由高到低，作为一次循环，按表 2 规定的循环次数进行，已做过定频耐久试验的样品不再做扫频耐久试验。

5.8.5.4 最后振动响应检查

此项试验在不工作状态下进行，对于已做过定频耐久试验的受试样品应做此项试验。对于做扫频耐久试验的样品，可将最后一次扫频试验作为最后振动响应检查。本试验须将记录的共振频率与初始振动频率响应检查记录的共振频率相比较，若有明显变化，应对受试样品进行修整，重新进行该项试验。试验结束后，进行最后检测。

5.8.6 冲击试验

按 GB/T 2423.5—1995“试验 Ea”进行。受试样品应进行初始检测，安装时要注意重力影响，按表 3 规定值，在不工作状态下，分别对 3 个互相垂直轴线方向进行冲击，冲击次数各为 3 次，试验后进行最后检测。

5.8.7 碰撞试验

按 GB/T 2423.6—1995“试验 Eb”进行。受试样品应进行初始检测，安装时要注意重力影响，按表 4 规定值，在不工作状态下，分别对 3 个互相垂直轴线方向各进行一次碰撞，试验后进行最后检测。

5.8.8 运输包装件跌落试验

受试样品应进行初始检测，将运输包装件按 GB/T 4857.5—1992 的 5.6.2a)的要求和本标准表 5 的规定值进行跌落试验，任选四面，每面跌落一次。试验后检查包装件的损坏情况，并对受试样品进行外观和结构的检查及性能检测。

5.9 可靠性试验

5.9.1 试验条件

本标准规定可靠性试验目的为确定产品在正常使用条件下的可靠性水平，试验周期内综合应力规定如下：

电应力：受试样品在输入电压标称值的±10%变化范围内工作一个周期；一个周期内工作时间的分配为：电压上限 25%，标称值 50%，电压下限 25%。

温度应力：受试样品在一个周期内由正常温度（具体值由产品标准规定）升至表2规定的工作温度上限值再回到正常温度。温度变化率的平均值为（0.7～1）℃/min或根据受试样品的特殊要求选用其他值。在一个周期内保持在上限和正常温度的持续时间之比应为1∶1左右。

一个周期称为一次循环，在总试验期间内循环次数不应少于3次。每个周期的持续时间应不大于0.2 m_0，电应力和温度应力应同时施加。

5.9.2 试验方案

可靠性试验按GB/T 5080.7—1986进行，可靠性鉴定试验和可靠性验收试验的试验方案由产品标准具体规定。在整个试验过程中产品应加电工作，故障的判据和计入方法按附录A的规定，只统计关联故障数。

5.9.3 试验时间

试验时间应持续到总试验时间及总故障数均能按选定的试验方案作出判定时截止。多台受试样品试验时，每台受试样品的试验时间不得少于所有受试样品的平均试验时间的一半。

5.10 有毒有害物质的检测

键盘中有毒有害物质的检测按照SJ/T 11365—2006的试验方法进行检测。

6 检验规则

6.1 总则

产品在定型时和生产过程中通过规定的检验，以确定产品是否符合标准规定的要求。

6.2 检验分类

产品检验分为三类：

a) 定型检验；

b) 交收检验；

c) 例行检验。

各类检验的试验项目和顺序分别按表6进行。若型号产品标准中补充了试验项目，应规定补充试验项目的检验类别及试验顺序的插入位置。

表6 检验项目

检验项目		要求	试验方法	定型检验	交收检验	例行检验
外观和结构		4.1.1～4.1.5	5.2.1	○	○	○
		4.1.6	5.2.2	○	—	—
连接		4.2	5.3	○	○	○
主要性能	按键寿命	4.3.1	5.4.1	○	—	—
	按键压力	4.3.2	5.4.2	○	○	○
	键帽拉拔力	4.3.3	5.4.3	○	○	○
	接触电阻	4.3.4	5.4.4	○	—	○
	抖动时间	4.3.5	5.4.5	○	—	—
	其他	4.3.6	5.4.6	○	—	—
安全		4.4	5.5	○	—	○
电源适应能力		4.5	5.6	○	—	○
电磁兼容性	无线电骚扰限值	4.6.1	5.7.1	○	—	○
	抗扰度限值	4.6.2	5.7.2	○	—	—
环境		4.7	5.8	○	—	○
可靠性		4.8	5.9	○	—	—
有毒有害物质的限量		4.9	5.10	＃	—	＃
注：“○”表示应进行的试验项目，“—”表示不进行的试验项目，“＃”表示可选检验的项目。						

6.3 定型检验

6.3.1 产品在设计定型和生产定型时均应进行定型检验。

6.3.2 定型检验由产品承制方的质量检验部门或由上级主管部门指定或委托的质量检验单位负责进行。

6.3.3 定型检验中可靠性鉴定的受试样品数根据产品批量、试验时间和成本确定,其余检验项目的样品数量为2台。

6.3.4 定型检验中的可靠性试验故障判据和计算方法见附录A,其他项目均按以下规定进行:检验中出现故障或某项通不过时,应停止试验。查明故障原因,提出故障分析报告,排除故障,重新进行该项试验。若在以后的试验中再出现故障或某项通不过时,再查明故障原因,提出故障分析报告,排除故障,应重新进行定型检验。

6.3.5 检验后应提交定型检验报告。

6.4 交收检验

6.4.1 批量生产或连续生产的产品,进行逐批全数交收检验。检验中,出现任一项不合格时,返修后可重新进行检验。若再一次出现任一项不合格时,则该产品判为不合格品。

6.4.2 交收检验由产品承制方的质量检验部门负责进行。

6.5 例行检验

6.5.1 批量生产的产品,其间隔时间超过6个月时,每批均应进行例行检验;连续生产的产品,每年应至少进行一次例行检验。

当主要设计、工艺及关键元器件、原材料改变时,应进行例行检验。

6.5.2 例行检验由产品承制方质量检验部门或上级主管部门指定或委托的质量检验单位负责进行。

6.5.3 例行检验的样品应在交收检验合格产品中随机抽取,试验样品数为2台。

6.5.4 例行检验中出现故障或任一项通不过时,应查明故障原因,提出故障分析报告。经修复之后,从该项开始顺序做以下各项检验,如再次出现故障或某项通不过,查明故障原因后提出故障分析报告,再经修复后,应重新进行例行检验。在重新进行例行检验中,又出现某一项通不过时,则判该产品通不过例行检验。例行检验中经环境试验的样机,应印有标记,不准作为正品出厂。

6.5.5 检验后应提交例行检验报告。

7 标志、包装、运输、贮存

7.1 包装标志

包装箱外应注明产品名称、产品型号、数量、质量、制造单位名称、地址、制造日期、产品执行标准编号。

包装箱外应印刷或贴有"怕雨"、"堆码层数"或"堆码重量极限"等储运标志。储运标志应符合GB/T 191—2008的规定。

7.2 包装

包装箱应符合防潮、防尘、防震的要求,包装箱内应有装箱清单、检验合格证、备件、附件及有关的随机文件。

7.3 运输

包装后的产品应能用任何交通工具进行运输。产品在运输过程中不允许雨雪或液体直接淋袭和机械损伤。

7.4 贮存

产品贮存时应放在原包装箱内，存放产品的仓库环境温度为 0 ℃～40 ℃，相对湿度为 30%～85%。仓库内不允许有各种有害气体、易燃和易爆物品及有腐蚀性的化学物品，并且应无强烈的机械震动、冲击和强磁场作用。包装箱应垫离地面至少 15 cm，距离墙壁、热源、冷源、窗口或空气入口至少 50 cm。

若在制造单位存放超过 6 个月，则应在出厂前重新进行交收检验。

附 录 A
（规范性附录）
故障判据

A.1 故障定义和解释

按GB/T 5271.14—1985规定的定义，出现以下情况之一均视为故障：

a） 受试样品在规定的条件下，出现一个或几个性能参数超过规定要求；

b） 受试样品在规定的应力范围内工作，由于机械零件、结构件的损坏或失灵，或出现了元器件的失效，而使受试样品不能完成其规定的功能。

A.2 故障分类

A.2.1 关联性故障

关联性故障是受试样品预期会出现的故障，通常都是由产品本身条件引起的。它是在解释试验结果和计算可靠性特征值时必须计入的故障。

A.2.2 非关联性故障

非关联性故障是受试样品出现非预期的故障，这类故障不是由产品本身条件引起的，而是试验要求之外引起的，非关联性故障在解释试验结果和计算可靠性特征值时不计入。但应在试验中做记录，以便于分析与判断时参考。

A.3 关联性故障判据

以下故障为关联性故障：

a） 必须更换元器件、零部件等才能使系统恢复正常运行。

b） 必须修理、调整接插件、电缆、插头和消除短路及接触不良，才能恢复正常运行。

c） 不是由同一因素引起的，而同时发生两个以上（含两个）的故障，应记为两个或两个以上的关联性故障。若由同一因素引起，则不论出现几次故障，均记为一次关联性故障。

d） 由于受试样品本身原因，试验中出现危及测试、维护和使用人员的安全，或造成受试样品设备严重损坏的故障。一旦出现，应立即拒收或判定不合格。

e） 若出现不正常情况，不需修理，停机0.5 h后能自动恢复正常运行，每发生累积3次此类事件，则记为一次关联性故障。

A.4 非关联性故障判据

以下故障为非关联性故障：

a） 因试验条件变化超出规定范围（电网波动太大、温度波动太大、严重电磁干扰和机械冲击、震动等）所引起的故障；

b） 因人为操作失误而使样机出现故障；

c） 由于误判而更换元器件、零部件，或在检修过程中，由于人为因素而造成的故障；

d） 根据产品有关技术规定，允许调整的部位（零部件、元器件等）未调整好而引起的故障；

e） 被确定是软件程序差错而造成的故障；

f) 若出现不正常情况，不需修理，停机 0.5 h 后能自动恢复正常运行，每发生累积 3 次此类事件，则记为一次关联性故障；

g) 有寿命指标要求的部件，在寿命期以外出现的故障。

A.5 判定

承担检测的单位，根据失效分析和产品标准及相关标准可以做出关联性故障或非关联性故障的判定。

ICS 47.020.50
U 42

中华人民共和国国家标准

GB/T 14087—2010
代替 GB/T 14087—1993

船用空气瓶安全阀

Safety valves for marine air vessel

2010-08-09 发布 2010-12-01 实施

中华人民共和国国家质量监督检验检疫总局
中国国家标准化管理委员会 发布

前　言

本标准代替 GB/T 14087—1993《船用空气瓶安全阀》。

本标准与 GB/T 14087—1993 相比，主要有以下变化：

a） 增加了船用空气瓶安全阀的法兰连接方式；

b） 明确了船用空气瓶安全阀的螺纹连接尺寸按 CB* 56—1983《管子平肩螺纹接头》的有关规定；

c） 船用空气瓶安全阀的结构尺寸和连接尺寸作了相应调整。

本标准由中国船舶重工集团公司提出。

本标准由全国船用机械标准化技术委员会归口。

本标准起草单位：中国船舶重工集团公司第七〇四研究所。

本标准主要起草人：王震敏、乐懿。

本标准所代替标准的历次版本发布情况为：

——GB/T 14087—1993。

船用空气瓶安全阀

1 范围

本标准规定了船用空气瓶安全阀(以下简称“安全阀”)的分类、要求、试验方法、检验规则及标志、包装和贮存等。

本标准适用于设计压力分别为 1.1 MPa、3.3 MPa 的安全阀的设计、制造和验收。

2 规范性引用文件

下列文件中的条款通过本标准的引用而成为本标准的条款。凡是注日期的引用文件,其随后所有的修改单(不包括勘误的内容)或修订版均不适用于本标准,然而,鼓励根据本标准达成协议的各方研究是否可使用这些文件的最新版本。凡是不注日期的引用文件,其最新版本适用于本标准。

GB/T 699—1999 优质碳素结构钢

GB/T 1184—1996 形状和位置公差 未注公差值(eqv ISO 2768-2:1989)

GB/T 1220—2007 不锈钢棒

GB/T 1804—2000 一般公差 未注公差的线性和角度尺寸的公差(eqv ISO 2768-1:1989)

GB/T 1958 产品几何量技术规范(GPS) 形状和位置公差 检测规定

GB/T 4423—2007 铜及铜合金拉制棒

GB/T 13306 标牌

YB/T 5318—2006 合金弹簧钢丝

CB* 56—1983 管子平肩螺纹接头

CB 856—2004 P3.0 MPa 铸钢法兰规范

3 分类、标记与结构

3.1 分类

安全阀的基本参数见表 1。

表 1 安全阀基本参数表

设计压力 MPa	工作压力 MPa	公称通径 mm	连接方式
1.1	1.0	6.0、10.0、15.0、20.0	螺纹连接、法兰连接
3.3	3.0		

3.2 标记

3.2.1 安全阀的型号编制如下:

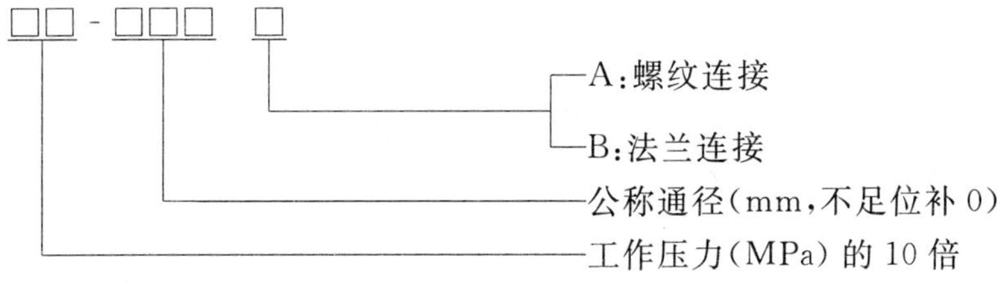

3.2.2 安全阀的标记示例如下：

工作压力为 3 MPa、公称通径为 10 mm 且采用螺纹连接的安全阀的标记示例为：

安全阀 GB/T 14087—2010 30-010A；

工作压力为 1 MPa、公称通径为 6 mm 且采用法兰连接的安全阀的标记示例为：

安全阀 GB/T 14087—2010 10-006B。

3.3 结构

3.3.1 采用螺纹连接的安全阀的结构尺寸与连接尺寸应按表 2 的规定；采用法兰连接的安全阀的结构尺寸与连接尺寸应按表 3 的规定。

表 2 安全阀(螺纹连接)结构尺寸和连接尺寸表

<table>
<tr><td>公称通径</td><td colspan="6">螺纹连接尺寸</td><td colspan="3">六面体尺寸</td><td colspan="2">外形尺寸</td><td>重量</td></tr>
<tr><td>DN
mm</td><td>D^a
mm</td><td>l
mm</td><td>l_1
mm</td><td>d_1
mm</td><td>d_2
mm</td><td>f
mm</td><td>S_1
mm</td><td>D_1
mm
≈</td><td>D_2
mm
≈</td><td>H
mm</td><td>ϕ
mm</td><td>G
kg
≈</td></tr>
<tr><td>6.0</td><td>M22×1.5</td><td>17.0</td><td rowspan="2">3.0</td><td>19.8</td><td>10.0</td><td rowspan="2">3.0</td><td>24.0</td><td>27.7</td><td>23.0</td><td>120.0</td><td>32.0</td><td>0.38</td></tr>
<tr><td>10.0</td><td>M27×1.5</td><td>19.0</td><td>24.8</td><td>14.0</td><td>30.0</td><td>34.6</td><td>28.0</td><td>148.0</td><td>38.0</td><td>0.83</td></tr>
<tr><td>15.0</td><td>M36×2.0</td><td>26.0</td><td rowspan="2">5.0</td><td>33.0</td><td>22.0</td><td rowspan="2">4.0</td><td rowspan="2">40.0</td><td rowspan="2">46.2</td><td rowspan="2">39.0</td><td>154.0</td><td>42.0</td><td>1.17</td></tr>
<tr><td>20.0</td><td>M39×2.0</td><td>27.0</td><td>36.0</td><td>25.0</td><td>180.0</td><td>45.0</td><td>1.44</td></tr>
<tr><td colspan="13">a 取自于 CB* 56—1983 规定的旋入螺纹接头(07)的尺寸。</td></tr>
</table>

表 3 安全阀(法兰连接)结构尺寸和连接尺寸表

<table>
<tr><td>公称通径</td><td colspan="3">法兰连接尺寸</td><td colspan="2">密封面尺寸</td><td colspan="4">螺栓、螺纹及通孔参数</td><td colspan="2">外形尺寸</td><td>重量</td></tr>
<tr><td>DN
mm</td><td>D^a
mm</td><td>D_1
mm</td><td>b
mm</td><td>D_2
mm</td><td>f
mm</td><td>Th
mm</td><td>d
mm</td><td>n
个</td><td>d_1
mm</td><td>H
mm</td><td>ϕ
mm</td><td>G
kg
≈</td></tr>
<tr><td>6.0</td><td rowspan="4">95.0</td><td rowspan="4">68.0</td><td rowspan="4">11.0</td><td rowspan="4">48.0</td><td rowspan="4">1.0</td><td rowspan="4">M12</td><td rowspan="4">13.0</td><td rowspan="4">4</td><td rowspan="4">26.0</td><td>120.0</td><td>32.0</td><td>0.58</td></tr>
<tr><td>10.0</td><td>148.0</td><td>38.0</td><td>1.03</td></tr>
<tr><td>15.0</td><td>154.0</td><td>42.0</td><td>1.37</td></tr>
<tr><td>20.0</td><td>180.0</td><td>45.0</td><td>1.64</td></tr>
<tr><td colspan="13">a 取自于 CB 856—2004 规定的公称通径为 20 mm 的法兰的尺寸。</td></tr>
</table>

3.3.2 采用螺纹连接的安全阀的结构型式见图 1；采用法兰连接的安全阀的结构型式见图 2。

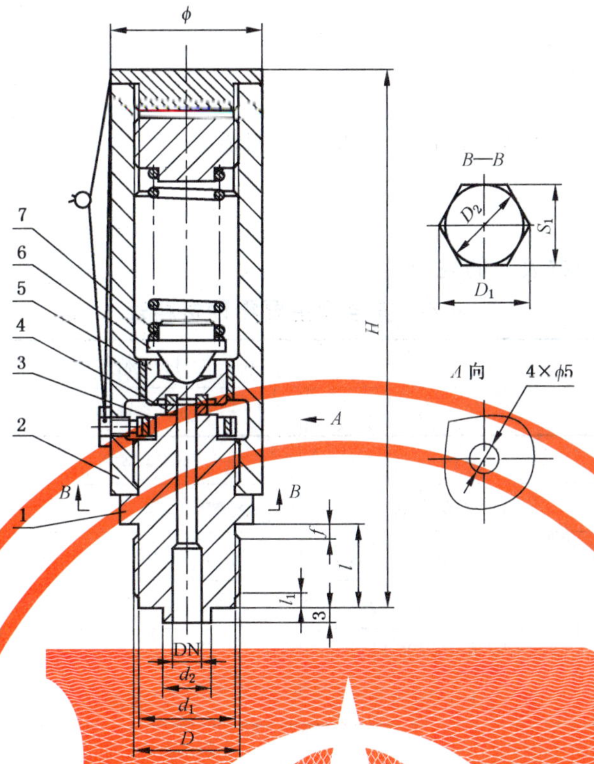

1——阀座；　　3——调节环；　　5——阀盘；　　7——弹簧。

2——阀体；　　4——密封座；　　6——弹簧座；

图1　安全阀(螺纹连接)结构示意图

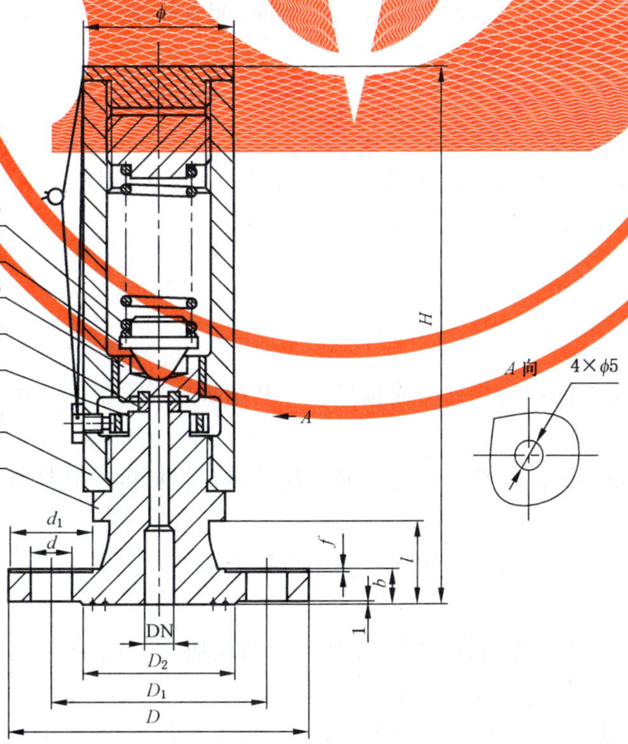

1——阀座；　　3——调节环；　　5——阀盘；　　7——弹簧。

2——阀体；　　4——密封座；　　6——弹簧座；

图2　安全阀(法兰连接)结构示意图

4 要求

4.1 外观质量

安全阀阀盘和阀座密封面经研磨后，其表面应无划痕、凹穴、气孔、裂纹等缺陷，且其表面粗糙度 $Ra \leqslant 0.2\ \mu m$。

4.2 材料

安全阀主要零件材料应按表 4 的规定。

表 4 安全阀主要零件材料表

零件名称		材料		
		名称	牌号	标准号
阀座		不锈钢	2Cr13	GB/T 1220—2007
阀体		优质碳素钢	25	GB/T 699—1999
调节环		黄铜	H62	GB/T 4423—2007
密封面	硬密封面	不锈钢	3Cr13	GB/T 1220—2007
	软密封面	橡胶或工程塑料	—	—
弹簧		铬钒弹簧钢	50CrVA	YB/T 5318—2006

4.3 性能

4.3.1 安全阀阀座应能承受 2 倍的工作压力。

4.3.2 安全阀的开启压力应不小于其工作压力且不大于其设计压力；安全阀的回座压力应不小于 0.85 倍该阀的开启压力。

4.3.3 在工作压力下，配有软密封面的安全阀应无泄漏；配有硬密封面的安全阀的泄漏量应不超过每分钟 20 个气泡。

4.4 制造

4.4.1 安全阀的线性尺寸的未注公差值应按 GB/T 1804—2000 中 m 级的规定。

4.4.2 安全阀的未注形位公差值应按 GB/T 1184—1996 中 K 级的规定。

4.4.3 安全阀的外形尺寸偏差应为 ±2.0 mm。

5 试验方法

5.1 结构

用量具测量被试安全阀的结构尺寸与连接尺寸。其结果应符合 3.3.1 的要求。

5.2 外观质量

用目测法检查并用粗糙度测量仪测量被试安全阀的表面粗糙度。其结果应符合 4.1 的要求。

5.3 材料

检查被试安全阀主要零件的材质证明。其结果应符合 4.2 的要求。

5.4 性能

5.4.1 将被试安全阀阀座密封面封闭，在该阀座进口端施加 2 倍该阀工作压力的液压并保持 5 min，观察该阀座情况。其结果应符合 4.3.1 的要求。

5.4.2 将被试安全阀的进口气压升至 0.1 MPa 后，继续以不大于 0.01 MPa/s 的速率升压，观察并记录该阀的开启压力（试验不少于 3 次）。该阀开启，其进口压力降低，观察并记录该阀的回座压力（试验不少于 3 次）。其结果应符合 4.3.2 的要求。

5.4.3 分别对配有软、硬密封面的被试安全阀施加其等值工作压力，用检漏剂检查该软、硬密封座，并对气泡计数(用秒表记录时间)。其结果应符合 4.3.3 的要求。

5.5 **制造**

5.5.1 按 GB/T 1958 规定的方法测量被试安全阀的线性尺寸的未注公差值、未注形位公差值。结果应分别符合 4.4.1、4.4.2 的要求。

5.5.2 用量具测量安全阀的外形尺寸偏差。结果应符合 4.4.3 的要求。

6 检验规则

6.1 分类

本标准规定的检验分类如下:

a) 型式检验;

b) 出厂检验。

6.2 条件

6.2.1 试验用压力表,其量程宜为试验压力的 1.5 倍～2.0 倍,其精度应不低于 0.4 级。

6.2.2 所有用作试验的压力容器、连接件和管子应能承受不小于 2 倍被试安全阀工作压力的液压。其中焊接件表面应除去焊疤;焊缝应用磁粉检查;而压力容器的容积应能保持试验所需的试验压力。

6.2.3 试验用压力表、压力容器应经法定计量、检定部门检定合格并在有效使用期内。

6.3 型式检验

6.3.1 检验项目与顺序

检验项目和顺序按表 5 的规定。

表 5 检验项目表

序号	检验项目	型式检验	出厂检验	要求章条号	试验方法章条号
1	结构	●	●	3.3.1	5.1
2	外观质量	●	●	4.1	5.2
3	材料	●	—	4.2	5.3
4	性能	●	●	4.3	5.4
5	制造	●	●	4.4	5.5
注:●必检项目;—不检项目。					

6.3.2 受检样品数

从每种规格的安全阀中抽取一只。

6.3.3 合格判据

当安全阀所有检验项目均符合要求时,则判该安全阀为型式检验合格;当安全阀有任一检验项目不符合要求时,允许加倍抽取同类受检样品后再对其实施该检验项目的检验,若仍不符合要求,则判该安全阀为型式检验不合格。

6.4 出厂检验

6.4.1 检验项目与顺序

检验项目和顺序按表 5 的规定。

6.4.2 受检样品数

每只安全阀均应进行出厂检验。

6.4.3 合格判据

当安全阀所有检验项目均符合要求时,则判该安全阀为出厂检验合格;当安全阀有任一检验项目不符合要求时,允许采取纠正措施后再对该检验项目进行检验,若仍不符合要求,则判该安全阀为出厂检验不合格。

7 标志、包装和贮存

7.1 标志

7.1.1 安全阀应在其外表面肉眼能见之处设置符合 GB/T 13306 要求的铭牌。

7.1.2 铭牌应包含下列内容：

a) 制造厂名称；

b) 产品名称、型号；

c) 出厂日期、编号；

d) 公称通径；

e) 开启压力；

f) 回座压力；

g) 船检标记。

7.2 包装

7.2.1 安全阀包装前，其内表面应烘干；其外壳应涂漆。

7.2.2 安全阀进口螺纹处应用塑料罩壳加以保护。

7.3 贮存

安全阀应保存在湿度小于 50%的室内。

8 说明事项

8.1 安全阀应有产品合格证及船检证书。

8.2 安全阀产品合格证应包含下列内容：

a) 制造厂检验部门公章；

b) 检验人员印章；

c) 检验日期；

d) 产品性能数据；

e) 产品检验证书。

ICS 27.040
K 56

中华人民共和国国家标准

GB/T 14099.4—2010/ISO 3977-4:2002

燃气轮机 采购 第4部分:燃料与环境

Gas turbines—Procurement—
Part 4:Fuels and environment

(ISO 3977-4:2002,IDT)

2010-11-10发布 2011-03-01实施

中华人民共和国国家质量监督检验检疫总局
中国国家标准化管理委员会 发布

前　言

GB/T 14099《燃气轮机　采购》由下列部分组成：

——第1部分：总则与定义；

——第2部分：标准参考条件与额定值；

——第3部分：设计要求；

——第4部分：燃料与环境；

——第5部分：在石油和天然气工业中的应用；

——第6部分：联合循环；

——第7部分：技术信息；

——第8部分：检查、试验、安装和调试；

——第9部分：可靠性、可用性、可维护性和安全性。

本部分为GB/T 14099的第4部分。

本部分等同采用ISO 3977-4：2002《燃气轮机　采购　第4部分：燃料与环境》（英文版）。ISO 3977-4:2002代替了ISO 3977:1997《燃气轮机　采购》中的相关章节。ISO 3977:1978被我国等效采用为GB/T 14099—1993《燃气轮机　采购》。而GB/T 14099—2005代替了GB/T 14099—1993《燃气轮机　采购》、GB/T 14099.1—2004《燃气轮机　采购　第1部分：总则与定义》和GB/T 14099.2—2004《燃气轮机　采购　第2部分：标准参考条件与额定值》。因此本部分也相应部分代替GB/T 14099—2005中对应的第8章和第9章。而GB/T 14099—2005其余尚未代替的部分仍然有效，直到其余部分全部颁布后，届时GB/T 14099—2005才被全部9个部分代替。

为便于使用，本部分作了下列编辑性修改：

——将“国际标准的本部分”改为“本部分”；

——用小数点符号“.”代替作为小数点的逗号“，”；

——删除国际标准的前言，增加国家标准的前言。

本部分的附录A为资料性附录。

本部分由中国机械工业联合会提出。

本部分由全国燃气轮机标准化技术委员会（SAC/TC 259）归口。

本部分起草单位：江苏省电力设计院、浙江省电力设计院、上海发电设备成套设计研究院、上海闸电燃气轮机发电有限公司、中国东方电气集团公司、浙江镇海联合发电有限公司。

本部分主要起草人：高嘉梁、沈又幸、沈邱农、马坚、张云燕、吴云飞。

引　言

GB/T 14099 的本部分是为了建立燃气轮机电厂使用的符合性而制定的。当前燃气轮机的制造和安装快速增长，全世界都在关注地域性和全球性的环境问题。本部分讨论了此类燃气轮机电厂所使用的燃料和运行产生排放的相关问题。本部分详细说明了各方应预先确定的要求，以实现工期延误最短、性能最优和对环境影响最小的建设目的。

燃气轮机　采购
第4部分:燃料与环境

1 范围

GB/T 14099的本部分给出了燃气轮机采购中有关燃料质量和环境性能的导则。该导则同时指出成套商和采购方应提供的燃气轮机使用燃料的有关资料和对量化预测环境影响所必需的资料种类。燃料技术规范作为参考,而不是规定。

2 规范性引用文件

下列文件中的条款通过GB/T 14099的本部分的引用而成为本部分的条款。凡是注日期的引用文件,其随后所有的修改单(不包括勘误的内容)或修订版均不适用于本部分,然而,鼓励根据本部分达成协议的各方研究是否可使用这些文件的最新版本。凡是不注日期的引用文件,其最新版本适用于本部分。

GB/T 14099—2005　燃气轮机　采购(ISO 3977:1991,IDT)

GB/T 14099.3—2009　燃气轮机　采购　第3部分:设计要求(ISO 3977-3:2004,IDT)

GB/T 15135—2002　燃气轮机　词汇(ISO 11086:1996,MOD)

GB/T 18345.1—2001　燃气轮机　烟气排放　第1部分:测量与评估(idt ISO 11042-1:1996)

GB/T 18345.2—2001　燃气轮机　烟气排放　第2部分:排放的自动监测(idt ISO 11042-2:1996)

ISO 4261:1993　石油产品　燃料(F类)　船和工业用燃气轮机燃料的规格

ISO 10494:1993　燃气轮机和燃气轮机组　气载噪音的测量　工程测量方法

3 术语和定义

GB/T 14099—2005、GB/T 14099.3—2009和GB/T 15135—2002确立的以及下列术语和定义适用于GB/T 14099的本部分。

3.1

密度　density

ρ

$$\rho=\frac{p_{ref}}{R\cdot T_{ref}}$$

其中,通常选择的参考温度为15 ℃,参考压力为101.325 kPa。

3.2

整体煤气化联合循环　integrated gasification combined cycle

IGCC

以气化煤或其他劣质燃料为能源的联合循环热力过程。

3.3

燃料氮　fuel-bound nitrogen

FBN

导致生成NO_x的燃料中的氮组分。

注:这里不包括气态的氮N_2。

3.4

净比能　net specific energy

NSE

燃料燃烧时生成的水为气相时确定的热值。

注：也被称作低热值。见 ISO 4261。参见 GB/T 14100—2009 和 GB/T 11062—1998。

3.5

相对密度/比重　relative density/specific gravity

(气态燃料)燃料气密度与空气密度的比值。

$$d=\frac{\rho_{\text{fuel}}}{\rho_{\text{air}}}$$

注 1：对于气体燃料，应同时给定两种气体的温度和压力。

注 2：对于液体燃料，这是相对于水的液体燃料密度。应给定两种液体的温度。

3.6

总比能　gross specific energy

GSE

燃料燃烧时生成的水蒸气凝结成水时确定的热值，包括汽化潜热。

注：也被称作高热值。

3.7

声功率级　sound power level

Lw

声功率与基准声功率之比的以 10 为底的对数乘以 10。

注 1：基准声功率是 1 pW(=10^{-12} W)。

注 2：声功率级的单位是分贝。

注 3：按 ISO 10494 的规定。

3.8

声压级　sound pressure level

Lp

声压平方与基准声压平方之比的以 10 为底的对数乘以 10。

注 1：基准声压是 20 μPa(=2×10^{-5} Pa)。

注 2：声压级的单位是分贝。

注 3：按 ISO 10494 的规定。

3.9

选择性催化还原　selective catalytic reduction

SCR

减少 NO_x 排放的后置催化系统。

3.10

挥发性有机化合物　volatile organic compounds

VOC

与 NO_x 相互作用形成地面臭氧的碳氢化合物，例如丙烷和丁烷。

注：VOC 有时作为未燃烧碳氢化合物(UHC)来测量和报告。

3.11

Wobbe 指数　wobbe index

WI

燃料净比能与(相对于空气的)相对密度平方根之比。

$$\mathrm{WI}=\frac{\mathrm{NSE}}{\sqrt{d}}$$

注：由于气体比重同时取决于温度和压力，所以应同时规定测定燃料和空气密度时的条件。Wobbe 指数计算实例请参阅附录 A。

3.12

标准立方米　normal cubic metre

m^3（标准状况）

通常为干态、一个大气压（101.325 kPa）和 0 ℃时气体的体积。

注：尽管工业中使用单位 Nm^3，但不应将它用于国际标准。

4　符号和缩略语

下列符号和缩略语适用于 GB/T 14099 的本部分。

ρ	液体或者气体的密度
p	压力，单位：kPa
T	温度，单位：K 或者℃
CEM	排放物连续监测
PEM	排放物预测

5　采购方和成套商对燃料的要求

5.1　通则

燃气轮机的正确使用和运行，需要提供有关燃料类型和燃料要求的准确资料，在这个过程中采购方和成套商同时都起着重要的作用。

如果无国际标准可供使用，可以按 GB/T 14099.3—2009 中附录 B 给出的标准用作采购方和成套商双方达成协议的导则。

5.2　采购方的责任

采购方负责说明预期用于该燃气轮机项目的所有燃料。

采购方应提供相关的，与招标项目相一致的有关的准确数据，通常采购方应了解以下情况：

a）当地的环境条件（例如温度、压力、相对湿度，它们的平均值和极端值，以及海拔高度）；

b）预期用于该项目的燃料类型（例如粗天然气、管道天然气、焦炉煤气、沼气、IGCC 中低热值的煤气、炼厂气等等）；

c）燃气轮机的工作性能/负荷范围（例如运行小时，特定负荷下的运行时间，增加输出功率的使用等等）；

d）现行的地方或区域的法规要求。

采购方应报告详细的燃料性质和污染物水平，包括可变的限值（化学和物理特性），供成套商审核。

5.3　成套商的责任

成套商应规定燃气轮机运行可以接受的燃料类型和燃料质量范围。包括液体和气体燃料，也可以考虑燃料乳化处理。

注：成套商可以规定统一的参考温度（例如 0 ℃或者 15 ℃）。

5.4　气体燃料

5.4.1　通则

本条款适用于在燃气轮机接口处呈气体状态的所有燃料。在某些情况下，交付现场的燃料可以不是气体状态的。在燃气轮机运行的整个范围内，如果可以利用或需要多种燃料，应提供每种燃料的完整资料。根据预期在特定项目上使用的燃料，采购方应提供按 5.4.2 给出的每项要求的预期性质范围。

采购方的责任是对其所供应的气体燃料的化学和物理性质，以及污染物水平，始终控制在事先约定的极限值范围内，以防止燃气轮机使用事先约定的极限值范围以外的燃料。

5.4.2 **化学性质**

燃料规范应符合有关国家标准的要求。成套商应说明适用采购方应用的一般燃料性质，应包括一般的化学特性和一般的安全运输特性。采购方应向成套商提供以下资料：

a) 推荐的气体燃料的全部化学成分；
b) 比能(按体积和质量计算的净比能和总比能)，可以用分析的方法，或者根据化学分析计算的方法确定该值；
c) 燃料供给时温度和压力对应的 Wobbe 指数，以及燃料改变时 Wobbe 指数范围；
d) 存在的污染物/成分，例如可能导致结焦和结垢问题的灰尘、锈屑、焦油、萘、蜡和水；
e) 当燃气轮机配备有贫预混合类燃烧器时，重烃成分水平要提供到 C_{14}；
f) 防止燃料在喷射压力下凝结所必需的最低温度。

采购方应指出具有腐蚀性和可能产生的包括有毒排放物在内的大气排放物的具体燃料成分(或者燃料添加剂)，并且提交给成套商考虑。成套商应对这种燃料的一般可接受性提出意见。成套商应审核燃料性质数据，并对推荐的燃气轮机对燃料的适用性提出意见。成套商的分析数据应是向采购方提供意见的依据。采购方应提供每种燃料的现场排放限制。

5.4.3 **物理性质**

对于气体燃料，成套商应提供所有燃料和燃料系统的压力和温度要求的有关技术数据，这些要求应包括审核有关采购方使用的完整的燃料分析资料。成套商提供的资料应包括：

a) 供应压力和温度要求(上限值和下限值)；
b) 给定压力下的露点和防止燃料在喷射压力下凝结所必需的最低温度；
c) 燃气轮机起动的最低压力要求；
d) 燃气轮机运行的最低压力要求；
e) 连续运行允许的温度范围；
f) 过滤和液体分离要求；
g) 供给燃气轮机的燃料内允许凝结的液体；
h) 涉及整个环境空气温度范围内从全速空载到满负荷的气体燃料供应压力；
i) 用于燃气轮机设计的燃料 Wobbe 指数范围；
j) 允许的气体燃料压力变化范围(短期的和长期的)。

此外，成套商应提供燃料与具体的燃烧设备的兼容性，例如采用贫预混合类燃烧器，或其他如注水或注蒸汽抑制排放的措施。

5.4.4 **燃料处理**

为了满足成套商和按 ISO 4261 规定的燃料要求，可能需要进行燃料处理。根据燃料的物理和化学性质，采购方应负责提供符合技术规范的气体燃料。

5.4.5 **排放**

燃料性质将影响燃烧产生的污染物。对于特定的燃料，成套商应负责给出烟气排放物资料。采购方应提供详细的燃料分析数据(或者燃料样品)，以便准确地预测污染物排放。燃料性质包括：

a) 化学分析(碳、氢、氧、氮、硫、氯)；
b) 气体成分分析(报告低于气相色谱仪检测极限值的含量)；
c) 比能(净比能和总比能)；
d) 存在的活性气体比如炔烃(例如乙炔)。

燃料特性的所有测试应与国际标准中规定的标准化程序相对应。

采购方应提供每种推荐燃料的现场排放物限制条件。

5.4.6 起动和停机

在某些情况下，燃气轮机点火、起动和停机时不能使用或者不能接受主燃料，成套商应说明起动和停机燃料(液态的或气态的)的用量和质量，以及其最低压力和温度的要求。

5.4.7 安全和运输方面

5.4.7.1 非常规燃料

气体燃料可以来自非传统气源。非常规的燃料成分可能引起特殊的安全和运输问题。某些危险性与燃料(例如氢气和乙炔)的燃烧性质有关，而其他的危险性与毒性有关。采购方应提醒成套商燃料中存在的非常规成分。成套商应审核有关的所有燃料成分，提供适用的有关安全和运输方面的意见。对于成套商供应范围外的设备，采购方有责任通知供货商其潜在的安全性问题。非常规燃料来源的简要清单包括：

a) 炼厂气，氢含量可能较高；

b) 焦炉煤气，一氧化碳含量可能较高；

c) 粗天然气，硫化氢含量可能较高；

d) 劣质燃料气化工艺的合成气(或者合成煤气)，例如 IGCC 燃料；

e) 沼气和垃圾填埋场气体；

f) 比空气重的气体燃料，会在低洼处聚集或沉集。

燃料的主要危险性实例说明见 5.4.7.2 和 5.4.7.3。

5.4.7.2 氢气含量

由于氢气极宽的爆炸极限和低密度，应认真评估燃料中是否含有氢气及其浓度。成套商应提供合适的通风、气体燃料探测和防爆措施(该要求仅适用于燃气轮机罩壳和燃烧室外壳)。

5.4.7.3 防爆措施/泄漏探测

除了强调氢以外，在燃料系统及其周围环境的设计中还应认真考虑所有的气体燃料。不允许在易发生爆燃的低洼部分聚集比空气重的燃料。采购方和成套商之间应就适用于危险场所分类、设备设计的规程和标准达成协议。采购方应通知成套商该项目所在地的有关规定。成套商应确定与采购方连接的排放口和吹扫管线位置。

5.5 液体燃料

5.5.1 通则

本条款适用于在燃气轮机罩壳内所有的液体燃料。在燃气轮机运行的整个范围内，如果可以利用或需要多种燃料，采购方/运行方应提供考虑使用的每种等级燃料期望的性质范围。采购方/运行方的责任是控制指定燃料的化学、物理性质和污染物的含量水平，使其始终控制在事先约定的极限值范围内，以防止燃气轮机使用事先约定的极限值范围以外的燃料。

当燃料性质发生变化或燃料质量超出约定范围，采购方(或者其后的设备业主)应通知成套商。

成套商应提出燃气轮机运行燃料的总的要求，包括按 ISO 4261 规定的可以接受的等级。成套商也应提供燃烧器的设计相容性的资料，例如规定的燃料等级(或品质)的预混合型燃烧器。

5.5.2 化学性质

燃料的技术规范应按 ISO 4261 或者等同国家标准的规定。成套商应指出适合于采购方使用的一般的燃料性质。包括物理性质，燃烧特性，芳烃含量，安全和运输特点及痕量组分。

采购方应向成套商提交全面的燃料分析资料，说明所有关键的燃料性质(见 ISO 4261)。当推荐使用的液体燃料不具有 A1 或 A2 级馏出物的品质时，采购方应向成套商提供约 4 L 的样品，供鉴定。

燃烧产生的排放物取决于燃料液体的性质和质量。

采购方应负责提供与燃烧排放物有关的该燃料性质的资料。包括：

a) 燃料氮(FBN)；

b) 燃料含硫量；

c） 沥青含量(重油)；

d） 芳烃含量；

e） 残碳(重油)；

f） 碳氢比；

g） 净比能(NSE)和总比能(GSE)。

成套商和采购方之间达成的协议中，规定的燃料性质大纲确定了燃气轮机系统部分的设备选型和运行条件。如果以后采购方希望使用事先约定的极限值范围以外的燃料，采购方应通知成套商，并应当提供全套的分析资料或者样品，供其鉴定，并且按上述的相同方法进行重新评定。

5.5.3 物理性质

成套商应说明燃气轮机的燃料一般运输和处理的要求。至少应包括以下内容：

a） (两种温度下的)燃料黏度；

b） 蒸气压力；

c） 沉积物；

d） 灰分；

e） 含水量；

f） 添加剂(已有的或必需有的)及含量或添加率：

g） 闪点；

h） 沸点：

i） 终馏点；

j） 低温过滤器堵塞点(见 ISO 4261)；

k） 密度。

成套商应说明燃气轮机燃料的一般运输和处理的要求。至少应包括以下内容：

a） 可接受的燃料等级的总的性质要求；

b） (起动和正常运行中)黏度要求；

c） 燃料加热或保温要求；

d） 腐蚀性成分的清除或者控制；

e） 燃烧和腐蚀性控制的允许添加剂。

此外，成套商应提出该燃烧器与燃料的相容性报告，例如贫预混合类燃烧器、后置燃烧器(如烟道式燃烧器或 SCR)。

5.5.4 燃料处理

5.5.4.1 通则

燃料处理包括了在储罐中改变燃料状态，以满足燃气轮机规定的要求。这种处理的目的是使燃料达到成套商要求的条件。这种处理可以包括燃料水洗、沉淀，或者加入添加剂，从而中和不需要的，但不能从燃料中清除的成分。

成套商应规定从所有来源(例如燃料、空气、清洗液体、水、蒸汽等)来的全部相关成分的最大允许水平，某些液体燃料可能含有对燃气轮机高温气体通道零部件具有腐蚀性的成分：钠(Na)、钾(K)、钒(V)、铅(Pb)等等。采购方应负责执行燃料的定性和定量监测，确保符合成套商技术规范的要求。另外，成套商可推荐对某些成分量化的使用方法。

产生灰分的液体燃料可能需要进行燃料处理(例如抽提碱性金属或者抑制燃料化合钒)。形成灰分的燃料往往在其密度或原料来源方面有显著特点。这些燃料包括：重油、渣油、原油。成套商的责任是依据燃料质量确定燃料处理和燃料供应的技术要求，采购方的责任是确保不超过事先约定的极限值。

5.5.4.2 水洗

对于可能需要水洗的燃料，成套商应在考虑了燃料质量和使用后，提出水洗要求的建议。燃油水洗需通过连续为燃油添加除盐水和破乳剂完成,然后利用离心力或者静电将水从油中分离。尽管水和油是不能混合的液体,重油和含盐水之间的密度差仍不应低于处理装置供应商提出的极限值,从而保证水与燃油的完全分离。

5.5.4.3 抑制剂

如果采购方指定了含钒的重质燃料,成套商应提出抑钒剂的要求。成套商的燃料技术规范应包括允许的和推荐的燃料等级,另外,成套商应依据燃料污染物或者燃料添加剂的成分,提出允许的燃气轮机入口最高温度。

5.5.5 排放物

燃料性质将影响燃烧产生的污染物。成套商有责任说明详细燃料类型的烟气排放物。采购方应提供详细的燃料分析资料(或燃料样品),以准确地预测污染物的排放。有关的性质见5.5.2和5.5.3。

所有的燃料特性测试均应符合标准化程序要求。

采购方应提供当地对各种推荐燃料污染物排放的限制。

5.5.6 起动和停机

成套商应规定是否需要辅助的起动/停机燃料,并详细说明所需要燃料质量、特性以及用量。

5.5.7 安全性和运输

5.5.7.1 通则

成套商应依据采购方提供的资料,审查安全性和运输要求。

5.5.7.2 储存

应采用适当的燃料贮存和运输方式,将燃料中的水和其他污染物减至最少,这些包括燃烧前的燃油沉淀、浮动抽吸和定期从油箱底部排水。在不能提供足够的沉淀时间时,可能需要快速净化设备,例如离心式分离器或者静电分离器。整个燃油系统的设计应避免淤泥或水的产生,同时任何清理系统应具有除去淤泥的能力。燃料贮存容器应放置在满足地方或区域主管有关要求的有遮蔽的区域内。

5.5.7.3 蒸发压力

对于挥发性燃料(例如轻油或者石脑油),采购方应提供明确的参考温度下的燃料蒸发压力。

5.5.7.4 防爆措施/泄漏检测

设计中应考虑有关挥发性碳氢化合物燃料的泄漏检测和爆炸危险性。采购方和成套商之间应就有关危险场所分类、设备设计的适用法规和标准达成协议。采购方应将当地的有关法规要求告知成套商。成套商应按照采购方的要求确定排放口和吹扫管线的接口位置。

5.5.7.5 黏度/润滑性

成套商应说明每种使用燃料黏度的适用范围。采购方应提供燃料分析资料(包括燃料润滑性,特别对于轻质燃油)或者样品,用于确定流动性质。在使用重质燃油时成套商应提供燃料加热要求的资料。包括:

a) 允许的最高燃料温度;

b) 要求的最低燃料温度。

对于低润滑性液体燃料,采购方应将该品质燃料的使用或处理的意向通知成套商。

6 环境要求

6.1 通则

环境问题包括起动、停机和正常运行期间主要污染物的排放。这里所关注的污染排放包括噪声、燃料产生的排放物和可能的热排放。以下条款将讨论这些问题。

6.2 噪声排放

6.2.1 责任

成套商应负责提供其供应范围内设备的预计噪声排放水平。采购方应将存在的其他产生或吸收声音的构筑物、地面的吸声作用和其他建筑物的隔声作用通知成套商。采购方还应提供具体的现场详细资料，其中包括详细的现场情况说明、地形、气象资料和场地布置。在缺少这些资料时，现场的条件是按照理想的情况假定的，即场地是平坦的、无障碍物的地形、不吸声地面，以及不存在声反射或声屏障。采购方应标明噪声敏感区域的位置和所有适用的有关噪声的法规要求。

6.2.2 结果说明

应按以下要求报告声测量结果：

a) 每个声源在一个指定位置的声压级(参考值 2×10^{-5} N/m^2)，声强级(参考值 10^{-12} W/m^2)；

b) 根据声压级或者声强级计算声功率级(参考值 10^{-12} W)。

应说明有关测量仪表的频率加权，通常是“A”或者“C”。

6.2.3 声音/噪声测量的参考方法

按以下标准的规定进行声压级测量：

a) ISO 10494 远场噪声：测量位置与工厂的噪声源有足够的距离时，可在厂界内测量，或在厂界外测量；

b) ISO 10494 近场噪声(距噪声源主界面 1 m)：保证值应是机组(可以是多台)和辅助设备的周界测量的平均声级。

按 ISO 10494 的规定计算声功率级。

6.2.4 报告值

成套商应提供所供设备的噪声/声排放技术数据。报告标准应按 ISO 10494 的规定。

6.2.5 燃气轮机罩壳内的声级

为了工作人员的安全，成套商应告知罩壳内的估计声级。如果罩壳是无法进入的，这一要求可以去除。

6.2.6 燃气轮机罩壳外的声级(近场和远场)

应考虑燃气轮机罩壳外的声排放：

a) 近场(距声源 1 m 和地面上方 1.5 m)：按 ISO 10494 的规定；

b) 远场：最好选择距声源外壳(包容了所有有关设备的最小矩形)至少 50 m 以上，或者 1.5 倍的声源外壳最大尺寸，但不应超过 200 m，按 ISO 10494 的规定。

6.2.7 燃气轮机附近其他声源产生的声音

燃气轮机成套商应负责尽量将燃气轮机声排放水平量化，其中应考虑采购方提供的背景噪声水平。成套商应确定燃气轮机的具体声源，并提供声功率级和倍频带频谱分布，不包括燃气轮机成套商控制范围以外成套商安装的声源。

6.3 烟气排放物

6.3.1 通则

燃气轮机的排放物以固体、液体、气体和蒸汽的形式出现。在燃用天然气时，气体和蒸汽是主要关注的成分。燃用气态燃料时，颗粒物/烟雾排放量极低，难以测得。燃用液体燃料时，其颗粒物(固体和凝结物)能够被充分地测量和量化。

6.3.2 责任

对于给定的燃料，成套商应了解并提供烟气中的排放物。有关排放所对应的技术资料应以采购方的需要和法规要求为依据。排放物通常与所确定的燃料性质、现场条件和燃气轮机的运行方式有关。采购方通常应以口头/书面的形式，向成套商通报有关现行的或即将实行的环境法规要求和限制。

6.3.3 报告值

成套商应按统一的方法报告排放值。所有这些污染物排放值的报告采用标准化的检测系统获得。当报告的排放物基于燃料比能时，应明确说明使用的是净比能还是总比能。下面是提供排放物的实例：

a) 干态的气态/蒸汽排放物浓度(通常修正至15%的含氧量)；

b) 干态的气态/蒸汽排放物浓度(修正至规定的参考含氧量);

c) 提供排放物的质量流量;

d) 提供排放物的单位能量质量;

e) 提供含"甲烷"或"丙烷"成分的 VOC(UHC)排放物数值;

f) 提供排放物的密度浓度(例如 mg/Nm^3,按确定的含氧量修正);

g) 按照过滤器污染法和烟羽浊度法,量化烟雾或者颗粒排放物。

当排放物以浓度密度提供时,应明确规定的参考温度和压力。

固体颗粒排放物资料应按以下方式提供:

a) 排放物的密度浓度(mg/Nm^3,单位体积烟气的颗粒物质量);

b) 排放物的质量流量;

c) 排放物的单位能量质量。

6.3.4 气态排放物

成套商应按照所规定的机组负荷提供以下排放物的资料:

a) NO_x(气体),在某些情况下要求 NO 和 NO_2;

b) CO(气体);

c) 未燃烧碳氢化合物(气体);

d) 挥发性有机化合物(VOC)(气体);

e) 浊度或者可见度;

f) SO_2。

VOC 的定义应按 GB/T 18345.1—2001 的规定(未燃烧碳氢化合物,不包括 CH_4 和 C_2H_6)。此外,应了解永久性气体(CO_2、H_2O、O_2、N_2、氩气)成分(同时用体积和质量单位表示),任何后置燃烧设备均可能需要这些资料。对于气态排放物,成套商应根据采购方的要求,按以下格式提供相关的资料:

a) 浓度(湿态或干态的,取决于采购方的要求);

b) 质量流量,通常以小时流量计;

c) 燃机的标准输入热量。

用于测量和评估的方法应按 GB/T 18345.1—2001 或者 GB/T 18345.2—2001 的规定,或者满足地方有关标准和规定的要求。

6.3.5 颗粒物

6.3.5.1 通则

绝大多数燃料均产生颗粒排放物,这里关注的是燃用液态燃料时的排放。使用气态燃料时颗粒排放物不是 0,但常常低于绝大多数检测设备的检测极限。使用气态燃料时,不建议提供颗粒排放物数据。

6.3.5.2 使用液体燃料时的颗粒和烟气排放物

颗粒排放物包括固体和液体成分,它们形成可见的烟羽和形成薄雾。成套商应依据符合燃气轮机燃料技术规范的燃料资料,提供合理的颗粒排放物的预估值。应充分了解排放物以确定:

a) 燃烧中产生的固体颗粒物;

b) 为了消除排放物,而实施后燃烧过程中形成的硫酸盐;

c) 燃料灰分生成的颗粒物。

6.3.5.3 烟雾/浊度

6.3.5.3.1 通则

烟雾是颗粒排放物的可见标志物。但是,可能影响烟羽可见度的排放物并不仅仅是颗粒。采购方应了解烟气中存在的 NO_2 也会形成可见烟羽。

6.3.5.3.2 烟雾

烟雾是一种排放特性，它与燃气轮机颗粒排放物和燃料的质量有很大的相关性。含高颗粒物浓度的烟气能够产生可见的烟羽。通常使用可见烟羽的浊度和过滤器污染两种方法评估燃气轮机排放的烟雾。采购方应了解没有有效的技术手段，来确定可见烟雾排放物和总颗粒负荷之间的关系。采购方还应了解成套商提供的烟雾/颗粒排放物资料，仅适用于规定的排放物温度、压力和湿度条件，并且假定当地环境空气中该污染物浓度为0。

采购方应了解现有的烟气控制技术能够影响这些污染物的排放。诸如烟道燃烧器、余热锅炉(HRSG)、氧化催化剂之类的辅助设备都能影响烟气排放/浊度。采购方有责任从供货商处，取得有关烟气流动通道中所有设备影响排放的有关资料。

可以按以下方式提供浊度/烟气污染物的资料：

a) 光学浊度/密度，例如大气透射表的测量值；

b) 利用过滤器污染法；

c) 利用目测检查。

6.3.5.3.3 浊度

成套商应提供以光吸收率(吸收百分率)为依据的不透明度水平，必要时可以使用Bacharach值。该资料应考虑烟囱尺寸(高度，直径)和大气条件。视觉浊度是针对单根烟囱的排放物而言，采购方应负责将这些排放物合并到全厂之中。

6.3.5.4 注水或注蒸汽

如果采用注水或注蒸汽来控制 NO_x 的排放，成套商应确定用水量及水质要求，并应告知对输出功率和热效率的影响。

6.3.5.5 蒸发冷却器的应用

在蒸发冷却器应用中，成套商应确定所需的水质和水量要求。如果采用蒸发冷却器，成套商应确定不同的蒸发系统的相容性，以及它们的位置和限值条件。

6.3.5.6 烟气控制

烟气控制对所有排放物的影响都是重要的，但这不是成套商的主要责任。例如，氧化催化剂将燃料中的硫氧化成 SO_3，并且可能增加总颗粒排放量。选择催化还原器会因为硫酸铵的形成和氨的泄漏导致颗粒排放物的增加。采购方应了解拟采用的烟气控制技术和燃气轮机排放水平之间的相互作用。采购方应负责采用烟气控制技术对烟气排放指标影响的评估。

6.3.5.7 排放监测

采购方和成套商应明确提供连续排放监测设备(CEM)和/或可能必需的预测性排放监测设备(PEM)的责任，以满足当地或地区主管机构的要求。通常能够直接监测的项目包括 NO_x、CO、O_2、UHC、SO_2 和浊度，颗粒物一般不可能进行连续监测。

采购方还应负责排放监测设备的选择、安装并保证它们的性能。CEM的所有维护要求均属于采购方的责任。采购方应负责提供报表、数据采集、存储、数据处理和质量保证/质量管理(QAQC)。这些通常是由当地或地区主管机构规定的。

6.3.5.8 排放物检测

燃气轮机通常是一套更复杂的联合装置的组成部分，这个联合装置可能包括HRSG(余热锅炉)，烟道燃烧器，SCR(选择性催化还原器)等等。采购方应了解确定装置每个部分的排放性能是很困难的。采购方应将整体装置的设计通知成套商，必要时，采购方、成套商和其他供货商应对每个装置的排放性能有一个检测方案。

6.3.5.9 背景条件

在某些情况下，可能会遇到比现有环境空气质量严格的排放限制。采购方应了解成套商的设备不是作为空气洁净系统设计的。成套商假定所有的烟气排放物是净增加的，不包括那些原先存在于环境空气中的物质。它将导致现有环境空气中的这些物质的增加。

6.3.6 其他排放物

6.3.6.1 通则

应考虑的其他有关排放物，包括热排放和水排放。

6.3.6.2 工厂热排放

运行期间工厂的热排放排入空气，也可能排入水。如果有可能并且也有要求，成套商应提供有关技术资料，使采购方可以预测有关装置的热排放。可以包括烟囱的热损失或者燃气轮机的排水。地方法规可能会规定燃气轮机和全厂的允许热排放限值，采购方应了解地方、区域、国家和国际上相关规程的规定。

6.3.6.3 排水

燃气轮机工程的排水包括雨水、冷却水、压气机冲洗水、透平冲洗水、蒸发式冷却器排污，以及用于 NO_x 控制和功率增大的水及蒸汽。成套商应提供与燃气轮机功能相关的预计排水量、流量以及污染物含量的资料。

6.3.6.4 施工问题

采购方应对有关燃气轮机及其承载装置的施工、制造加工和安装问题负责。这一阶段的有关问题包括(但不限于)施工期间产生的噪声、雨水排放、可能存在的水污染、产生的废弃物和施工设备或者用火时的排放。

6.3.6.5 气体燃料(排放)

在某些情况下，装置运行期间气体燃料可能排入环境。采购方有责任保证这些排放是受控的，并且负责记录并向有关机构报告。

6.3.6.6 润滑油除雾器

润滑系统可能通过除雾器将油蒸气排入环境，采购方负责该设备的选定及其运行维护，以使通过这一系统的润滑油损失减至最小。某些环境机构也可能要求报告该排放，采购方应负责按时提供该资料。

附 录 A
(资料性附录)
Wobbe 指数计算

成套商可能使用不同的方法计算 Wobbe 指数。对于低热值气体燃料,或者在燃烧前加热或冷却的气体燃料的应用是特别关键的。

$$WI=\frac{NSE}{\sqrt{\rho_{gas}(p,T)/\rho_{air}(p_{ref},T_{ref})}}$$

式中:

ρ_{gas}——气体燃料密度;

ρ_{air}——空气密度;

p——燃料压力,单位为千帕(kPa);

T——燃料温度,单位为摄氏度(℃);

p_{ref}——参考气压(101.325 kPa);

T_{ref}——参考气温(0 ℃);

NSE——燃料净比能,单位为千焦每标准立方米(kJ/Nm^3)。

在这一示例中,燃料温度和压力是成套商设计要求值。

某些成套商使用的另一个 Wobbe 指数含有气体燃料温度不同的限定值。

$$WI=\frac{NSE}{\sqrt{dT_{gas}}}$$

式中:

d——气体比重,表示 15 ℃和 101.325 kPa 时的值;

T_{gas}——气体燃料绝对温度;

NSE——燃料净比能,单位为千焦每标准立方米(kJ/Nm^3)。

由于有时规定的参考温度不同,所以应明确规定评估气体燃料密度和热值的温度。

参考文献

[1] GB/T 14100—2009 燃气轮机 验收试验.
[2] GB/T 11062—1998 天然气发热量、密度、相对密度和沃泊指数的计算方法.
[3] ISO 9614-1:1993 声学 声强法测定噪声源声功率级 第1部分:离散点测量法.
[4] ISO 9614-2:1996 声学 声强法测定噪声源声功率级 第2部分:扫描测量法.

ICS 27.040
K 56

中华人民共和国国家标准

GB/T 14099.5—2010/ISO 3977-5:2001

燃气轮机　采购
第5部分:在石油和天然气工业中的应用

Gas turbines—Procurement—
Part 5:Applications for petroleum and natural gas industries

(ISO 3977-5:2001,IDT)

2010-11-10 发布　　2011-03-01 实施

中华人民共和国国家质量监督检验检疫总局
中国国家标准化管理委员会　发布

前　言

GB/T 14099《燃气轮机　采购》由下列部分组成：

——第1部分：总则与定义；

——第2部分：标准参考条件与额定值；

——第3部分：设计要求；

——第4部分：燃料与环境；

——第5部分：在石油和天然气工业中的应用；

——第6部分：联合循环；

——第7部分：技术信息；

——第8部分：检查、试验、安装和调试；

——第9部分：可靠性、可用性、可维护性和安全性。

本部分为GB/T 14099的第5部分。

本部分等同采用ISO 3977-5:2001《燃气轮机　采购　第5部分：在石油和天然气工业中的应用》(英文版)。

为便于使用，本部分还对ISO 3977-5:2001作了如下编辑性修改：

——将“ISO 3977的本部分”一词改为“本部分”；

——重新编写了前言，代替ISO 3977-5:2001的前言；

——对第2章中所引用的国际标准，本部分直接引用了与之相对应的我国国家标准。

本部分由中国机械工业联合会提出。

本部分由全国燃气轮机标准化技术委员会(SAC/TC 259)归口。

本部分起草单位：杭州华电半山发电有限公司、中国联合工程公司、南京燃气轮机研究所、杭州汽轮机股份有限公司、哈尔滨汽轮机厂有限责任公司、沈阳黎明航空发动机(集团)有限责任公司。

本部分主要起草人：朱达、乔峰、涂庆国、裘燕萍、李雅武、曲风蓉。

引　　言

采用 GB/T 14099 的本部分的用户应了解：针对个例工程，可以提出更高的或不同的要求；针对个例工程，本部分并不限制成套商提供或采购方接收有选择性的设备或工程方案。此项适用于有创新或正在发展的技术。如果成套商提供了不同的方案，成套商应该陈述与本部分不同之处，并详述原因。

燃气轮机　采购
第5部分:在石油和天然气工业中的应用

1　范围

GB/T 14099 的本部分规定了用于石油和天然气工业中的钻井、生产、精炼和管道输送的快装式燃气轮机的设计、材料、制造、检查、试验和运输准备等要求并提出了建议。

本部分适用于采购方向成套商采购燃气轮机和燃气轮机系统及其辅助设备,包括用于联合循环系统的燃气轮机。

本部分不涉及设备安装时所需遵守的地方或国家的立法规定。

2　规范性引用文件

下列文件中的条款通过 GB/T 14099 的本部分的引用而成为本部分的条款。凡是注日期的引用文件,其随后所有的修改单(不包括勘误的内容)或修订版均不适用于本部分,然而,鼓励根据本部分达成协议的各方研究是否可使用这些文件的最新版本。凡是不注日期的引用文件,其最新版本适用于本部分。

GB/T 14099—2005　燃气轮机　采购(ISO 3977:1991,IDT)

GB/T 14099.3—2009　燃气轮机　采购　第3部分:设计要求(ISO 3977-3:2004,IDT)

GB/T 14099.4—2010　燃气轮机　采购　第4部分:燃料与环境(ISO 3977-4:2002,IDT)

GB/T 14099.7—2006　燃气轮机　采购　第7部分:技术信息(ISO 3977-7:2002,IDT)

GB/T 14099.8—2009　燃气轮机　采购　第8部分:检查、试验、安装和调试(ISO 3977-8:2002,IDT)

GB/T 14099.9—2006　燃气轮机　采购　第9部分:可靠性、可用性、可维护性和安全性(ISO 3977-9:1999,IDT)

GB/T 15135—2002　燃气轮机　词汇(ISO 11086:1996,MOD)

3　术语和定义

GB/T 15135—2002、GB/T 14099—2005、GB/T 14099.3—2009、GB/T 14099.4—2010、GB/T 14099.8—2009 和 GB/T 14099.9—2006 确立的术语和定义适用于 GB/T 14099 的本部分。

4　石油和天然气工业用燃气轮机的要求

4.1　参考条件和额定值

燃气轮机的标准参考条件应按照 GB/T 14099—2005 中的规定。

成套商应提供与 GB/T 14099—2005 规定的运行方式相关的标准额定值。成套商还应按 GB/T 14099—2005 中的规定提供设备在规定的现场条件和运行方式下的现场额定值。

4.2　设计要求

4.2.1　基本要求

在 GB/T 14099.3—2009 中规定了采购燃气轮机和燃气轮机系统的最低基本要求。GB/T 14099.3—2009 还为采购工作提供了帮助和技术信息。

采购方应按照 GB/T 14099.3—2009 中的规定,在资料清单上提供现场条件资料并确定成套设备的现场特定运行工况点。

成套商应按照 GB/T 14099.3—2009 中的规定,对采购方的管路图和基础图进行审查与评定。

运行要求应按照 GB/T 14099.3—2009。

维修要求应按照 GB/T 14099.3—2009。

旋转设备的要求应按照 GB/T 14099.3—2009。

其他设备的要求应按照 GB/T 14099.3—2009。

振动与动力学应按照 GB/T 14099.3—2009。

4.2.2 成套与辅助设备

成套和辅助设备应按照 GB/T 14099.3—2009。

成套商至少应提供 GB/T 14099.3—2009 中作为最低限度列出的成套设备。需要的一切其他设备都应由采购方指定并应包括在成套商的供货范围内。该设备应当装配(配套)至实际可能达到的最大限度。

辅助设备可以包括:

a) 起动系统;

b) 安装框架、底座系统;

c) 罩壳和消防;

d) 空气进气系统;

e) 管道;

f) 油系统;

g) 燃料系统;

h) 电气系统;

i) 排气系统;

j) 被驱动设备(压缩机、泵、发电机);

k) 被驱动设备的密封系统,包括水封、油封、氢气密封等。

4.2.3 控制与仪器仪表

控制和保护系统及相关的仪器仪表应按照 GB/T 14099.3—2009。应考虑到起动、加载和停机。

通风和清吹设备应按照 GB/T 14099.3—2009。

燃料控制、调速与限制、排放控制都应按照 GB/T 14099.3—2009。

超速保护和保护系统应按照 GB/T 14099.3—2009。

压气机清洗系统应按照 GB/T 14099.3—2009。

针对控制系统的考虑应按照 GB/T 14099.3—2009。

控制屏的安装应按照 GB/T 14099.3—2009。

可操作性和诊断应按照 GB/T 14099.3—2009。

数据通讯应按照 GB/T 14099.3—2009。

4.3 燃料和环境

涉及燃料的责任和燃气轮机燃料系统采购关系的采购方和成套商的责任应按照 GB/T 14099.4—2010。

4.4 技术信息

GB/T 14099.7—2006 中规定了投标阶段和合同签订阶段成套商应提交的有关供货范围的资料。

采购方应完成 GB/T 14099.7—2006 提出的资料清单和“成套商文件要求”。采购方应按照 GB/T 14099.7—2006 规定提供特定的应用场合所需要的性能数据。

成套商应按照 GB/T 14099.7—2006 提供“投标书和合同文件”。

4.5 检查、试验、安装和调试

检查、试验、安装和调试应符合 GB/T 14099.8—2009。GB/T 14099.8—2009 陈述了保证成套商提供的产品和服务完整性的系统和程序的原则，该部分还陈述了采购方和成套商的责任。

储存和运输的准备工作应按照 GB/T 14099.8—2009。

4.6 可靠性、可用性、可维护性和安全性

在燃气轮机的制造商、成套商、采购方、用户、咨询方、调试方及其他相关方之间的关于可靠性、可用性、可维护性和安全性的信息交换应符合 GB/T 14099.9—2006。

参 考 文 献

［1］ API STD 616 石油、化工和天然气工业用燃气轮机.
［2］ API RP 11PGT 快装式燃气轮机组.
［3］ ASME B133 燃气轮机系列.

ICS 73.040
D 21

中华人民共和国国家标准

GB/T 14181—2010
代替 GB 14181—1997

测定烟煤粘结指数专用无烟煤技术条件

Specifications of anthracite for determination of caking index of bituminous coal

(ISO 15585:2006,Hard coal—Determination of caking index,NEQ)

2010-09-26 发布　　　　2011-02-01 实施

中华人民共和国国家质量监督检验检疫总局
中国国家标准化管理委员会　发布

前　言

本标准对应于 ISO 15585:2006《硬煤　粘结指数测定》的附录 A《标准无烟煤的采取和制备》和附录 B《粘结指数测定用标准无烟煤的质量检验》(英文版)。本标准与 ISO 15585:2006 的一致性程度为非等效,主要差异如下:

——给出了更具体的采样、制样和样品检验步骤,以及具体的数据和品质判定方法;

——未采用"与 5.1 规定一致和满足附录 B 要求的任何无烟煤可用于制备标准无烟煤"的规定,强调了在我国煤源的唯一性;

——结构不完全一致。

本标准代替 GB 14181—1997《测定烟煤粘结指数专用无烟煤技术条件》。

本标准与 GB 14181—1997 相比,主要变化如下:

——标准由强制性标准改为推荐性标准;

——标准正文结构做了调整和细化;

——删除了"引用标准"中对 GB 475—1996 的引用,增加了对 GB 474、GB/T 483 和 GB/T 19494.2 的规范性引用(见第 2 章);

——修改了关于送检样的检验单位的规定(原版 5.4,本版 6.2);

——修改了专用无烟煤包装中对质量净重的要求(原版 6.2.1,本版 7.2.1);

——将"B.2　送检样"删除。该部分内容经调整、合并及细化后转入标准的正文(原版 B.2,本版 5);

——增加了专用无烟煤制备过程中对分装的要求(本版 B.4);

——增加了关于专用无烟煤均匀性检验的规定(本版 B.5)。

本标准的附录 A 和附录 B 为规范性附录。

本标准由中国煤炭工业协会提出。

本标准由全国煤炭标准化技术委员会(SAC/TC 42)归口。

本标准起草单位:煤炭科学研究总院煤炭分析实验室、宁夏汝箕沟煤矿。

本标准主要起草人:李宏图、焦保忠、李英华、陈鹏。

本标准所代替标准的历次版本发布情况为:

——GB 14181—1993、GB 14181—1997。

测定烟煤粘结指数专用无烟煤技术条件

1 范围

本标准规定了测定烟煤粘结指数专用无烟煤的技术要求、原料煤的采取和制备、试验方法、检验规则以及标志、包装、运输和贮存。

本标准适用于测定烟煤粘结指数专用无烟煤。

2 规范性引用文件

下列文件中的条款通过本标准的引用而成为本标准的条款。凡是注日期的引用文件，其随后所有的修改单(不包括勘误的内容)或修订版均不适用于本标准，然而，鼓励根据本标准达成协议的各方研究是否可使用这些文件的最新版本。凡是不注日期的引用文件，其最新版本适用于本标准。

GB/T 212 煤的工业分析方法(GB/T 212—2008，ISO 11722:1999，Solid mineral fuels—Hard coal—Determination of moisture in the general analysis test sample by drying in nitrogen;ISO 1171:1997，Solid mineral fuels—Determination of ash;ISO 562:1998，Hard coal and coke—Determination of volatile matter，NEQ)

GB 474 煤样的制备方法(GB 474—2008，ISO 18283:2006，Hard coal and coke—Manual sampling，MOD)

GB/T 483 煤炭分析试验方法一般规定(GB/T 483—2007，ISO 1213-2:1992，Solid mineral fuels—Vocabulary—Part 2:Terms relating to sampling，testing and analysis，NEQ)

GB/T 5447 烟煤粘结指数测定方法

GB/T 6003.1 金属丝编织网试验筛(GB/T 6003.1—1997，eqv ISO 3310-1:1990)

GB/T 19494.2 煤炭机械化采样 第2部分:煤样的制备(GB/T 19494.2—2004，ISO 13909-1:2001，Hard coal and coke—Mechanical sampling—Part 1:General introduction;ISO 13909-4:2001，Hard coal and coke—Mechanical sampling—Part 4:Coal—Preparation of test samples，NEQ)

3 技术要求

3.1 煤源

测定烟煤粘结指数专用无烟煤(以下简称专用无烟煤)以宁夏汝箕沟煤矿西沟平峒两侧二$_1$煤层下分层煤为原料。

3.2 粒度

专用无烟煤粒度应为(0.1～0.2)mm。其中粒度大于0.2 mm的筛上物质量分数应不大于4.00%;粒度小于0.1 mm筛下物质量分数应不大于6.00%。

3.3 水分、灰分和挥发分

水分、灰分和挥发分的指标要求如下:

a) 水分(M_{ad})小于2.50%;

b) 灰分(A_d)小于4.00%;

c) 挥发分(V_{daf})小于8.00%。

3.4 烟煤粘结指数测定值

专用无烟煤样对4个不同水平的烟煤样所测得的粘结指数值与用专用无烟煤基准样(见附录A)所测得的粘结指数值的t检验无显著性差异，且每个烟煤样用两种无烟煤测定的粘结指数值之差都不大于结合标准差的3.0倍。

4 原料煤的采取和制备

原料煤按附录B所述进行采取和制备。

5 试验方法

5.1 试验样品的抽取

5.1.1 每批产品按200 kg左右作为一试验单元。

5.1.2 对于每一试验单元，以每1 kg左右样品作一份送检样，在每一份送检样中采取约20 g送检子样。将约200份送检子样合并混合均匀后缩分出不少于1 kg的样品用作试验样品。

5.2 粒度分析

5.2.1 取GB/T 6003.1规定的基本网孔尺寸为0.1 mm和0.2 mm的方孔筛各一个，将网孔中的堵塞物清除干净。

5.2.2 自上至下将0.2 mm和0.1 mm的方孔筛套叠。

5.2.3 称取(50±0.5)g无烟煤放在0.2 mm筛上，将盛煤筛子置于振筛机上，累计筛分6 min。

5.2.4 筛分结束后，分别称量各粒级筛上物和筛下物质量并计算质量分数。重复测定两次。如大于0.2 mm和小于0.1 mm粒级质量分数的两次测定值的差值分别不超过2.00%，则取其算术平均值作为报出结果，否则应按GB/T 483处理。

5.3 水、灰和挥发分测定

水、灰和挥发分按GB/T 212的规定进行测定。

5.4 烟煤粘结指数测定

5.4.1 烟煤粘结指数按GB/T 5447的规定进行测定。

5.4.2 分别以检验样和基准样作惰性物，对4个烟煤(粘结指数G值范围20～90，间隔约为20)进行粘结指数的测定。检验样和基准样对每一个烟煤样都重复测定6次。

5.4.3 分别计算检验样和基准样对每一个烟煤样重复测定平均值和标准差。

5.4.4 按A.3.3.3所述的t检验法比较检验样与基准样对4个烟煤测得的粘结指数平均值之间是否有显著性差异。

5.4.5 分别计算检验样和基准样对每个煤样粘结指数测定值的结合标准差S_C，见式(1)：

$$S_C=\sqrt{\frac{(n_1-1)S_1^2+(n_2-1)S_2^2}{(n_1+n_2-2)}} \quad\cdots\cdots\cdots\cdots(1)$$

式中：

n_1——检验样对每个烟煤样的重复测定次数；

S_1——检验样对每个烟煤样的重复测定标准差；

n_2——基准样对每个烟煤样的重复测定次数；

S_2——基准样对每个烟煤样的重复测定标准差。

6 检验规则

6.1 检验样品各项指标全部符合本标准3.2、3.3和3.4的规定时，判定其所代表的该批产品为合格，其中任一项不合格，则判定其所代表的该批产品不合格。

6.2 产品应经有资质的非生产单位实验室检验合格。

6.3 专用无烟煤品质合格证书按批分瓶发给，合格证书至少应有以下信息：

a) 物质名称；

b) 生产单位名称(印章)和地址；

c） 生产日期及有效期；

d） 生产批号、批量（kg）；

e） 每瓶净质量（kg）；

f） 检验结论；

g） 包装、运输和贮存条件；

h） 检验单位名称（印章）和地址。

7 标志、包装、运输和贮存

7.1 标志

在包装容器上标明下列内容：

a） 生产单位名称及地址；

b） 产品名称；

c） 产品规格；

d） 出厂日期、批号；

e） 净质量（kg）。

7.2 包装

7.2.1 专用无烟煤用洁净密封容器包装。并能保证运输过程中不会破损。每一最小包装单元净质量为（1 000±10）g或（500±5）g。

7.2.2 每一最小包装单元内应附有品质合格证书。

7.3 运输

包装好的产品在能够避免雨、雪直接影响条件下，可用任何运输工具运送。运输过程中应严禁挤压、碰撞和摔落。

7.4 贮存

7.4.1 基准样的贮存

基准样按照A.4的要求贮存。

7.4.2 商品样的贮存

商品样应贮存在通风、干燥、周围无酸性或碱性等腐蚀气体的场所。保存期一般为3年。

附 录 A
（规范性附录）
测定粘结指数专用无烟煤基准样

A.1 总则

A.1.1 基准样每三年更换一次。原始基准样为研究制定 GB/T 5447 烟煤粘结指数测定方法时所用的专用无烟煤。

A.1.2 应保持每次更换的新基准样与原始基准样对烟煤粘结指数测定值的一致性，防止出现使粘结指数测定值逐次降低或升高的现象。

A.2 基准样制备方法

按附录 B 规定的方法采取和制备 4 个样品，每一样品 4 kg。然后将每一样品缩分成 2 份，1 份送检，1 份由制样单位保存。

A.3 基准样品质检验及判定

A.3.1 粒度

按 5.2 的规定进行粒度分析。粒度组成分析结果应满足 3.2 的要求。

A.3.2 水分、灰分和挥发分

按 5.3 的规定进行测定。测定结果应满足 3.3 的要求。

A.3.3 烟煤粘结指数测定值

A.3.3.1 取出 1 份原基准样品（保留的前一批基准样，见 A.4），分别以 4 个新基准样品和 1 个原基准样品为惰性物质，按 GB/T 5447 对 8 个烟煤样（G 值范围 20～90，间隔约为 10）进行粘结指数测定。每一样品对每一烟煤样重复测定 6 次。计算 6 次重复测定的平均值 $\overline{X}_i$ 和标准差 S_i。

A.3.3.2 用 F 检验法分别检验每一个新基准样品与原基准样品对 8 个烟煤样的粘结指数重复测定方差（测量精密度）是否有显著性差异。

F 检验方法如下：

a) 计算每个新基准样品和原基准样品对 8 个烟煤样的 G 指数测定值的重复测定方差 S_x^2，见式（A.1）：

$$S_x^2=\frac{\sum_{i=1}^{m}\sum_{j=1}^{n}(X_{ij}-\overline{X}_i)^2}{m(n-1)}=\frac{\sum_{i=1}^{m}S_i^2}{m} \quad\cdots\cdots\cdots\cdots(\text{A.1})$$

式中：

X_{ij}——某个基准样品对每个烟煤样的单次测定结果；

$\overline{X}_i$——某个基准样品对每个烟煤样的重复测定结果的平均值；

S_i——某个基准样品对每个烟煤样的重复测定结果的标准差；

m——用某个基准样品测定的烟煤样品数；

n——某个基准样品对每个烟煤样的重复测定次数。

b) 若新基准样品的重复测定方差 $S_{新}^2 \leqslant S_{原}^2$，新基准样品与原基准样品的重复测定方差（或标准差）无显著性差异。

c) 若新基准样品的重复测定方差 $S_{新}^2 > S_{原}^2$，计算统计量 F：

$$F=\frac{S_{新}^2}{S_{原}^2} \quad\cdots\cdots\cdots\cdots(\text{A.2})$$

查 F 分布表，得临界值 $F_{0.05,(m-1),m(n-1)}$，若 $F \leqslant F_{0.05,(m-1),m(n-1)}$，则新基准样与原基准样的 G 指数测定重复测定方差(精密度)无显著性差异。

A.3.3.3 用 t 检验法分别检验每一个新基准样品与原基准样品对 8 个烟煤样的粘结指数测定平均值间是否有显著性差异。

t 检验方法如下：

a) 计算每个新基准样品与原基准样品对每个烟煤样的 G 指数测定平均值之差 d_i；

b) 计算每个新基准样品和原基准样品对 8 个烟煤样的 G 指数测定值差值的平均值 $\bar{d}$ 和标准差 S_d；

$$\bar{d} = \frac{1}{m}\sum d_i \quad \cdots\cdots (\text{A}.3)$$

$$S_d = \sqrt{\frac{\sum (d_i - \bar{d})^2}{m-1}} \quad \cdots\cdots (\text{A}.4)$$

式中：

m——比较的数据对数。

c) 计算统计量 t：

$$t = \frac{|\bar{d}|}{S_d} \times \sqrt{m} \quad \cdots\cdots (\text{A}.5)$$

d) 查 t 分布表，得临界值 $t_{0.05,m-1}$，若 $t \leqslant t_{0.05,m-1}$，则新基准样与原基准样的 G 指数测定值无显著性差异。

A.3.3.4 若 F 检验和 t 检验均无显著性差异，该新基准样品用于烟煤粘结指数测定合格；否则，不合格。4 个样品中至少有 2 个合格，否则本批制备的新基准样作废。

A.3.3.5 混合检验合格的样品作为新基准样。若第一次更换时用新基准样所得的烟煤 G 指数测定值略系统低于(或高于)用原基准样所得的烟煤 G 指数测定值，则第二次更换时，应通过选择合适的样品进行混合或调整新基准样品的混合比例，使得用最终产生的新基准样所得的烟煤 G 指数测定值略系统高于(或低于)用上一基准样所得的烟煤 G 指数测定值，防止基准样对烟煤 G 指数测定值逐次降低或增高。

A.4 基准样的贮存

制样单位将保留的、质量合格的若干个样品混合作为一个基准样。然后将基准样缩分成若干份，每份约 200 g，密封后低温贮存。

同时，鉴定单位将质量合格的若干个样品的剩余部分混合作为另一个基准样。然后按上述要求缩分、贮存。

附 录 B
（规范性附录）
测定烟煤粘结指数专用无烟煤采取、制备方法

B.1 原料煤采集

B.1.1 原料采自汝箕沟煤矿西沟平峒两侧二$_1$ 煤层下分层(即二棚矸以下至煤层底板)，煤层厚约 2 m。

B.1.2 采煤地点应避开断层、褶皱等构造复杂地带，采前把煤层表面氧化部分剔去。

B.1.3 在同一地带采集棚矸上、下两个分层的煤，每次采煤应根据上、下两个分层煤的自然厚度比例，搭配组成。

B.1.4 在采运时要防止灰土、油脂、化学物品、脏水等污染。

B.2 专用无烟煤的制备

B.2.1 先检查上、下两个分层的煤是否按规定比例搭配。

B.2.2 将原料中的矸石、块煤中间的夹石与脏杂物、裂隙中夹白脉的煤剔出拣净，无法手选的末煤应舍弃。

B.2.3 水分超过 2.50%的原料煤应先用红外干燥法干燥至水分小于 2.50%。

B.2.4 用专用的破碎机破碎煤样至粒度小于 0.2 mm。破碎过程中注意避免样品的过度破碎，同时注意不要产生过多片状、针状等形状的颗粒。

B.2.5 破碎后的样品混合均匀，然后分别用 0.2 mm 和 0.1 mm 的标准网筛进行筛分，弃去大于 0.2 mm 部分(如量大，可再次破碎)和小于 0.1 mm 部分。使用前检查筛网完好程度，如果发生松动，则应及时更换。

B.3 制样检查

B.3.1 专用无烟煤的水分、灰分和挥发分是否符合 3.3 的要求。

B.3.2 粒度组成和颗粒形状，其中是否有片状、针状等形状的颗粒，是否有杂质。

B.3.3 0.1 mm 筛下物和 0.2 mm 筛上物的质量分数是否符合 3.2 的要求。

B.4 样品分装

样品用二分器或 GB 474(或 GB/T 19494.2)规定的其他缩分方法分成所需的包装量，置于合适的容器中(7.2.1)。

B.5 均匀性检验

随机抽取 5 个包装单元，对 1 个烟煤样(G 值为 70～90)进行粘结指数测定，每一包装单元对该烟煤样进行 2 次重复测定。

计算组内方差 S_e^2 和组间方差 S_A^2 方法如式(B.1)和式(B.2)所示：

$$S_e^2=\frac{\sum_{i=1}^{m}w_i^2}{2m} \qquad \cdots\cdots\cdots\cdots(B.1)$$

$$S_A^2=\frac{2\sum_{i=1}^{m}(\overline{X}_i-\overline{\overline{X}})^2}{(m-1)} \qquad \cdots\cdots\cdots\cdots(B.2)$$

式中：

w_i——两次重复测定结果之差；

m——抽取的样品个数；

$\overline{X}$——每一包装单元的无烟煤对烟煤样粘结指数测定值的平均值；

$\overline{\overline{X}}$——所有包装单元的无烟煤对烟煤样粘结指数测定值的总平均值。

计算统计量 F：

$$F=\frac{S_A^2}{S_e^2} \quad \cdots\cdots\cdots\cdots(B.3)$$

查 F 分布表，得临界值 $F_{0.05,(m-1),m(n-1)}$。

若 $F<F_{0.05,(m-1),m(n-1)}$，单元间方差与单元内方差无显著性差异，样品均匀；

若 $F\geqslant F_{0.05,(m-1),m(n-1)}$，单元间方差与单元内方差有显著性差异，样品不均匀。

当 F 检验表明样品不均匀时，应将所有包装单元的样品倒出，查找原因后对样品重新进行处理和分装成最小包装单元，再按上述方法进行均匀性检验，直至证明样品均匀。

ICS 17.140.50
M 72

中华人民共和国国家标准

GB/T 14199—2010
代替 GB/T 14199—1993

电声学 助听器通用规范

Electroacoustics—General specification for hearing aids

2010-09-02 发布 2011-04-01 实施

中华人民共和国国家质量监督检验检疫总局
中国国家标准化管理委员会 发布

前　言

本标准代替 GB/T 14199—1993《盒式助听器总技术条件》。

本标准与 GB/T 14199—1993 相比主要变化如下：

a) 对术语部分进行了补充，增加了助听器及电声参数的术语和定义；
b) 对编写内容进行了规范调整，将第 4 章、第 5 章、第 6 章内容重新编排，归纳编写为技术要求和检验方法两章；
c) 对环境试验方法按照国家新颁布的标准进行了修订；
d) 规定了骨导式助听器的试验方法；
e) 细化了部分技术指标和检验方法；
f) 删除了第 6 章交货检验内容中对大包装的检测项目；
g) 对第 6 章检验规则中接收质量限(AQL)、不合格质量水平(RQL)进行了修订；
h) 删除了附录 A 典型频响曲线和额定频率范围的确定。

本标准由中华人民共和国工业和信息化部提出。

本标准由全国电声学标准化技术委员会归口(SAC/TC 23)。

本标准负责起草单位：国家康复器械质量监督检验中心、天津市助听器厂、上海市计量测试技术研究院。

本标准参加起草单位：瑞声达听力技术(中国)有限公司、西门子听力仪器(苏州)有限公司、奥迪康(上海)听力技术有限公司、唯听助听器(上海)有限公司、中山市天乐听力技术有限公司。

本标准主要起草人：王保华、唐惠德、张红涛、顾建秀。

本标准参加起草人：曾子临、顾军、顾政远、卜岩、张世军、卢炳枝。

本标准于 1993 年 10 月首次发布，本次为第一次修订。

电声学 助听器通用规范

1 范围

本标准规定了助听器的技术要求、测量方法、检验规则、标志、包装、运输和贮存。

本标准适用于气导和骨导助听器。

2 规范性引用文件

下列文件中的条款通过本标准的引用而成为本标准的条款。凡是注日期的引用文件，其随后所有的修改单(不包括勘误的内容)或修订版均不适用于本标准，然而，鼓励根据本标准达成协议的各方研究是否可使用这些文件的最新版本。凡是不注日期的引用文件，其最新版本适用于本标准。

GB/T 2421.1 电工电子产品环境试验 概述和指南(GB/T 2421.1—2008,IEC 60068-1:1988,IDT)

GB/T 2422 电工电子产品环境试验 术语

GB/T 2423.1 电工电子产品环境试验 第2部分:试验方法 试验A:低温(GB/T 2423.1—2008,IEC 60068-2-1:2007,IDT)

GB/T 2424 电工电子产品环境试验 高温低温 试验导则

GB/T 2828.1 计数抽样检验程序 第1部分:按接收质量限(AQL)检索的逐批检验抽样计划(GB/T 2828.1—2003,ISO 2859-1:1999,IDT)

GB/T 2829 周期检验计数抽样程序及表(适用于对过程稳定性的检验)

GB/T 6661 插入式耳机的乳头状接头

GB/T 25102.100—2010 电声学 助听器 第0部分:电声特性的测量

GB/T 25102.1—2010 电声学 助听器 第1部分:具有感应拾音线圈输入的助听器

GB/T 25102.13—2010 电声学 助听器 第13部分:电磁兼容(EMC)(IEC 60118-13:2004,IDT)

SJ/Z 9143.2 助听器 第9部分:带有骨振器输出的助听器特性测量方法

SJ/T 10659 测量插入式耳机用堵塞耳模拟器

IEC 60318-5 人头和人耳模拟器 第5部分:由耳塞同人耳耦合的助听器和耳机测量用2 cm^3 耦合腔

3 术语和定义

GB/T 25102.100、GB/T 25102.1、GB/T 2422确立的以及下列术语和定义适用于本标准。

3.1

助听器 hearing aid

用来放大声音、补偿听力损失的电子装置，通常由传声器、放大器、耳机组成，并且由一个低压电池供电。

3.2

气导式助听器 air-conduct hearing aid

通过气导方式放大后的声音通过耳道气体传导到内耳的助听器。

3.3

骨导式助听器 bone-conduct hearing aid

将放大后的声音通过乳突或头骨机械振动的方式传导到内耳的助听器。

3.4

盒式助听器　box hearing aid

体佩式助听器　body-worn hearing aid

佩戴在听者身上(不是戴在头部)的助听器。

3.5

耳背式助听器　behind-the-ear hearing aid;BTE

通过耳钩连接,佩戴在耳廓背部的助听器。

3.6

耳内式助听器　in-the-ear hearing aid;ITE

一种根据耳甲腔形状定制,佩戴于耳甲腔中的助听器。

3.7

耳道式助听器　in-the-ear canal hearing aid

一种根据耳道形状定制,佩戴于耳道中的助听器。

3.8

眼镜式助听器　glasses hearing aid

安装在眼镜架腿上,类似耳背式佩戴方式的助听器。

3.9

模拟助听器　analog hearing aid

将声信号通过传声器转换成连续变化的电信号(模拟信号),经滤波、放大后传送到耳机输出的助听器。

3.10

数字助听器　digital hearing aid

其信号处理部分采用数字方式,即将接收的声音信号(模拟信号)转换成数字信号,再进行一系列的处理、放大后,再转换成模拟声信号输出的助听器。

3.11

高频平均值　High-frequency average;HFA

测量助听器的增益或声输出时,在 1 000 Hz、1 600 Hz、2 500 Hz 三个频率点的增益或输出声压级的平均值。

3.12

参考测试增益　reference test gain

在参考测试频率点,输入声压级为 60 dB 时,调节助听器的增益使在 2 cm^3 声耦合腔中测得的高频平均增益等于输入声压级为 90 dB 时输出声压级的高频平均值减去 77 dB,为参考测试增益,其允许偏差为±1.5 dB。如果满挡增益下的高频平均增益小于输入声压级 90 dB 时输出声压级的高频平均值减去 77 dB,则设满挡增益为参考测试增益。

4　技术要求

4.1　外观和结构要求

4.1.1　各零部件应装配齐全、固定可靠。

4.1.2　文字、符号或标记应清晰、正确。

4.1.3　表面应无毛刺、飞边、凹陷、划痕等缺陷。

4.1.4　耳机、插座与导线接插有效。

4.1.5　耳钩连接应可靠。

4.1.6　各调节钮、开关应灵活、有效。

4.1.7 电源正、负极接触有效。

4.1.8 插入式耳机的乳头状接头符合 GB/T 6661。

4.2 电声性能技术参数要求

4.2.1 输入声压级为 90 dB 时的输出声压级($OSPL_{90}$)

4.2.1.1 最大 $OSPL_{90}$

标称值由制造厂产品标准或技术说明书中规定,其实际测试值应不大于标称值+3 dB。

4.2.1.2 高频平均值 $OSPL_{90}$

标称值由制造厂产品标准或技术说明书中规定,其实际测试值允许偏差优于±4 dB。

4.2.2 满挡声增益

标称值由制造厂产品标准或技术说明书中规定,其实际测试高频平均值允许偏差±5 dB。

4.2.3 等效输入噪声级

标称值由制造厂产品标准或技术说明书中规定,其实际测试值最大不超过 32 dB,且应不大于标称值+3 dB。

4.2.4 总谐波失真

标称值由制造厂产品标准或技术说明书中规定,其实际测试值最大不超过 10%,且应不大于标称值+3%。

4.2.5 频率响应范围

标称范围符合制造厂产品标准或技术说明书中规定。

4.2.6 额定电源电流消耗

标称值由制造厂产品标准或技术说明书中规定,其实际测试值应不大于标称值的 120%。

4.2.7 感应拾音线圈灵敏度

额定值由制造厂产品标准或技术说明书中规定,其实际测试值允许偏差±6 dB。

4.3 环境试验后电声性能技术参数要求

4.3.1 输入声压级为 90 dB 时的输出声压级($OSPL_{90}$)

环境试验前后检测值之差不大于±3 dB。

4.3.2 满挡声增益

环境试验前后检测值之差不大于±4 dB。

4.3.3 等效输入噪声级检测值不大于 35 dB。

4.3.4 总谐波失真检测值不大于 12%。

4.3.5 频率响应范围检测值符合 4.2.5 的规定。

4.3.6 额定电源电流消耗检测值符合 4.2.6 的规定。

4.3.7 感应拾音线圈灵敏度检测值符合 4.2.7 的规定。

4.4 环境适应性

4.4.1 低温负荷、贮存试验

试验样品在温度-10 ℃±3 ℃条件下工作 1 h 后切断电源,继续在-40 ℃±3 ℃条件下贮存 4 h,试验后应符合 4.1 和 4.3 的规定。

4.4.2 高温负荷、贮存试验

试验样品在温度 40 ℃±2 ℃条件下工作 4 h 后切断电源,继续在 55 ℃±2 ℃条件下贮存 4 h,试验后应符合 4.1 和 4.3 的规定。

4.4.3 恒定湿热负荷、贮存试验

试验样品在温度 40 ℃±2 ℃、相对湿度(80^{+2}_{-3})%条件下工作 4 h 后,继续在相对湿度(93^{+2}_{-3})%条件下贮存 48 h,试验后应符合 4.1 和 4.3 的规定。

4.4.4 振动(正弦)试验

试验样品在振动频率(10～55～10)Hz±1 Hz、振幅值(0.35～0.5)mm 范围内扫频,振动后恢复1 h,试验后应符合 4.1 和 4.3 的规定。

4.4.5 自由跌落试验

将试验样品置于运输包装箱内,按表 1 规定的质量和高度进行五个面的跌落试验,试验后应符合 4.1 和 4.3 的规定。

4.5 电磁兼容

检测结果符合 GB/T 25102.13—2010 的规定。

5 测量方法

5.1 测量条件

5.1.1 气导助听器按 GB/T 25102.100—2010 第 5 章的规定;骨导助听器按 SJ/Z 9143.2—1987 第 6 章的规定。

5.1.2 使用符合 IEC 60318-5 的 2 cm^3 的声耦合腔或使用符合 IEC 60711 的堵塞耳模拟器进行测量,但制造商在给出规定值时应注明使用哪一种测量耦合设备。

5.1.3 数字助听器按制造厂规定的工作状态进行测量。

5.2 外观和结构要求等

检测用目测、手感的方法。

5.3 电声性能测量方法

5.3.1 输入声压级为 90 dB 时的输出声压级(OSPL 90)按 GB/T 25102.100—2010 中 7.2 测量。

5.3.2 满挡声增益按 GB/T 25102.100—2010 中 7.3 测量。

5.3.3 等效输入噪声级按 GB/T 25102.100—2010 中 7.14 测量。

5.3.4 总谐波失真按 GB/T 25102.100—2010 中 7.12.1 测量,推荐测试的频率为 500 Hz、800 Hz、1 600 Hz,500 Hz 及 800 Hz 输入声压级为 70 dB,1 600 Hz 输入声压级为 65 dB。

5.3.5 频率响应范围:

5.3.5.1 将助听器设置到参考测试增益位置,保持输入声压级恒定在 60 dB,在 200 Hz～5 000 Hz 频率范围内改变声源频率,测量声耦合腔内对应频率的声压级,获得基本频率响应曲线。

5.3.5.2 从基本频响曲线中获得高频平均(HFA)输出级,以 HFA 输出级值减去 20 dB 之差,在频率响应曲线上划一水平直线相交于 f_1、f_2,下限频率 f_1 到上限频率 f_2 为频率响应范围。

5.3.6 额定电源电流消耗按 GB/T 25102.100—2010 中的 7.11 测量。推荐参考测试增益值为高频平均值,推荐参考测试频率点为 1 000 Hz。

5.3.7 感应拾音线圈灵敏度按 GB/T 25102.100—2010 中 4.5 测量,推荐测量频率为 1 600 Hz 或高频平均值。感应拾音线圈灵敏度以磁场强度为 1 mA/m 时的输出声压级表达。如测试时磁场强度为 10 mA/m,则感应拾音线圈灵敏度等于测试值减去 20 dB。

5.3.8 骨导助听器按 SJ/Z 9143.2《助听器　第 9 部分:带有骨振器输出的助听器特性测量方法》测量。

5.4 环境试验

5.4.1 环境试验项目及试验顺序

环境试验顺序按以下排序进行:

a) 低温负荷、贮存试验;

b) 高温负荷、贮存试验;

c) 恒定湿热负荷、贮存试验;

d) 振动(正弦)试验;

e) 自由跌落试验。

5.4.2 样品预处理

5.4.2.1 预处理环境条件

按 GB/T 25102.100—2010 中 5.5.4 的要求，温度 23 ℃±5 ℃、相对湿度 40%～80%、大气压 101.3^{+5}_{-20} kPa。

5.4.2.2 预处理方法

将无包装的样品放入符合 5.4.2.1 预处理条件的试验箱(室)内，放置 1 h 以上。

5.4.3 环境试验前检测

样品的环境试验前检测，包括外观和结构要求、电声性能检验。外观和结构要求等检测按 5.2 规定；电声性能检测按 5.3 和 5.4 规定。

5.4.4 环境试验设备要求

环境试验设备应符合 GB/T 2423 和 GB/T 2424 中有关各项试验设备的要求。

5.4.5 低温负荷、贮存试验

5.4.5.1 将处于室温下的试验样品在不包装、不通电、正常工作位置的状态下放入试验箱(室)内。此时该试验箱(室)的温度为室温。

注："正常工作位置"指除不接通电源外，样品的各部分均按使用状态连接，音量控制调至参考测试增益位置。本章中 5.4.6.1、5.4.7.1 和 5.4.8.1 的"正常工作位置"的含义均同本注。

低温负荷、贮存试验，高温负荷、贮存试验按 GB/T 2423.1 第二篇、GB/T 2423.2 第二篇进行。

5.4.5.2 试验箱(室)的温度按 1 ℃/min 的平均速率下降至 −10 ℃±3 ℃时，将助听器电源接通，连续工作 1 h 后，切断电源，继续降低试验箱(室)的温度至 −40 ℃±3 ℃，当样品达到温度稳定后，持续 4 h。

注：平均速率指每 5 min 的平均值。本章中 5.4.5.3、5.4.6.2、5.4.6.3 和 5.4.7.2 的"平均速率"的含义均同本注。

5.4.5.3 试验箱(室)的温度按 1 ℃/min 的平均速率上升至 5.4.2.1 规定的试验条件。

5.4.5.4 为了避免样品表面出现凝露，允许将样品放在塑料薄膜袋内进行试验，必要时还可在袋内放置吸湿剂。

5.4.5.5 样品从试验箱(室)内取出，放在 5.4.2.1 规定的环境条件下恢复 6 h。

5.4.5.6 检测试验样品的结构、功能和电声性能等技术参数。

5.4.6 高温负荷、贮存试验

5.4.6.1 将处于室温下的试验样品在不包装、不通电、正常工作位置的状态下放入试验箱(室)内。此时该试验箱(室)的温度为室温。

5.4.6.2 试验箱(室)的温度按 1 ℃/min 的平均速率上升至 40 ℃±2 ℃时，将助听器电源接通，连续工作 4 h 后切断电源，继续升高试验箱(室)的温度至 55 ℃±2 ℃，当样品达到温度稳定后，持续 4 h。

5.4.6.3 试验箱(室)的温度按 1 ℃/min 的平均速率降低至 5.4.2.1 规定的试验条件。

5.4.6.4 样品从试验箱(室)内取出，放在 5.4.2.1 规定的环境条件下恢复 2 h。

5.4.6.5 检测试验样品的结构、功能和电声性能等技术参数。

5.4.7 恒定湿热负荷、贮存试验

5.4.7.1 样品在不包装、不通电、正常工作位置的状态下放入试验箱(室)内，样品之间应有适当距离，不允许重叠。

5.4.7.2 试验箱(室)的温度按 1 ℃/min 的平均速率上升至 40 ℃±2 ℃，对样品进行预热，待试验样品达到温度稳定后加湿至相对湿度 80^{+2}_{-3}%，然后将助听器电源接通，连续工作 4 h 后切断电源，继续加湿至相对湿度 93^{+2}_{-3}%，持续 48 h。

5.4.7.3 在 0.5 h 内先将试验箱(室)的相对湿度降低到 75%±3%，然后在 0.5 h 内把试验箱(室)的湿度、温度调节到 5.4.2.1 规定的范围内。

5.4.7.4 样品从试验箱(室)内取出,放在5.4.2.1规定的环境条件下恢复24 h。

5.4.7.5 检测试验样品的结构、功能和电声性能等技术参数。

5.4.8 振动(正弦)试验

5.4.8.1 样品在不包装、不通电、正常工作位置的状态下被紧固在振动台上(样品和夹具的公共重心的垂线应尽量通过振动台面中心附近的某个位置),应使激振力直接传给样品,而不要经过任何减振。缓冲装置、紧固样品的所有螺钉、压板、衬垫等均应避免在试验过程中产生自身共振。

5.4.8.2 将振动台的扫频振动频率范围调至(10～55～10)±1 Hz,振幅值调至(0.35～0.5)mm。

5.4.8.3 样品分别在三个互相垂直的每一轴线上依次连续扫频循环振动5次,三个方向的振动试验应连续进行。

5.4.8.4 为了减少试验过程中装卸样品的次数,允许将样品分为相等数量的三组,分别按三个互相垂直的方向固定在同一振动台上进行试验,但试验的扫频循环次数应为15次。

5.4.8.5 样品从振动台上取下,放在5.4.2.1规定的环境条件下恢复1 h。

5.4.8.6 检测试验样品的结构、功能和电声性能等技术参数。

5.4.9 自由跌落试验

5.4.9.1 样品置于运输包装箱内,按表1跌落试验参数规定的质量和高度进行5个面跌落试验。

表1 跌落试验参数

大包装箱质量 m/kg	跌落高度/mm	跌落面
$m \leqslant 10$	1 000	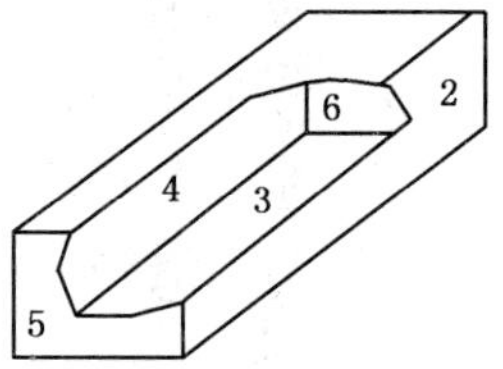
$10 < m \leqslant 30$	500	
$m > 30$	250	

5.4.9.2 跌落面的顺序为3[底面]-2-5-4-6(4个侧面)。每个侧面跌落一次。

5.4.9.3 将大包装箱提升至规定的跌落高度(跌落面向下并与试验台面平行),在保证各向初速度为零的情况下,突然释放,自由跌落于平整的水泥地面上。大包装箱与地面的接触状态不受限制,5个面的跌落应连续进行。

5.4.9.4 试验样品数小于大包装箱所含数量时,应将样品置于包装箱的各角(首先放置底面4角);包装箱未被占满的部分应以同等重量的物质填满。

5.4.9.5 样品从大包装箱内取出,放在5.4.2.1规定的环境条件下恢复1 h。

5.4.9.6 检测试验样品的外观和结构要求、电声性能等技术参数。

5.5 电磁兼容

检测按GB/T 25102.13—2010的方法。

6 检验规则

6.1 交收检验

6.1.1 适用范围

交收检验适用于制造厂的质量检验部门对生产车间提交批的检验。

注:非连续提交批的检验,由制造厂在产品标准中规定。

6.1.2 检查项目、不合格判据及不合格分类见表2。

表 2 交货检验的检查项目、不合格判据及不合格分类

序号	检查项目	不合格判据	不合格分类		
			A	B	C
1	单件包装	包装盒与助听器型号不符	√	—	—
		包装盒内缺少合格证、说明书、配件	√	—	—
		包装盒内缺少规定的备件	—	√	—
		包装盒破损	—	√	—
2	外观和结构要求	符号与标记错误	—	√	—
		助听器外壳有毛刺或一般划痕	—	—	√
		文字、符号或标记或不清楚	—	—	√
		耳机、插座与导线接插严重失效	√	—	—
		耳机、插座与导线接插不可靠	√	—	—
		电源正、负极接触严重失效	√	—	—
		电源正、负极接触不可靠	—	√	—
		电位器、可调电阻调节失灵	—	√	-
		机壳损坏、零件短缺影响正常使用	—	√	—
		耳勾连接不牢固	—	√	—
3	最大 $OSPL_{90}$	大于 4.2.1.1 允许的偏差值	√	—	—
4	高频平均 $OSPL_{90}$	大于 4.2.1.2 允许的偏差值	√	—	—
5	满挡声增益	大于 4.2.2 允许的偏差值	√	—	—
6	等效输入噪声级	大于 4.2.3 的规定值	√	—	—
7	总谐波失真	大于 4.2.4 的规定值	√	—	—
8	频率响应范围	超出 4.2.5 的规定	—	√	—
9	其他技术参数	不合格判据由制造厂的产品标准规定	—	—	—

6.1.3 检验批的组成

每个批应由同型号、同等级、同类、同尺寸和同成分，在基本相同的时段和一致的条件下制造的产品组成。

6.1.4 抽样方案

6.1.4.1 抽样方案按 GB/T 2828.1—2003 第 10 章的规定执行。所有检查项目的检验水平、接收质量限和抽样方案类型见表 3。

表 3 交收检验抽样检验水平、合格质量水平和抽样方案类型

序号	检查项目	检验水平	接收质量限(AQL)			抽样方案类型
			A 类不合格品	B 类不合格品	C 类不合格品	
1	包装、外观和结构要求	一般检验水平Ⅱ	4	6.5	10	一次抽样
2	技术参数	特殊检验水平 S-2	4.0	15	—	

6.1.4.2 样本的抽选

应按照简单随机抽样从批中抽取作为样本的产品。

6.1.5 不合格的分类与判定标准

6.1.5.1 不合格的分类

a) A类不合格:单位产品的极重要质量特性不符合规定,或者单位产品的质量特性极严重不符合规定。

b) B类不合格:单位产品的重要质量特性不符合规定,或者单位产品的质量特性严重不符合规定。

c) C类不合格:单位产品的一般质量特性不符合规定,或者单位产品的质量特性轻微不符合规定。

6.1.5.2 不合格的判定标准

样品检验不合格的判定标准见表2。

6.1.6 不合格品的分类

a) A类不合格品:有一个或一个以上A类不合格,也可能还有B类和(或)C类不合格的单位产品。

b) B类不合格品:有一个或一个以上B类不合格,也可能还有C类不合格,但不包含A类不合格的单位产品。

c) C类不合格品:有一个或一个以上C类不合格,但不包含A类和B类不合格的单位产品。

6.1.7 检验批合格与不合格的评定

根据样本检查的结果,若在样本中发现的不合格品数小于或等于对应的合格判定数,则判定该批检验合格;若在样本中发现的不合格品数大于或等于对应的不合格判定数,则判定该批检验不合格。

6.1.8 检验结果处理

a) 对检验合格的检验批,应予接受。

b) 对检验不合格的检验批,应拒收。制造厂应对该产品返工,经全数自检合格后再重新提交抽验,如仍被拒收,则再返工,直至被抽验合格接受。

6.1.9 样品的处理

经过交收检验的检查的样品,凡合格的样品,重新包装后可按合格品交付使用,凡不合格的样品,可由制造厂返修,并经复检合格后才能包装交付使用。

6.2 周期检验

6.2.1 适用范围

a) 连续正常生产的产品,由制造厂的质量检验部门或上级质量监测部门为确定生产过程能否保证产品质量的持续稳定性而进行的抽样检查。

b) 停产后恢复生产的产品,其停产时间超过半年,在恢复生产时进行的抽样检查。

c) 在产品的主要设计,工艺操作和原材料(只要有一种情况)发生变化时,对批量生产的第一批产品的抽样检验。

d) 在新产品生产定型时,对批量生产的定型产品进行的抽样检查。

6.2.2 环境试验

a) 环境试验的项目和方法按第6章的规定进行。

b) 环境试验后按表4规定的内容检查样品的外观、结构、功能和技术参数。

表4 周期检验的检查内容及不合格判据

序号	检查项目	不合格判据	不合格分类	
			A	B
1	最大 $OSPL_{90}$	与其初始检测值之差的绝对值>3 dB	—	√
2	高频平均 SPL_{90}	与其初始检测值之差的绝对值>3 dB	—	√

表 4（续）

序号	检查项目	不合格判据	不合格分类	
			A	B
3	满挡声增益	与其初始检测值之差的绝对值>4 dB	√	—
4	频率响应范围	不符合 5.3.5 的规定，其超出允许偏差界限部分声压级的绝对值>1 dB	—	√
5	总谐波失真	大于 12%	√	—
6	等效输入噪声级	大于 35 dB	√	—
7	额定电源电流消耗	测试值大于标称值的 120%	—	√
8	感应拾音线圈灵敏度	检测值大于允许偏差 6 dB	—	√
9	其他技术参数	不符合判据由制造厂的产品标准规定	—	—

c) 每项环境试验后，如在检测中发现样品有 A 类或 B 类不合格，并可能影响对下一项环境试验结果的判定时，应在记录和分析不合格情况后予以修复，该样品仍可继续进行下一项环境试验；如该样品不能修复，则可换另一合格品替代。对不合格样品的修复只限于被判定为不合格的部分。

6.2.3 周期划分

每半年为一周期。

6.2.4 抽样方案

6.2.4.1 抽样方案按 GB/T 2829—2002 的有关规定执行。所有检查项目的判别水平、不合格质量水平、抽样方案类型和判定数组见表 5。

表 5 周期检验抽样检查项目的判别水平、不合格质量水平、抽样方案类型和判定数组

序号	检查项目	判别水平	不合格质量水平（RQL）		抽样方案类型	判定数组	
			A 类不合格品	B 类不合格品	抽样数	A 类不合格品 A_c R_e	B 类不合格品 A_c R_e
1	外观结构	Ⅰ	40	50	二次抽样 $n_1=6$ $n_2=6$	$\begin{bmatrix}1 & 3\\4 & 5\end{bmatrix}$	$\begin{bmatrix}1 & 5\\5 & 6\end{bmatrix}$
2	功能技术参数	Ⅱ	30	40	二次抽样 $n_1=6$ $n_2=6$	$\begin{bmatrix}0 & 2\\1 & 2\end{bmatrix}$	$\begin{bmatrix}0 & 3\\3 & 4\end{bmatrix}$

6.2.4.2 样本抽取方法

样本从本周期正常制造的经过交收检验合格后的产品批中随机抽取。进行环境试验的样品，除外观、结构和功能应无 A 类、B 类不合格外，常温条件下的技术参数应符合第 5 章的有关规定。如发现抽取的样品中有不合格品，应以本周期正常制造的经过交收检验合格后的产品批中随机抽取的产品替换，并将此情况记入周期检验报告，但不作为判别周期检验合格与否的依据。二次抽样方案的第一样本和第二样本要同时抽齐，并抽取适当数量的替代样品。

6.2.5 不合格的分类与判定标准

6.2.5.1 不合格的分类同 6.1.5.1。

6.2.5.2 不合格的判定标准见表 4。

6.2.6 不合格品的分类

不合格品的分类同6.1.6。

6.2.7 周期检验合格与不合格的判定

6.2.7.1 环境实验项目的判定

a) 在每一环境试验项目的最后检测中，若在第一样本中发现的不合格品数小于或等于 A_1，则判该试验项目合格；若在第一样本中发现的不合格品数等于或大于 R_1，则判该试验项目不合格。

b) 在每一环境试验项目的最后检测中，若在第一样本中发现的不合格品数大于 A_1，同时有小于 R_1，则对第二样本进行试验；若在第一样本和第二样本的最后检测中所发现的不合格品数的总和小于或等于 A_2，则判该试验项目合格；相反，若不合格品数的总和等于或大于 R_2，则判该试验项目不合格。

6.2.7.2 当全部环境试验项目都按照6.2.7.1判定合格时，则判定本周期检验合格；否则判为不合格。

6.2.8 周期检验不合格产品批的处理

6.2.8.1 制造厂接到周期不合格的通知后，生产线的产品应立即暂停交收检验，已交付的产品可由交收双方协商解决，已入库的产品不得继续交付使用。

6.2.8.2 制造厂应对不合格产品批进行分析并在工艺上采取纠正措施后才允许恢复生产。对恢复生产的第一批产品再次抽样进行不合格项目检查，直到该检验项目合格后才能恢复正常批量生产和交收检验。

6.2.8.3 库存本周期生产的全部产品批必须经过采取纠正措施后，重新抽样进行不合格项目的检查，直到该检验项目合格后才允许继续交付使用。

6.2.9 样品的处理

经周期检验后的样品，一律不能按合格品入库或交付使用。

7 标志、包装、运输、贮存

7.1 标志

7.1.1 产品外壳上应有制造厂名称或注册商标和产品型号。

7.1.2 销售包装上应有制造厂名称、地址、邮编、电话、产品名称、规格型号、注册商标和执行标准等。

7.1.3 经检验合格的助听器应有合格标志（如产品合格证），并注明生产批号（或日期）、检验批号（或日期），标志上应有检验人员的印章。

7.2 包装

7.2.1 包装盒内应有合格证、产品使用说明书、附件及其他相关技术文件（如保修卡等）（使用说明书及其他相关文件应符合国家相关规定）。

7.2.2 运输包装的形式和装放数量由制造厂自行设计，但应保证产品经过一般运输方式和正常装卸后完好无损。包装箱内应有装箱单。

7.3 运输、贮存

7.3.1 有包装的助听器可以采用一般货物运输方法运输，但应防曝晒、雨、雪的直接淋袭或机械碰撞。

7.3.2 助听器长期贮存时应放在温度0℃～38℃、相对湿度不大于80%、通风、无腐蚀性气体的仓库内。

ICS 21.140
J 22

中华人民共和国国家标准

GB/T 14211—2010
代替 GB/T 14211—1993

机械密封试验方法

Test method of mechanical seal

2010-12-23 发布　　2011-06-01 实施

中华人民共和国国家质量监督检验检疫总局
中国国家标准化管理委员会　发布

前　言

本标准代替 GB/T 14211—1993《机械密封试验方法》。

本标准与 GB/T 14211—1993 相比，主要技术差异如下：

——增加了试验分类章节；

——对出厂试验运转时间作了新的规定；

——修改了对测量磨损量的相关规定；

——删除了机械密封的安装章节；

——修改了附录 A。

本标准的附录 A 为资料性附录。

本标准由全国机械密封标准化技术委员会(SAC/TC 491)提出并归口。

本标准起草单位：合肥通用机械研究院。

本标准主要起草人：李鲲、吴兆山、班玉红、姚黎明、季正峰、郑国运、杨博峰、李香、丁思云。

本标准所代替标准的历次版本发布情况为：

——GB/T 14211—1993。

机械密封试验方法

1 范围

本标准规定了机械密封产品性能试验的试验分类、试验内容、试验条件、试验装置及仪器仪表等。

本标准适用于各类旋转机械的机械密封。

2 试验分类

2.1 型式试验:为判定机械密封是否满足技术规范的全部性能要求所进行的试验,每种规格都应进行型式试验,型式试验包括静压试验和运转试验。

2.2 出厂试验:对经过型式试验已合格的机械密封产品在出厂时应进行的试验,同一规格的每批产品应至少抽取一套进行出厂试验,出厂试验包括静压试验和运转试验。

3 试验内容

3.1 静压试验

3.1.1 正确调装试验件并做好安装检测记录,试验前应将系统内充满试验密封流体。

3.1.2 当系统压力达到规定值时计算试验时间并测量泄漏量。

3.1.3 静压试验的保压时间不少于 15 min。

3.2 运转试验

3.2.1 用做过静压试验的机械密封产品做运转性能试验。

3.2.2 试验前应做好安装检测记录并将系统内充满试验密封流体。

3.2.3 启动试验装置,待系统温度、压力和转速稳定在规定值时计算试验时间并收集泄漏介质。

3.2.4 运转试验时间

3.2.4.1 型式试验运转时间应不少于 100 h,每隔 4 h 测量并记录一次试验压力、温度、转速、泄漏量和功率消耗。

3.2.4.2 出厂试验运转时间为连续运转 5 h,每隔 1 h 测量并记录一次试验压力、温度、转速、泄漏量和功率消耗。

3.2.5 在达到型式试验规定的运转时间后,停机测量密封环密封端面磨损量。

3.2.6 在试验稳定进行中通过测量机械密封工作扭矩或测量电功率,求得机械密封的功率消耗(扣除空载时的轴承摩擦力矩),该项是否进行根据需要协商而定。

3.3 静压试验和运转试验结束后,将有关数据填入试验报告,试验报告内容见附录 A,并对试验后密封环端面和其他零件的外观状况以及试验中的现象加以说明。

4 试验条件

4.1 试验密封流体:机械密封性能试验采用清水作为试验密封流体,若有特殊要求应另行商定。

4.2 试验参数

压力:静压试验压力为产品最高使用压力的 1.25 倍;运转试验压力为产品的最高使用压力。

转速:按产品的设计转速。

温度:试验密封流体温度为 0 ℃~80 ℃。如有特殊要求另行商定。

5 试验装置

该装置是为试验机械密封性能而专门设计的,除下述各项规定外,其他细节设计不受限制。静压和运转试验可以共用一套装置,也可各用一套装置。

5.1 试验装置的设计应满足机械密封的使用方式、试验工况及安装要求,该装置应设有排气口。

5.2 试验装置应采用稳压措施。在进行静压和运转试验时,压力值的极限偏差应为规定值的±5%。

5.3 试验装置轴的转速允差为规定值的±5%。

5.4 试验装置应能保证密封腔内温度稳定、均匀。密封腔内温度应保持在规定试验温度的±10 ℃范围内。

5.5 应备有适当的装置收集并测量机械密封处漏出的全部试验密封流体。

5.6 机械密封的安装部位及安装过程按相应机械密封产品标准中的有关规定。

5.7 除密封腔体及系统附件应能承受试验密封流体压力外,试验台架应具有足够的刚性和稳定性。

5.8 应在密封腔体或可反映试验密封流体温度的适当位置,正确装设测量试验密封流体温度的传感元件。

6 试验用仪器仪表

6.1 试验用仪器仪表应有计量部门校验,并出具有效期内的合格证。

6.2 试验所用仪器仪表应符合表1的规定。

表1 试验用仪器仪表

测量内容	仪　　表	精　　度
压力	指针式压力表或其他压力测量仪器	±1%
温度	玻璃温度计或其他温度测量仪器	±1 ℃
转速	机械转速表、光电测速仪或其他转速测量仪	±1%
泄漏量	量器	0.5 mL
扭矩	转矩转速仪或其他测量仪器	±1%
磨损量	千分表(尺)或其他测量仪器	0.001 mm

附　录　A
（资料性附录）
机械密封试验报告内容

表 A.1　机械密封试验报告

<table>
<tr><td colspan="8">制造厂：</td><td colspan="3">产品制造时间：</td></tr>
<tr><td colspan="11">试验类别及要求：</td></tr>
<tr><td colspan="8">机械密封型号、规格：
旋转环材料：
辅助密封圈材料、形式：</td><td colspan="3">
静止环材料：
机械密封安装轴径 mm：</td></tr>
<tr><td rowspan="3">试验用仪表</td><td colspan="2">测量内容</td><td>压力</td><td>温度</td><td colspan="2">转速</td><td>泄漏</td><td>扭矩</td><td colspan="2">磨损量</td></tr>
<tr><td colspan="2">仪表</td><td></td><td></td><td colspan="2"></td><td></td><td></td><td colspan="2"></td></tr>
<tr><td colspan="2">精度</td><td></td><td></td><td colspan="2"></td><td></td><td></td><td colspan="2"></td></tr>
<tr><td rowspan="3">静压试验</td><td colspan="2" rowspan="2">试验密封流体名称</td><td colspan="2" rowspan="2">试验密封流体压力
MPa</td><td colspan="2" rowspan="2">试验密封流体温度
℃</td><td rowspan="2">试验时间
min</td><td colspan="3">泄　漏　量</td></tr>
<tr><td>实测
mL</td><td colspan="2">折算
mL/h</td></tr>
<tr><td colspan="2"></td><td colspan="2"></td><td colspan="2"></td><td></td><td></td><td colspan="2"></td></tr>
<tr><td rowspan="4">运转试验</td><td rowspan="2">试验密封流体名称</td><td rowspan="2">试验密封流体压力
MPa</td><td rowspan="2">试验密封流体温度
℃</td><td rowspan="2">试验时间
h</td><td rowspan="2">转速
r/min</td><td rowspan="2">平均泄漏量[a]
mL/h</td><td rowspan="2">最大平均泄漏量[b]
mL/h</td><td rowspan="2">机械密封功率消耗
kW</td><td colspan="2">磨损量
mm</td></tr>
<tr><td>旋转环</td><td>静止环</td></tr>
<tr><td></td><td></td><td></td><td></td><td></td><td></td><td></td><td></td><td></td><td></td></tr>
<tr><td></td><td></td><td></td><td></td><td></td><td></td><td></td><td></td><td></td><td></td></tr>
<tr><td colspan="6">试验人员：</td><td colspan="5">试验日期：</td></tr>
<tr><td>试验结论</td><td colspan="10"></td></tr>
<tr><td colspan="11">[a] 全部试验时间内的平均泄漏量。
[b] 各测量时间单元中最大的平均泄漏量。</td></tr>
</table>

ICS 21.220.30
J 18

中华人民共和国国家标准

GB/T 14212—2010/ISO 10190:2008
代替 GB/T 14212—2003

摩托车链条　技术条件和试验方法

Motorcycle chains—Characteristics and test methods

(ISO 10190:2008,IDT)

2011-01-10 发布　　2011-10-01 实施

中华人民共和国国家质量监督检验检疫总局
中国国家标准化管理委员会　发布

前　言

本标准使用翻译法等同采用国际标准 ISO 10190:2008《摩托车链条　技术条件和试验方法》。

本标准代替 GB/T 14212—2003《摩托车链条　技术条件和试验方法》。

本标准与 GB/T 14212—2003 相比主要技术内容变化如下：

——新增了目录页和 ISO 引言；

——对图 1、图 2 和图 3 做了技术修订，去掉了双排链的结构图；

——对 3.4.3 做了技术修订，将原来的预拉载荷值为最小抗拉强度值的 1/3 调整为 30%；

——对 3.4.4 做了技术修订，将原来的链条测量长度的公差为链条公称长度的 $^{+0.15}_{0}$% 调整为 $^{+0.25}_{0}$%；

——取消了原标准对动载试验要求的规定；

——对表 1 做了技术修订，新增了动载强度 F_d，取消了原标准对疲劳试验的最大载荷 F_1 和最小载荷 F_2 的规定；

——在表 1 中全部采用了新的 ISO 链号；新增了七种链条规格，即：219H、415MH、420MH、520MH、525、525MH、530MH；取消了 08MB-2 双排链；对原表 1 中的部分数据进行了调整；

——ISO 10190:2008 附录 A 条款 A.7 中“$(0.000\,9d_f+0.08)$，最大可达 1.14 mm”，因为摩托车链轮的直径不会太大，本次采标时删除了“最大可达 1.14 mm”；

——对表 1 的注释也进行了部分调整和改写；

——将原标准的附录 A 移至附录 B；

——新增了附录 A 和附录 C。

本标准的附录 A 和附录 C 为规范性附录；附录 B 为资料性附录。

本标准由中国机械工业联合会提出。

本标准由全国链传动标准化技术委员会归口。

本标准负责起草单位：吉林大学、杭州东华链条集团有限公司、青岛征和工业有限公司。

本标准参加起草单位：杭州顺峰链业有限公司、浙江八方机械有限公司、浙江长兴西林链条链轮有限公司、浙江神牛机械制造有限公司、浙江恒久机械集团有限公司、常州世界伟业链轮有限公司、浙江中益机械有限公司。

本标准主要起草人：孟祥宾、叶斌、金玉谟、姚胜强、邵文礼、马锦华、杨建军、寿峰、方伟成、王以南。

本标准参加起草人：邵慧敏、付振明、陈新龙、沈哲文、汪志军、郭炽坚、孙丽燕、李勇、李伟国。

本标准所代替标准的历次版本发布情况为：

——GB/T 14212—1993、GB/T 14212—2003。

引　言

本标准可满足日益增多的对适用于摩托车的不同规格链条的需求。在 GB/T 1243 中对精密滚子链条的性能规定不再适用于摩托车链条。

本标准正文中的相关数据是由附录 B 中提供的原始英制数据换算而得。

摩托车链条　技术条件和试验方法

1　范围

本标准规定了适用于摩托车传动的滚子链和套筒链以及与其相配用链轮的尺寸和性能要求(见附录A),链条节距范围从6.35 mm到19.05 mm。这些链条适用于外传动(如:后驱动)。

本标准内容包括尺寸、公差、长度测量、预拉、最小抗拉强度和最小动载强度。

2　规范性引用文件

下列文件中的条款通过本标准的引用而成为本标准的条款。凡是注日期的引用文件,其随后所有的修改单(不包括勘误的内容)或修订版均不适用于本标准,然而,鼓励根据本标准达成协议的各方研究是否可使用这些文件的最新版本。凡是不注日期的引用文件,其最新版本适用于本标准。

GB/T 1243　传动用短节距精密滚子链、套筒链、附件和链轮(GB/T 1243—2006,ISO 606:2004,IDT)

GB/T 1800.2　产品几何技术规范(GPS)　极限与配合　第2部分:标准公差等级和孔、轴极限偏差表(GB/T 1800.2—2009,ISO 286-2:1988,ISO System of limits and fits—Part 2:Tables of standard tolerance grades and limit deviations for holes and shafts,MOD)

GB/T 20736　传动用精密滚子链条疲劳试验方法(GB/T 20736—2006,ISO 15654:2004,IDT)

3　链条

3.1　零部件术语

链条的零部件术语见图1和图2;图示并不定义链板的实际形状。

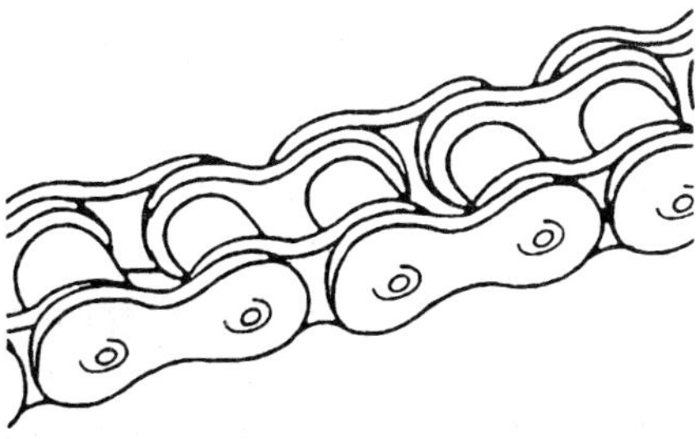

图1　链条装配图

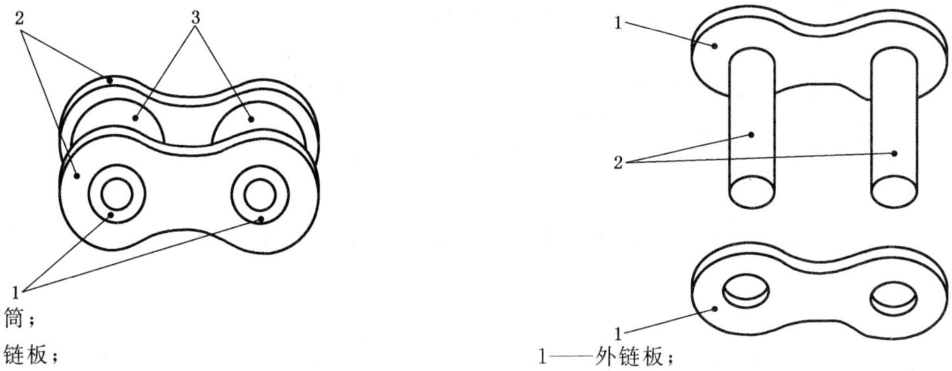

1——套筒;

2——内链板;

3——滚子。

a) 滚子链　内链节

1——外链板;

2——销轴。

b) 外链节

图2　链节类型

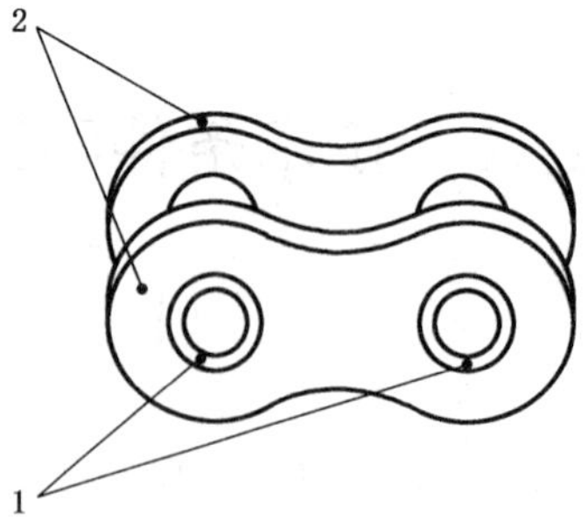

1——套筒；

2——内链板。

c) 套筒链　内链节

图 2（续）

3.2 标示

摩托车链条使用表 1 中的链号来标示。

3.3 尺寸

链条尺寸应符合图 3 和表 1 的规定。

注：表 1 规定的最大和最小尺寸是保证由不同厂家生产的链条可与相应链轮啮合的互换性。它们代表了互换性的极限，而不是制造链条时的公差。

3.4 性能要求

3.4.1 概述

从 3.4.2 至 3.4.5 规定的试验是为确定链条是否满足表 1 中规定的最低要求。

警告：标准中规定的试验要求不涉及链条的实际应用。无论标准中规定的试验载荷还是试验结果都不应作为工作载荷。

假如链条被使用过或以任何形式超载过(不含根据 3.4.3 的预拉处理)，则试验结果无效。

3.4.2 拉力试验

3.4.2.1　当一个拉力被施加到试样上直至试样被拉断时的强度值应该超过表 1 所规定的最小抗拉强度，试验步骤按 3.4.2.2 的规定。

注：最小抗拉强度值不是链条的工作载荷，它主要用于比较不同结构链条的数据。

链条的使用者应向链条的制造商咨询以获得链条的应用信息。

3.4.2.2　拉力应缓慢地施加到至少包含有 5 个自由链节的链段的两端，用允许在链条铰链的法平面以及链条中心线的两侧可自由运动的夹头连接。

链条破坏被认为是发生在当链条伸长增加而不再伴随着载荷增加的第一点上，即"载荷-拉伸"图的顶点。在此点的拉力值应等于或者大于表 1 中规定的最小抗拉强度值。

若破坏发生在与夹头连接处时，则认为该试验无效。

3.4.2.3　拉力试验是破坏性试验。

注：尽管链条在经过最小抗拉载荷作用后试样并没产生明显破坏，但链条所受拉力超过了其屈服限，因此经过拉力试验后的链条将不能再使用。

3.4.2.4　以上要求不适用于连接链节。

3.4.3 预拉

按本标准制造的链条要经过预拉，施加的预拉载荷至少等于表 1 中规定的最小抗拉强度值的 30%。

3.4.4 链长测量

链长的测量应在预拉之后、润滑之前进行。

最小标准测量长度应为 610 mm，被测链条的两端应为内链节。

测量时，整个链长应全部得到支撑，并按表 1 的规定施加测量力。

测量长度的公差应为链条公称长度的 $^{+0.25}_{\ 0}$ %。

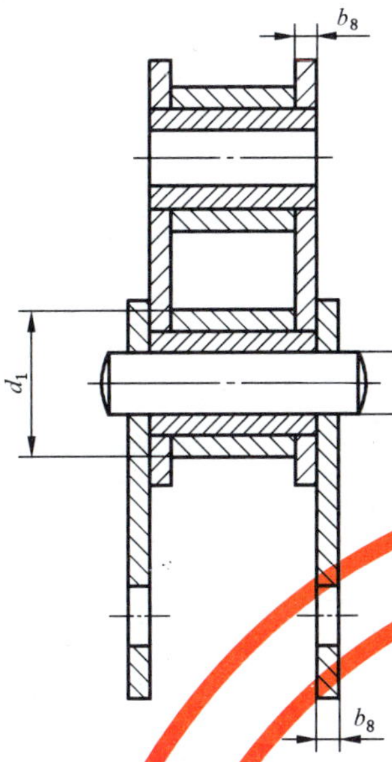

a) 滚子链

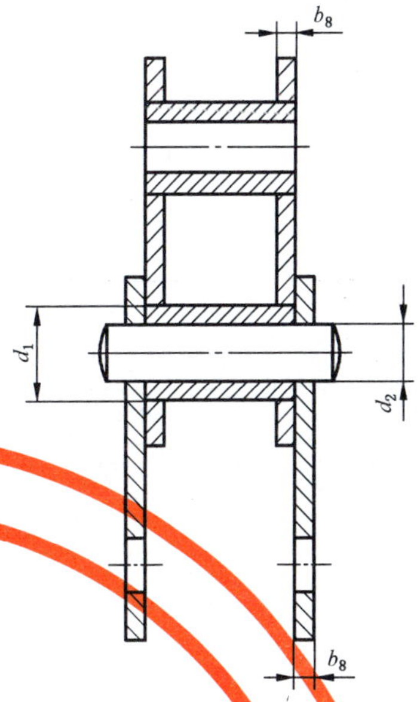

b) 套筒链

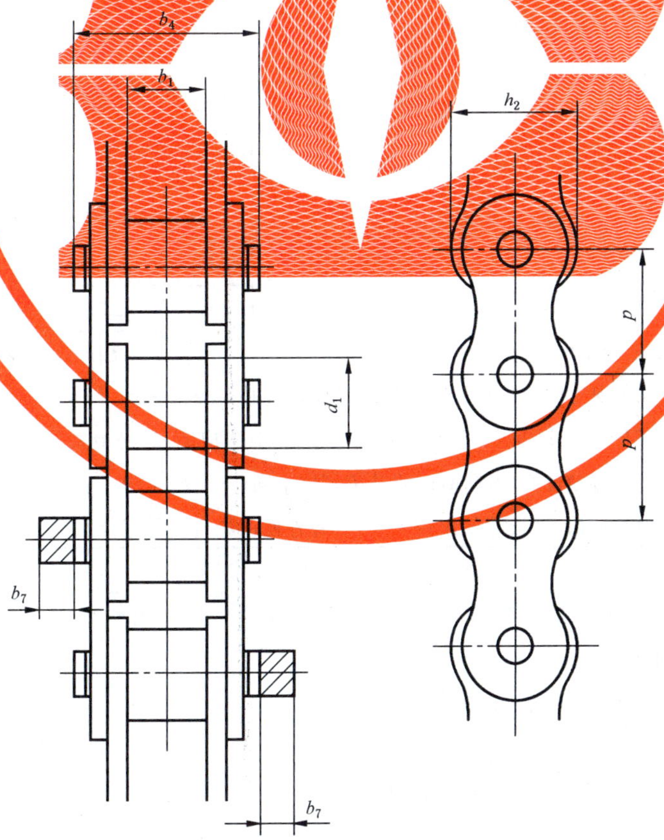

c) 链条

图 3　链条

表 1 链条主要尺寸、测量力、抗拉强度及动载强度(见图 3)

链号	原链号[a)]	节距 p nom	滚子直径[b] d_1 max	内节内宽 b_1 min	销轴直径[c] d_2 max	内链板高度 h_2 max	销轴长度 b_4 max	止锁件附加长度[d] b_7 max	链板厚度[c](参考) b_8 nom	测量力 F	抗拉强度 F_u min	动载强度 F_d min
		mm								N	kN	N
25H	04MA	6.35	3.30[b]	3.10	2.31	6.0	9.1	1.0	1.0	50	4.8	810
219	05MA	7.774	4.59[b]	4.68	3.17	7.6	12.0	1.7	1.2	70	6.6	1 080
219H	—	7.774	4.59[b]	4.68	3.17	7.6	12.6	1.7	1.4	70	7.3	1 260
05T	05MB	8.00	4.73[b]	4.55	3.17	7.8	12.1	1.7	1.3	70	6.8	1 190
270H	05MC	8.50	5.00[b]	4.75	3.28	8.6	13.3	—	1.6	70	10.8	1 720
415M	083	12.70	7.77	4.68	3.97	10.4	11.8	1.9	1.3	120	11.8	1 780
415	084	12.70	7.77	4.68	3.97	12.0	13.3	1.5	1.5	120	15.6	2 860
415MH	—	12.70	7.77	4.68	3.97	12.0	13.5	1.9	1.5	120	17.7	2 860
420	08MA	12.70	7.77	6.25	3.99	12.0	14.9	1.5	1.5	120	15.6	2 860
420MH	—	12.70	7.77	6.25	3.99	12.0	17.5	1.5	1.8	120	18.0	3 420
428	08MB	12.70	8.51	7.85	4.51	12.0	16.9	1.9	1.5	140	16.7	2 860
428MH	08MC	12.70	8.51	7.85	4.51	12.0	18.9	1.9	2.0	140	20.5	3 420
520	10MA	15.875	10.16	6.25	5.09	15.3	17.5	2.2	2.0	200	26.4	4 840
520MH	—	15.875	10.22	6.25	5.25	15.3	19.0	2.2	2.2	200	30.5	5 170
525	—	15.875	10.16	7.85	5.09	15.3	19.3	2.2	2.0	200	26.4	4 840
525MH	—	15.875	10.22	7.85	5.25	15.3	21.2	2.0	2.2	200	30.5	5 170
530	10MB	15.875	10.16	9.40	5.09	15.3	20.8	2.1	2.0	200	26.4	4 840
530MH	—	15.875	10.22	9.40	5.40	15.3	23.1	2.0	2.4	200	30.4	5 490
630	12MA	19.05	11.91	9.40	5.96	18.6	24.0	2.2	2.4	280	35.3	7 290

a 本标准的上一版本 GB/T 14212—2003 中的链号在本表中示出,仅作为对照和参考目的。本标准和 GB/T 14212—2003 所规定的链条在强度和尺寸方面没有必要完全一致。

b 链号为 25H,219,219H,05T 以及 270H 的链条是套筒链,其对应的 d_1 是最大套筒直径。

c 销轴直径和链板厚度仅为参考值,不同商标的链条可以不同;不同厂家的产品不允许连接在一起使用。

d 止锁件附加长度仅为参考值,不推荐使用止锁件;在各种使用场合应尽可能将链条铆接成封闭形式。

3.4.5 动载试验

符合本标准的链条应通过动载验证试验,其试验方法按 GB/T 20736 的规定,不同规格链条所采用的动载强度值按表 1 的规定。

确定最大动载试验载荷的方法见附录 C。

3.5 标记

链条应标有制造商名字或商标,表 1 中的链号应标记在相应的链条上。

4 链轮

为了保证摩托车链条和与之相配用的链轮在正常使用条件下的互换性,外传动链轮的尺寸应符合 GB/T 1243 或附录 A 的规定。

附 录 A
(规范性附录)
外传动链轮的技术要求

A.1 术语

链轮的术语规定于图 A.1～图 A.3。

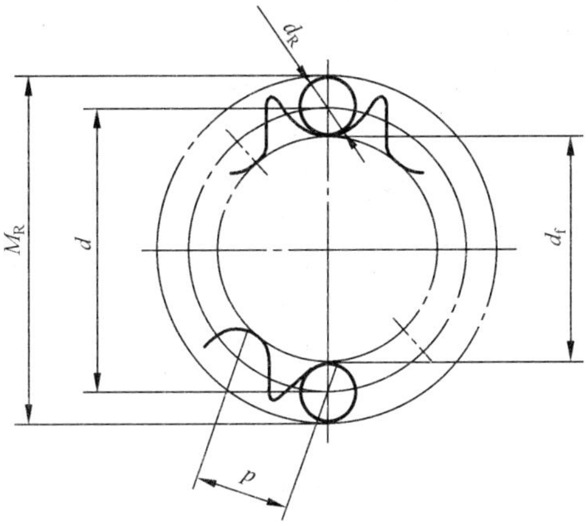

a) 偶数齿

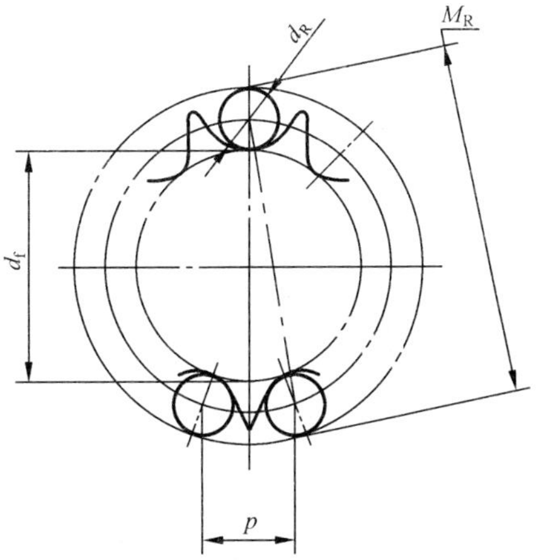

b) 奇数齿

p——弦节距,等于链条节距;
d_R——量柱直径;
d——分度圆直径;
d_f——齿根圆直径;
M_R——跨柱测量距。

注:以上术语对滚子链和套筒链均适用。

图 A.1 链轮直径尺寸

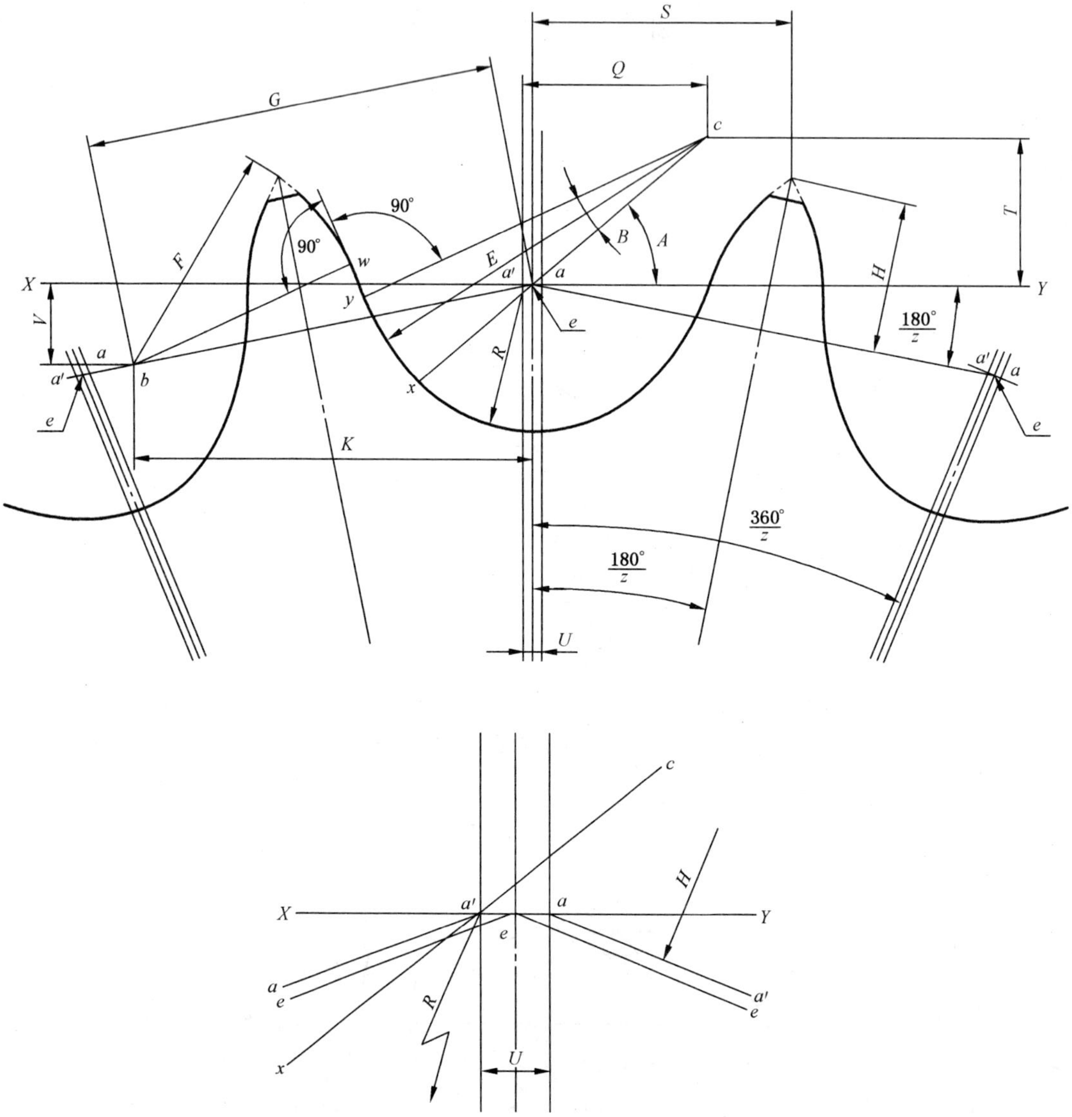

R——齿沟圆弧半径；

E——工作圆弧半径；

F——齿廓圆弧半径；

U——齿沟中心分离量；

z——齿数。

图 A.2 齿槽形状

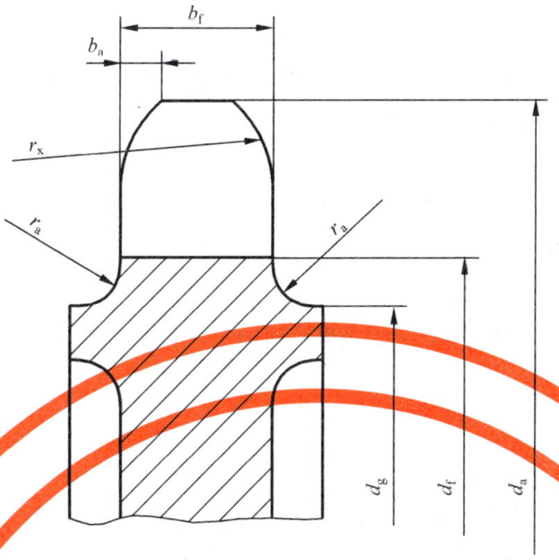

b_a——齿侧倒角宽；
b_f——齿宽；
d_a——齿顶圆直径；
d_f——齿根圆直径；
d_g——最大齿侧凸缘直径；
r_a——齿侧凸缘圆角半径；
r_x——齿侧倒角圆弧半径。

注：链轮剖面齿廓是从轴面通过齿槽中心的剖面。

图 A.3 链轮剖面齿廓

A.2 链轮直径尺寸

A.2.1 链轮分度圆直径，*d*

链轮分度圆直径 d 由下式计算：

$$d=\frac{p}{\sin\dfrac{180^\circ}{z}}$$

A.2.2 量柱直径，d_R

量柱直径 d_R 由下式计算：

$$d_R=d_1$$

公差极限为 $^{+0.01}_{\ 0}$ mm。

A.2.3 齿根圆直径，d_f

齿根圆直径 d_f 由下式计算：

$$d_f=d-d_1$$

公差极限见表 A.1。

表 A.1 齿根圆直径极限偏差

单位为毫米

齿根圆直径 d_f	极限偏差
$d_f \leqslant 127$	$^{\ 0}_{-0.25}$
$127 < d_f \leqslant 250$	$^{\ 0}_{-0.30}$
$d_f > 250$	h11[a]

[a] 见 GB/T 1800.2。

A.2.4 跨柱测量距

对于偶数齿的链轮，跨柱测量距由下式计算：

$$M_R = d + d_{Rmin}$$

测量方法是把与链轮相配的两个量柱放在链轮直径方向上相对应的两个齿槽中进行测量。

对于奇数齿的链轮，跨柱测量距由下式计算：

$$M_R = d\cos\frac{90^\circ}{z} + d_{Rmin}$$

测量方法是把与链轮相配的两个量柱放在最接近于链轮直径方向上相对应的两个齿槽中进行测量。

注：跨柱测量距的公差极限与齿根圆直径公差极限相同。

A.3 齿槽形状

A.3.1 概述

图 A.2 所示齿槽形状各尺寸参数由 A.3.2 所列各公式计算。

注：除了 $2R$ 和 U 以外的其他参数值均为公称值。

A.3.2 各参数计算公式

$$2R^{1)} = 1.005d_1 + 0.076$$

$$U^{1)} = 0.07(p - d_1) + 0.051$$

$$A = 35^\circ + \frac{60^\circ}{z}$$

$$B = 18^\circ - \frac{56^\circ}{z}$$

$$ac = 0.8d_1$$

$$Q = 0.8d_1\cos\left(35^\circ + \frac{60^\circ}{z}\right)$$

$$T = 0.8d_1\sin\left(35^\circ + \frac{60^\circ}{z}\right)$$

$$E = cy = 1.3025d_1 + 0.038$$

xy 弧的弦长

$$\overline{xy} = (2.605d_1 + 0.076)\sin\left(9^\circ - \frac{28^\circ}{z}\right)$$

$$yw = d_1\left[1.4\sin\left(17^\circ - \frac{64^\circ}{z}\right) - 0.8\sin\left(18^\circ - \frac{56^\circ}{z}\right)\right]$$

$G = ab = 1.4d_1$，b 点是直线与 xy 线构成 $\frac{180^\circ}{z}$ 夹角的交点。

$$K = 1.4d_1\cos\frac{180^\circ}{z}$$

$$V = 1.4d_1\sin\frac{180^\circ}{z}$$

$$F = d_1\left[0.8\cos\left(18^\circ - \frac{56^\circ}{z}\right) + 1.4\cos\left(17^\circ - \frac{64^\circ}{z}\right) - 1.3025\right] - 0.038$$

齿距$(e-e) = p_a = p\left(1 + \frac{2R - d_1}{d}\right)$

---

1) 允许增加 $2R$ 和 U 的计算值，但不能超出 $0.003d_1 + 0.127$。

$$H=\sqrt{F^2-\left(1.4d_1-\frac{p_a}{2}+\frac{U}{2}\cos\frac{180^\circ}{z}\right)^2}+\frac{U}{2}\sin\frac{180^\circ}{z}$$

$$S=\frac{p_a}{2}\cos\frac{180^\circ}{z}+H\sin\frac{180^\circ}{z}$$

当齿顶变尖时的齿顶圆直径[2)]$=p_a\cot\frac{180^\circ}{z}+2H$

最大压力角$=xab=35^\circ-\frac{120^\circ}{z}$

最小压力角$=xab-B=17^\circ-\frac{64^\circ}{z}$

平均压力角$=26^\circ-\frac{92^\circ}{z}$

计算与 520MH、525MH 和 530MH 链条相配的链轮尺寸 $2R$ 时，应使用 $d_1=10.16$ mm 代入。

A.4 齿顶圆直径

A.4.1 术语

术语见图 A.3。

A.4.2 尺寸

齿顶圆直径 d_a 的最大值和最小值由下式计算：

$$d_{amax}=p\left(0.60+\cot\frac{180^\circ}{z}\right)$$

$$d_{amin}=p\left(0.43+\cot\frac{180^\circ}{z}\right)$$

A.5 剖面齿廓

A.5.1 术语

术语见图 A.3。

A.5.2 尺寸

A.5.2.1 齿宽

齿宽尺寸由下列公式计算，h14 见 GB/T 1800.2 的规定：

a) $p\leqslant 12.7$ mm：

$$b_f=0.93b_1\quad(\text{h14})$$

b) $p>12.7$ mm：

$$b_f=0.95b_1\quad(\text{h14})$$

A.5.2.2 其他尺寸

对所有的链条：　r_{xnom}[3)] $=p$

对链号为 415，415M，415MH 的链条：　$b_{a\,nom}=0.06p$

对所有其他的链条：　$b_{a\,nom}=0.13p$

对链号为 25H 的链条：　$d_g=p\cot\frac{180^\circ}{z}-1.05h_2-1.00-2r_a$

对所有其他的链条：　$d_g=p\cot\frac{180^\circ}{z}-1.04h_2-0.76$

2) 这是齿顶圆直径，公差见 A.4.2 的规定。

3) 侧面为斜面也被认为是直线。

A.6 径向圆跳动

在轴孔和齿根圆之间的径向圆跳动量的指示器读数值不应大于下列两值中较大的数值：($0.000\,8d_f+0.08$) mm 或 0.15 mm，最大可达 0.76 mm。

A.7 轴向跳动

以轴孔和齿部侧面的平面部分为参考测得的轴向跳动指示器读数值不应超过下列计算值：

$$(0.000\,9d_f+0.08)\ \text{mm}$$

注：对于焊接链轮，如果上式计算值小于 0.25 mm 时，可以采用 0.25 mm。

A.8 轮齿的节距精度

轮齿的节距精度很重要，用户应向制造商详细咨询。

A.9 轴孔公差

轴孔公差应为 H8，除非用户与制造商之间另有协议。公差 H8 见 GB/T 1800.2 的规定。

A.10 标记

链轮应做下列标记：

a） 制造商名或商标；

b） 齿数；

c） 链号。

附 录 B
（资料性附录）
原始数据

表 B.1 提供了派生出本标准的原始数据，仅供参考。

表 B.1 链条主要尺寸、测量力、抗拉强度及动载强度的原始数据

原链号	节距	内节内宽	销轴长度	止锁件附加长度[a]	链板厚度[b]	滚子/套筒直径	销轴直径[b]	链板高度	抗拉强度	测量力	动载强度	
	p	b_1	b_4	b_7	b_8	d_1	d_2	h_2			F_1	F_2
	nom	min	max	max	nom	max	nom	max	min		upper	lower
	in								lbf			
083[c]	0.5	0.192	0.508	0.059	0.055	0.305	0.157	0.406	2 607	27	—	—
084[c]	0.5	0.192	0.583	0.059	0.067	0.305	0.157	0.441	3 505	27	—	—
04MA[d]	0.25	0.122	0.358	0.059	0.039	0.13	0.09	0.236	1 011	11	225	45
05MA[d]	0.306	0.164	0.472	0.063	0.047	0.181	0.118	0.299	1 483	16	292	45
05MB[d]	0.315	0.225	0.547	0.063	0.055	0.188	0.13	0.299	2 000	16	449	45
05MC[d]	0.335	0.187	0.524	0.067	0.071	0.197	0.13	0.339	2 202	16	494	49
08MA	0.5	0.246	0.63	0.063	0.059	0.306	0.157	0.476	3 371	27	786	79
08MB	0.5	0.305	0.669	0.098	0.059	0.335	0.173	0.492	4 000	27	831	83
08MC	0.5	0.305	0.76	0.098	0.079	0.335	0.173	0.492	4 629	27	989	99
08MB-2[e]	0.5	0.305	1.228	0.098	0.059	0.335	0.173	0.492	6 988	56	1 438	144
10MA	0.625	0.246	0.748	0.098	0.079	0.4	0.205	0.602	5 955	45	1 528	153
10MB	0.625	0.37	0.866	0.098	0.079	0.4	0.205	0.602	5 955	45	1 528	153
12MA	0.75	0.37	0.945	0.11	0.094	0.469	0.232	0.732	7 865	63	2 022	202

a 止锁件附加长度仅为参考值，不推荐使用止锁件；在各种使用场合应尽可能将链条铆接成封闭形式。

b 销轴直径和链板厚度仅为参考值，不同商标的链条可以不同；不同厂家的产品不允许连接在一起使用。

c 链号为 083 和 084 的链条仅用于机动脚踏两用车，它们从 GB/T 1243 移入本标准。

d 链号为 04MA，05MA，05MB 和 05MC 的是套筒链。

e 链号为 08MB-2 的是双排链，其排距 p_t = 0.566 in。

附　录　C
（规范性附录）
最大动载试验载荷 F_{max} 的计算方法

C.1　概述

最大动载试验载荷由下式确定：

$$F_{max}=\frac{F_d F_u + F_{min}(F_u - F_d)}{F_u}$$

式中：

F_{max}——最大试验载荷，单位为牛（N）；

F_d——最小动载强度，单位为牛（N），见表 1；

F_u——最小抗拉强度，单位为牛（N），见表 1；

F_{min}——最小试验载荷，单位为牛（N）。

C.2　520 链条应用举例

假如链条制造商打算选取 680 N 作为最小试验载荷（F_{min}），那么最大试验载荷（F_{max}）应按下式计算：

应用公式：
$$F_{max}=\frac{F_d F_u + F_{min}(F_u - F_d)}{F_u}$$

从表 1 查得：

$$F_d = 4\ 840\text{N}$$

$$F_u = 26\ 400\text{N}$$

代入公式：
$$F_{max}=\frac{4\ 840\times 26\ 400+680\times(26\ 400-4\ 840)}{26\ 400}=5\ 395.3\ \text{N}$$

将其圆整为：$F_{max}=5\ 390$ N

ICS 77.120.01
D 42

中华人民共和国国家标准

GB/T 14260—2010
代替 GB/T 14260—1993

散装重有色金属浮选精矿取样、制样通则

General rules for sampling and sample preparation of heavy nonferrous metals flotation concentrates in bulk

(ISO 12743:2006(E),Copper,lead,zinc and nickel concentrates—Sampling procedures for determination of metal and moisturecontent,NEQ)

2010-12-23 发布　　2011-09-01 实施

中华人民共和国国家质量监督检验检疫总局
中 国 国 家 标 准 化 管 理 委 员 会　发布

前　　言

本标准按照 GB/T 1.1—2009 给出的规则起草。

本标准与国际标准 ISO 12743:2006《铜、铅、锌和镍精矿测定金属和水分含量的取样方法》(英文版)一致性程度为非等效,主要差异如下:

——对术语、定义和条文内容的表述方式按汉语习惯进行了修改;

——对取样方法按我国情况进行了归纳和分类;

——删掉了不适合我国国情的取、制样设备和方法;

——增加了样品组合方式及制样流程;

——增加了水分测定方法;

——增加了附录 A“精矿品质波动试验方法”、附录 B“精密度校核试验方法”和附录 C“取样系统误差校核方法”。

本标准代替 GB/T 14260—1993《散装重有色金属浮选精矿取样、制样通则》。

本标准与 GB/T 14260—1993 相比主要变化如下:

——系统取样法参照国际标准明确分成了质量系统取样和时间系统取样;

——货车取样法中增加了汽车交货时的精矿取样方法;

——增加了袋装精矿的取样方法;

——对测定水分的设备天平精度和初始干燥温度做了修改;

——对附录 B 精矿精密度校核试验数据解析中,删掉了做 R 控制图一步,以简化其过程。

——对术语、定义和条文内容的表述方式进行了多处文字修改。

本标准的附录 A、附录 B 和附录 C 为规范性附录。

本标准由中国有色金属工业协会提出。

本标准由全国有色金属标准化技术委员会(SAC/TC 243)归口。

本标准负责起草单位:中国有色金属工业标准计量质量研究所。

本标准参加起草单位:大冶有色金属有限公司、金川集团有限公司、株洲冶炼集团股份有限公司、中冶葫芦岛有色金属集团有限公司、阳谷祥光铜业有限公司。

本标准主要起草人:赵军锋、陈志均、范顺科、朱玉华、杨丽娟、刘润红、程习、张发志、陈青林、李军、周松林。

本标准所代替标准的历次版本发布情况为:

——GB/T 14260—1993。

散装重有色金属浮选精矿取样、制样通则

1 范围

本标准规定了散装重有色金属浮选精矿取样、制样和水分测定的程序、方法及一般原则。提供了品质波动、取样精密度校核和取样系统误差校核试验方法。

本标准适用于散装重有色金属浮选精矿化学成分、水分及其他物理项目检测用样品的采取和制备。

2 规范性引用文件

下列文件对于本文件的应用是必不可少的。凡是注日期的引用文件，仅注日期的版本适用于本文件。凡是不注日期的引用文件，其最新版本(包括所有的修改单)适用于本文件。

GB/T 8170 数值修约规则与极限数值的表示和判定

GB/T 14261 散装浮选锌精矿取样、制样方法

GB/T 14262 散装浮选铅精矿取样、制样方法

GB/T 14263 散装浮选铜精矿取样、制样方法

GB/T 25952 散装浮选镍精矿取样、制样方法

3 术语和定义

本标准所确定的术语和定义适用于本标准及其相关标准 GB/T 14261～GB/T 14263、GB/T 25952。

3.1

检验批 lot sample

为测定品位而划定的取样单元。

3.2

交货批 dilivery lot

一次交付同一规格一定数量的精矿。它可由一个或多个检验批组成。

3.3

副批 sub-lot

将检验批分为若干个部分，每部分为一个副批。

3.4

基本批量 basic lot

取、制样标准中规定的一批精矿的最小质量。

3.5

份样 sample

从检验批或副批中一次性动作取得一定质量的精矿样品。

3.6

副样 subsample

由两个或两个以上份样组成的样品。

3.7

大样　general sample

从一个检验批中取出的(或根据需要逐个进行缩分后的)全部份样或全部副样合并所组成一定质量的样品。

3.8

试样　test sample

用于测定检验批的水分含量、化学成分等项目的样品。

3.9

水分试样　moisture sample

用于测定精矿水分含量的试样。

3.10

成分试样　increment

用于测定精矿化学成分的试样。

3.11

试样的兼用　muti-purpose sample

把试样分成两份或多份,分别用于测定两个或多个检测项目。

3.12

试样的重用　dual-purpose sample

把用于测定一个品质特性后的试样再用于测定其他检测项目。

3.13

品质波动　the evaluation of quality

精矿中品质特性的不均匀程度,用批内份样间的标准偏差(σ_w)表示。根据 σ_w 值可将精矿产品划分成品质波动大、中、小三种类型。

3.14

精密度(β)　precision

测得值互相一致的程度。概率为 95%时,精密度用二倍的标准偏差表示($\beta=2\sigma$)。总精密度(β_{SPM})包括取样精密度(β_S)、制样精密度(β_P)和测定精密度(β_M)。

$$\beta_{SPM}=2\sqrt{\sigma_S^2+\sigma_P^2+\sigma_M^2} \qquad (1)$$

式中:

σ_S ——以标准偏差表示的取样精密度;

σ_P ——以标准偏差表示的制样精密度;

σ_M ——以标准偏差表示的测定精密度。

3.15

变异系数(C_V)　coefficient of variation

用标准偏差除以测定值的平均值($\bar{x}$)的百分率表示:

$$C_V=\frac{\sigma}{\bar{x}}\times 100\% \qquad (2)$$

3.16

系统取样　systematic sampling

从一个检验批中按一定的时间或质量间隔随机采取份样。

3.17

分层取样　stratified random sampling

在精矿的装卸过程中,将检验批分成数层(不得少于 3 层),从不同层中按质量比例均匀布点采取份样。

3.18

货车(船)取样　truck(ship) sample

当精矿用铁路货车或汽车(船)装运时,从铁路货车或汽车(船)上采取份样。

4　要求

4.1　本通则所列取样的第一种方法及制样流程视为无系统误差方法。

4.2　本通则中所述的取样、制样、测定总精密度按公式(3)确定。

$$\beta_{SPM}=\frac{C_V \cdot \bar{x}}{100}\times 2 \quad \cdots\cdots(3)$$

式中:

C_V ——用变异系数表示的精度水准;

$\bar{x}$ ——精矿的平均品位。

精度水准又与精矿检验批的交易金额有关。表1规定了不同交易金额的精度水准(用变异系数表示)。

表1　不同交易额的精度水准

检验批的交易金额/ 万元	精度水准(C_V)/ %
<6	5
6~<15	2.5
15~<150	1.0
≥150	0.5

4.3　严格按本标准规定的方法取样和制样,并根据需要按附录B、附录C进行取样、制样精密度和取样系统误差校核试验。

4.4　如因条件限制,可适当变更取样方法。但所用取样方法必须经校核试验确认无显著性差异,方可采用。

4.5　精矿品质波动大小是随着生产、贮存、运输等条件的改变而变化的,应定期按附录A进行品质波动试验,以掌握其变化情况。

4.6　取样、制样所用工具和盛样容器应保持清洁、干燥、耐用。水分试样的容器应密封性好,不得放在阳光下及通风处,防止试样水分含量发生变化。

4.7　一般以精矿主成分的百分含量作为品质特性。

4.8　如果交货的精矿品质极不均匀或混入外来杂质,由供需双方协商。

4.9　成分试样应妥善保存三个月(国际贸易保存六个月),以备核查。

4.10　整个取样、制样过程应遵守有关安全操作规程。

5　取样

5.1　取样工具

5.1.1　取样钎(见图1)。其规格尺寸应满足所取份样量的需要。

5.1.2　取样铲(见图2),其尺寸根据需要而定。

5.1.3　带盖的盛样桶或塑料盛样袋。

5.1.4 铁锤、钢锹和其他辅助工具。

5.2 取样程序

5.2.1 根据检验批的大小、品质波动类型及取样精密度要求，确定应取的最少份样数和取样间隔。
5.2.2 确定应取的份样量。
5.2.3 根据具体情况，选择5.6所列方法中的一种方法进行取样。

5.3 份样数

5.3.1 日常生产取样，最少份样数可按GB/T 14261～GB/T 14263和GB/T 25952中表1规定的份样数进行。
5.3.2 精矿发生变化，基本批量应取的最少份样数按公式(4)计算。

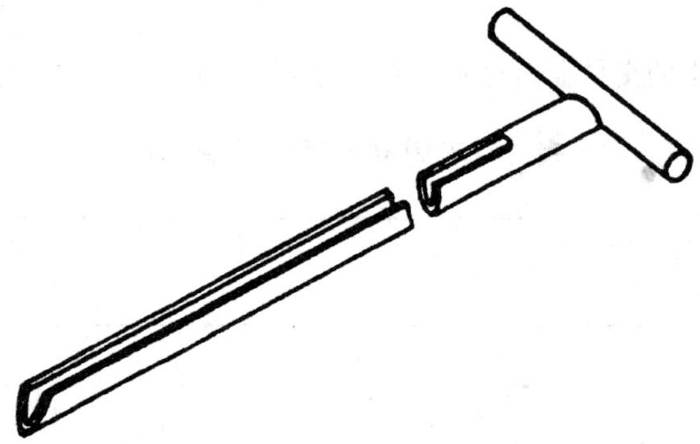

图1 取样钎示意图

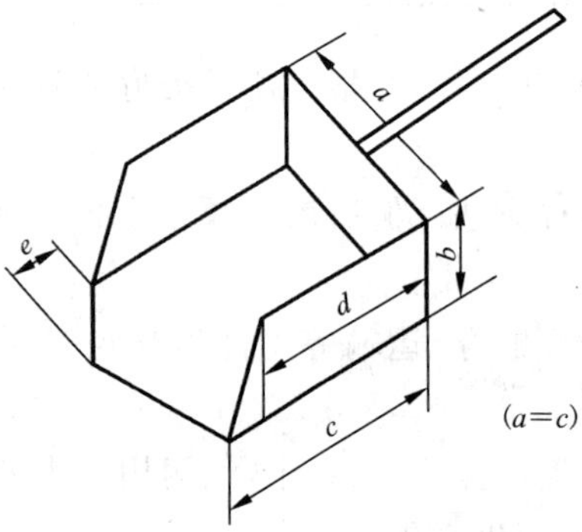

注：样品缩分时需用无尖铲（$e=0$）

图2 份样取样铲示意图

$$n_0=\left(\frac{2\sigma_w}{\beta_S}\right)^2 \text{ 或 } n_0=\left(\frac{\sigma_w}{\sigma_S}\right)^2 \qquad \cdots\cdots(4)$$

式中：

n_0——基本批量应取的最少份样数；

σ_w——份样间的标准偏差；

β_S——取样精密度；

σ_S——取样标准偏差。

注：计算结果为最少份样数，日常取样只能增加不得减少。对品质波动大小未知的精矿，应按品质波动大的类型计算应取的最少份样数。

5.3.3 检验批量增大时，应取份样数按公式(5)计算。

$$n_1 = n_0\sqrt{\frac{N_1}{N}} \quad \cdots\cdots(5)$$

式中：

n_1 ——检验批量增大时，应取的份样数；

n_0 ——基本批量应取的最少份样数；

N ——基本批量，单位为吨(t)；

N_1——检验批量，单位为吨(t)。

5.4 份样量

5.4.1 份样量不少于 300 g。

5.4.2 份样量应基本一致，其质量变异系数不大于 20%。

5.4.3 各种精矿的份样量按相应的取、制样标准规定执行。

5.5 份样组合方法

把检验批的所有份样集中起来组成大样。在分成副批时，把每个副批的所有份样集中起来组成副样。

5.6 取样方法

5.6.1 系统取样法

系统取样法分为质量系统取样和时间系统取样。在一个检验批内，它是在一批精矿装卸或计量的移动过程按一定的质量或时间间隔采取份样。

质量系统取样的取样间隔按公式(6)计算，保留整数部分。

$$T_1 \leqslant \frac{N_1}{n} \quad \cdots\cdots(6)$$

式中：

T_1 ——取样质量间隔，单位为吨(t)；

N_1——检验批量，单位为吨(t)；

n ——标准中规定的份样数。

时间系统的取样间隔按公式(7)计算，遇小数则保留整数部分。

$$T_2 \leqslant \frac{60N_1}{G \cdot n} \quad \cdots\cdots(7)$$

式中：

T_2——取样时间间隔，单位为分(min)；

N_1——检验批量，单位为吨(t)；

n ——标准中规定的份样数；

G ——每小时装卸量，单位为吨每小时(t/h)。

系统取样法的第一个份样，可在第一间隔内随机取样，但不可在第一间隔的起点处取样。以后按计算的间隔采取份样。按固定间隔已经取完应取份样数，而精矿装卸仍在进行，应按规定间隔继续取样，直至整批精矿装卸完为止。

如在传运皮带上或落口处取样，需截取精矿流的全截面。如在抓斗、铲车等工具装卸、堆垛过程中取样，应在装卸或堆垛过程新露出的精矿面上取样，也可在装卸工具中取样。取样点应均匀分布在整批精矿的各个部位。

5.6.2 分层取样法

一批精矿在装卸过程中分数层(不得少于三层)取样,根据每层的质量,按比例在新露出的面上均匀布点取样。每层应取的份样数按公式(8)计算,遇小数则进为整数。

$$n_i \geqslant \frac{n \cdot N_i}{N_1} \quad \cdots\cdots(8)$$

式中:

n_i ——每层应取的份样数;

n ——标准中规定份样数;

N_i——每层质量,单位为吨(t);

N_1——检验批量,单位为吨(t)。

5.6.3 货车取样法

当一批精矿用火车或汽车交货时,在车厢内均匀布点,扒去表层,用取样钎从新露出的表面垂直插入底部,旋转后采取份样。应避免从表层或某一局部采取。此种方法必须是按附录C校核后证明不会带来显著性差异时,方可采用。

火车交货时,日常取样可根据精矿种类和检验批量,按本系列标准规定的份样数取样。当检验批由多辆货车组成时,每车应取的份样数按公式(9)计算,遇小数则进为整数。

$$n_2 \geqslant \frac{n}{M} \quad \cdots\cdots(9)$$

式中:

n_2——每车应取的份样数;

n ——标准中规定的份样数;

M——检验批总车数。

注:货车装载质量不同时,份样数的分配与装载量成正比。

汽车交货时,如果检验批量小于基本批量,应取份样数按公式(10)计算,(遇小数则进为整数);如果检验批量不小于基本批量,可按相应标准中规定的份样数采取。

$$n_1 \geqslant n\sqrt{\frac{N_1}{N}} \quad \cdots\cdots(10)$$

式中:

n_1 ——汽车应取的最少份样数;

n ——标准中规定的最少份样数;

N_1——检验批量,单位为吨(t);

N ——基本批量,单位为吨(t)。

当检验批由多辆汽车组成时,每辆汽车应取的份样数参照公式(9)进行计算。遇小数则进为整数。

精矿在计量后,如货车上取样存在困难(如样钎不能垂直插入车底等),可将精矿卸到指定场地,达到取样要求,按规定份样数取样。

5.6.4 袋装取样法

袋装精矿的取样,应在装入或倾倒时进行。但如果取样钎能穿透包装袋取到完整的样品,可用取样钎直接从袋中取样。

对于袋装 1 000 kg 以上的大袋精矿，应逐袋随机采取份样，每袋应取的份样数按公式(11)计算，遇小数则进为整数。

$$n_3 \geqslant \frac{n}{M_1} \qquad \cdots\cdots(11)$$

式中：

n_3 ——每袋应取的最少份样数；

n ——标准中规定的最少份样数；

M_1——检验批的总袋数。

对于袋装 50 kg～100 kg 的小袋精矿，可按质量间隔抽取样袋，从样袋中随机采取份样。取样间隔可根据标准中最大品质波动类型的份样数和检验批的总袋数，按公式(12)计算，遇小数则进为整数。

$$T_3 \geqslant \frac{M_1}{n} \qquad \cdots\cdots(12)$$

式中：

T_3 ——取样质量间隔；

M_1——检验批的总袋数；

n ——标准中规定的最少份样数。

注：对集装箱中装精矿取样方法参照货车或袋装取样法。

6 制样

6.1 主要制样设备及工具

6.1.1 制样研磨机或制样粉碎机。

6.1.2 恒温鼓风干燥箱。

6.1.3 份样铲，依矿种和样量选择其尺寸。

6.1.4 缩分板。

6.1.5 分样板。

6.1.6 标准筛。

6.1.7 毛刷、样刀。

6.1.8 盛样容器及干燥器。

6.2 制样要求

6.2.1 制样过程应防止样品水分、成分的变化和污染。

6.2.2 当制备成分试样因含水分过高而发粘，不能顺利混合缩分时，可在低于引起化学变化的温度下进行预干燥(空气或干燥箱干燥)至不影响缩分为止。

6.2.3 制样设备和工具应保持清洁，制样后设备中不得残留试样。

6.2.4 试样应充分混匀，以减少缩分误差。

6.2.5 应严格按本通则规定的方法制样，根据需要按附录 B 校核制样精密度。

6.3 制样程序

样品的组合方式及制样程序见图 3。

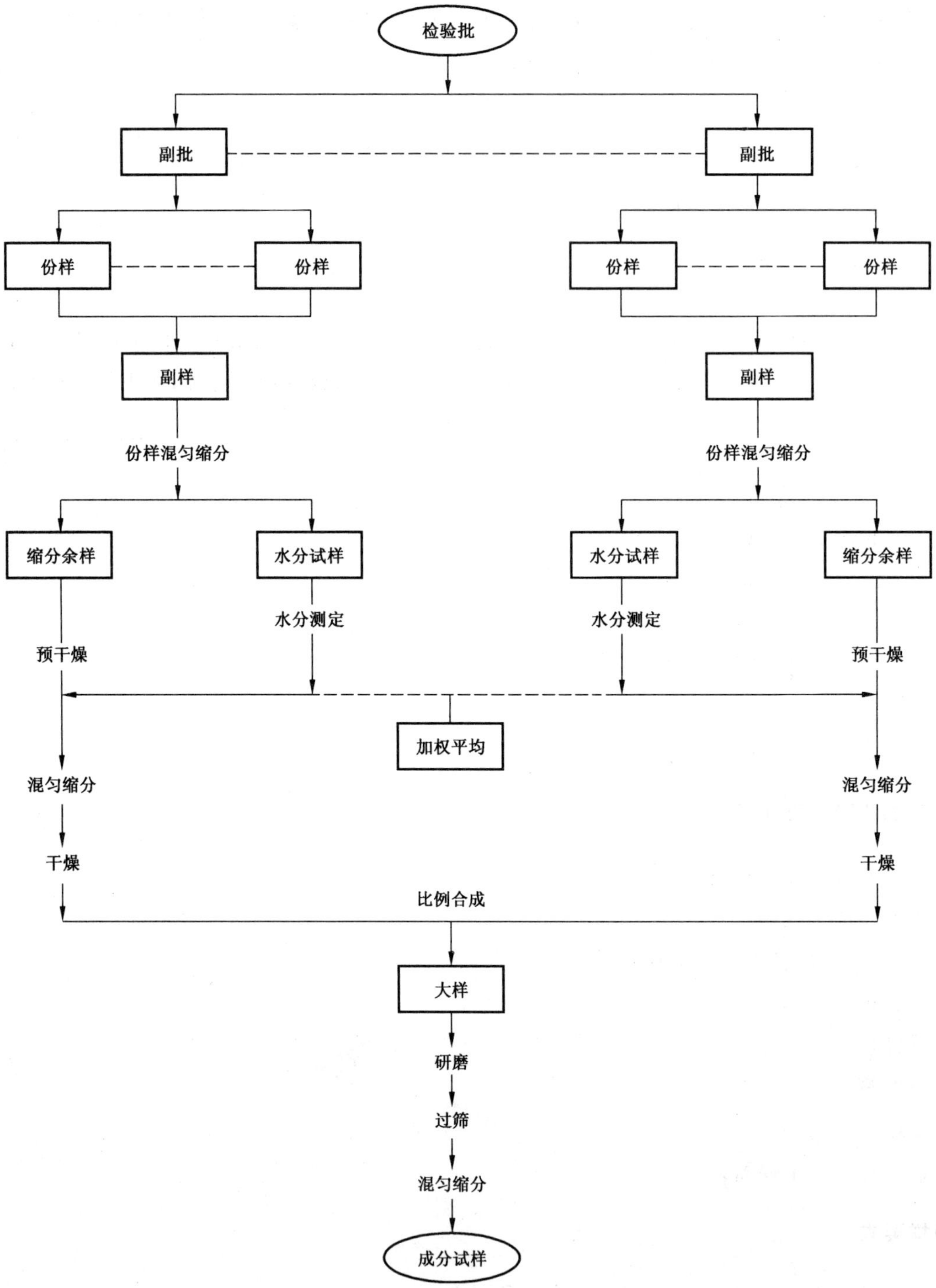

图 3　样品的组合方式及制样流程示意图

6.4　缩分方法

制样过程可使用一种或并用几种缩分方法。

6.4.1　份样缩分法

将样品置于平整、干净的缩分板上混匀，铺成厚度均匀的长方形平堆。把平堆划分为等分的网格，缩分大样不得少于20格，缩分副样不得少于12格，缩分份样不得少于4格。

根据平堆厚度选择合适的份样铲和挡板，从每一网格的任一部位垂直插入，采取一满铲样品，然后把这些等量的样品合并。

如果缩分后所得样品质量少于需用量时，应增加每铲质量或网格数。

6.4.2 圆锥四分法

将样品置于平整、清洁的缩分板上，堆成圆锥形，然后转堆。每铲样品沿圆锥顶均匀散落，注意勿使圆锥的中心错位。如此反复，至少转堆三次，使之充分混匀。然后从锥顶把试样压平，用十字分样板自上而下分成四等分，随机取出对角两份，其余弃去。重复上述操作数次，缩分至需用量。

6.5 试样的保存和标签

混匀缩分后的成分试样装入试样袋中，水分试样装入带密封盖的容器中，并附以标签，注明：

a) 试样编号；

b) 精矿品名、产地；

c) 车号或船号；

d) 取样、制样人员；

e) 取样、制样日期；

f) 分析项目。

7 水分测定

7.1 设备及工具

7.1.1 天平。其精度应符合表2的要求。

表2 天平精度要求

试样质量/ g	天平的感量不高于/ g
≥1 000	0.1
500～<1 000	0.05

7.1.2 恒温鼓风干燥箱。

7.1.3 搪瓷或不锈钢平底干燥盘。表面应光洁、耐热、耐蚀。

7.2 测定要求

7.2.1 水分试样按相关标准的规定进行采取、制备。所需水分试样的质量依据天平精度不同，可选择表2所规定的两个档次。

7.2.2 当批量大、装卸时间长或遇雨、高温等情况，检验批水分变化显著时，应从副样制备水分试样，同时记录各副批的质量，以计算检验批的水分含量。

7.2.3 由大样制备水分试样，应制备两个平行试样；由每个副样制备水分试样，制备一个试样。

7.2.4 在烘干水分试样时，应严格控制干燥箱温度，以防精矿氧化分解。

7.3 测定步骤

7.3.1 称量干燥盘的质量(m_1)。

7.3.2 将水分试样平铺于干燥盘内，使其厚度不超过 30 mm，立即称量其质量(m_2)。

7.3.3 将装有水分试样的干燥盘放入 105 ℃±5 ℃的干燥箱内，视精矿情况干燥 2 h～4 h 后取出，趁热立即称量或在干燥器中冷却后称量。热称量时，应当用隔热材料隔离称量盘，以免对天平产生影响。

7.3.4 再次将干燥盘放入干燥箱，继续烘干 1 h，取出立即称量。重复上述操作，直至最后两次称量之差不大于水分试样初始质量的 0.05%，即视为恒重。记录最后一次质量(m_3)。

7.4 测定结果的计算

7.4.1 试样的水分含量

每个试样的水分含量 w_i(%)按公式(13)计算，并按 GB/T 8170—2008 中 3.2 规定，把数值修约到小数点后第二位。

$$w_i=\frac{m_2-m_3}{m_2-m_1}\times100 \qquad\cdots\cdots(13)$$

式中：

w_i ——试样的水分含量，%；

m_1 ——干燥盘的质量，单位为克(g)；

m_2 ——盘加湿样的质量，单位为克(g)；

m_3 ——盘加干样的质量，单位为克(g)。

7.4.2 检验批的水分含量

7.4.2.1 当由大样制备水分试样测定水分时，检验批的水分含量 $\overline{w}$(%)按公式(14)计算，并按 GB/T 8170—2008 中 3.2 规定，把数值修约到小数点后第二位。

$$\overline{w}=\frac{w_1+w_2}{2}\times100 \qquad\cdots\cdots(14)$$

式中：

$\overline{w}$ ——检验批的水分含量，%；

w_1，w_2——分别为两个试样的水分含量，%。

注：w_1，w_2 的允许差应不大于 0.2%。

7.4.2.2 当由副样制备水分试样测定水分时，检验批的水分含量 w(%)按公式(15)计算，并按 GB/T 8170—2008 中 3.2 规定，把数值修约到小数点后第二位。

$$w=\frac{\sum_{i=1}^{k}m_iw_i}{\sum_{i=1}^{k}m_i}\times100 \qquad\cdots\cdots(15)$$

式中：

w ——检验批水分含量，%；

w_i——第 i 个副样的水分含量，%；

m_i——第 i 个副批的质量，单位为吨(t)。

附 录 A
（规范性附录）
精矿品质波动试验方法

A.1 试验目的

通过试验求出检验批内份样间标准偏差(σ_W)，以确定该类精矿品质不均匀程度。

A.2 一般规定

A.2.1 试验可结合日常生产进行。

A.2.2 通常选择精矿主成分的百分含量作为品质特性。必要时，也可选择其他检测项目。

A.2.3 取样、制样方法按有关标准的规定进行。

A.2.4 为保证试验数据的可靠性，大批量试验使用同一类型的精矿应不少于10批；小批量试验应不少于5批。

A.3 试验方法

A.3.1 进行大批量精矿试验时，将该批精矿分成数量大致相等的至少10个部分(如图A.1所示)。将每部分所取的份样按顺序编号，然后每部分的奇数号份样合并为A副样，偶数号份样合并为B副样，从而构成一对副样，每个副样制成一个成分试样，分别进行测定。

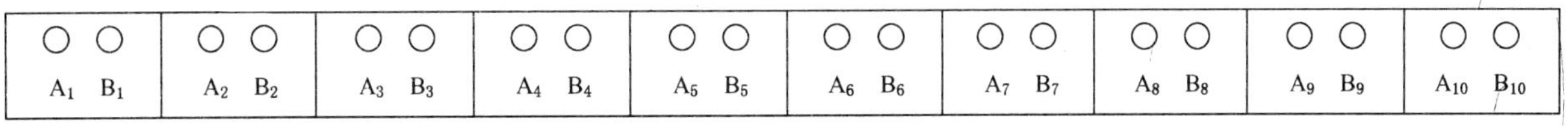

图 A.1 一个交货批精矿分成10份为例示意图

A.3.2 进行小批量试验时，将从每一批取出的份样分为10个副样，每个副样由二个或以上的相邻份样组成，组成副样的份样数应相等。由每个副样制备一个成分试样，分别进行测定。

当日常取样方法取出的份样数不能满足试验要求时，应增加份样数，以保证每个副样由相等数量的份样组成。

A.4 计算方法

A.4.1 对于大批量试验，可由极差法估算份样间的标准偏差。

成对测定数值的极差 R 按公式(A.1)计算。

$$R=|A-B| \qquad \text{(A.1)}$$

式中：

A ——由副样A制备的成分试样所得的测定值；

B ——由副样B制备的成分试样所得的测定值。

所有极差的平均值 $\bar{R}$ 按公式(A.2)计算：

$$\bar{R}=\frac{1}{K}\sum R \qquad \text{(A.2)}$$

式中：

K——R 值的个数。

份样间标准偏差估计值 σ_w 按公式(A.3)计算：

$$\hat{\sigma}_w=\sqrt{n_s}\left(\frac{\bar{R}}{d_2}\right) \qquad \text{(A.3)}$$

式中：

n_s——组成副样 A(或 B)的份样数；

d_2——由极差估计标准偏差的计算系数，成对数据时$\frac{1}{d_2}$为 0.886 5。

A.4.2 对于小批量试验，按公式(A.4)计算份样间的标准偏差。

$$\hat{\sigma}_w=\sqrt{H\cdot\frac{m\sum X_i^2-(\sum X_i)^2}{m(m-1)}} \qquad \text{(A.4)}$$

式中：

H——组成一个副样的份样数；

X_i——每个副样的测定值；

m——副样的个数。

从公式(A.3)、(A.4)中得出的 $\hat{\sigma}_w$ 实为取样、制样、测定的总标准偏差，是过高估计的 $\hat{\sigma}_w$，但在确定品质波动大小类型时一般可按此值划分。

A.5 结果的表示

依照上述方法从一系列试验中所得份样间标准偏差估计值的平均值按公式(A.5)计算：

$$\bar{\sigma}_w=\sqrt{\frac{1}{n}\sum\hat{\sigma}_w{}^2} \qquad \text{(A.5)}$$

式中：

n——$\hat{\sigma}_w$ 的个数。

A.6 计算示例

示例 1：

a) 精矿名称

某大型铜矿山所产散装浮选铜精矿。

b) 批量

交货批量约 600 t。

c) 批数

1 批。

d) 品质波动类型

根据以前使用情况，该矿山铜精矿类型为“中”。

e) 份样数

按 GB/T 14263 的规定，计算出的份样数至少为 64 个，为方便取样，本试验取样 80 个。

f) 份样量

按标准规定，份样量为 300 g±60 g。

g) 部分数

将该交货批精矿分成质量大致相等的 10 个部分。

h) 组成副样的份样数。

$$n_s = \frac{80}{10 \times 2} = 4$$

i) 品质特性

以铜精矿中铜的百分含量作为品质特性。

j) 试验结果列于表 A.1。

表 A.1 品质波动试验数据

部分号	副样 A	副样 B	极差 R
1	18.94	18.21	0.73
2	18.42	18.46	0.04
3	20.99	20.80	0.19
4	19.94	20.18	0.24
5	20.17	19.64	0.53
6	20.33	18.47	1.86
7	18.92	19.97	0.87
8	18.45	18.72	0.27
9	19.14	18.90	0.24
10	19.04	19.14	0.10
$\sum R$			5.07

k) 计算极差的平均值，按公式(A.2)计算。

$$\bar{R} = \frac{1}{K}\sum R = \frac{1}{10} \times 5.07 = 0.507$$

l) 计算份样间的标准偏差的估计值，按公式(A.3)计算。

$$\hat{\sigma}_w = \sqrt{n_s} \cdot \left(\frac{\bar{R}}{d_2}\right) = \sqrt{4} \times \left(\frac{0.507}{d_2}\right) = 0.899$$

示例 2：

a) 精矿名称

某小型铜矿山所产散装浮选铜精矿。

b) 批量

每个交货批的批量 60 t。

c) 批数

共进行 5 批。

d) 品质波动类型

根据以前使用情况，该矿山所产精矿品质波动为“小”。

e) 份样数

按 GB/T 14263 规定，每批至少取 6 个份样，本试验在每批中取 16 个份样。

f) 份样量

按 GB/T 14263 规定，每个份样质量为 300 g±60 g。

g) 组成副样的份样数

本试验直接对份样进行制样、测定，即每个副样由一个份样组成。

h) 品质特性

以铜精矿中铜的百分含量作为品质特性。

i) 把试验结果和按公式(A.4)计算的每批精矿标准偏差填入表 A.2。

表 A.2 品质波动试验数据

份样号	试验结果				
	第1批	第2批	第3批	第4批	第5批
1	19.74	18.53	20.95	21.08	19.97
2	18.60	18.48	20.89	20.85	19.70
3	19.87	18.85	21.16	21.58	19.75
4	19.34	18.90	21.24	21.08	19.94
5	19.75	18.50	20.90	21.50	19.84
6	19.92	18.62	20.92	21.07	19.89
7	19.94	18.08	20.91	21.74	20.04
8	19.36	18.90	19.77	21.93	19.67
9	17.77	18.86	21.01	21.54	19.77
10	17.06	18.54	20.92	21.04	19.83
11	19.94	18.34	20.63	21.66	19.88
12	20.02	18.58	21.27	21.50	19.89
13	19.32	18.94	21.07	21.25	19.73
14	19.66	18.70	21.08	21.66	20.16
15	19.88	19.11	20.54	21.29	19.73
16	19.52	19.53	20.81	21.38	20.01
$\bar{x}$	19.36	18.72	20.88	21.38	19.86
$\sum x$	309.69	299.46	334.07	342.15	317.80
$\sum x^2$	6 005.01	5 606.48	6 977.05	7 318.04	6 312.58
$\hat{\sigma}_w$	0.847	0.338	0.354	0.303	0.137

j) 按公式(A.5)计算该精矿份样间标准偏差的平均值，确定品质波动类型。

$$\bar{\sigma}_w=\sqrt{\frac{1}{n}\sum\hat{\sigma}_{wi}{}^2}=\sqrt{\frac{1}{5}(0.847^2+0.338^2+0.354^2+0.303^2+0.137^2)}=0.46$$

附　录　B
（规范性附录）
精密度校核试验方法

B.1　试验目的

通过试验校核散装重有色浮选精矿取样、制样及测定精密度是否符合其标准的规定。

B.2　一般规定

B.2.1　试验批数

通常用 20 批以上同一类型不同品位的精矿进行试验。如条件不具备，批数可适当减少，但不得少于 10 批。也可将大批划分为几个小批，对每个小批进行试验，以达到足够的试验批数。

B.2.2　份样数

试验所需的份样数为取样标准中规定的 2 倍，即 $2n$。如果试验结合日常工作进行，取 $2n$ 个份样有困难，也可按标准规定取 n 个份样，这样每个大样由 $n/2$ 个份样组成。

B.2.3　份样量

份样量应符合有关取样、制样标准的规定。

B.2.4　取样方法

根据校核需要，可从有关取样、制样方法中任意选择一种方法进行试验。

B.3　试验方法

B.3.1　大样的组合方式

将从检验批中取出的所有份样按顺序编上号，将全部奇数号份样合并为 A 大样，全部偶数号份样合并为 B 大样。

B.3.2　样品的缩分方式

根据需要可从下列两种缩分方式中任意选择一种进行。

方式 1

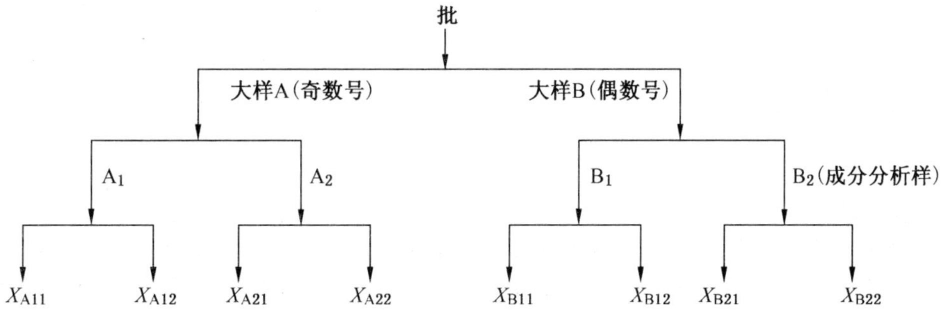

方式 2

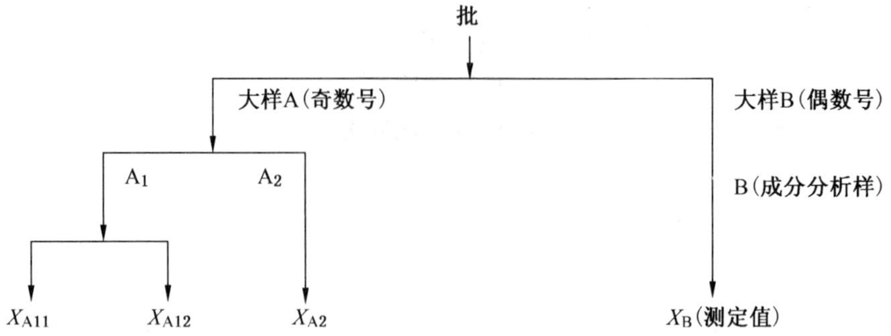

B.4 数据解析(采用 95%概率)

B.4.1 方式 1

B.4.1.1 将一批试验所得的四个成分分析样品的八个测定结果用下列符号表示。

X_{A11}、X_{A12}——代表由大样 A 制备出的成分分析样品 A_1 的一对测定结果；

X_{A21}、X_{A22}——代表由大样 A 制备出的成分分析样品 A_2 的一对测定结果；

X_{B11}、X_{B12}——代表由大样 B 制备出的成分分析样品 B_1 的一对测定结果；

X_{B21}、X_{B22}——代表由大样 B 制备出的成分分析样品 B_2 的一对测定结果。

B.4.1.2 计算出每个成分分析样品双试验测定结果的平均值($\overline{X}_{ij}$)和极差(R_1)。

$$\overline{X}_{ij}=\frac{1}{2}(X_{ij1}+X_{ij2}) \qquad \text{(B.1)}$$

$$R_1=|X_{ij1}-X_{ij2}| \qquad \text{(B.2)}$$

式中：

i ——大样 A 或 B 的成对制备样品；

j ——大样 A 和 B 的成对成分试样；

1、2——成分试样的双试验测定结果。

B.4.1.3 算出成对成分试样 A_1、A_2 和 B_1、B_2 的平均值($\overline{\overline{x}}_i$)和极差($R_2$)。

$$\overline{\overline{x}}_i=\frac{1}{2}(\overline{X}_{i1}+\overline{X}_{i2}) \qquad \text{(B.3)}$$

$$R_2=|\overline{X}_{i1}-\overline{X}_{i2}| \qquad \text{(B.4)}$$

B.4.1.4 算出大样 A 和 B 的平均值($\overline{\overline{\overline{x}}}$)和极差($R_3$)。

$$\overline{\overline{\overline{x}}}=\frac{1}{2}(X_A+X_B) \qquad \text{(B.5)}$$

$$R_3=|\overline{\overline{X}}_A-\overline{\overline{X}}_B| \qquad \text{(B.6)}$$

B.4.1.5 算出极差的平均值($\overline{R}_1$、$\overline{R}_2$、$\overline{R}_3$)。

$$\overline{R}_1=\frac{1}{4K}\sum R_1 \qquad \text{(B.7)}$$

$$\overline{R}_2=\frac{1}{2K}\sum R_2 \qquad \text{(B.8)}$$

$$\overline{R}_3=\frac{1}{K}\sum R_3 \qquad \text{(B.9)}$$

式中：

K——试验批数。

B.4.1.6 计算极差 R 的控制上限。凡超出上限的数值应舍去。舍去后，应重新按式(B.7)、式(B.8)、式(B.9)重新计算极差的平均值 $\overline{R}_1$、$\overline{R}_2$、$\overline{R}_3$ 及相应的舍弃数值上限，并予舍弃，直至所有数值均小于上限值为止。

R_1 的上限：$D_4\bar{R}_1$；

R_2 的上限：$D_4\bar{R}_2$；

R_3 的上限：$D_4\bar{R}_3$。

式中：

D_4——数值为 3.267（对于成对测定值而言）。

B.4.1.7 算出按极差推算的测定标准偏差（$\hat{\sigma}_M$）、制样标准偏差（$\hat{\sigma}_P$）和取样标准偏差（$\hat{\sigma}_S$）的估计值。

$$\hat{\sigma}_M=\frac{\bar{R}_1}{d_2} \qquad \cdots\cdots (B.10)$$

$$\hat{\sigma}_P=\sqrt{\left(\frac{\bar{R}_2}{d_2}\right)^2-\frac{1}{2}\left(\frac{\bar{R}_1}{d_2}\right)^2} \qquad \cdots\cdots (B.11)$$

$$\hat{\sigma}_S=\sqrt{\left(\frac{\bar{R}_3}{d_2}\right)^2-\frac{1}{2}\left(\frac{\bar{R}_2}{d_2}\right)^2} \qquad \cdots\cdots (B.12)$$

式中：

$1/d_2$——成对试验时由极差估算标准偏差的系数，数值为 0.886 5。

注：如大样由 $n/2$ 个份样组成，公式中 B.12 中的 $\hat{\sigma}_S$ 的值应除以$\sqrt{2}$。

B.4.1.8 计算出测定精密度（β_M）、制样精密度（β_P）和取样精密度（β_S）：

$$\beta_M=2\hat{\sigma}_M \qquad \cdots\cdots (B.13)$$

$$\beta_P=2\hat{\sigma}_P \qquad \cdots\cdots (B.14)$$

$$\beta_S=2\hat{\sigma}_S \qquad \cdots\cdots (B.15)$$

B.4.1.9 按下式算出取样、制样和测定的总标准偏差（σ_{SPM}）和总精密度（β_{SPM}）：

$$\sigma_{SPM}^2=\hat{\sigma}_S{}^2+\hat{\sigma}_P{}^2+\hat{\sigma}_M{}^2 \qquad \cdots\cdots (B.16)$$

$$\sigma_{SPM}=\sqrt{\hat{\sigma}_S{}^2+\hat{\sigma}_P{}^2+\hat{\sigma}_M{}^2} \qquad \cdots\cdots (B.17)$$

$$\beta_{SPM}=2\sigma_{SPM} \qquad \cdots\cdots (B.18)$$

B.4.1.10 将 β_{SPM} 与有关标准规定的精密度进行比较。

B.4.2 方式 2

B.4.2.1 将一批精矿的三个制备样品，四个测定结果用下列符号表示：

X_{A11}、X_{A12}——代表由大样 A 制备出的成分分析样品 A_1 的一对测定结果；

X_{A2} ——代表大样 A 制备样品 A_2 的单试验测定结果；

X_B ——代表大样 B 制备样品 B 的单试验测定结果。

B.4.2.2 算出制备样品 A_1 双试验测定结果的极差（R_1）、成对制备样品 A_1 和 A_2 的极差（R_2）、大样 A 和 B 的极差（R_3）。计算方法用 B.4.1。计算可任取 X_{A11} 和 X_{A12}，但须前后一致。

B.4.2.3 算出极差的平均值 $\bar{R}_1$、$\bar{R}_2$、$\bar{R}_3$。

$$\bar{R}_1=\frac{1}{K}\sum R_1 \qquad \cdots\cdots (B.19)$$

$$\bar{R}_2=\frac{1}{K}\sum R_2 \qquad \cdots\cdots (B.20)$$

$$\bar{R}_3=\frac{1}{K}\sum R_3 \qquad \cdots\cdots (B.21)$$

式中：

K——试验批数。

B.4.2.4 算出舍弃数值上限，并舍弃超过上限值数据；再重新计算极差平均值和舍弃上限，直至所有极差值都小于舍弃上限为止。计算方法同 B.4.1。

B.4.2.5 算出按极差推算的测定标准偏差 $\hat{\sigma}_M$、制样标准偏差 $\hat{\sigma}_P$ 和取样标准偏差 $\hat{\sigma}_S$ 的估计值。

$$\hat{\sigma}_M=\sqrt{\left(\frac{\bar{R}_1}{d_2}\right)^2} \quad\cdots\cdots(B.22)$$

$$\hat{\sigma}_P=\sqrt{\left(\frac{\bar{R}_2}{d_2}\right)^2-\left(\frac{\bar{R}_1}{d_2}\right)^2} \quad\cdots\cdots(B.23)$$

$$\hat{\sigma}_S=\sqrt{\left(\frac{\bar{R}_3}{d_2}\right)^2-\left(\frac{\bar{R}_2}{d_2}\right)^2} \quad\cdots\cdots(B.24)$$

B.4.2.6 算出测定、制样、取样精密度(β_M、β_P、β_S)及总精密度(β_{SPM})。计算方法同 B.4.1。

B.4.2.7 将 β_{SPM}值与有关标准中规定的精密度进行比较。

B.5 试验结果分析和异常情况的处理

B.5.1 通过本试验求得的 β_{SPM}值若小于标准中的规定值，说明日常的取样、制样和测定过程符合要求。当试验求得的 β_{SPM}值大于规定值时，应检查取样、制样和测定是否有不正常情况，必要时加以改进。若无不正常情况，应按附录 A 重新评价浮选精矿的品质波动是否发生变化，以便相应地改变份样数。

B.5.2 如进行品质波动试验有困难，而取样精密度大于规定值时，应提高取样精密度。

B.5.2.1 增加份样数，按公式(B.25)计算应取的份样数。

$$\beta_S/\beta_{S1}=\sqrt{n/n'} \quad\cdots\cdots(B.25)$$

式中：

β_{S1}——试验所得取样精密度；

β_S——应达到的取样精密度；

n——标准中规定的份样数；

n'——达到 β_S 时应取的份样数。

B.5.2.2 增加份样量也可提高取样精密度。但份样量增大到一定程度后，再继续增大份样量，对提高精密度效果不显著。

B.6 计算示例

试验用系统取样方法按方式 1 结合日常生产进行。

a) 精矿名称

浮选铅精矿。

b) 批数

采用精矿 19 批。

c) 品质波动类型

根据日常使用情况，品质波动类型为“小”。

d) 份样数

按 GB/T 14262 标准规定，本试验每批取 10 个份样，这样每个大样由 $n/2$ 个份样组成。

e) 份样量

按标准规定，每个份样质量为 400 g±80 g。

f) 标准规定的精密度 β_{SPM}=1.174%，β_S=1.134%。

g) 取样方法

在精矿装卸过程中，按计算的间隔在抓斗上取样，奇数样组成 A 大样，偶数样组成 B 大样。

h) 制样方法

按 GB/T 14262 要求，将 A、B 两个大样分别制成 A_1、A_2、B_1、B_2 四个试样进行测定。结果列于表 B.1。

表 B.1　精密度校核试验数据表

批号	批量	份样数		A₁				A₂				A		B₁				B₂				B		$\overline{\overline{X}}$	R_3
	(t)	A	B	X_{A11}	X_{A12}	$\overline{X}_{A1}$	R_1	X_{A21}	X_{A22}	$\overline{X}_{A2}$	R_1	$\overline{\overline{X}}_A$	R_2	X_{B11}	X_{B12}	$\overline{X}_{B1}$	R_1	X_{B21}	X_{B22}	$\overline{X}_{B2}$	R_1	$\overline{\overline{X}}_B$	R_2		
1	62	10	10	61.24	61.17	61.20	0.07	61.19	61.07	61.13	0.12	61.16	0.07	59.88	59.70	59.79	0.18	59.88	59.77	59.82	0.11	59.80	0.03	60.48	1.36
2	50	10	10	59.88	59.93	59.90	0.05	59.59	59.62	59.60	0.03	59.75	0.30	59.88	59.70	59.79	0.18	59.88	59.77	59.82	0.11	59.80	0.03	59.78	0.05
3	55	10	10	60.77	60.73	60.75	0.04	60.62	60.80	60.71	0.18	60.73	0.04	61.80	61.92	61.86	0.12	61.80	61.61	61.70	0.19	61.78	0.16	61.26	1.05
4	50	10	10	60.88	60.70	60.79	0.18	60.66	60.89	60.78	0.23	60.78	0.01	59.71	59.48	59.60	0.23	59.77	59.95	59.86	0.18	59.73	0.26	60.26	1.05
5	62	10	10	63.23	63.00	63.12	0.23	63.12	62.92	63.02	0.19	63.07	0.10	62.07	62.00	62.04	0.07	61.96	61.73	61.84	0.23	61.94	0.20	62.50	1.13
6	50	10	10	61.92	62.00	61.96	0.08	62.13	61.87	62.00	0.26	61.98	0.04	62.25	62.31	62.28	0.06	61.96	61.72	61.84	0.24	62.06	0.44	62.02	0.08
7	50	10	10	61.79	61.82	61.80	0.03	61.60	61.49	61.54	0.11	61.67	0.26	60.68	60.67	60.68	0.01	60.53	60.51	60.52	0.02	60.60	0.16	61.14	1.07
8	62	10	10	58.51	58.50	58.50	0.01	58.55	58.44	58.50	0.11	58.50	0.00	57.57	57.50	57.54	0.07	57.90	57.98	57.94	0.08	57.74	0.40	58.12	0.76
9	62	10	10	56.89	57.01	56.95	0.12	57.55	57.57	57.56	0.02	57.25	0.61	57.07	56.88	56.98	0.19	56.92	56.95	56.94	0.03	56.96	0.04	57.10	0.29
10	62	10	10	59.28	59.44	59.36	0.16	59.34	59.29	59.32	0.05	59.34	0.04	58.96	58.79	58.88	0.17	58.80	58.82	58.81	0.02	58.84	0.07	59.09	0.50
11	62	10	10	59.37	59.37	59.37	0.00	59.36	59.25	59.30	0.11	59.34	0.07	59.11	58.97	59.04	0.14	59.26	59.10	59.18	0.16	59.11	0.14	59.22	0.23
12	62	10	10	58.87	58.90	58.89	0.03	58.88	58.73	58.80	0.15	58.84	0.09	60.49	60.26	60.38	0.23	60.18	60.02	60.10	0.16	60.24	0.28	59.54	1.40
13	50	10	10	58.68	58.59	58.64	0.09	58.56	58.40	58.48	0.16	58.56	0.16	58.93	58.75	58.84	0.18	59.00	58.83	58.91	0.17	58.87	0.07	58.71	0.31
14	62	10	10	56.90	57.01	56.96	0.11	56.76	56.71	56.74	0.05	58.85	0.22	56.87	56.88	56.88	0.01	56.89	56.93	56.91	0.04	56.90	0.03	56.87	0.05
15	62	10	10	57.73	57.88	57.80	0.15	57.35	57.48	57.42	0.13	57.61	0.38	57.91	58.06	57.98	0.15	57.72	57.84	57.78	0.12	57.88	0.20	57.74	0.27
16	62	10	10	58.77	58.85	58.81	0.08	58.96	58.80	58.88	0.16	58.84	0.07	59.05	59.08	59.06	0.03	58.92	58.82	58.87	0.10	58.96	0.19	58.90	0.12
17	58	10	10	58.65	58.53	58.59	0.12	58.45	58.37	58.41	0.08	58.50	0.18	58.74	58.65	58.70	0.09	58.61	58.57	58.59	0.04	58.64	0.11	58.57	0.14
18	55	10	10	58.46	58.45	58.46	0.01	58.72	58.67	58.70	0.05	58.58	0.24	58.84	58.72	58.78	0.12	58.99	58.82	58.90	0.17	58.84	0.12	58.71	0.26
19	62	10	10	63.20	62.96	63.08	0.24	62.81	62.88	62.84	0.07	62.96	0.24	64.28	64.04	64.16	0.24	63.40	63.40	63.40	0.00	63.78	0.76	63.37	0.82
Σ							1.80				2.26		3.12				2.47				2.17		3.69		10.94

i） 数据解析

1） 算出极差的平均值。

$$\bar{R}_1=\frac{1}{4K}\sum R_1=8.7/19\times4=0.114$$

$$\bar{R}_2=\frac{1}{2K}\sum R_2=6.81/19\times2=0.178$$

$$\bar{R}_3=\frac{1}{K}\sum R_3=10.94/19=0.576$$

2） 算出舍弃数值上限

R_1 舍弃数值上限：$D_4\bar{R}_1=3.267\times0.114=0.372$

R_2 舍弃数值上限：$D_4\bar{R}_2=3.267\times0.178=0.585$

R_3 舍弃数值上限：$D_4\bar{R}_3=3.267\times0.576=1.882$

3） 检查 R_1、R_2、R_3 数值是否处于受控状态。

经检查，R_1、R_3 之值均无超过上限值，但第九批 A 副样 R_2 和第十九批 B 副样的 R_2，超出了上限值，处于异常状态。经查，其原因是制样工具污染造成。

4） 剔除异常值后重新计算 $\bar{R}_2$。

$$\bar{R}_2=5.44/(2\times18)=0.151$$

R_2 的舍弃上限：$D_4\bar{R}_2=3.267\times0.151=0.493$

经检查，余下的 R_2 均小于 0.493。

5） 算出测定、制样和取样标准偏差(%)。

$$\hat{\sigma}_M=\sqrt{\left(\frac{\bar{R}_1}{d_2}\right)^2}=\sqrt{(0.114\times0.8865)^2}=0.101\%$$

$$\hat{\sigma}_P=\sqrt{\left(\frac{\bar{R}_2}{d_2}\right)^2-\frac{1}{2}\left(\frac{\bar{R}_1}{d_2}\right)^2}=\sqrt{(0.151\times0.8865)^2-0.5\times(0.144\times0.8865)^2}=0.113\%$$

$$\hat{\sigma}'_S=\sqrt{\left(\frac{R_3}{d_2}\right)^2-\frac{1}{2}\left(\frac{R_2}{d_2}\right)^2}=\sqrt{(0.576\times0.8865)^2-0.5\times(0.151\times0.8865)^2}=0.474\%$$

因大样由 $\frac{1}{2}n$ 个份样组成，故实际取样标准偏差为：

$$\hat{\sigma}_S=\hat{\sigma}'_S/\sqrt{2}=0.474/1.414=0.335\%$$

6） 算出测定、制样和取样精密度(%)和总精密度(%)。

$$\beta_M=2\hat{\sigma}_M=2\times0.101=0.202\%$$

$$\beta_P=2\hat{\sigma}_P=2\times0.113=0.226\%$$

$$\beta_S=2\hat{\sigma}_S=2\times0.335=0.670\%$$

$$\beta_{SPM}=2\sqrt{\hat{\sigma}_S^2+\hat{\sigma}_P^2+\hat{\sigma}_M^2}=2\times\sqrt{0.335^2+0.113^2+0.101^2}=0.735\%$$

j） 将试验结果和标准规定进行比较。

经比较，试验所得各项达到标准精密度要求。

附 录 C
（规范性附录）
取样系统误差校核方法

C.1 试验目的

用同一批散装浮选精矿，分别用参比取样方法（A 法）和被校核取样方法（B 法）采取一系列成对样品，并将其结果进行比较，校核其差值是否存在显著性差异，从而确定 B 法能否适合于日常取样。

C.2 一般规定

C.2.1 试样的品质特性

以精矿的主成分含量作为试样的品质特性。

C.2.2 试验组数

预先试验组数不得少于 20 组。所需试验组数根据 20 个试验数据差值的标准偏差和最大允许系统偏差（δ）值计算确定。

注：最大允许系统偏差（δ）一般为总精密度的一半。

C.2.3 试验用精矿的选择

应优先选用品质波动大的精矿作为试验用精矿。

C.2.4 对比试验用样品的选择

采用大样或副样对比法。

C.2.5 参比方法的选择

参比方法是从技术经济的角度考虑不会带来系统误差的方法。根据现场条件，可由有关方协商确定。

C.2.6 制样及样品分析方法

样品的制备及分析按有关标准的规定进行。

C.2.7 显著性水平检验方法

采用 5% 显著性水平 t 检验（单侧）评定系统误差。

C.3 试验方法

用同一批精矿分别用 A 法和 B 法取相同数目的份样，然后分别将其合并为一个 A 大样（或 A 副样）和一个 B 大样（或 B 副样），并且用相同的制样和分析方法进行试验。

C.4 数据解析

C.4.1 用 X_{Ai}代表按 A 法取出样品的各个测定结果，用 X_{Bi}代表按 B 法取出样品的各个测定结果。

C.4.2 用公式(C.1)算出 X_{Ai}与 X_{Bi}的差值 d_i。

$$d_i = X_{Bi} - X_{Ai} \qquad \text{(C.1)}$$

式中：

i——试验批次。数值为 1、2、3……k。

C.4.3 算出差值的平均值 $\overline{d}$。

$$\overline{d} = \frac{1}{K}\sum d_i \qquad \text{(C.2)}$$

C.4.4 算出差值的标准偏差 S_d。

$$S_d = \sqrt{\frac{K\sum d_i^2 - (\sum d_i)^2}{K(K-1)}} \qquad \text{(C.3)}$$

C.4.5 确定所需的成对试验组数

C.4.5.1 按公式(C.4)计算系数 D。

$$D = \frac{\delta}{S_d} \qquad \text{(C.4)}$$

式中：

δ——最大允许系统误差，规定为 $\frac{1}{2}\beta_{SPM}$。

C.4.5.2 由表 C.1 查出所需成对试验组数 n_t。当 $n_t \leqslant 20$ 时，按公式(C.5)计算 t_0 值；当 $n_t > 20$ 时，应进行追加试验。

表 C.1 由系数 D 确定所需的成对数据组数 n_t

系数 D 的范围	所需的成对数据组数 n_t	系数 D 的范围	所需的成对数据组数 n_t
$0.30 \leqslant D < 0.35$	122	$0.95 \leqslant D < 1.00$	14
$0.35 \leqslant D < 0.40$	90	$1.00 \leqslant D < 1.05$	13
$0.40 \leqslant D < 0.45$	70	$1.1 \leqslant D < 1.2$	11
$0.45 \leqslant D < 0.50$	55	$1.2 \leqslant D < 1.3$	10
$0.45 \leqslant D < 0.55$	45	$1.3 \leqslant D < 1.4$	8
$0.55 \leqslant D < 0.60$	38	$1.4 \leqslant D < 1.5$	8
$0.60 \leqslant D < 0.65$	32	$1.5 \leqslant D < 1.6$	7
$0.65 \leqslant D < 0.70$	28	$1.6 \leqslant D < 1.7$	6
$0.70 \leqslant D < 0.75$	24	$1.7 \leqslant D < 1.8$	6
$0.75 \leqslant D < 0.80$	21	$1.8 \leqslant D < 1.9$	6
$0.80 \leqslant D < 0.85$	19	$1.9 \leqslant D < 2.0$	5
$0.85 \leqslant D < 0.90$	17	$2.0 \leqslant D$	5
$0.90 \leqslant D < 0.95$	15		

C.4.6 计算 t_0 值，按公式(C.5)进行。

$$t_0 = \frac{|\bar{d}|}{S_d / \sqrt{K}} \qquad \cdots\cdots (C.5)$$

C.4.7 从表 C.2 中查出 t 值，其概率为 95%。

表 C.2 5%显著性水平的 t 值(单侧)

成对组数	t	成对组数	t	成对组数	t
2	6.314	21	1.725	40	1.685
3	2.920	22	1.721	41	1.684
4	2.353	23	1.717	42	1.683
5	2.132	24	1.714	43	1.682
6	2.015	25	1.711	44	1.681
7	1.943	26	1.708	45	1.680
8	1.895	27	1.706	46	1.679
9	1.860	28	1.703	47	1.679
10	1.833	29	1.701	48	1.678
11	1.812	30	1.699	49	1.677
12	1.796	31	1.697	50	1.677
13	1.782	32	1.696	51	1.676
14	1.771	33	1.694	61	1.671
15	1.761	34	1.692	81	1.664
16	1.753	35	1.691	121	1.658
17	1.746	36	1.690	240	1.651
18	1.740	37	1.688	∞	1.645
19	1.734	38	1.687		
20	1.729	39	1.686		

C.4.8 将 t_0 与 t 进行比较，如果 $t_0 < t$，则认为 B 法与 A 法无显著性差异，B 法可用于日常取样；如果 $t_0 > t$，则认为 B 法与 A 法有显著性差异，B 法不能用于日常取样工作，应采取措施消除系统误差。

C.5 计算示例

a) 精矿名称

散装浮选铅精矿。

b) 品质波动类型

精矿品质波动类型为“大”。

c) 试验批量

预先试验批数 20 批。

d) 取样方法选择

选择系统取样法作为参比取样方法(A 法)，货车取样法为被校核取样方法(B 法)。

e) 试验步骤

从同一检验批用 A 法和 B 法各取相同数量的份样，分别合并为 A 大样和 B 大样，然后用相同的制样、分析方法测定特性值，并将结果记入表 C.3。

表 C.3 系统误差试验结果

试验	货车取样法	系统取样法	$d_i = X_{Bi} - X_{Ai}$	d_i^2
	Pb/%	Pb/%		
1	53.90	54.35	−0.45	0.202 5
2	53.30	52.88	0.42	0.176 4
3	52.84	53.34	−0.50	0.250 0
4	54.31	55.02	−0.71	0.504 1
5	49.09	48.64	0.45	0.202 5
6	48.52	48.82	−0.30	0.090 0
7	43.98	44.46	−0.48	0.230 4
8	44.90	44.10	0.80	0.640 0
9	51.42	51.53	−0.11	0.012 1
10	52.61	52.01	0.60	0.360 0
11	58.82	58.78	0.04	0.001 6
12	59.98	59.52	0.46	0.211 6
13	59.36	59.48	−0.12	0.014 4
14	60.06	59.99	0.07	0.004 9
15	60.92	60.74	0.18	0.032 4
16	60.38	60.53	−0.15	0.022 5
17	59.94	60.46	−0.52	0.270 4
18	57.54	57.84	−0.30	0.090 0
19	57.95	57.58	0.37	0.136 9
20	57.70	57.98	−0.28	0.078 4
合计			−0.53	3.531 1

f) 计算差值的平均值($\bar{d}$)

$$\bar{d} = \frac{1}{K}\sum d_i = \frac{1}{20} \times (-0.53) = -0.026\ 5$$

g) 计算差值的标准偏差(S_d)

$$S_d = \sqrt{\frac{K\sum d_i^2 - (\sum d_i)^2}{K(K-1)}} = \sqrt{\frac{20 \times 3.531\ 1 - (-0.53)^2}{20 \times (20-1)}} = 0.430$$

h) 确定所需的成对试验组数

1) 最大允许误差 δ

$$\delta = \frac{1}{2}\beta_{SPM} = \frac{1}{2} \times 1.174 = 0.587$$

2) 计算系数 D

$$D = \frac{\delta}{S_d} = \frac{0.587}{0.430} = 1.365$$

3) 根据 D 值查表 C.1 得所需试验组数 $n_t = 8$,故所收集的 20 组数据对本试验已足够。

i) 计算 t_0

$$t_0 = \frac{|\bar{d}|}{S_d/\sqrt{K}} = \frac{|-0.026\ 5|}{0.430/\sqrt{20}} = 0.276$$

j） 查5%显著性水平的 t 值表（单侧）

由表C.2查得成对试验组数为20时 t 值为1.729。

k） 结论

由于 $t_0<t$，故B法与A法无显著性差异，B法（货车取样法）可作为日常取样方法。

ICS 77.120.01
D 42

中华人民共和国国家标准

GB/T 14261—2010
代替 GB/T 14261—1993

散装浮选锌精矿取样、制样方法

Methods for sampling and sample preparation of flotation zinc concentrates in bulk

2010-12-23 发布　　2011-09-01 实施

中华人民共和国国家质量监督检验检疫总局
中国国家标准化管理委员会　发布

前　言

本标准按照 GB/T 1.1—2009 给出的规则起草。

本标准是对 GB/T 14261—1993《散装浮选锌精矿取样、制样方法》的修订。与 GB/T 14261—1993 相比，本标准主要变化如下：

——对检验批量、品质波动类型和取样、制样及测定总精密度分别作了修改；

——增加了取样精密度；

——将系统取样法分为质量系统取样法和时间系统取样法，并分别作出规定；

——货车取样法中增加了检验批量增大和汽车交货时的取样方法；

——增加了袋装精矿的取样方法；

——水分测定中，对天平的精度作了修改；对水分试样的干燥时间作出明确规定。

本标准由中国有色金属工业协会提出。

本标准由全国有色金属标准化技术委员会(SAC/TC 243)归口。

本标准负责起草单位：中冶葫芦岛有色金属集团有限公司、中国有色金属工业标准计量质量研究所。

本标准参加起草单位：深圳市中金岭南有色金属股份有限公司韶关冶炼厂、陕西东岭锌业有限责任公司、河南豫光锌业有限公司、株洲冶炼集团股份有限公司、南通出入境检验检疫局。

本标准主要起草人：李军、高永学、赵军锋、冷希学、孟庆武、栗印图、周伟、陈青林、李合庆、朱东萍、陈卫东、闫元、侯晋。

本标准所代替标准的历次版本发布情况为：

——GB/T 14261—1993。

散装浮选锌精矿取样、制样方法

1 范围

本标准规定了散装浮选锌精矿的取样、制样和测定水分的程序及方法。

本标准适用于散装浮选锌精矿的化学成分、水分及其他物理项目检测用试样的采取、制备和水分的测定。

2 规范性引用文件

下列文件对于本文件的应用是必不可少的。凡是注日期的引用文件，仅注日期的版本适用于本文件。凡是不注日期的引用文件，其最新版本(包括所有的修改单)适用于本文件。

GB/T 8170—2008 数值修约规则与极限数值的表示和判定

GB/T 14260—2010 散装重有色金属浮选精矿取样、制样通则

3 术语和定义

本标准采用 GB/T 14260 中的术语和定义。

4 要求

4.1 取样、制样及测定的总精密度(β_{SPM})和取样精密度(β_S)，见表 1。

表 1 不同检验批量锌精矿应取最少份样数

检验批量 N/t	品质波动类型			β_S/ %	β_{SPM}/ %
	小	中	大		
	$\sigma_W \leqslant 0.5$	$0.5 < \sigma_W \leqslant 1.0$	$\sigma_W > 1.0$		
≤70	6	18	28	0.47	0.50
>70～500	16	48	74	0.28	0.32

4.2 取样方法中规定的第一种方法为无系统误差法。

4.3 特殊情况，检验批量由供需双方商定。

4.4 以锌的百分含量作为锌精矿的品质特性。

4.5 按本方法进行取样和制样，并根据需要进行精密度校核试验。

4.6 如因条件限制，可适当变更取样方法，但必须经校核试验确认其无显著性差异，方可采用。

4.7 如果交货矿的品质很不均匀或混入外来夹杂物，由供需双方协商。

4.8 成分试样应妥善保管三个月(国际贸易保管六个月)，以备核查。

4.9 水分试样应置于干燥、洁净的密闭容器中，以防止水分发生变化。

4.10 取样、制样所用设备、工具和盛样容器应保持清洁、干燥、耐用。盛样容器应有较好的密封性，以防止试样变质。

4.11 品质波动试验方法、精密度校核试验方法及取样系统误差校核试验方法分别按 GB/T 14260 中附录 A、附录 B、附录 C 的规定进行。

4.12 整个取样、制样过程应遵守有关的安全操作规程。

5 取样

5.1 取样工具

5.1.1 取样钎，其规格尺寸见图 1。

单位为毫米

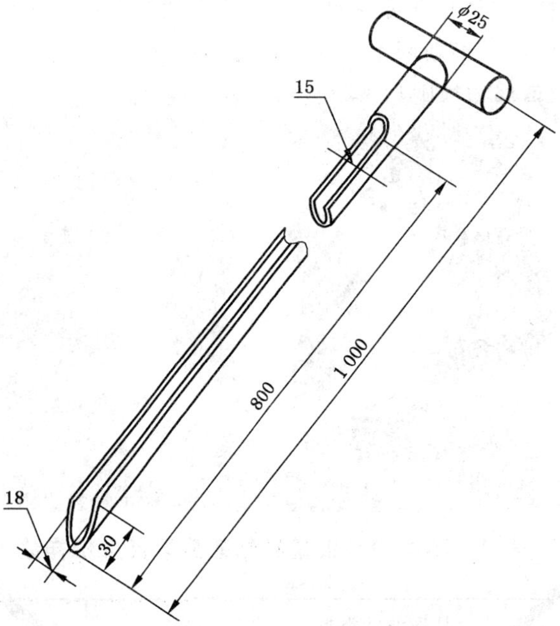

图 1 取样钎

5.1.2 取样铲，其规格尺寸见图 2 及表 2。

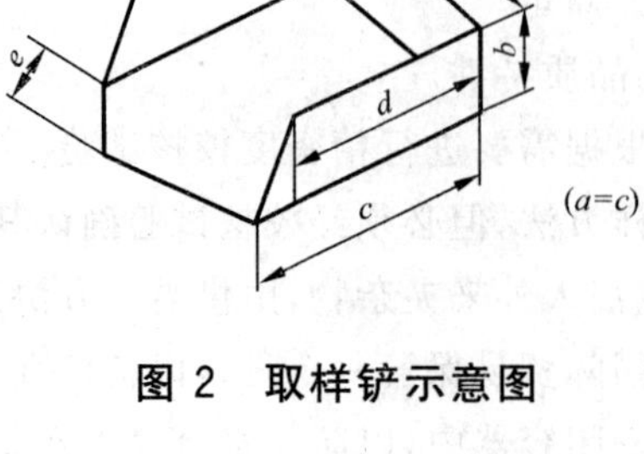

图 2 取样铲示意图

表 2 取样铲规格及尺寸

编号	取样铲尺寸/mm					容量/mL
	a	b	c	d	e	
20	80	45	80	70	35	约 270
15	70	40	70	60	30	约 180
10	60	35	60	50	25	约 120

5.1.3 钢锹和铁锤。

5.1.4 带盖的盛样桶或塑料盛样袋。

5.2 取样程序

5.2.1 确定检验批或副批的质量。

5.2.2 根据检验批量大小、品质波动类型及取样精密度的要求，确定应取的最少份样数、份样量和取样间隔。

5.2.3 确定取样方法、工具。

5.2.4 确定份样组合方式，见图 3。

5.3 份样数

5.3.1 不同检验批量所取最少份样数应不少于表 1 的规定。

5.3.2 当精矿的品质波动类型不明时，应按品质波动“大”的类型来选取份样数。但应尽早进行品质波动试验以确定其类型。

5.4 份样量

5.4.1 用取样铲取样时，应按表 2 的规定选取合适的取样铲。如遇结块，应砸碎后取样，以确保份样量。

5.4.2 用取样钎取样时，份样量约为 300 g。

5.4.3 所取份样量应基本一致，其质量变异系数(C_V)不大于 20%。

5.5 取样方法

5.5.1 系统取样法

系统取样法分为质量系统取样和时间系统取样。它是在一批精矿装卸、计量或传送的移动过程中，按一定的质量或时间间隔随机采取份样。

质量系统取样间隔根据表 1 中规定的份样数和检验批量按公式(1)计算，如遇小数则保留整数部分。

$$T_1 \leqslant \frac{N_1}{n} \quad \cdots\cdots(1)$$

式中：

T_1——取样质量间隔，单位为吨(t)；

N_1——检验批量，单位为吨(t)；

n ——表 1 中规定的份样数。

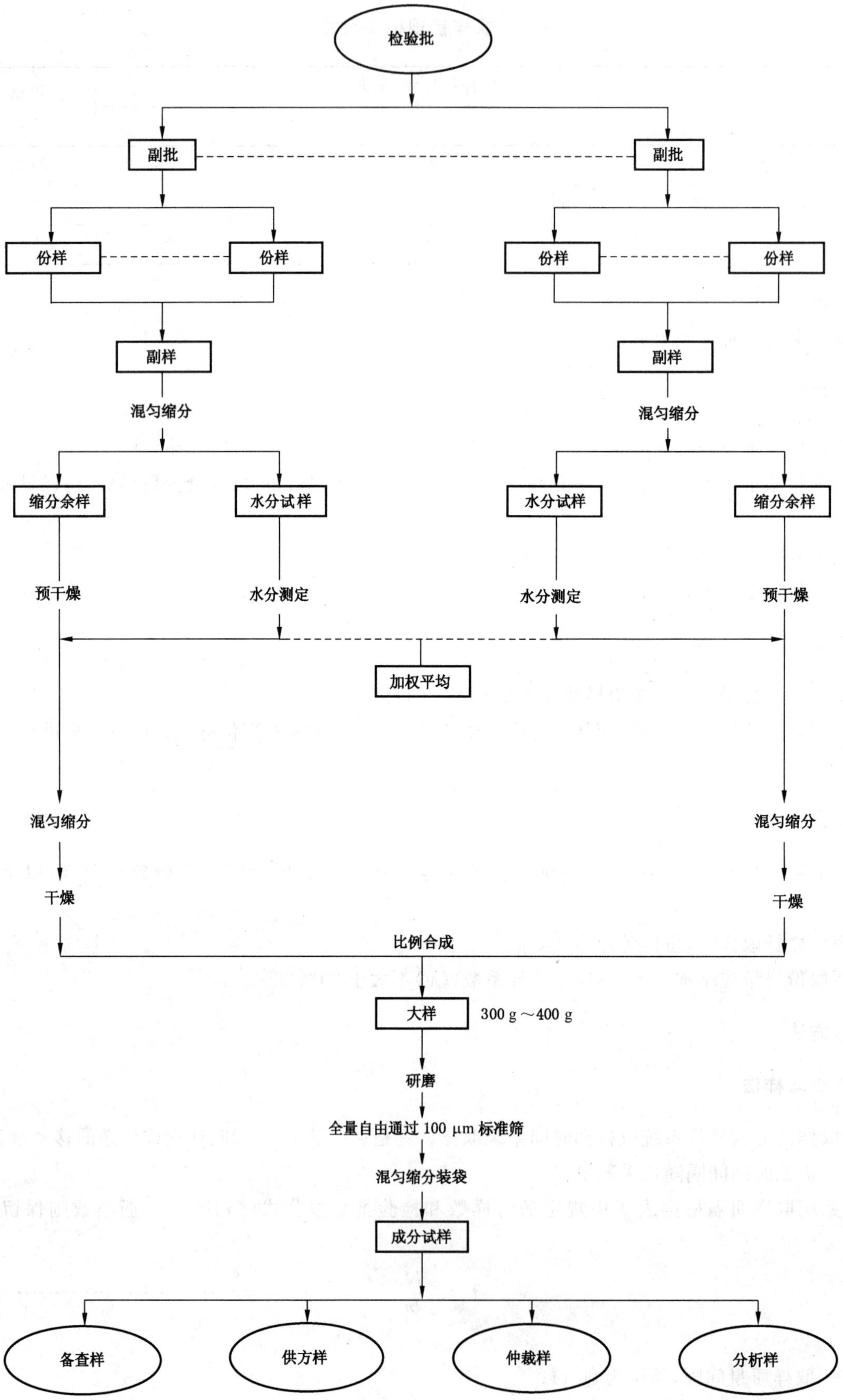

图 3 试样组合方式及制样流程图

时间系统取样间隔根据表 1 中规定的份样数和检验批量按公式(2)计算,如遇小数则保留整数部分。

$$T_2 \leqslant \frac{60N_1}{G \cdot n} \qquad \cdots\cdots(2)$$

式中:

T_2——取样时间间隔,单位为分(min);

N_1——检验批量,单位为吨(t);

n——表 1 中规定的份样数;

G——每小时装卸量,单位为吨每小时(t/h)。

系统取样法的第一个份样,可在第一间隔内随机取样,但不可在第一间隔的起点处取样。以后按计算的间隔采取份样。在一个检验批已经取完应取份样数,而精矿装卸仍在进行,应按规定间隔继续取样,直至该批精矿装卸完为止。

如在传运皮带上或落口处取样,需截取精矿流的全截面。如在抓斗、铲车等工具装卸、堆垛过程中取样,应在装卸或堆垛过程新露出的精矿面上取样,也可在装卸工具中取样。取样点应均匀分布在整批精矿的各个部位。

5.5.2 分层取样法

一批精矿在装卸过程中分数层(不得少于三层)取样,根据每层的质量,按比例在新露出的面上均匀布点取样。每层应取的份样数按公式(3)计算,如遇小数则进为整数。

$$n_i \geqslant \frac{n \cdot N_i}{N_1} \qquad \cdots\cdots(3)$$

式中:

n_i——每层应取的份样数;

n——表 1 中规定的份样数;

N_i——每层的质量,单位为吨(t);

N_1——检验批量,单位为吨(t)。

5.5.3 货车取样法

当一批精矿用火车或汽车交货时,应在车厢内均匀布点,去掉 30 mm～50 mm 的表层,用取样钎从新露出的表面垂直插入底部,旋转后采取份样。应避免从表层或某一局部采样。

当检验批量增大时,货车应取份样数按公式(4)计算,如遇小数则进为整数。

$$n_1 = n\sqrt{\frac{N_1}{N}} \qquad \cdots\cdots(4)$$

式中:

n_1——货车应取的份样数;

n——表 1 中规定的份样数;

N_1——检验批量,单位为吨(t);

N——基本批量,单位为吨(t)。

火车交货时,应按表 1 中规定的份样数取样。当检验批由多辆货车组成时,每辆货车应取份样数按公式(5)计算,如遇小数则进为整数。

$$n_2 \geqslant \frac{n}{M} \qquad \cdots\cdots(5)$$

式中:

n_2——每辆货车应取的份样数;

n ——表 1 中规定的份样数；

M——检验批的总车数。

注：当货车装载质量不同时，份样数的分配与装载质量成正比。

汽车交货时，如果检验批量小于基本批量，应取份样数按公式(6)计算，如遇小数则进为整数。

$$n_3 \geqslant n\sqrt{\frac{N_1}{N}} \quad \cdots\cdots(6)$$

式中：

n_3 ——汽车应取的份样数；

n ——表 1 中规定的份样数；

N_1——检验批量，单位为吨(t)；

N ——基本批量，单位为吨(t)。

当检验批由多辆汽车组成时，每辆汽车应取份样数按公式(5)计算，如遇小数则进为整数。

当不具备在货车或船上直接取样条件时，可将精矿卸到指定场地，堆成规则的几何体，均匀布点，按表 1 中规定的份样数采取份样。

5.5.4 袋装取样法

袋装精矿的取样，应在装入或倾倒时进行。但如果取样钎能穿透袋取到完整的精矿样品，可用取样钎直接对袋中的精矿进行取样。

1 000 kg 以上袋装精矿，应逐袋随机采取份样，每袋应取份样数按公式(7)计算，如遇小数则进为整数。

$$n_4 \geqslant \frac{n}{M_1} \quad \cdots\cdots(7)$$

式中：

n_4 ——每袋中应取的份样数；

n ——表 1 中规定的份样数；

M_1——检验批的总袋数。

50 kg～100 kg 的袋装精矿，按一定的袋数间隔抽取样袋，从样袋中随机采取份样。取样袋数间隔根据表 1 中规定的最大品质波动类型的份样数和检验批的总袋数按公式(8)计算，如遇小数则进为整数。

$$T_3 \geqslant \frac{M_1}{n} \quad \cdots\cdots(8)$$

式中：

T_3 ——取样袋数间隔；

n ——表 1 中规定的份样数；

M_1 ——检验批的总袋数。

注：对集装箱装精矿取样方法，参照货车取样法或袋装取样法。

6 制样

6.1 主要设备及工具

6.1.1 制样研磨机或制样粉碎机。

6.1.2 恒温鼓风干燥箱。

6.1.3 份样铲，其规格尺寸见图 4 和表 3。

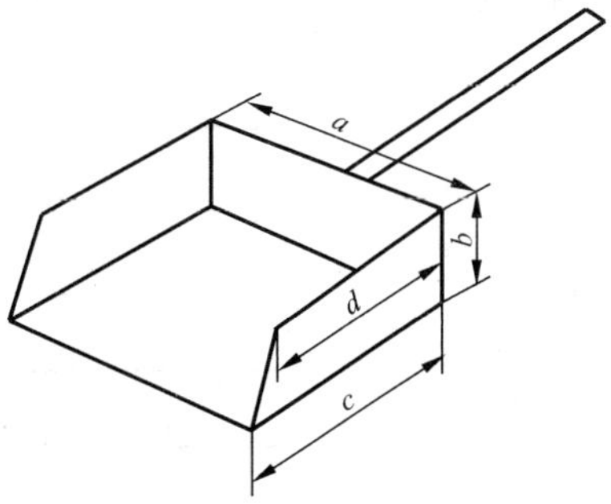

图 4 份样铲

表 3 份样铲规格及尺寸

编号	份样铲尺寸/mm				料层厚度/mm	容量/mL
	a	*b*	*c*	*d*		
5.0 D	50	30	50	40	20～30	约 70
2.8 D	40	25	40	30	15～25	约 35
1.0 D	30	20	30	25	10～20	约 16
0.25 D	15	10	15	12	5～10	约 2

6.1.4 缩分板。

6.1.5 分样板。

6.1.6 标准筛。

6.1.7 毛刷、样刀。

6.1.8 盛样容器及干燥器。

6.2 制样要求

6.2.1 制样过程中，应防止试样的任何变化和污染。

6.2.2 制备水分试样时，应保证试样中的水分不发生任何变化。

6.2.3 当试样过湿发粘难于制备成分试样时，可在不高于 105 ℃±5 ℃的恒温鼓风干燥箱中或空气中进行预干燥至制样不发生困难为止。

6.2.4 制样后，设备中不得残留试样。

6.2.5 试样应混匀，以减小缩分误差。

6.3 制样程序

6.3.1 一个检验批由多个副批组成时，所取份样的组合方式和制样程序如图 3 所示。

6.3.2 当一检验批精矿由单一副批组成时，其制样流程按图 3 副批以下的流程制样。

6.4 缩分方法

6.4.1 份样缩分法

将试样置于平整、洁净的缩分板上，平铺成厚度均匀的长方形平堆，将平堆划分成等份的网格。缩分大样不得少于 20 格，缩分副样不得少于 12 格(见图 5)。根据平堆的厚度从表 3 中选择合适的份样铲和挡板，从每一网格的任意部位垂直插入，铲取等量的一铲集合为缩分试样。如果缩分后的试样质量小于所需质量，应增加每铲的质量或网格数。

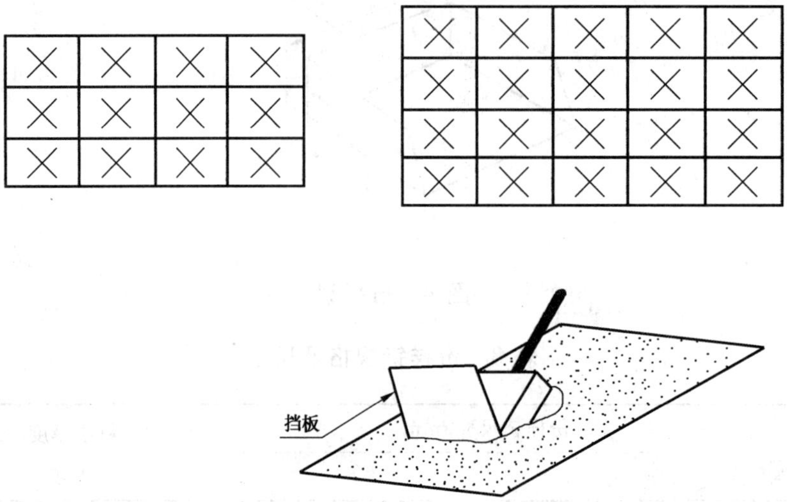

图 5　份样缩分法示意图

6.4.2　圆锥四分法

将试样置于平整、洁净的缩分板上，堆成圆锥形，然后转堆，每铲沿圆锥顶尖均匀散落，勿使圆锥中心错位。如此反复，至少转堆三次，待试样充分混匀后，将锥顶压平，用分样板自上而下将试样分成四等份，任取对角两部分，其余弃之，重复上述操作数次，缩分至所需用量。

6.5　试样容器和标签

成分试样混匀缩分后装入试样袋中；水分试样装入带密封盖的容器中，并注明：

a）　编号；

b）　精矿品名、产地；

c）　车号或船号；

d）　取样、制样人员；

e）　取样、制样日期；

f）　分析项目。

7　水分测定

7.1　设备及工具

7.1.1　电子天平。其精度应符合表 4 的要求。

表 4　天平精度要求

试样的质量/g	天平的感量/g
≥1 000	0.1
500～<1 000	0.05

7.1.2 恒温鼓风干燥箱。

7.1.3 搪瓷平底干燥盘。表面应光洁、耐热、耐蚀。

7.1.4 样刀。

7.2 测定要求

7.2.1 水分试样应是刚采取的份样经合并缩分后的全量。

7.2.2 水分试样量按表4中的规定执行。

7.3 测定步骤

通常情况下，将水分试样平铺于已知质量(m_1)的干燥盘内，使其厚度不超过30 mm，立即称量(m_2)，放入105 ℃±5 ℃的恒温鼓风干燥箱内。干燥4 h后取出，趁热立即称量或在干燥器中冷却至室温后称量(m_3)。

若目测精矿明显过湿，或供需双方有异议时，再次将干燥盘放入干燥箱内，继续烘干1 h，取出立即称量。重复上述操作步骤，直至最后两次称量之差不大于试样初始质量的0.05%。记录最后一次质量(m_3)。热称量时，应用适当的隔热材料隔离称量盘，以免对天平产生影响。

7.4 计算

7.4.1 每个试样的水分含量 w_i(%)按公式(9)计算。

$$w_i = \frac{m_2 - m_3}{m_2 - m_1} \times 100 \qquad \cdots\cdots (9)$$

式中：

m_1——干燥盘的质量，单位为克(g)；

m_2——干燥盘加湿样质量，单位为克(g)；

m_3——干燥盘加干样质量，单位为克(g)。

7.4.2 当由大样制备水分试样测定水分时，检验批的水分含量 $\overline{w}$(%)按公式(10)计算。

$$\overline{w} = \frac{w_1 + w_2}{2} \times 100 \qquad \cdots\cdots (10)$$

式中：

w_1、w_2——分别为两个试样的水分含量。

注：w_1、w_2 的允许差应不大于0.2%。

7.4.3 当由多个副样制备水分试样测定水分时，检验批的水分含量 w(%)按公式(11)计算。

$$w = \frac{\sum_{i=1}^{k} m_i \cdot w_i}{\sum_{i=1}^{k} m_i} \times 100 \qquad \cdots\cdots (11)$$

式中：

k ——副样数；

w_i——第 i 个副样的水分含量；

m_i——第 i 个副批的质量，单位为吨(t)。

注：以上计算数值按GB/T 8170中3.2的规定，修约到小数点后第二位。

ICS 77.120.01
D 42

中华人民共和国国家标准

GB/T 14262—2010
代替 GB/T 14262—1993

散装浮选铅精矿取样、制样方法

Methods for sampling and sample preparation of flotation lead concentrates in bulk

2010-12-23 发布　　2011-09-01 实施

中华人民共和国国家质量监督检验检疫总局
中国国家标准化管理委员会　发布

前　言

本标准按照 GB/T 1.1—2009 给出的规则起草。

本标准代替 GB/T 14262—1993《散装浮选铅精矿取样、制样方法》。与原标准 GB/T 14262—1993 相比，主要变化如下：

——修订了取样精密度和总精密度；

——修订了份样数；

——修订了基本批量和批量；

——修订了制样流程；

——修订了水分测定天平的感量要求；

——补充了袋装取样法；

——对水分测定步骤进行了细化和明确。

本标准由中国有色金属工业协会提出。

本标准由全国有色金属标准化技术委员会(SAC/TC 243)归口。

本标准负责起草单位：株洲冶炼集团股份有限公司、中国有色金属工业标准计量质量研究所。

本标准参加起草单位：深圳市中金岭南有色金属股份有限公司凡口铅锌矿、深圳市中金岭南有色金属股份有限公司韶关冶炼厂、河南豫光金铅股份有限公司、陕西东岭冶炼有限公司。

本标准主要起草人：陈青林、赵军锋、谭仪文、黄元华、何宗蒲、金明典、谢雪飞、卓毓瑞、常国占、周伟。

本标准所代替标准的历次版本发布情况为：

——GB/T 14262—1993。

散装浮选铅精矿取样、制样方法

1 范围

本标准规定了散装浮选铅精矿的取样、制样和测定水分的程序及方法。

本标准适应于散装浮选铅精矿的化学成分、水分及其他物理项目检测所用试样的采取、制备和水分测定。

2 规范性引用文件

下列文件对于本文件的应用是必不可少的。凡是注日期的引用文件，仅注日期的版本适用于本文件。凡是不注日期的引用文件，其最新版本(包括所有的修改单)适用于本文件。

GB/T 8170 数值修约规则与极限数值的表示和判定

GB/T 14260—2010 散装重有色金属浮选精矿取样、制样通则

3 术语定义

本标准采用 GB/T 14260 中的术语和定义。

4 要求

4.1 不同检验批量的取样、制样及测定的总精密度(β_{SPM})和取样精密度(β_S)(见表 1)。

表 1 不同检验批铅精矿应取最少份样数

检验批量 N/t	品质波动类型			β_S/%	β_{SPM}/%
	小	中	大		
	$\delta_w<1.0$	$1.0\leqslant\delta_w<2.5$	$\delta_w\geqslant2.5$		
≤70	4	20	28	1.134	1.174
>70～140	6	30	40	0.949	0.997
>140～500	12	54	76	0.688	0.752

4.2 本标准所列取样方法中的第一种方法视为无系统偏差方法。

4.3 本标准规定以铅的百分含量作为铅精矿的品质特性。

4.4 按本标准规定的方法进行取样和制样时，应根据需要进行精密度校核试验。

4.5 如因条件限制，可酌情变更取样方法，但必须经校核试验确认其无显著性差异，方可采用。

4.6 成分试样应妥善保管三个月(国际贸易保存六个月)，以备核查。

4.7 如果交货矿的品质很不均匀或混入外来夹杂物，由供需双方协商。

4.8 取样、制样所用设备、工具和盛样容器必须保持清洁、干燥、耐用。盛样容器应有较好的密封性，以防试样变质。水分试样应置于干燥、洁净的密闭容器中，以防水分发生变化。

4.9 品质波动试验方法、精密度校核试验方法及取样系统误差校核试验方法分别按 GB/T 14260 中附录 A、附录 B、附录 C 的规定进行。

4.10 整个取样、制样过程中应遵守有关的安全操作规程。

5 取样

5.1 取样工具

5.1.1 取样钎(取样探针),其规格尺寸见图 1。

单位为毫米

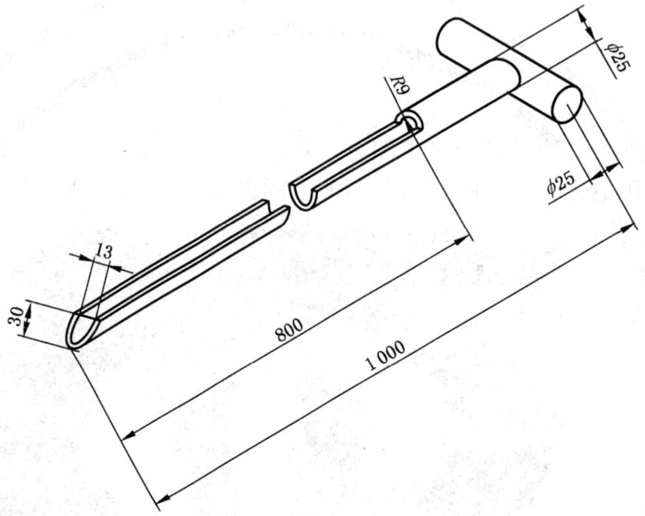

图 1 取样钎

5.1.2 取样铲,其规格尺寸见图 2 及表 2。

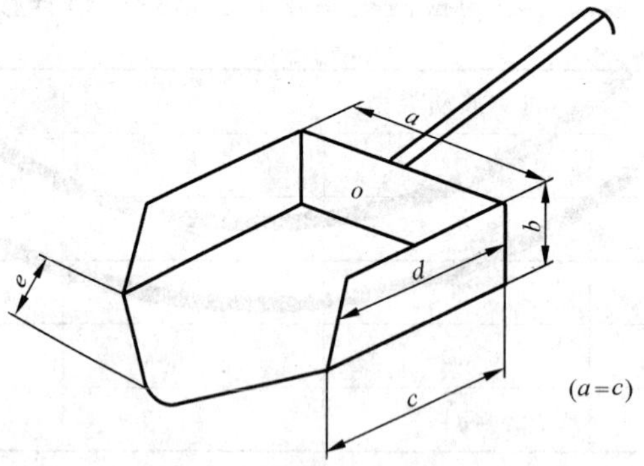

图 2 取样铲示意图

表 2 取样铲规格及尺寸

编号	取样铲尺寸/mm					容量/mL	适应范围
	a	*b*	*c*	*d*	*e*		
15	70	40	70	60	30	约 180	松散矿
10	60	35	60	50	25	约 120	粘结矿

5.1.3 钢锹和铁锤。

5.1.4 带盖盛样桶或内衬塑料膜的盛样袋。

5.2 取样程序

5.2.1 验明检验批或副批的质量。

5.2.2 根据检验批量的大小、品质波动类型及取样精密度要求，确定所需最少份样数。

5.2.3 确定取样方法、工具及份样量。

5.2.4 确定份样组合方式，见图5。

5.3 份样数

5.3.1 不同检验批所取最少份样数应不少于表1的规定。

5.3.2 当铅精矿的品质波动类型不明时，应按品质波动“大”的类型来选取份样数，但应尽早进行品质波动试验，以确定其类型。

5.4 份样量

5.4.1 用取样铲取样时，应按表2规定选用适合的份样铲。份样量约为400 g。

5.4.2 用取样钎(取样探针)取样时，份样量约为400 g。

5.4.3 所取份样的质量应基本一致，其质量变异系数(C_V)不大于20%。

5.5 取样方法

5.5.1 系统取样法

系统取样法分为质量系统取样和时间系统取样。它是在一批精矿装卸或计量的移动过程按一定的质量或时间间隔采取份样。

质量系统取样的取样间隔按公式(1)计算，遇小数则保留整数部分。

$$T_1 \leqslant \frac{N_1}{n} \qquad \cdots\cdots(1)$$

式中：

T_1——取样质量间隔，单位为吨(t)；

N_1——检验批量，单位为吨(t)；

n ——标准中规定的份样数。

时间系统的取样间隔按公式(2)计算，遇小数则保留整数部分。

$$T_2 \leqslant \frac{60N_1}{G \cdot n} \qquad \cdots\cdots(2)$$

式中：

T_2——取样时间间隔，单位为分(min)；

N_1——检验批量，单位为吨(t)；

n ——标准中规定的份样数；

G ——每小时装卸量，单位为吨小时(t/h)。

系统取样法的第一个份样时，可在第一个间隔内随机采取，但不可在第一间隔的起点取份样，以后按计算的间隔采取份样。在一个检验批内按固定的间隔取完应取的份样数，若铅精矿的装卸尚在进行，仍应按规定的间隔继续取份样、直至整批铅精矿装卸完毕为止。

如在传运皮带上或落口处取样，需截取铅精矿流的全截面。用抓斗、铲车及其他工具装卸时，应在装卸过程新露精矿面上采取份样；也可在抓斗、铲车中采取，取样点应均匀分布在整批精矿的各个部位。

5.5.2　**分层取样法**

一批精矿在装卸过程中分数层(不得少于三层)取样,根据每层的质量,按比例在新露出的面上均匀布点取样。每层应取的份样数按公式(3)计算,遇小数则进为整数。

$$n_i \geqslant \frac{n \cdot N_i}{N_1} \qquad \cdots\cdots(3)$$

式中:

n_i ——每层应取的份样数;

n ——表1中规定的份样数;

N_i ——每层的质量,单位为吨(t);

N_1 ——检验批质量,单位为吨(t)。

5.5.3　**货车取样法**

当一批铅精矿用火车或汽车交货时,应在每辆货车上均匀布点,扒去表层(取样部位)30 mm～50 mm,用取样钎从上垂直插入底部,旋转后采取有代表性的份样。避免只从表层或某一局部采样。如果取样钎无法插到底部,则将铅精矿卸到指定场地,围绕料堆按上、中、下三层以表1规定最少份样数取样。

当检验批量增大时,货车应取份样数按公式(4)进行计算,如遇小数则进为整数。

$$n_1 \geqslant n\sqrt{\frac{N_1}{N}} \qquad \cdots\cdots(4)$$

式中:

n_1 ——货车应取的份样数;

n ——表1中规定的份样数;

N_1 ——检验批量,单位为吨(t);

N ——基本批量,单位为吨(t)。

火车交货时,应按表1中规定的份样数取样。当检验批由多辆货车组成时,每辆货车应取份样数按公式(5)计算,如遇小数则进为整数。

$$n_2 \geqslant \frac{n}{M} \qquad \cdots\cdots(5)$$

式中:

n_2 ——每辆货车应取的份样数;

n ——表1中规定的份样数;

M ——检验批的总车数。

注:当货车装载质量不同时,份样数的分配与装载质量成正比。

汽车交货时,如果检验批量小于70 t,应取份样数按公式(6)计算,如遇小数则进为整数。

$$n_3 \geqslant n\sqrt{\frac{N_1}{N}} \qquad \cdots\cdots(6)$$

式中:

n_3 ——汽车应取的份样数;

n ——表1中规定的份样数;

N_1 ——检验批量,单位为吨(t);

N ——基本批量,单位为吨(t)。

当检验批由多辆汽车组成时,每辆汽车应取份样数参照公式(5)计算,如遇小数则进为整数。

5.5.4 袋装取样法

当一批袋装铅精矿需要在货车上取样时，同样适用5.5.3规定的货车取样法。

1 000 kg以上袋装精矿，应逐袋随机采取份样，每袋应取份样数按公式(7)进行计算，如遇小数则进为整数。

$$n_4 \geqslant \frac{n}{M_1} \qquad \cdots\cdots (7)$$

式中：

n_4——每袋中应取的份样数；

n——表1中规定的份样数；

M_1——检验批的总袋数。

50 kg～100 kg的袋装精矿，按一定的袋数间隔抽取样袋，用取样钎沿抽出的每一样袋的任一顶角直插至另一对角，旋转后取出试样。取样袋数间隔根据表1中规定的最大品质波动类型的份样数和检验批的总袋数按公式(8)进行计算，如遇小数则进为整数。

$$T_3 \geqslant \frac{M_1}{n} \qquad \cdots\cdots (8)$$

式中：

T_3——取样袋数间隔；

n——表1中规定的份样数；

M_1——检验批的总袋数。

注：对于集装箱装铅精矿，由于倾倒后分为散装和袋装，取样方法参照货车取样法或袋装取样法。

6 制样

6.1 制样设备及工具

6.1.1 制样研磨机。

6.1.2 恒温鼓风干燥箱。

6.1.3 份样铲，见图3及表3。

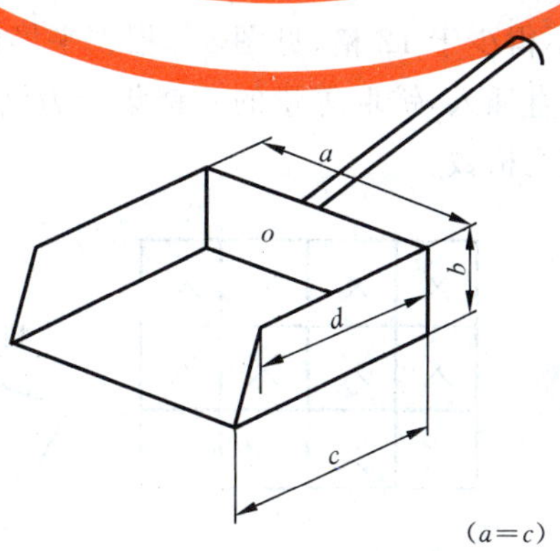

图3 份样铲

表 3　份样铲规格及尺寸

编号	份样铲尺寸/mm				料层厚度/mm	容量/mL
	a	*b*	*c*	*d*		
5.0 P	50	30	50	40	20～30	约 70
2.8 P	40	25	40	30	15～25	约 35
1.0 P	30	20	30	25	10～20	约 16
0.25 P	15	10	15	12	5～10	约 2

6.1.4　磨矿板及磨矿锤。

6.1.5　不锈金属缩分板、分样板。

6.1.6　标准筛，筛孔为 100 μm。

6.1.7　毛刷。

6.1.8　盛样容器及成分试样袋。

6.2　制样要求

6.2.1　在制样过程中，应防止试样的任何变化和污染。

6.2.2　制备水分试样时，应保证试样中的水分不发生任何变化。

6.2.3　当试样过湿发粘难于制备成分试样时，可在不高于 105 ℃±5 ℃的干燥箱中或空气中进行预干燥至制样不发生困难为止。

6.2.4　制样后设备不能残留试样。

6.2.5　试样应充分混匀，以减少缩分误差。

6.2.6　严格按照本标准的规定制样，并根据需要按 GB/T 14260 的附录 B 进行精密度校核试验。

6.3　制样程序

按照图 5 程序，进行份样组合和试样制备。

6.4　缩分方法

6.4.1　份样缩分法

将样品置于平整、洁净的磨矿板上，平铺成厚度均匀的长方形平堆，将平堆划分成等分的网格。缩分大样不得少于 20 格，缩分副样不得少于 12 格，见图 4。根据平堆的厚度从表 3 中选择合适的份样铲和挡板，从每一网格的任意部位垂直插入，铲取等量的一铲集合为缩分试样。如果缩分后的试样质量小于所需质量，应增加每铲的质量或网格数。

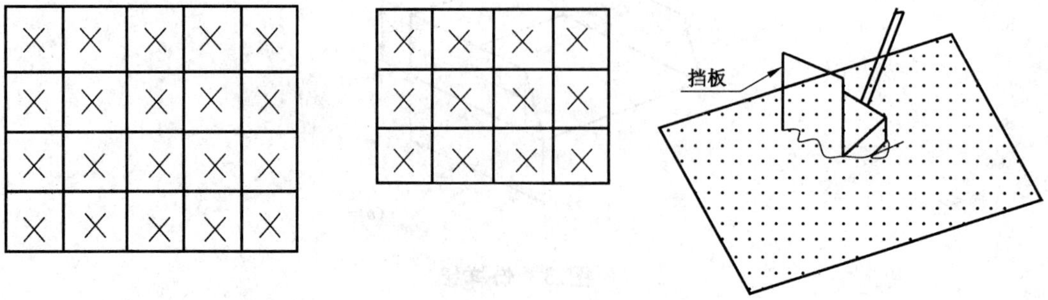

图 4　份样缩分示意图

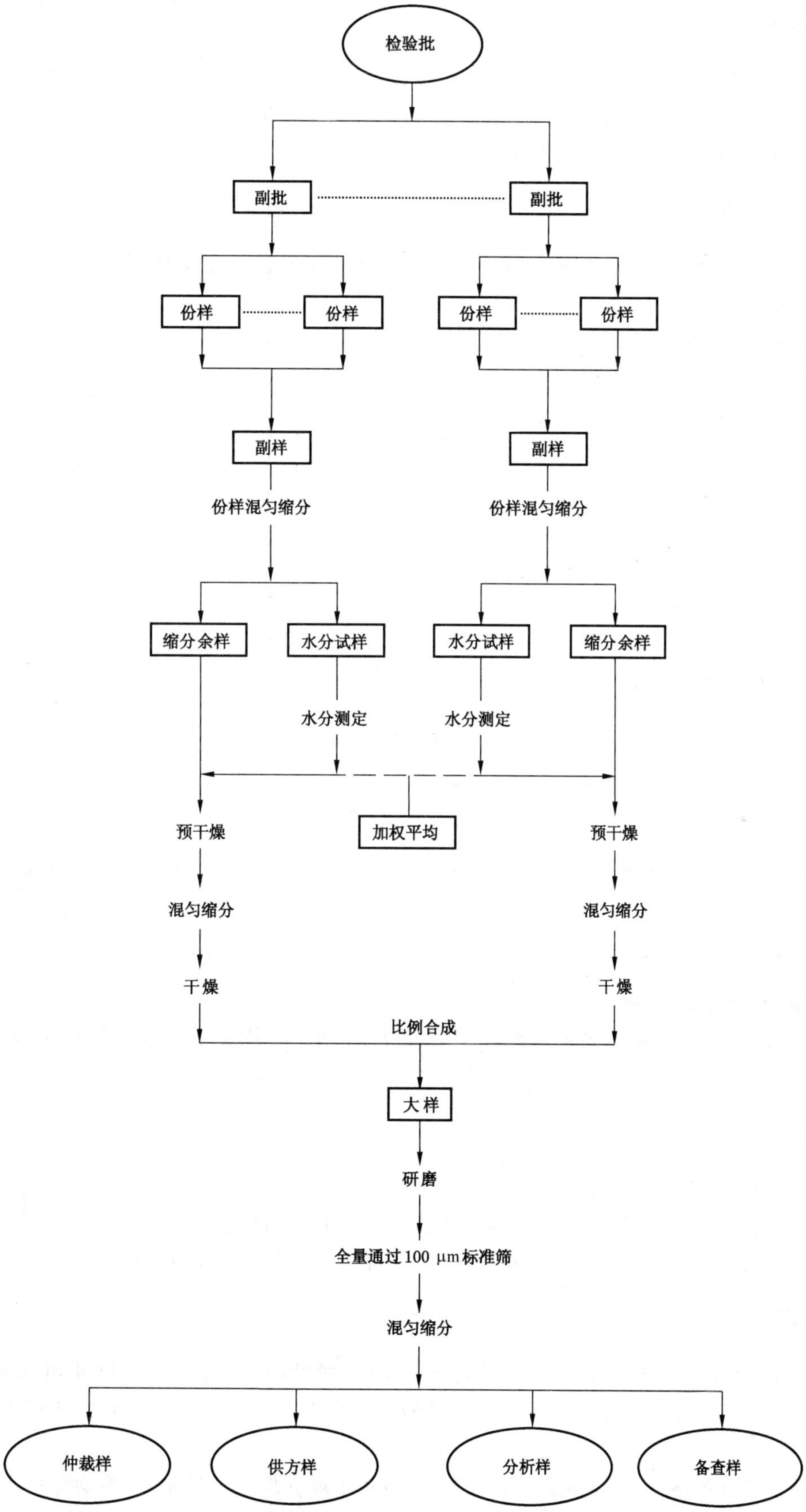

图 5　样品的组合方式及制样流程示意图

6.4.2 圆锥四分法

将试样置于平整、洁净的磨矿板上，堆成圆锥形，然后转堆。每铲沿圆锥顶尖均匀散落，注意勿使圆锥中心错位。如此反复，至少转堆三次，待试样充分混匀后，将锥顶压平，用分样板自上而下将试样分成四等份，任取对角两部分，其余弃之。重复上述操作数次，缩分至所需用量。

6.5 试样容器和标签

成分试样混匀缩分后装入试样袋中；水分试样装入带有密封盖的容器中，并附以标签注明：

a) 编号；

b) 精矿品名、产地；

c) 车号或船号；

d) 取样、制样人员；

e) 取样日期；

f) 分析项目。

7 水分测定

7.1 设备

7.1.1 天平，其精度应符合表4的要求。

表4 天平精度要求

称量的试样质量/ g	天平的感量/ g
$N \geqslant 1\ 000$	0.1
$500 \leqslant N < 1\ 000$	0.05

7.1.2 恒温鼓风干燥箱。

7.1.3 搪瓷干燥盘或者不锈金属干燥盘，要求表面光洁、耐热、耐蚀，并可容纳厚度不大于30 mm的试样。

7.2 测定要求

7.2.1 水分试样量按表4规定的两个档次选择。

7.2.2 测定硫化铅精矿水分时，应严格控制干燥温度，以防其氧化分解。

7.2.3 测定硫化铅精矿水分时，避免将试样置于空气中冷却后称量，以防吸湿。

7.3 测定步骤

通常情况下，将水分试样平铺于已知质量(m_1)的干燥盘内，使其厚度不超过30 mm，立即称量(m_2)，放入105 ℃±5 ℃的恒温鼓风干燥箱内。干燥4 h后取出，趁热立即称量或在干燥器中冷却至室温后称量(m_3)。

若目测精矿明显过湿，或供需双方有异议时，再次将干燥盘放入干燥箱内，继续烘干1 h，取出立即称量。重复上述操作步骤，直至最后两次称量之差不大于试样初始质量的0.05%，即视为恒重，记录最后一次质量(m_3)。热称量时，应用适当的隔热材料隔离称量盘，以免对天平产生影响。

7.4 计算

7.4.1 按公式(9)计算试样的水分含量。

$$w_i(\%)=\frac{m_2-m_3}{m_2-m_1}\times 100 \qquad \cdots\cdots(9)$$

式中：

m_1——干燥盘的质量，单位为克(g)；

m_2——干燥盘加湿样质量，单位为克(g)；

m_3——干燥盘加干样质量，单位为克(g)。

7.4.2 按公式(10)计算检验批的水分含量。

$$w(\%)=\frac{\sum_{i=1}^{k} m_i w_i}{\sum_{i=1}^{k} m_i}\times 100 \qquad \cdots\cdots(10)$$

式中：

k ——副样数；

w_i ——第 i 个副样的水分含量，%；

m_i ——第 i 个副批的质量，单位为吨(t)。

注：以上计算数值按 GB/T 8170 的规定修约到小数点后第二位。

ICS 77.120.01
D 42

中华人民共和国国家标准

GB/T 14263—2010
代替 GB/T 14263—1993

散装浮选铜精矿取样、制样方法

Methods for sampling and sample preparation of flotation copper concentrates in bulk

2010-12-23 发布

2011-09-01 实施

中华人民共和国国家质量监督检验检疫总局
中国国家标准化管理委员会
发布

前　言

本标准按照 GB/T 1.1—2009 给出的规则起草。

本标准代替 GB/T 14263—1993《散装浮选铜精矿取样、制样方法》。与 GB/T 14263—1993 相比，主要变化如下：

——对标准中取样、制样及测定总精密度的内容作了较大修改；

——对基本批量进行了修改；

——将系统取样法分为质量系统取样法和时间系统取样法，并分别作出规定；

——在货车取样法中增加了落地取样法；

——增加了袋装取样法；

——对制样流程图进行了修改，增加了制样中的混入方法；删除了原标准试样兼用制样流程图；

——对制样中的"过筛"，修改为"自由通过标准筛"；

——对水分测定中所使用的电子天平精度修改为感量不小于 0.01 g；

——规定了水分测定干燥盘规格要求；

——增加了水分测定数值修约规则。

本标准由中国有色金属工业协会提出。

本标准由全国有色金属标准化技术委员会(SAC/TC 243)归口。

本标准负责起草单位：大冶有色金属公司、中国有色金属工业标准计量质量研究所。

本标准参加起草单位：铜陵有色金属集团控股有限公司、江西铜业股份公司、云南铜业集团股份公司、金川集团有限公司、阳谷祥光铜业有限公司、南通出入境检验检疫局。

本标准主要起草人：程习、刘正鸣、胡新平、赵军锋、张泽林、洪雄文、龙玉珍、卜少田、易爱虹、吴志清、张发志、侯晋、陈迎武。

本标准所代替标准的历次版本发布情况为：

——GB/T 14263—1993。

散装浮选铜精矿取样、制样方法

1 范围

本标准规定了散装浮选铜精矿的取样、制样和水分测定的程序及方法。

本标准适用于散装浮选铜精矿的化学成分及水分测定及其他物理项目检测所用试样的采取、制备和水分测定。

2 规范性引用文件

下列文件对于本文件的应用是必不可少的。凡是注日期的引用文件，仅注日期的版本适用于本文件。凡是不注日期的引用文件，其最新版本(包括所有的修改单)适用于本文件。

GB/T 8170 数字修约规则与极限数值的表示和判定

GB/T 14260—2010 散装重有色金属浮选精矿取样、制样通则

3 术语和定义

本标准采用 GB/T 14260 中的术语和定义。

4 要求

4.1 本标准规定不同检验批量的取样、制样及测定的总精密度(β_{SPM})和取样精密度(β_S)如表 1。

表 1 不同检验批铜精矿应取最少份样数

检验批量 N/t	品质波动类型			β_S/%	β_{SPM}/%
	小	中	大		
	$\sigma_W<1.0$	$1.0\leqslant\sigma_W<2.0$	$\sigma_W\geqslant 2.0$		
≤60	6	20	32	0.90	1.02
>60～300	14	46	72	0.64	0.68
>300～500	18	58	94	0.52	0.56

注：如品质波动过大，达不到规定精密度时，可按公式 $n=\left(\frac{2\sigma_W}{\beta_S}\right)^2$ 计算份样数。

4.2 本标准所列取样方法中的第一种方法为无系统误差法。

4.3 本标准规定以铜的百分含量作为铜精矿的品质特性。

4.4 按本标准规定的方法进行取样和制样时，应根据需要进行精密度校核试验。

4.5 如遇条件限制，可采用本标准以外的取样方法。但必须进行校核试验，确认其无显著性差异，方可采用。

4.6 成分试样应妥善保存三个月(国际贸易成分试样用铝箔袋密封保存六个月)，以备核查。

4.7 取样、制样所用设备、工具和盛样容器必须保持清洁、干燥、耐用。

4.8 评定品质波动试验方法、精密度校核试验方法及取样系统误差校核试验方法分别按 GB/T 14260 中附录 A、附录 B、附录 C 进行。

4.9 整个取样、制样过程应遵守有关的安全操作规程。

5 取样

5.1 取样工具

5.1.1 取样钎，其规格尺寸见图 1(根据需要，可以适当更换其他规格尺寸的取样钎)。

5.1.2 取样铲，其规格尺寸见图 2 及表 2。

5.1.3 钢锤，钢锹。

5.1.4 带盖盛样桶或塑料盛样袋。

单位为毫米

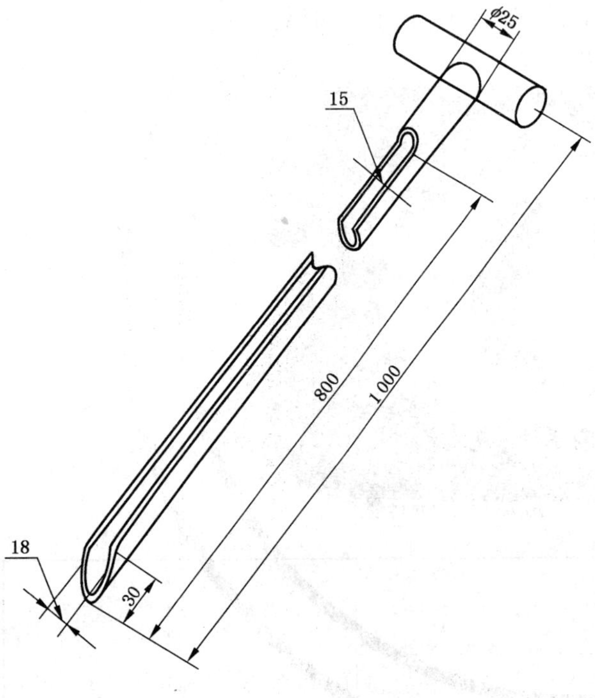

图 1 取样钎

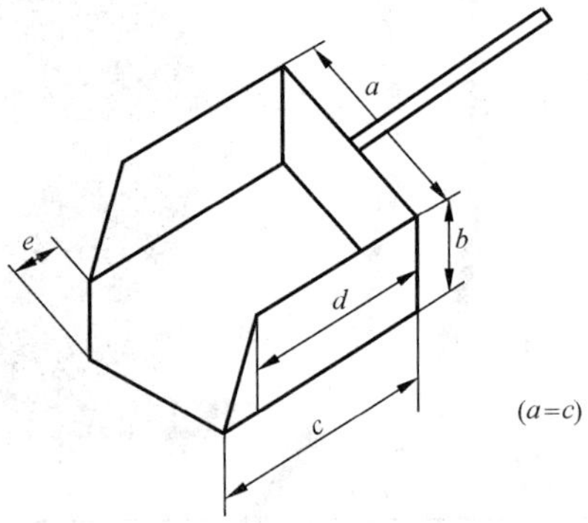

图 2 取样铲

表 2 取样铲规格

编 号	取样铲尺寸/mm					容量/mL
	a	*b*	*c*	*d*	*e*	
20	80	45	80	70	35	约 270
15	70	40	70	60	30	约 180
10	60	35	60	50	25	约 120

5.2 取样程序

5.2.1 验明检验批或副批的质量。

5.2.2 根据检验批量大小、品质波动类型及取样精密度的要求确定应取的最少份样数和取样间隔。

5.2.3 确定取样方法、工具及份样量。

5.2.4 确定份样的组合方式,按需要组成大样或副样,见图 3、图 4。

5.2.5 水分试样应在计量时采取,所取水分试样应及时装入带密封盖的容器中。

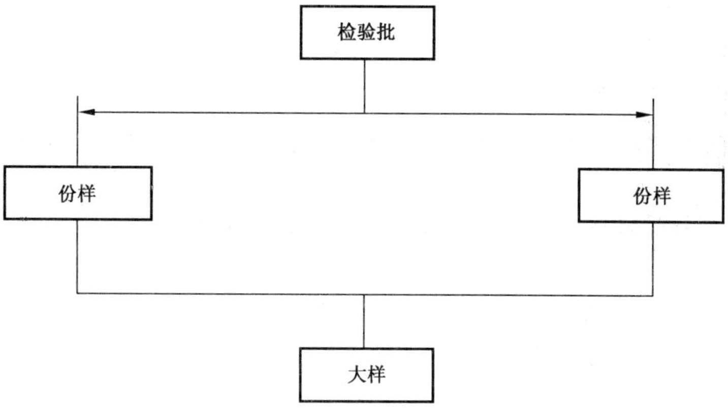

图 3 由一个检验批的全部份样组成大样流程示意图

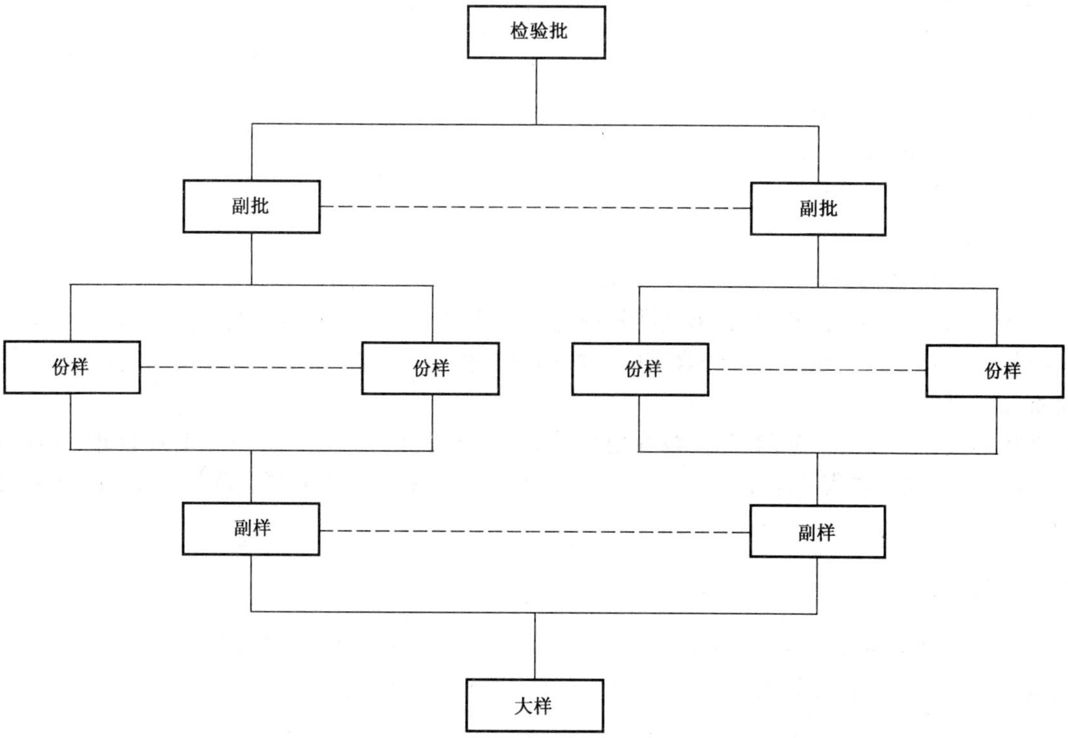

图 4 由多个副批的全部份样组成副样合并组成大样流程示意图

5.3 份样数

5.3.1 不同检验批量应取最少份样应不少于表 1 的规定。

5.3.2 当铜精矿的品质波动类型不明时,应按品质波动"大"的类型来选取份样数。但应尽早进行品质波动试验，以确定其类型。

5.4 份样量

5.4.1 用取样铲取样，应根据所需用量，选用适当容量的取样铲。如遇结块，需砸碎后取样。20 号铲份样量大致 700 g；15 号铲份样量大致 450 g；10 号铲份样量大致 300 g。

5.4.2 用取样钎取样时，份样量大致 400 g。

5.4.3 所取份样量应基本一致，其质量变异系数不大于 20%。

5.5 取样方法

5.5.1 系统取样法

系统取样法分为质量系统取样和时间系统取样。它是在一批精矿卸货或计量的移动过程按一定的质量或时间间隔采取份样。

质量系统取样的取样间隔按公式(1)计算，遇小数则保留整数部分。

$$T_1 \leqslant \frac{N_1}{n} \qquad \cdots\cdots(1)$$

式中：

T_1——取样质量间隔，单位为吨(t)；

N_1——检验批量，单位为吨(t)；

n ——标准中规定的份样数。

时间系统的取样间隔按公式(2)计算，遇小数则舍保留整数部分。

$$T_2 \leqslant \frac{60N_1}{G \cdot n} \qquad \cdots\cdots(2)$$

式中：

T_2——取样时间间隔，单位为分(min)；

N_1——检验批量，单位为吨(t)；

n ——标准中规定的份样数；

G ——每小时装卸量，单位为吨小时(t/h)。

系统取样法的第一个份样，可在第一间隔内随机取样，但不可在第一间隔的起点处取样。以后按计算的间隔采取份样。按固定间隔已经取完应取份样数，而精矿装卸仍在进行，应按规定间隔继续取样，直至整批精矿装卸完为止。

如在传运皮带上或落口处取样，需截取精矿流的全截面。如在抓斗、铲车等工具装卸、堆垛过程中取样，应在装卸或堆垛过程新露出的精矿面上取样，也可在装卸工具中取样。取样点应均匀分布在整批精矿的各个部位。

5.5.2 分层取样法

一批精矿在装卸过程中分成数层(不得少于三层)取样，根据每层的质量，按比例在新露出的面上均匀布点取样。每层应取的份样数按公式(3)计算，遇小数则进为整数。

$$n_i \geqslant \frac{n \cdot N_i}{N_1} \qquad \cdots\cdots(3)$$

式中：

n_i ——每层应取的份样数；

n ——标准中规定份样数；

N_i ——每层质量，单位为吨(t)；

N_1 ——检验批量，单位为吨(t)。

5.5.3 货车取样法

当一批精矿用火车或汽车交货时，在车厢内均匀布点，扒去表层，用取样钎从新露出的表面垂直插入底部，旋转后采取份样。应避免从表层或某一局部采取。此种方法必须是按 GB/T 14260 附录 C 校核后证明不会带来误差时，方可采用。

火车交货时，日常取样可根据检验批量，按本标准规定的份样数取样。当检验批由多辆货车组成时，每车应取的份样数按公式(4)计算，遇小数则进为整数。

$$n_2 \geqslant \frac{n}{M} \qquad \cdots\cdots(4)$$

式中：

n_2——每车应取的份样数；

n ——标准中规定的份样数；

M——检验批总车数。

注：货车装载质量不同时，份样数的分配与装载量成正比。

汽车交货时，如果检验批量小于基本批量，应取份样数按公式(5)计算，(遇小数进为整数)；如果检验批量不小于基本批量，可按本系列标准中规定的份样数采取。

$$n_1 \geqslant n\sqrt{\frac{N_1}{N}} \qquad \cdots\cdots(5)$$

式中：

n_1 ——汽车应取的最少份样数；

n ——标准中规定的最少份样数；

N_1——检验批量，单位为吨(t)；

N ——基本批量，单位为吨(t)。

当检验批由多辆汽车组成时，每辆汽车应取的份样数参照公式(4)进行计算。遇小数进为整数。

汽车落地取样，铜精矿到场后，卸到指定场地，围绕料堆按上、中、下三层以表 1 规定最少份样数取样。

5.5.4 袋装取样法

袋装精矿的取样，应在装入或倾倒时进行。但如果取样钎能穿透包装袋取到完整的样品，可用取样钎直接从袋中取样。

对于袋装 1 000 kg 以上的大袋精矿，应逐袋随机采取份样，每袋应取的份样数按公式(6)计算，遇小数则进为整数。

$$n_3 \geqslant \frac{n}{M_1} \qquad \cdots\cdots(6)$$

式中：

n_3 ——每袋应取的最少份样数；

n ——标准中规定的最少份样数；

M_1——检验批的总袋数。

对于袋装 50 kg～100 kg 的小袋精矿，可按质量间隔抽取样袋，从样袋中随机采取份样。取样间隔可根据标准中最大品质波动类型的份样数和检验批的总袋数，按公式(7)计算，遇小数则进为整数。

$$T_3 \geqslant \frac{M_1}{n} \qquad \cdots\cdots(7)$$

式中：

T_3——取样质量间隔；

M_1——检验批的总袋数；

n ——标准中规定的最少份样数。

6 制样

6.1 制样设备及工具

6.1.1 制样研磨机或密封式制样机。

6.1.2 恒温鼓风干燥箱。

6.1.3 份样铲(见图5及表3)。

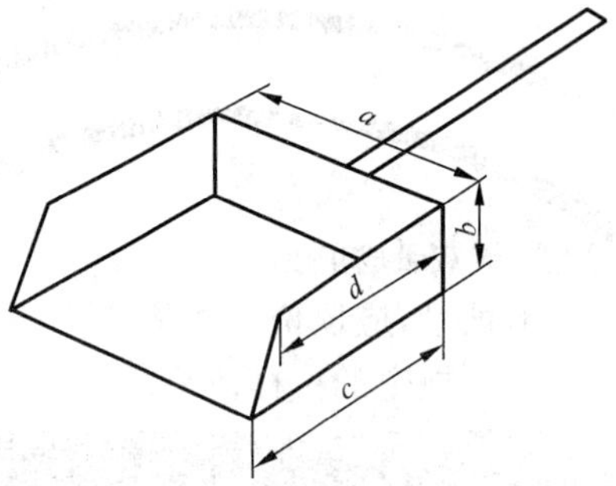

图5 份样铲示意图

表3 份样铲规格

编　号	份样铲尺寸/mm				料层厚度/mm	容量/mL
	a	b	c	d		
5.0	50	30	50	40	20～30	～70
2.8	40	25	40	30	15～25	～35
1.0	30	20	30	25	10～20	～16

6.1.4 磨矿板、磨矿锤及防吸水耐酸胶皮(板)。

6.1.5 缩分板、分样板。

6.1.6 标准筛。

6.1.7 毛刷、样刀。

6.1.8 搪瓷(或不锈钢)平底干燥盘。

6.1.9 试样袋、铝箔袋。

6.2 制样要求

6.2.1 制样过程中应防止试样的成分和水分变化和污染。

6.2.2 制备水分试样时,应保证试样中的水分不发生变化。

6.2.3 当试样过湿发粘难于制备成分试样时,可在不高于105 ℃±5 ℃的恒温鼓风干燥箱中或空气中进行预干燥至制样不发生困难为止。

6.2.4 制样后设备中不能残留试样。

6.2.5 试样应充分混匀,以减少缩分误差。

6.2.6 按照本标准的规定制样时,应根据需要按GB/T 14260附录B进行精密度校核试验。

6.2.7 对于易氧化的硫化铜精矿，研磨时应避免过热而引起成分的变化。

6.3 制样程序

6.3.1 选择每一阶段的缩分方法，但水分试样的制备应采用份样缩分法。

6.3.2 确定试样是否合并或重用，如果试样不易氧化，而烘干后的水分测定试样又具有充分的代表性，可重用于制备成分试样。

6.3.3 选择图6、图7中一种方式制样。

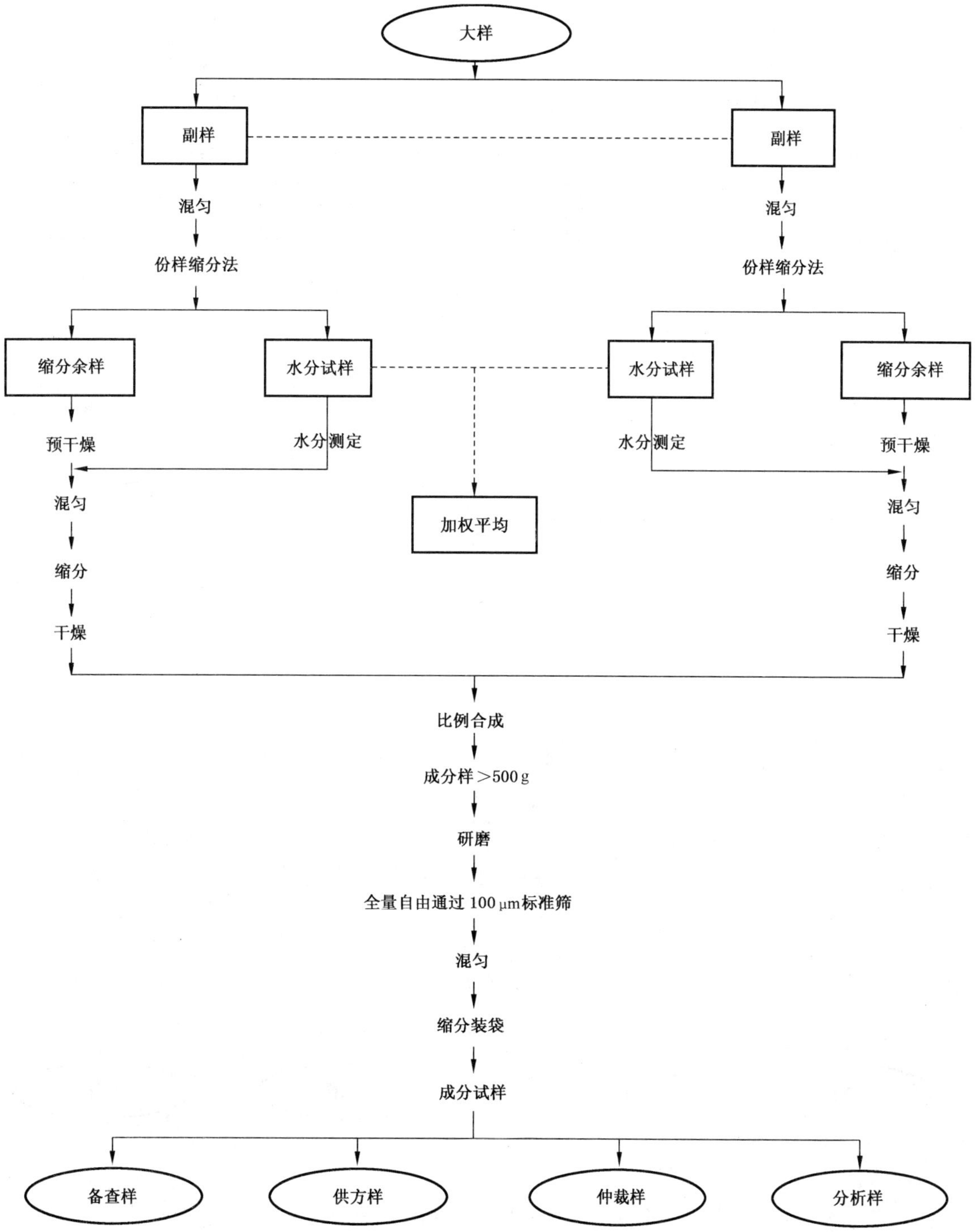

图6 制样流程示意图

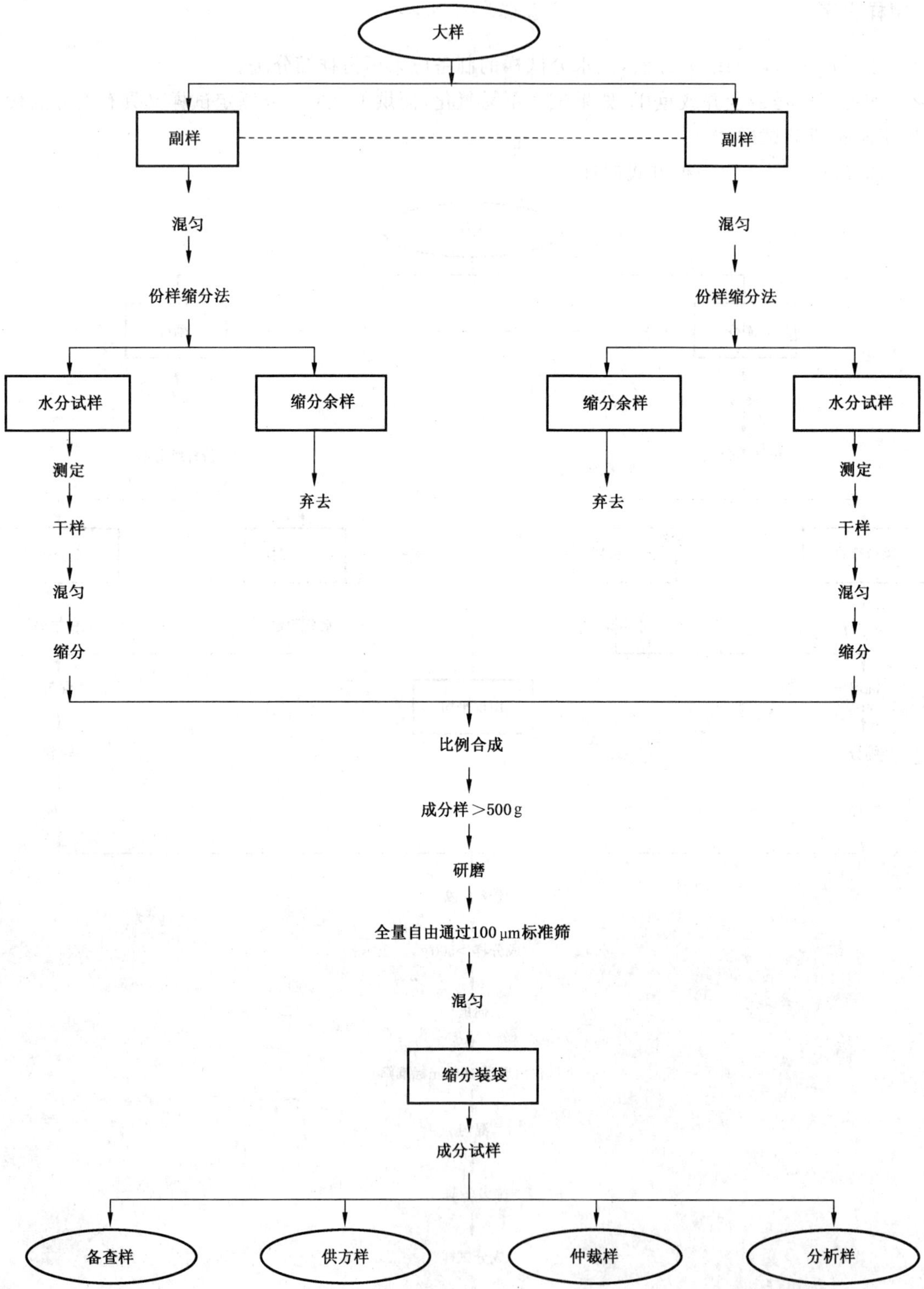

图 7 试样重用制样流程示意图

6.4 制样方法

6.4.1 试样混匀方法

6.4.1.1 滚动法(适合目测水分小于12%的试样)

将试样置于洁净的缩分胶皮(板)上,用缩分样板将试样充分压碎,提起胶皮对角反复来回滚动要求将试样滚过中心线,使试样充分混匀。

6.4.1.2 搓揉法(适合目测水分大于12%的试样)

将试样置于洁净的缩分胶皮(板)上,提起胶皮一角压住样品反复搓揉,注意含明水的样品不要使水分流失,重复操作使试样充分混匀。

6.4.2 试样缩分方法

6.4.2.1 份样缩分法

将试样置于平整、洁净的缩分胶皮(板)上,平铺成厚度均匀的长方形平堆,将平堆划分成等份的网格。缩分大样不得少于20格,缩分副样不得少于12格(见图8)。根据平堆的厚度从表3中选择合适的份样铲和挡板,从每一网格的任意部位垂直插入,铲取等量的一铲集合为缩分试样。如果缩分后的试样质量小于所需质量,应增加每铲的质量或网格数。

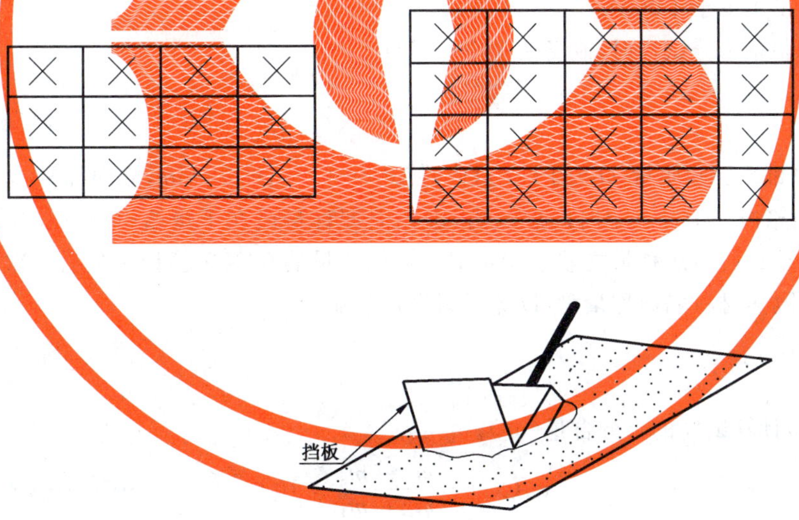

图8 份样缩分法示意图

6.4.2.2 圆锥四分法

将试样置于平整、洁净的缩分胶皮(板)上,堆成圆锥形,然后转堆。每铲沿圆锥顶尖均匀散落,注意勿使圆锥中心错位。如此反复,至少转锥三次,待试样充分混匀后将锥顶压平,用十字分样板自上而下将试样分成四等份,任取对角两部分,其余弃之。重复上述操作数次,缩分至所需用量。

6.5 试样容器和标签

6.5.1 盛样容器应有较好的密封性,以防试样变质。

6.5.2 制备后的成分试样及时装入试样袋中,并注明:

a) 编号;

b) 精矿名称、产地;

c) 车号或船号;

d) 取样、制样人员;

e) 取样、制样日期;

f) 分析项目。

7 水分测定

7.1 方法提要

将试样置于恒温干燥箱内,在规定的温度下干燥至恒重,根据失去的质量计算水分。

7.2 水分测定设备及工具

7.2.1 电子天平:感量不大于 0.01 g。

7.2.2 恒温鼓风干燥箱。

7.2.3 干燥盘:底面为平底,深度不大于 5 cm。

7.3 测定要求

7.3.1 水分试样量不少于 1 000 g。

7.3.2 当用大样制备水分试样时,制备两个平行试样。

7.4 测定步骤

将水分试样平铺于已知质量(m_1)的干燥盘内,使其厚度不超过 30 mm,立即称量(m_2),放入 105 ℃±5 ℃恒温鼓风干燥箱内。干燥一定时间后取出,趁热立即称量或在干燥箱中冷却至室温后称量。重复上述操作步骤,直至最后两次称量之差不大于试样初始质量的 0.05%。记录最后一次质量(m_3)。热称量时,应用适当的隔热材料隔离称量盘,以免对天平产生影响。

7.5 计算

7.5.1 按公式(8)计算试样的水分含量(w_i)。

$$w_i(\%)=\frac{m_2-m_3}{m_2-m_1}\times 100 \qquad \cdots\cdots(8)$$

式中:

m_1——干燥盘质量,单位为克(g);

m_2——干燥盘加湿样质量,单位为克(g);

m_3——干燥盘加干样质量,单位为克(g)。

7.5.2 当由大样制备水分试样测定水分时,检验批的水分含量按公式(9)计算。

$$\overline{w_i}(\%)=\frac{w_1-w_2}{2}\times 100 \qquad \cdots\cdots(9)$$

式中:

w_1、w_2——分别为两个试样的水分含量(%)。

注:w_1、w_2的允许差应不大于 0.2%。

7.5.3 当由多个副样制备水分试样测定水分时,检验批的水分含量按公式(10)计算。

$$w(\%)=\frac{\sum_{i=1}^{k}m_i \cdot w_i}{\sum_{i=1}^{k}m_i}\times 100 \quad\cdots\cdots(10)$$

式中：

k ——副批数；

w_i ——第 i 个副批的水分含量；

m_i ——第 i 个副批的质量。

注：以上计算数值按 GB/T 8170 中 3.2 修约到小数点后第二位。

ICS 03.200
A 12

中华人民共和国国家标准

GB/T 14308—2010
代替 GB/T 14308—2003

旅游饭店星级的划分与评定

Classification and accreditation for star-rated tourist hotels

2010-10-18 发布　　2011-01-01 实施

中华人民共和国国家质量监督检验检疫总局
中国国家标准化管理委员会　发布

前　言

本标准代替 GB/T 14308—2003 旅游饭店星级的划分与评定。

本标准与 GB/T 14308—2003 相比，主要技术内容变化如下：

a) 增加了对国家标准 GB/T 16766、GB/T 15566.8 的引用；

b) 更加注重饭店核心产品，弱化配套设施；

c) 将一二三星级饭店定位为有限服务饭店；

d) 突出绿色环保的要求；

e) 强化安全管理要求，将应急预案列入各星级的必备条件；

f) 提高饭店服务质量评价的操作性；

g) 增加例外条款，引导特色经营；

h) 保留白金五星级的概念，其具体标准与评定办法将另行制定。

本标准的附录 A、附录 B、附录 C 均为规范性附录。

本标准由国家旅游局提出。

本标准由全国旅游标准化技术委员会归口。

本标准起草单位：国家旅游局监督管理司。

本标准主要起草人：李任芷、刘士军、余昌国、贺静、鲁凯麟、刘锦宏、徐锦祉、辛涛、张润钢、王建平。

本标准所代替标准的历次版本发布情况为：

——GB/T 14308—1993；

——GB/T 14308—1997；

——GB/T 14308—2003。

旅游饭店星级的划分与评定

1 范围

本标准规定了旅游饭店星级的划分条件、服务质量和运营规范要求。

本标准适用于正式营业的各种旅游饭店。

2 规范性引用文件

下列文件对于本文件的应用是必不可少的。凡是注日期的引用文件，仅注日期的版本适用于本文件，凡是不注日期的引用文件，其最新版本（包括所有的修改单）适用于本文件。

GB/T 16766 旅游业基础术语

GB/T 10001.1 标志用公共信息图形符号 第1部分：通用符号

GB/T 10001.2 标志用公共信息图形符号 第2部分：旅游设施与服务符号

GB/T 10001.4 标志用公共信息图形符号 第4部分：运动健身符号

GB/T 10001.9 标志用公共信息图形符号 第9部分：无障碍设施符号

GB/T 15566.8 公共信息导向系统 设置原则与要求 第8部分：宾馆和饭店

3 术语和定义

下列术语和定义适用于本标准。

3.1

旅游饭店 tourist hotel

以间（套）夜为单位出租客房，以提供住宿服务为主，并提供商务、会议、休闲、度假等相应服务的住宿设施，按不同习惯也可能被称为宾馆、酒店、旅馆、旅社、宾舍、度假村、俱乐部、大厦、中心等。

4 星级划分及标志

4.1 用星的数量和颜色表示旅游饭店的星级。旅游饭店星级分为五个级别，即一星级、二星级、三星级、四星级、五星级（含白金五星级）。最低为一星级，最高为五星级。星级越高，表示饭店的等级越高。（为方便行文，“星级旅游饭店”简称为“星级饭店”。）

4.2 星级标志由长城与五角星图案构成，用一颗五角星表示一星级，两颗五角星表示二星级，三颗五角星表示三星级，四颗五角星表示四星级，五颗五角星表示五星级，五颗白金五角星表示白金五星级。

5 总则

5.1 星级饭店的建筑、附属设施设备、服务项目和运行管理应符合国家现行的安全、消防、卫生、环境保护、劳动合同等有关法律、法规和标准的规定与要求。

5.2 各星级划分的基本条件见附录A，各星级饭店应逐项达标。

5.3 星级饭店设备设施的位置、结构、数量、面积、功能、材质、设计、装饰等评价标准见附录B。

5.4 星级饭店的服务质量、清洁卫生、维护保养等评价标准见附录C。

5.5 一星级、二星级、三星级饭店是有限服务饭店，评定星级时应对饭店住宿产品进行重点评价；四星级和五星级（含白金五星级）饭店是完全服务饭店，评定星级时应对饭店产品进行全面评价。

5.6 倡导绿色设计、清洁生产、节能减排、绿色消费的理念。

5.7 星级饭店应增强突发事件应急处置能力，突发事件处置的应急预案应作为各星级饭店的必备条件。评定星级后，如饭店营运中发生重大安全责任事故，所属星级将被立即取消，相应星级标志不能继续使用。

5.8 评定星级时不应因为某一区域所有权或经营权的分离，或因为建筑物的分隔而区别对待，饭店内所有区域应达到同一星级的质量标准和管理要求。

5.9 饭店开业一年后可申请评定星级，经相应星级评定机构评定后，星级标志使用有效期为三年。三年期满后应进行重新评定。

6 各星级划分条件

6.1 必备条件

6.1.1 必备项目检查表规定了各星级应具备的硬件设施和服务项目。评定检查时，逐项打"√"确认达标后，再进入后续打分程序。

6.1.2 一星级必备项目见表 A.1；二星级必备项目见表 A.2；三星级必备项目见表 A.3；四星级必备项目见表 A.4；五星级必备项目见表 A.5。

6.2 设施设备

6.2.1 设施设备的要求见附录 B。总分 600 分。

6.2.2 一星级、二星级饭店不作要求，三星级、四星级、五星级饭店规定最低得分线：三星级 220 分，四星级 320 分，五星级 420 分。

6.3 饭店运营质量

6.3.1 饭店运营质量的要求见附录 C 。总分 600 分。

6.3.2 饭店运营质量的评价内容分为总体要求、前厅、客房、餐饮、其他、公共及后台区域等 6 个大项。评分时按"优"、"良"、"中"、"差"打分并计算得分率。公式为：得分率＝该项实际得分/该项标准总分×100％。

6.3.3 一星级、二星级饭店不作要求。三星级、四星级、五星级饭店规定最低得分率：三星级 70％，四星级 80％，五星级 85％。

6.3.4 如饭店不具备表 C.1 中带"＊"的项目，统计得分率时应在分母中去掉该项分值。

7 服务质量总体要求

7.1 服务基本原则

7.1.1 对宾客礼貌、热情、亲切、友好，一视同仁。

7.1.2 密切关注并尽量满足宾客的需求，高效率地完成对客服务。

7.1.3 遵守国家法律法规，保护宾客的合法权益。

7.1.4 尊重宾客的信仰与风俗习惯，不损害民族尊严。

7.2 服务基本要求

7.2.1 员工仪容仪表应达到：

a） 遵守饭店的仪容仪表规范，端庄、大方、整洁；
b） 着工装、佩工牌上岗；
c） 服务过程中表情自然、亲切、热情适度，提倡微笑服务。

7.2.2 员工言行举止应达到：

a） 语言文明、简洁、清晰，符合礼仪规范；
b） 站、坐、行姿符合各岗位的规范与要求，主动服务，有职业风范；
c） 以协调适宜的自然语言和身体语言对客服务，使宾客感到尊重舒适；
d） 对宾客提出的问题应予耐心解释，不推诿和应付。

7.2.3 员工业务能力与技能应达到掌握相应的业务知识和服务技能，并能熟练运用。

8 管理要求

8.1 应有员工手册。

8.2 应有饭店组织机构图和部门组织机构图。

8.3 应有完善的规章制度、服务标准、管理规范和操作程序。一项完整的饭店管理规范包括规范的名称、目的、管理职责、项目运作规程(具体包括执行层级、管理对象、方式与频率、管理工作内容)、管理分工、管理程序与考核指标等项目。各项管理规范应适时更新,并保留更新记录。

8.4 应有完善的部门化运作规范。包括管理人员岗位工作说明书、管理人员工作关系表、管理人员工作项目核检表、专门的质量管理文件 、工作用表和质量管理记录等内容。

8.5 应有服务和专业技术人员岗位工作说明书,对服务和专业技术人员的岗位要求、任职条件、班次、接受指令与协调渠道、主要工作职责等内容进行书面说明。

8.6 应有服务项目、程序与标准说明书,对每一个服务项目完成的目标、为完成该目标所需要经过的程序,以及各个程序的质量标准进行说明。

8.7 对国家和地方主管部门和强制性标准所要求的特定岗位的技术工作如锅炉、强弱电、消防、食品加工与制作等,应有相应的工作技术标准的书面说明,相应岗位的从业人员应知晓并熟练操作。

8.8 应有其他可以证明饭店质量管理水平的证书或文件。

9 安全管理要求

9.1 星级饭店应取得消防等方面的安全许可,确保消防设施的完好和有效运行。

9.2 水、电、气、油、压力容器、管线等设施设备应安全有效运行。

9.3 应严格执行安全管理防控制度,确保安全监控设备的有效运行及人员的责任到位。

9.4 应注重食品加工流程的卫生管理,保证食品安全。

9.5 应制定和完善地震、火灾、食品卫生、公共卫生、治安事件、设施设备突发故障等各项突发事件应急预案。

10 其他

对于以住宿为主营业务,建筑与装修风格独特,拥有独特客户群体,管理和服务特色鲜明,且业内知名度较高旅游饭店的星级评定,可参照五星级的要求。

附 录 A
（规范性附录）
必备项目检查表

表 A.1 给出了一星级饭店必备项目检查表。
表 A.2 给出了二星级饭店必备项目检查表。
表 A.3 给出了三星级饭店必备项目检查表。
表 A.4 给出了四星级饭店必备项目检查表。
表 A.5 给出了五星级饭店必备项目检查表。

表 A.1 一星级必备项目检查表

序号	项 目	是否达标
1	**一般要求**	
1.1	建筑物结构完好，功能布局基本合理，方便宾客在饭店内活动	
1.2	应有适应所在地气候的采暖、制冷设备，各区域通风良好	
1.3	各种指示用和服务用文字应至少用规范的中文及第二种文字同时表示，导向系统的设置和公共信息图形符号应符合 GB/T 15566.8 和 GB/T 10001.1、GB/T 10001.2、GB/T 10001.4、GB/T 10001.9 的规定	
1.4	应有至少 15 间(套)可供出租的客房	
1.5	员工应具备基本礼仪礼节，穿着整齐清洁，可用普通话提供服务，效率较高	
1.6	设施设备应定期维护保养，保持安全、整洁、卫生和有效	
1.7	应有突发事件处置的应急预案	
1.8	应有与本星级相适应的节能减排方案并付诸实施	
2	**设施**	
2.1	设总服务台，并提供客房价目表及城市所在地的旅游交通图等相关资料	
2.2	客房内应有卫生间或提供方便宾客使用的公共卫生间，客房卫生间及公共卫生间均采取必要防滑措施	
2.3	应 24 h 供应冷水，每日固定时段供应热水，并有明确提示	
2.4	客房内应有清洁舒适的床和配套家具	
2.5	客房照明充足，有遮光效果较好的窗帘	
2.6	客房内应备有服务指南、住宿须知等	
2.7	客房门安全有效，门锁应为暗锁，有防盗装置，客房内应在显著位置张贴应急疏散图及相关说明	
2.8	公共区域应有男女分设的公共卫生间	
2.9	应有公用电话	
2.10	应有应急照明设施	
3	**服务**	
3.1	应至少 18 h 提供接待、问讯、结帐服务	
3.2	晚间应有安保人员驻店值班	

表 A.1（续）

序号	项　　目	是否达标
3.3	应提供贵重物品保管及小件行李寄存服务	
3.4	客房、卫生间应每天全面整理一次，隔日或应宾客要求更换床单、被套及枕套，并做到每客必换	
3.5	客房内应提供热饮用水	
3.6	应为残障人士提供必要的服务	
	总体是否达标结论	

表 A.2　二星级必备项目检查表

序号	项　　目	是否达标
1	一般要求	
1.1	建筑物结构良好，功能布局基本合理，方便宾客在饭店内活动	
1.2	应有适应所在地气候的采暖、制冷设备，各区域通风良好	
1.3	各种指示用和服务用文字应至少用规范的中文及第二种文字同时表示，导向系统的设置和公共信息图形符号应符合 GB/T 15566.8 和 GB/T 10001.1、GB/T 10001.2、GB/T 10001.4、GB/T 10001.9 的规定	
1.4	应有至少 20 间(套)可供出租的客房	
1.5	应提供回车线或停车场，5 层以上(含 5 层)的楼房有客用电梯	
1.6	员工应具备基本礼仪礼节，穿着整齐清洁，可用普通话提供服务，效率较高	
1.7	设施设备应定期维护保养，保持安全、整洁、卫生和有效	
1.8	应有突发事件处置的应急预案	
1.9	应有与本星级相适应的节能减排方案并付诸实施	
2	设施	
2.1	应有与饭店规模相适应的总服务台，位置合理，提供客房价目表及城市所在地的旅游交通图、旅游介绍等相关资料	
2.2	应有就餐区域，提供桌、椅等配套设施，照明充足，通风良好	
2.3	客房内应有清洁舒适的床以及桌、椅、床头柜等配套家具	
2.4	至少 50% 的客房内应有卫生间，或每一楼层提供数量充足，男女分设，方便使用的公共盥洗间。客房卫生间及公共盥洗间均采取有效的防滑措施	
2.5	应 24 h 供应冷水，至少 12 h 供应热水	
2.6	客房应有适当装修，照明充足，有遮光效果较好的窗帘。有防噪音及隔音措施	
2.7	客房内应配备电话、彩色电视机等设施，且使用效果良好	
2.8	设有两种以上规格的电源插座	
2.9	客房内应备有服务指南、住宿须知等资料	
2.10	客房门安全有效，门锁应为暗锁，有防盗装置，客房内应在显著位置张贴应急疏散图及相关说明	
2.11	公共区域应有男女分设的公共卫生间	
2.12	应有公用电话	

表 A.2(续)

序号	项　　目	是否达标
2.13	应有应急照明设施	
2.14	公共区域应有适当装修,墙面整洁、光线充足。紧急出口标识清楚,位置合理,无障碍物	
2.15	门厅及主要公共区域应有残疾人出入坡道	
3	**服务**	
3.1	应有管理或安保人员 24 h 在岗值班	
3.2	应 24 h 提供接待、问询、结账和留言等服务	
3.3	应提供贵重物品保管及小件行李寄存服务	
3.4	客房、卫生间应每天全面整理一次,隔日或应宾客要求更换床单、被套及枕套,并做到每客必换	
3.5	客房内应提供热饮用水	
3.6	应提供早餐服务	
3.7	应为残障人士提供必要的服务	
	总体是否达标结论	

表 A.3　三星级必备项目检查表

序号	项　　目	是否达标
1	**一般要求**	
1.1	应有较高标准的建筑物结构,功能布局较为合理,方便宾客在饭店内活动	
1.2	应有空调设施,各区域通风良好,温、湿度适宜	
1.3	各种指示用和服务用文字应至少用规范的中英文同时表示。导向标志清晰、实用、美观,导向系统的设置和公共信息图形符号应符合 GB/T 15566.8 和 GB/T 10001.1、GB/T 10001.2、GB/T 10001.4、GB/T 10001.9 的规定	
1.4	应有计算机管理系统	
1.5	应有至少 30 间(套)可供出租的客房,应有单人间、套房等不同规格的房间配置	
1.6	应提供回车线并有一定泊位数量的停车场。4 层(含 4 层)以上的建筑物有足够的客用电梯	
1.7	设施设备定期维护保养,保持安全、整洁、卫生和有效	
1.8	员工应着工装,训练有素,用普通话提供服务。前台员工具备基本外语会话能力	
1.9	应有突发事件(突发事件应包括火灾、自然灾害、饭店建筑物和设备设施事故、公共卫生和伤亡事件、社会治安事件等)处置的应急预案,有年度实施计划,并定期演练	
1.10	应有与本星级相适应的节能减排方案并付诸实施	
1.11	应定期开展员工培训	
2	**设施**	
2.1	应有与接待规模相适应的前厅和总服务台,装修美观。提供饭店服务项目资料、客房价目等信息,提供所在地旅游交通、所在地旅游资源信息、主要交通工具时刻等资料,提供相关的报刊	

表 A.3（续）

序号	项　　目	是否达标
2.2	客房装修良好、美观，应有软垫床、梳妆台或写字台、衣橱及衣架、座椅或简易沙发、床头柜及行李架等配套家具。电器开关方便宾客使用	
2.3	客房内满铺地毯、木地板或其他较高档材料	
2.4	客房内应有卫生间，装有抽水恭桶、梳妆台(配备面盆、梳妆镜和必要的盥洗用品)、浴缸或淋浴间。采取有效的防滑、防溅水措施，通风良好。采用较高级建筑材料装修地面、墙面和天花，色调柔和，目的物照明效果良好。有良好的排风设施，温湿度与客房适宜。有不间断电源插座。24 h 供应冷、热水	
2.5	客房门安全有效，应设门窥镜及防盗装置，客房内应在显著位置张贴应急疏散图及相关说明	
2.6	客房内应有遮光和防噪音措施	
2.7	客房内应配备电话、彩色电视机，且使用效果良好	
2.8	应有两种以上规格的电源插座，位置方便宾客使用，可提供插座转换器	
2.9	客房内应有与本星级相适应的文具用品，备有服务指南、住宿须知、所在地旅游景点介绍和旅游交通图等，提供书报刊	
2.10	床上用棉织品(床单、枕芯、枕套、被芯、被套及床衬垫等)及卫生间针织用品(浴衣、浴巾、毛巾等)材质良好、柔软舒适	
2.11	客房内应提供互联网接入服务，并有使用说明	
2.12	客房内应备有擦鞋用具	
2.13	应有与饭店规模相适应的独立餐厅，配有符合卫生标准和管理规范的厨房	
2.14	公共区域应设宾客休息场所	
2.15	公共区域应有男女分设、间隔式公共卫生间	
2.16	应有公用电话	
2.17	应有应急供电设施和应急照明设施	
2.18	走廊地面应满铺地毯或与整体氛围相协调的其他材料，墙面整洁、有适当装修，光线充足。紧急出口标识清楚，位置合理，无障碍物	
2.19	门厅及主要公共区域应有残疾人出入坡道，配备轮椅	
3	**服务**	
3.1	应有管理及安保人员 24 h 在岗值班	
3.2	应 24 h 提供接待、问询、结帐和留言服务。提供总帐单结帐服务、信用卡结算服务。应提供客房预订服务	
3.3	应设门卫应接及行李服务人员，有专用行李车，应宾客要求提供行李服务。应提供贵重物品保管及小件行李寄存服务，并专设寄存处	
3.4	应为宾客办理传真、复印、打字、国际长途电话等商务服务，并代发信件	
3.5	应提供代客预订和安排出租汽车服务	
3.6	客房、卫生间应每天全面整理一次，每日或应宾客要求更换床单、被套及枕套，客用品补充齐全	
3.7	应提供留言和叫醒服务。可应宾客要求提供洗衣服务	

表 A.3（续）

序号	项　　目	是否达标
3.8	客房内应 24 h 提供热饮用水，免费提供茶叶或咖啡	
3.9	应提供早、中、晚餐服务	
3.10	应提供与饭店接待能力相适应的宴会或会议服务	
3.11	应为残障人士提供必要的服务	
	总体是否达标结论	

表 A.4　四星级必备项目检查表

序号	项　　目	是否达标
1	**饭店总体要求**	
1.1	建筑物外观和建筑结构有特色。饭店空间布局合理，方便宾客在饭店内活动	
1.2	内外装修应采用高档材料，符合环保要求，工艺精致，整体氛围协调	
1.3	各种指示用和服务用文字应至少用规范的中英文同时表示。导向标志清晰、实用、美观，导向系统的设置和公共信息图形符号应符合 GB/T 15566.8 和 GB/T 10001.1、GB/T 10001.2、GB/T 10001.4、GB/T 10001.9 的规定	
1.4	应有中央空调(别墅式度假饭店除外)，各区域通风良好	
1.5	应有运行有效的计算机管理系统。主要营业区域均有终端，有效提供服务	
1.6	应有公共音响转播系统，背景音乐曲目、音量适宜，音质良好	
1.7	设施设备应维护保养良好，无噪音，安全完好、整洁、卫生和有效	
1.8	应具备健全的管理规范、服务规范与操作标准	
1.9	员工应着工装，体现岗位特色	
1.10	员工训练有素，能用普通话和英语提供服务，必要时可用第二种外国语提供服务	
1.11	应有突发事件(突发事件应包括火灾、自然灾害、饭店建筑物和设备设施事故、公共卫生和伤亡事件、社会治安事件等)处置的应急预案，有年度实施计划，并定期演练	
1.12	应有与本星级相适应的节能减排方案并付诸实施	
1.13	应有系统的员工培训规划和制度，有员工培训设施	
2	**前厅**	
2.1	区位功能划分合理	
2.2	整体装修精致，有整体风格、色调协调、光线充足	
2.3	总服务台，位置合理，接待人员应 24 h 提供接待、问询和结帐服务。并能提供留言、总帐单结帐、国内和国际信用卡结算及外币兑换等服务	
2.4	应专设行李寄存处，配有饭店与宾客同时开启的贵重物品保险箱，保险箱位置安全、隐蔽，能够保护宾客的隐私	
2.5	应提供饭店基本情况、客房价目等信息，提供所在地旅游资源、当地旅游交通及全国旅游交通信息，并在总台能提供中英文所在地交通图、与住店宾客相适应的报刊	
2.6	在非经营区应设宾客休息场所	
2.7	门厅及主要公共区域应有符合标准的残疾人出入坡道，配备轮椅，有残疾人专用卫生间或厕位，为残障人士提供必要的服务	

表 A.4（续）

序号	项　　目	是否达标
2.8	应 24 h 接受包括电话、传真或网络等渠道的客房预订	
2.9	应有门卫应接服务人员，18 h 迎送宾客	
2.10	应有专职行李员，配有专用行李车，18 h 提供行李服务，提供小件行李寄存服务	
2.11	应提供代客预订和安排出租汽车服务	
2.12	应有相关人员处理宾客关系	
2.13	应有管理人员 24 h 在岗值班	
3	**客房**	
3.1	应有至少 40 间（套）可供出租的客房	
3.2	70%客房的面积（不含卫生间）应不小于 20 m^2	
3.3	应有标准间（大床房、双床房），有两种以上规格的套房（包括至少 3 个开间的豪华套房），套房布局合理	
3.4	装修高档。应有舒适的软垫床，配有写字台、衣橱及衣架、茶几、座椅或沙发、床头柜、全身镜、行李架等家具，布置合理。所有电器开关方便宾客使用。室内满铺高级地毯，或优质木地板或其他高级材料。采用区域照明，且目的物照明效果良好	
3.5	客房门能自动闭合，应有门窥镜、门铃及防盗装置。客房内应在显著位置张贴应急疏散图及相关说明	
3.6	客房内应有装修良好的卫生间。有抽水恭桶、梳妆台（配备面盆、梳妆镜和必要的盥洗用品）、有浴缸或淋浴间，配有浴帘或其他防溅设施。采取有效的防滑措施。采用高档建筑材料装修地面、墙面和天花，色调高雅柔和。采用分区照明且目的物照明效果良好。有良好的低噪音排风设施，温湿度与客房适宜。有 110 V/220 V 不间断电源插座、电话副机。配有吹风机。24 h 供应冷、热水，水龙头冷热标识清晰。所有设施设备均方便宾客使用	
3.7	客房内应有饭店专用电话机，可以直接拨通或使用预付费电信卡拨打国际、国内长途电话，并备有电话使用说明和所在地主要电话指南	
3.8	应有彩色电视机，画面和音质良好。播放频道不少于 16 个，备有频道目录	
3.9	应有防噪音及隔音措施，效果良好	
3.10	应有内窗帘及外层遮光窗帘，遮光效果良好	
3.11	应有至少两种规格的电源插座，电源插座应有两个以上供宾客使用的插位，位置合理，并可提供插座转换器。	
3.12	应有与本星级相适应的文具用品。配有服务指南、住宿须知、所在地旅游资源信息和旅游交通图等。可提供与住店宾客相适应的书报刊	
3.13	床上用棉织品（床单、枕芯、枕套、被芯、被套及床衬垫等）及卫生间针织用品（浴巾、浴衣、毛巾等）材质较好、柔软舒适。	
3.14	客房、卫生间应每天全面整理一次，每日或应宾客要求更换床单、被套及枕套，客用品和消耗品补充齐全，并应宾客要求随时进房清理	
3.15	应提供互联网接入服务，并备有使用说明，使用方便	
3.16	应提供开夜床服务，放置晚安致意品	

表 A.4（续）

序号	项　　目	是否达标
3.17	应提供客房微型酒吧服务，至少50%的房间配备小冰箱，提供适量酒和饮料，并备有饮用器具和价目单。免费提供茶叶或咖啡。提供冷热饮用水，可应宾客要求提供冰块	
3.18	应提供客衣干洗、湿洗、熨烫服务，可在24 h内交还宾客。可提供加急服务	
3.19	应18 h提供送餐服务。有送餐菜单和饮料单，送餐菜式品种不少于8种，饮料品种不少于4种，甜食品种不少于4种，有可挂置门外的送餐牌	
3.20	应提供留言及叫醒服务	
3.21	应提供宾客在房间会客服务，可应宾客要求及时提供加椅和茶水服务	
3.22	客房内应备有擦鞋用具，并提供擦鞋服务	
4	**餐厅及吧室**	
4.1	应有布局合理、装饰设计格调一致的中餐厅	
4.2	应有位置合理、格调优雅的咖啡厅（或简易西餐厅）。提供品质较高的自助早餐	
4.3	应有宴会单间或小宴会厅。提供宴会服务	
4.4	应有专门的酒吧或茶室	
4.5	餐具应按中外习惯成套配置，无破损，光洁、卫生	
4.6	菜单及饮品单应装帧精致，完整清洁，出菜率不低于90%	
5	**厨房**	
5.1	位置合理、布局科学，传菜路线不与非餐饮公共区域交叉	
5.2	厨房与餐厅之间，采取有效的隔音、隔热和隔气味措施。进出门自动闭合	
5.3	墙面满铺瓷砖，用防滑材料满铺地面，有地槽	
5.4	冷菜间、面点间独立分隔，有足够的冷气设备。冷菜间内有空气消毒设施和二次更衣设施	
5.5	粗加工间与其他操作间隔离，各操作间温度适宜，冷气供给充足	
5.6	应有必要的冷藏、冷冻设施，生熟食品及半成食品分柜置放，有干货仓库	
5.7	洗碗间位置合理，配有洗碗和消毒设施	
5.8	应有专门放置临时垃圾的设施并保持其封闭，排污设施（地槽、抽油烟机和排风口等）保持清洁通畅	
5.9	采取有效的消杀蚊蝇、蟑螂等虫害措施	
5.10	应有食品留样送检机制	
6	**会议和康体设施**	
6.1	应有至少两种规格的会议设施，配备相应设施并提供专业服务	
6.2	应有康体设施，布局合理，提供相应的服务	
7	**公共区域**	
7.1	饭店室外环境整洁美观	
7.2	饭店后台设施完备、导向清晰、维护良好	
7.3	应有回车线，并有足够泊位的停车场。提供相应的服务	

表 A.4（续）

序号	项　　目	是否达标
7.4	3层以上(含3层)建筑物应有数量充足的高质量客用电梯，轿厢装修高雅。配有服务电梯	
7.5	主要公共区域应有男女分设的间隔式公共卫生间，环境良好	
7.6	应有商品部，出售旅行日常用品、旅游纪念品等	
7.7	应有商务中心，可提供传真、复印、国际长途电话、打字等服务，有可供宾客使用的电脑，并可提供代发信件、手机充电等服务	
7.8	提供或代办市内观光服务	
7.9	应有公用电话	
7.10	应有应急照明设施和有应急供电系统	
7.11	主要公共区域有闭路电视监控系统	
7.12	走廊及电梯厅地面应满铺地毯或其他高档材料，墙面整洁、有装修装饰，温度适宜、通风良好、光线适宜。紧急出口标识清楚醒目，位置合理，无障碍物。有符合规范的逃生通道、安全避难场所	
7.13	应有必要的员工生活和活动设施	
	总体是否达标检查表	

表 A.5　五星级必备项目检查表

序号	项　　目	是否达标
1	**总体要求**	
1.1	建筑物外观和建筑结构应具有鲜明的豪华饭店的品质，饭店空间布局合理，方便宾客在饭店内活动	
1.2	内外装修应采用高档材料，符合环保要求，工艺精致，整体氛围协调，风格突出	
1.3	各种指示用和服务用文字应至少用规范的中英文同时表示。导向标志清晰、实用、美观，导向系统的设置和公共信息图形符号应符合 GB/T 15566.8 和 GB/T 10001.1、GB/T 10001.2、GB/T 10001.4、GB/T 10001.9 的规定	
1.4	应有中央空调(别墅式度假饭店除外)，各区域空气质量良好	
1.5	应有运行有效的计算机管理系统，前后台联网，有饭店独立的官方网站或者互联网主页，并能够提供网络预订服务	
1.6	应有公共音响转播系统。背景音乐曲目、音量与所在区域和时间段相适应，音质良好	
1.7	设施设备应维护保养良好，无噪音，安全完好、整洁、卫生和有效	
1.8	应具备健全的管理规范、服务规范与操作标准	
1.9	员工应着工装，工装专业设计、材质良好、做工精致	
1.10	员工训练有素，能用普通话和英语提供服务，必要时可用第二种外国语提供服务	
1.11	应有与本星级相适应的节能减排方案并付诸实施	
1.12	应有突发事件(突发事件应包括火灾、自然灾害、饭店建筑物和设备设施事故、公共卫生和伤亡事件、社会治安事件等)处置的应急预案，有年度实施计划，并定期演练	
1.13	应有系统的员工培训规划和制度，应有专门的教材、专职培训师及专用员工培训教室	

表 A.5（续）

序号	项　　目	是否达标
2	**前厅**	
2.1	功能划分合理，空间效果良好	
2.2	装饰设计有整体风格，色调协调，光线充足，整体视觉效果和谐	
2.3	总服务台位置合理，接待人员应 24 h 提供接待、问询和结帐等服务。并能提供留言、总帐单结帐、国内和国际信用卡结算、外币兑换等服务	
2.4	应专设行李寄存处，配有饭店与宾客同时开启的贵重物品保险箱，保险箱位置安全、隐蔽，能够保护宾客的隐私	
2.5	应提供饭店基本情况、客房价目等信息，提供所在地旅游资源、当地旅游交通及全国旅游交通的信息，并在总台能提供中英文所在地交通图、与住店宾客相适应的报刊	
2.6	在非经营区应设宾客休息场所	
2.7	门厅及主要公共区域应有符合标准的残疾人出入坡道，配备轮椅，有残疾人专用卫生间或厕位，为残障人士提供必要的服务	
2.8	应 24 h 接受包括电话、传真或网络等渠道的客房预订	
2.9	应有专职的门卫应接服务人员，18 h 迎送宾客	
2.10	应有专职行李员，配有专用行李车，24 h 提供行李服务，提供小件行李寄存服务	
2.11	应提供代客预订和安排出租汽车服务	
2.12	应有专职人员处理宾客关系，18 h 在岗服务	
2.13	应提供礼宾服务	
2.14	应有管理人员 24 h 在岗值班	
3	**客房**	
3.1	应有至少 50 间（套）可供出租的客房	
3.2	70％客房的面积（不含卫生间和门廊）应不小于 20 m^2	
3.3	应有标准间（大床房、双床房），残疾人客房，两种以上规格的套房（包括至少 4 个开间的豪华套房），套房布局合理	
3.4	装修豪华，具有良好的整体氛围。应有舒适的床垫及配套用品。写字台、衣橱及衣架、茶几、座椅或沙发、床头柜、全身镜、行李架等家具配套齐全、布置合理、使用便利。所有电器开关方便宾客使用。室内满铺高级地毯，或用优质木地板或其他高档材料装饰。采用区域照明，目的物照明效果良好	
3.5	客房门能自动闭合，应有门窥镜、门铃及防盗装置。客房内应在显著位置张贴应急疏散图及相关说明	
3.6	客房内应有装修精致的卫生间。有高级抽水恭桶、梳妆台（配备面盆、梳妆镜和必要的盥洗用品）、浴缸并带淋浴喷头（另有单独淋浴间的可以不带淋浴喷头），配有浴帘或其他有效的防溅设施。采取有效的防滑措施。采用豪华建筑材料装修地面、墙面和天花，色调高雅柔和。采用分区照明且目的物照明效果良好。有良好的无明显噪音的排风设施，温湿度与客房无明显差异。有 110 V/220 V 不间断电源插座、电话副机。配有吹风机。24 h 供应冷、热水，水龙头冷热标识清晰。所有设施设备均方便宾客使用	
3.7	客房内应有饭店专用电话机，方便使用。可以直接拨通或使用预付费电信卡拨打国际、国内长途电话，并备有电话使用说明和所在地主要电话指南	

表 A.5(续)

序号	项　目	是否达标
3.8	应有彩色电视机,画面和音质优良。播放频道不少于24个,频道顺序有编辑,备有频道目录	
3.9	应有背景音乐,音质良好,曲目适宜,音量可调	
3.10	应有防噪音及隔音措施,效果良好	
3.11	应有纱帘及遮光窗帘,遮光效果良好	
3.12	应有至少两种规格的电源插座,电源插座应有两个以上供宾客使用的插位,位置方便宾客使用,并可提供插座转换器	
3.13	应有与本星级相适应的文具用品。配有服务指南、住宿须知、所在地旅游景点介绍和旅游交通图等。提供与住店宾客相适应的报刊	
3.14	床上用棉织品(床单、枕芯、枕套、被芯、被套及床衬垫等)及卫生间针织用品(浴巾、浴衣、毛巾等)材质高档、工艺讲究、柔软舒适。可应宾客要求提供多种规格的枕头	
3.15	客房、卫生间应每天全面清理一次,每日或应宾客要求更换床单、被套及枕套,客用品和消耗品补充齐全,并应宾客要求随时进房清理	
3.16	应提供互联网接入服务,并备有使用说明,使用方便	
3.17	应提供开夜床服务,夜床服务效果良好	
3.18	应提供客房微型酒吧(包括小冰箱)服务,配置适量与住店宾客相适应的酒和饮料,备有饮用器具和价目单。免费提供茶叶或咖啡。提供冷热饮用水,可应宾客要求提供冰块	
3.19	应提供客衣干洗、湿洗、熨烫服务,可在24 h内交还宾客,可提供加急服务	
3.20	应24 h提供送餐服务。有送餐菜单和饮料单,送餐菜式品种不少于8种,饮料品种不少于4种,甜食品种不少于4种,有可挂置门外的送餐牌,送餐车应有保温设备	
3.21	应提供自动和人工叫醒、留言及语音信箱服务,服务效果良好	
3.22	应提供宾客在房间会客服务,应宾客的要求及时提供加椅和茶水服务	
3.23	客房内应备有擦鞋用具,并提供擦鞋服务	
4	**餐厅及吧室**	
4.1	各餐厅布局合理、环境优雅、空气清新,不串味,温度适宜	
4.2	应有装饰豪华、氛围浓郁的中餐厅	
4.3	应有装饰豪华、格调高雅的西餐厅(或外国特色餐厅)或风格独特的风味餐厅,均配有专门厨房	
4.4	应有位置合理、独具特色、格调高雅的咖啡厅,提供品质良好的自助早餐、西式正餐。咖啡厅(或有一餐厅)营业时间不少于18 h	
4.5	应有3个以上宴会单间或小宴会厅。提供宴会服务,效果良好	
4.6	应有专门的酒吧或茶室	
4.7	餐具应按中外习惯成套配置,材质高档,工艺精致,有特色,无破损磨痕,光洁、卫生	
4.8	菜单及饮品单应装帧精美,完整清洁,出菜率不低于90%	
5	**厨房**	
5.1	位置合理、布局科学,传菜路线不与非餐饮公共区域交叉	

表 A.5（续）

序号	项　　目	是否达标
5.2	厨房与餐厅之间，采取有效的隔音、隔热和隔味的措施。进出门分开并能自动闭合	
5.3	墙面满铺瓷砖，用防滑材料满铺地面，有地槽	
5.4	冷菜间、面点间独立分隔，有足够的冷气设备。冷菜间内有空气消毒设施	
5.5	冷菜间有二次更衣场所及设施	
5.6	粗加工间与其他操作间隔离，各操作间温度适宜，冷气供应充足	
5.7	洗碗间位置合理(紧临厨房与餐厅出入口)，配有洗碗和消毒设施	
5.8	有必要的冷藏、冷冻设施，生熟食品及半成食品分柜置放。有干货仓库	
5.9	有专门放置临时垃圾的设施并保持其封闭，排污设施(地槽、抽油烟机和排风口等)保持畅通清洁	
5.10	采取有效的消杀蚊蝇、蟑螂等虫害措施	
5.11	应有食品化验室或留样送检机制	
6	**会议康乐设施**	
6.1	应有两种以上规格的会议设施，有多功能厅，配备相应的设施并提供专业服务	
6.2	应有康体设施，布局合理，提供相应的服务	
7	**公共区域**	
7.1	饭店室外环境整洁美观，绿色植物维护良好	
7.2	饭店后台区域设施完好、卫生整洁、维护良好，前后台的衔接合理，通往后台的标识清晰	
7.3	应有效果良好的回车线，并有与规模相适应泊位的停车场，有残疾人停车位，停车场环境效果良好，提供必要的服务	
7.4	3层以上(含3层)建筑物应有数量充足的高质量客用电梯，轿厢装饰高雅，速度合理，通风良好；另备有数量、位置合理的服务电梯	
7.5	各公共区域均应有男女分设的间隔式公共卫生间，环境优良，通风良好	
7.6	应有商品部，出售旅行日常用品、旅游纪念品等	
7.7	应有商务中心，可提供传真、复印、国际长途电话、打字等服务，有可供宾客使用的电脑，并可提供代发信件、手机充电等服务	
7.8	提供或代办市内观光服务	
7.9	应有公用电话，并配有便签	
7.10	应有应急照明设施和有应急供电系统	
7.11	主要公共区域有闭路电视监控系统	
7.12	走廊及电梯厅地面应满铺地毯或其他高档材料，墙面整洁、有装修装饰，温度适宜、通风良好、光线适宜。紧急出口标识清楚醒目，位置合理，无障碍物。有符合规范的逃生通道、安全避难场所	
7.13	应有充足的员工生活和活动设施	
	总体是否达标结论	

附 录 B
（规范性附录）
设施设备评分表

表 B.1 给出了设施设备评分表。

表 B.1 设施设备评分表

序号	设施设备评分表	各大项总分	各分项总分	各次分项总分	各小项总分	计分	记分栏
1	**地理位置、周围环境、建筑结构及功能布局**	30					
1.1	地理位置及周围环境		8				
1.1.1	地理位置			3			
	位于城市中心或商务区，旅游景区或度假区，机场、火车站、长途汽车站、码头等交通便利地带，可进入性好					3	
	靠近城市中心或商务区，旅游景区或度假区，机场、火车站、长途汽车站、码头，可进入性较好					2	
	可进入性一般					1	
1.1.2	周围环境（饭店建筑红线内）			5			
	花园（独立于饭店主体建筑的绿化场地，面积较大，有观赏景物或建筑小品，花木保养得当，环境整洁）					5	
	庭院（附属于饭店主体建筑，有一定的绿化和景观，可供散步、休闲，环境整洁）					3	
1.2	停车场（包括地下停车场、停车楼）		5				
1.2.1	停车位数量			4			
	自备停车场，车位不少于 40%客房数					4	
	自备停车场，车位不少于 15%客房数					3	
	在饭店周围 200 m 内可以停放汽车，车位不少于 15%客房数					2	
	有回车线					1	
1.2.2	合理利用空间，有地下停车场（停车楼）等			1			
1.3	建筑结构及功能布局		17				
1.3.1	前厅部位功能设施位置恰当、分隔合理，方便宾客使用（酌情给 1 分～3 分）			3			
1.3.2	餐饮部位功能设施位置恰当、分隔合理，方便宾客使用（酌情给 1 分～3 分）			3			
1.3.3	客房部位功能设施位置恰当、分隔合理，方便宾客使用（酌情给 1 分～3 分）			3			
1.3.4	康乐及会议部位功能设施位置恰当、分隔合理，方便宾客使用（酌情给 1 分～3 分）			3			

表 B.1(续)

序号	设施设备评分表	各大项总分	各分项总分	各次分项总分	各小项总分	计分	记分栏
1.3.5	饭店建筑历史悠久,为文物保护单位			5			
	全国重点文物保护单位,建立并实施严格的文物保护措施					5	
	省级文物保护单位,建立并实施相应的文物保护措施					3	
	市、县级文物保护单位					1	
1.3.6	饭店配套设施不在主体建筑内又没有封闭通道相连(度假型饭店除外)			−5			
2	**共用系统**	52					
2.1	智能化管理系统		8				
2.1.1	结构化综合布线系统			2			
2.1.2	先进、有效的火灾报警与消防联动控制系统(含点报警、面报警、消防疏散广播等)			3			
2.1.3	先进的楼宇自动控制系统(新风/空调监控、供配电与照明监控、给排水系统监控等)			3			
2.2	信息管理系统		9				
2.2.1	覆盖范围			4			
	全面覆盖前后台,数据关联的饭店专用管理信息系统(前台管理系统、餐厅管理系统、财务管理系统、收益分析系统、人事管理系统、工程管理系统、库房管理系统、采购管理系统等数据流自动化处理并关联)					4	
	前后台均有独立的管理信息系统					2	
	只覆盖前台对客服务部门					1	
2.2.2	采取确保饭店信息安全的有效措施			2			
2.2.3	系统供应商			3			
	行业主流供应商,系统先进、运行稳定					3	
	非主流供应商					1	
2.3	互联网		8				
2.3.1	覆盖范围			6			
	所有的客房配有互联网接口(有线、无线均可)					2	
	所有的会议室均有互联网接口(有线、无线均可)					2	
	所有的大堂区域均有无线网络覆盖					1	
	咖啡厅和大堂酒吧提供有线互联网接口(或有无线网络覆盖)					1	
2.3.2	应用			2			
	有独立网站,具有实时网上预订功能(非第三方订房网站)					2	
	在互联网上有饭店的独立网页和电子邮件地址					1	

表 B.1(续)

序号	设施设备评分表	各大项总分	各分项总分	各次分项总分	各小项总分	计分	记分栏
2.4	空调系统		5				
2.4.1	四管制中央空调系统			5			
2.4.2	两管制中央空调系统			3			
2.4.3	无中央空调系统,但客房、餐厅及公共区域采用窗式、分体式或柜式空调			1			
2.5	应急供电		6				
2.5.1	自备发电设施					3	
2.5.2	应急供电系统(指两路以上供电)					2	
2.5.3	应急照明设施					1	
2.6	移动电话信号覆盖所有客房及公共区域		2				
2.7	节能措施与环境管理		14				
2.7.1	有建筑节能设计(如自然采光、新型墙体材料、环保装饰材料等)			2			
2.7.2	采用有新能源的设计与运用(如太阳能、生物能、风能、地热等)			2			
2.7.3	采用环保设备和用品(使用溴化锂吸收式等环保型冷水机组、使用无磷洗衣粉、使用环保型冰箱、不使用哈龙灭火器等)			2			
2.7.4	采用节能产品(如节能灯、感应式灯光、水龙头控制等),采取节能及环境保护的有效措施(客房内环保提示牌,不以野生保护动物为食品原料等)			2			
2.7.5	有中水处理系统			2			
2.7.6	有污水、废气处理设施			2			
2.7.7	垃圾房			2			
	有垃圾房及相应管理制度,并有湿垃圾干处理装置					2	
	有垃圾房及相应管理制度					1	
3	**前厅**	62					
3.1	地面装饰		8				
	采用高档花岗岩、大理石或其他高档材料(材质高档、色泽均匀、拼接整齐、工艺精致、装饰性强,与整体氛围相协调)					8	
	采用优质花岗岩、大理石或其他材料(材质良好,工艺较好)					6	
	采用普通花岗岩、大理石或其他材料(材质一般,有色差)					4	
	采用普通材料(普通木地板、地砖等)					2	
3.2	墙面装饰		6				
	采用高档花岗岩、大理石或其他高档材料(材质高档、色泽均匀、拼接整齐、工艺精致、装饰性强,与整体氛围相协调)					6	

表 B.1（续）

序号	设施设备评分表	各大项总分	各分项总分	各次分项总分	各小项总分	计分	记分栏
	采用优质木材或高档墙纸（布）（立面有线条变化，高档墙纸包括丝质及其他天然原料墙纸）					4	
	采用普通花岗岩、大理石或木材					2	
	采用墙纸或喷涂材料					1	
3.3	天花		5				
	工艺精致、造型别致，与整体氛围相协调					5	
	工艺较好，格调一般					3	
	有一定装饰					1	
3.4	艺术装饰		2				
	有壁画或浮雕或其他艺术品装饰					2	
	有简单艺术装饰					1	
3.5	家具（台，沙发等）		5				
	设计专业、材质高档、工艺精致，摆设合理，使用方便、舒适					5	
	材质较好，工艺较好					3	
	材质普通，工艺一般					1	
3.6	灯具与照明		5				
	照明设计有专业性，采用高档定制灯具，功能照明、重点照明、氛围照明和谐统一					5	
	采用高档灯具，照明整体效果较好					3	
	采用普通灯具，照明效果一般					1	
3.7	整体装饰效果		4				
	色调协调，氛围浓郁，有中心艺术品，感观效果突出					4	
	有艺术品装饰，工艺较好，氛围一般					2	
	有一定的装饰品					1	
3.8	公共卫生间		9				
3.8.1	位置合理（大堂应设置公共卫生间，且与大堂在同一楼层）			2			
3.8.2	材料、装修和洁具（对所有公共卫生间分别打分，取算术平均值的整数部分）			3			
	设计专业（洁具、灯光、冷热水、照明、通风、空调等），采用高档装修材料，装修工艺精致，采用高级洁具					3	
	采用较高档装修材料，装修工艺较好，采用较好洁具					2	
	采用普通装修材料，装修工艺一般，采用普通洁具					1	
3.8.3	残疾人卫生间			2			

表 B.1（续）

序号	设施设备评分表	各大项总分	各分项总分	各次分项总分	各小项总分	计分	记分栏
	有残疾人专用卫生间					2	
	有残疾人专用厕位					1	
3.8.4	公共卫生间设施（少一项，扣 1 分）						
	抽水恭桶						
	卫生纸						
	污物桶						
	半身镜						
	洗手盆						
	洗手液或香皂						
	烘手机或擦手纸						
3.8.5	每个抽水恭桶都有单独的隔间，隔间的门有插销，所有隔间都配置衣帽钩			1			
3.8.6	每两个男用小便器中间有隔板，使用自动冲水装置			1			
3.9	客用电梯		10				
3.9.1	数量			2			
	不少于平均每 70 间客房一部客用电梯					2	
	不少于平均每 100 间客房一部客用电梯					1	
3.9.2	性能优良、运行平稳、梯速合理			2			
3.9.3	内饰与设备			4			
3.9.3.1	有一定装饰、照明充足				0.5		
3.9.3.2	有饭店主要设施楼层指示				0.5		
3.9.3.3	有扶手杆				0.5		
3.9.3.4	有通风系统				0.5		
3.9.3.5	与外界联系的对讲功能				0.5		
3.9.3.6	有残疾人专用按键				0.5		
3.9.3.7	轿厢两侧均有按键				0.5		
3.9.3.8	有抵达行政楼层或豪华套房楼层的专用控制措施				0.5		
3.9.4	有观光电梯			1			
3.9.5	有自动扶梯			1			
3.10	贵重物品保险箱		2				
3.10.1	数量不少于客房数量的 8%，不少于两种规格			1			
3.10.2	位置隐蔽、安全、能保护宾客隐私			1			
3.11	前厅整体舒适度		6				

表 B.1（续）

序号	设施设备评分表	各大项总分	各分项总分	各次分项总分	各小项总分	计分	记分栏
3.11.1	绿色植物、花卉摆放得体，插花有艺术感，令宾客感到自然舒适			2			
3.11.2	光线、温度适宜			2			
3.11.3	背景音乐曲目适宜、音质良好、音量适中，与前厅整体氛围协调			2			
3.11.4	异味，烟尘，噪音，强风（扣分，每项扣 1 分）			—4			
3.11.5	置于前厅明显位置的商店、摊点影响整体氛围			—4			
4	**客房**	191					
4.1	普通客房（4.1～4.10 均针对普通客房打分）		26				
4.1.1	70%客房的净面积（不包括卫生间和门廊）			16			
	不小于 36 m^2					16	
	不小于 30 m^2					12	
	不小于 24 m^2					8	
	不小于 20 m^2					6	
	不小于 16 m^2					4	
	不小于 14 m^2					2	
4.1.2	净高度			4			
	不低于 3 m					4	
	不低于 2.7 m					2	
4.1.3	软床垫（长度不小于 1.9 m），宽度			6			
4.1.3.1	单人床				3		
	不小于 1.35 m					3	
	不小于 1.2 m					2	
	不小于 1.1 m					1	
4.1.3.2	双人床				3		
	不小于 2.2 m					3	
	不小于 2.0 m					2	
	不小于 1.8 m					1	
4.2	装修与装饰		11				
4.2.1	地面			3			
	采用优质地毯或木地板，工艺精致					3	
	采用高档地砖、普通地毯或木地板，工艺较好					2	
	采用普通地砖或水磨石地面，工艺一般					1	
4.2.2	墙面			2			

表 B.1（续）

序号	设施设备评分表	各大项总分	各分项总分	各次分项总分	各小项总分	计分	记分栏
	采用高级墙纸或其他优质材料，有艺术品装饰					2	
	采用普通涂料或墙纸					1	
4.2.3	天花有装饰			2			
4.2.4	整体装饰效果			4			
	工艺精致、色调协调，格调高雅					4	
	工艺较好、格调统一					2	
	工艺一般					1	
4.3	家具		7				
4.3.1	档次			4			
	设计专业、材质高档、工艺精致，摆设合理，使用方便、舒适					4	
	材质较好，工艺较好					2	
	材质普通，工艺一般					1	
4.3.2	衣橱			3			
	步入式衣物储藏间					3	
	进深不小于 55 cm，宽度不小于 110 cm					2	
	进深不小于 45 cm，宽度不小于 90 cm					1	
4.4	灯具和照明		11				
4.4.1	灯具配备			9			
4.4.1.1	主光源（顶灯或槽灯）				1		
4.4.1.2	门廊照明灯				1		
4.4.1.3	床头照明灯				1		
4.4.1.4	写字台照明灯				1		
4.4.1.5	衣柜照明灯				1		
4.4.1.6	行李柜照明灯				1		
4.4.1.7	小酒吧照明灯				1		
4.4.1.8	装饰物照明灯				1		
4.4.1.9	夜灯				1		
4.4.2	灯光控制			2			
	各灯具开关位置合理，床头有房间灯光“一键式”总控制开关，标识清晰，方便使用					2	
	各灯具开关位置合理，方便使用					1	

表 B.1(续)

序号	设施设备评分表	各大项总分	各分项总分	各次分项总分	各小项总分	计分	记分栏
4.5	彩色电视机		6				
4.5.1	类型与尺寸			3			
	平板电视,不小于 25 英寸					3	
	普通电视,不小于 25 英寸					2	
	普通电视,不小于 21 英寸					1	
4.5.2	频道和节目			2			
	卫星、有线闭路电视节目不少于 30 套					1	
	外语频道或外语节目不少于 3 套					1	
4.5.3	有电视频道指示说明及电视节目单			1			
4.6	客房电话		5				
4.6.1	程控电话机,有直拨国际、国内长途功能			1			
4.6.2	有语音信箱及留言指示灯			1			
4.6.3	电话机上有饭店常用电话号码和使用说明			1			
4.6.4	附设写字台电话(双线制)			1			
4.6.5	配备本地电话簿			1			
4.7	微型酒吧(包括小冰箱)		5				
4.7.1	数量			3			
	100%的客房有微型酒吧(包括小冰箱)					3	
	不少于 50%的客房有微型酒吧(包括小冰箱)					1	
4.7.2	提供适量饮品和食品,并配备相应的饮具			1			
4.7.3	100%以上客房配备静音、节能、环保型小冰箱			1			
4.8	客房便利设施及用品		12				
4.8.1	电热水壶			1			
4.8.2	熨斗和熨衣板			1			
4.8.3	西装衣撑			1			
4.8.4	每房不少于 4 个西服衣架、2 个裤架和 2 个裙架			1			
4.8.5	不间断电源插座(国际通用制式)不少于两处,并有明确标识,方便使用			1			
4.8.6	吹风机			1			
4.8.7	浴衣(每客 1 件)			1			
4.8.8	备用被毯(每床 1 条)			1			
4.8.9	咖啡(含伴侣、糖),配相应杯具			1			
4.8.10	环保或纸制礼品袋(每房 2 个)			1			

表 B.1（续）

序号	设施设备评分表	各大项总分	各分项总分	各次分项总分	各小项总分	计分	记分栏
4.8.11	针线包			1			
4.8.12	文具（含铅笔，橡皮，曲别针等）			1			
4.9	客房必备物品（少一项，扣 1 分）						
	服务指南（含欢迎词、饭店各项服务简介）						
	笔						
	信封（每房不少于 2 个）						
	信纸（每房不少于 4 张）						
	免费茶叶						
	暖水瓶（有电热水壶可不备）						
	凉水瓶（或免费矿泉水）						
	擦鞋用具（每房 2 份）						
	“请勿打扰”、“请清理房间”挂牌或指示灯						
	垃圾桶						
	根据不同床型配备相应数量的枕芯、枕套、床单、毛毯或棉被						
4.10	客房卫生间		50				
4.10.1	70%的客房卫生间面积			8			
	不小于 8 m^2					8	
	不小于 6 m^2					6	
	不小于 5 m^2					4	
	不小于 4 m^2					2	
	小于 4 m^2					1	
4.10.2	卫生间装修			6			
	专业设计，全部采用高档材料装修（优质大理石、花岗岩等），工艺精致，采用统一风格的高级品牌卫浴设施					6	
	采用高档材料装修，工艺较好					4	
	采用普通材料装修，工艺一般					2	
4.10.3	卫生间设施布局			4			
	不少于 50%的客房卫生间淋浴、浴缸、恭桶分隔					4	
	不少于 50%的客房卫生间淋浴和浴缸分隔					3	
	不少于 50%的客房卫生间有浴缸					1	
4.10.4	面盆及五金件			2			
	高档面盆及配套五金件					2	
	普通面盆及五金件					1	

表 B.1（续）

序号	设施设备评分表	各大项总分	各分项总分	各次分项总分	各小项总分	计分	记分栏
4.10.5	浴缸及淋浴			12			
4.10.5.1	浴缸和淋浴间均有单独照明，分区域照明充足				1		
4.10.5.2	完全打开热水龙头，水温在15 s内上升到46 ℃～51 ℃，水温稳定				1		
4.10.5.3	水流充足(水压为0.2 MPa～0.35 MPa)、水质良好				1		
4.10.5.4	淋浴间下水保持通畅，不外溢				1		
4.10.5.5	浴缸				3		
	高档浴缸(配带淋浴喷头)及配套五金件					3	
	普通浴缸(配带淋浴喷头)或只有淋浴间					1	
4.10.5.6	所有浴缸上方安装扶手，符合安全规定				1		
4.10.5.7	淋浴喷头的水流可以调节				1		
4.10.5.8	淋浴有水流定温功能				1		
4.10.5.9	配备热带雨林喷头				1		
4.10.5.10	浴缸及淋浴间配有防滑设施(或有防滑功能)				1		
4.10.6	恭桶			3			
	高档节水恭桶					3	
	普通节水恭桶					1	
4.10.7	其他			15			
4.10.7.1	饮用水系统				2		
4.10.7.2	梳妆镜				2		
	防雾梳妆镜					2	
	普通梳妆镜					1	
4.10.7.3	化妆放大镜				1		
4.10.7.4	面巾纸				1		
4.10.7.5	110 V/220 V不间断电源插座(低电流)				1		
4.10.7.6	晾衣绳				1		
4.10.7.7	呼救按钮或有呼救功能的电话				1		
4.10.7.8	连接客房电视的音响装置				1		
4.10.7.9	体重秤				1		
4.10.7.10	电话副机(方便宾客取用)				1		
4.10.7.11	浴室里挂钩不少于1处，方便使用				1		
4.10.7.12	浴帘或其他防溅设施				1		
4.10.7.13	浴巾架				1		

表 B.1（续）

序号	设施设备评分表	各大项总分	各分项总分	各次分项总分	各小项总分	计分	记分栏
4.10.8	卫生间客用必备品(少一项扣一分)						
4.10.8.1	漱口杯(每房 2 个)						
4.10.8.2	浴巾(每房 2 条)						
4.10.8.3	地巾						
4.10.8.4	面巾(每房 2 条)						
4.10.8.5	卫生袋						
4.10.8.6	卫生纸						
4.10.8.7	垃圾桶						
4.11	套房		14				
4.11.1	数量			3			
	不少于客房总数的 20%(不包括连通房)					3	
	不少于客房总数的 10%(不包括连通房)					2	
	不少于客房总数的 5%(不包括连通房)					1	
4.11.2	规格			6			
4.11.2.1	至少有三种规格的套房				2		
4.11.2.2	有豪华套房				4		
	至少有卧室 2 间、会客室、餐厅、书房各 1 间(卫生间 3 间)					4	
	至少有卧室 2 间、会客室 1 间、餐厅或书房各 1 间(卫生间 3 间)					2	
4.11.3	套房卫生间			5			
4.11.3.1	有供主人和来访宾客分别使用的卫生间				2		
4.11.3.2	有由卧室和客厅分别直接进入的卫生间(双门卫生间)				1		
4.11.3.3	有音响装置				1		
4.11.3.4	配有电视机				1		
4.12	有残疾人客房,配备相应的残障设施		2				
4.13	设无烟楼层		2				
4.14	客房舒适度		35				
4.14.1	布草			15			
4.14.1.1	床单、被套、枕套的纱支规格				6		
	不低于 80×60 支纱					6	
	不低于 60×40 支纱					3	
	不低于 40×40 支纱					1	
4.14.1.2	床单、被套、枕套的含棉量为 100%				1		

表 B.1（续）

序号	设施设备评分表	各大项总分	各分项总分	各次分项总分	各小项总分	计分	记分栏
4.14.1.3	毛巾（含浴巾、面巾、地巾、方巾等）的纱支规格				2		
	32支纱（或螺旋16支），含棉量为100%					2	
	不低于16支纱					1	
4.14.1.4	毛巾（含浴巾、面巾、地巾、方巾等）规格（一个规格不达标扣0.5分，扣满2分以上，降低一挡）				6		
	浴巾：不小于1 400 mm×800 mm，质量不低于750 g；面巾：不小于750 mm×350 mm，质量不低于180 g；地巾：不小于800 mm×500 mm，质量不低于450 g；方巾：不小于320 mm×320 mm，质量不低于55 g					6	
	浴巾：不小于1 300 mm×700 mm，质量不低于500 g；面巾：不小于600 mm×300 mm，质量不低于120 g；地巾：不小于700 mm×400 mm，质量不低于320 g；方巾：不小于300 mm×300 mm，质量不低于45 g					3	
	浴巾：不小于1 200 mm×600 mm，质量不低于400 g；面巾：不小于550 mm×300 mm，质量不低于110 g；地巾：不小于650 mm×350 mm，质量不低于280 g					1	
4.14.2	床垫硬度适中、无变形，可提供3种以上不同类型的枕头			2			
4.14.3	温度			3			
4.14.3.1	室内温度可调节				2		
4.14.3.2	公共区域与客房区域温差不超过5℃				1		
4.14.4	相对湿度：冬季为50%～55%，夏季为45%～50%			2			
4.14.5	客房门、墙、窗、天花、卫生间采取隔音措施，效果良好			2			
	客房隔音效果差，或部分客房靠近高噪音设施（如歌舞厅、保龄球场、洗衣房等），影响宾客休息					−4	
4.14.6	窗帘与客房整体设计匹配，有纱帘，方便开闭，密闭遮光效果良好			2			
4.14.7	照明效果			3			
	专业设计，功能照明、重点照明、氛围照明和谐统一					3	
	有目的物照明光源，满足不同区域的照明需求					2	
	照明效果一般					1	
4.14.8	客用品方便取用，插座、开关位置合理，方便使用			2			
4.14.9	艺术品、装饰品搭配协调，布置雅致；家具、电器、灯饰档次匹配，色调和谐			2			
4.14.10	电视机和背景音乐系统的音、画质良好，节目及音量调节方便有效			2			
4.15	客房走廊及电梯厅		5				

表 B.1（续）

序号	设施设备评分表	各大项总分	各分项总分	各次分项总分	各小项总分	计分	记分栏
4.15.1	走廊宽度不少于 1.8 m，高度不低于 2.3 m			1			
4.15.2	光线适宜			1			
4.15.3	通风良好，温度适宜			1			
4.15.4	客房门牌标识醒目，制作精良			1			
4.15.5	管道井、消防设施的装饰与周边氛围协调			1			
5	**餐饮**	59					
5.1	餐厅（5.1～5.2 对各个餐厅（不包括食街和快餐厅）分别打分，然后根据餐厅数量取算术平均值的整数部分）		32				
5.1.1	布局			8			
5.1.1.1	接待区装饰风格（接待台、预订台）与整体氛围协调				1		
5.1.1.2	有宴会单间或小宴会厅				3		
5.1.1.3	靠近厨房，传菜线路不与非餐饮公共区域交叉				2		
5.1.1.4	有酒水台				1		
5.1.1.5	有分区设计，有绿色植物或一定装饰品				1		
5.1.2	装饰			14			
5.1.2.1	地面装饰				4		
	采用优质花岗岩、大理石、地毯、木地板或其他与整体装饰风格相协调的高档材料（材质高档、色泽均匀、拼接整齐、装饰性强，与整体氛围相协调）					4	
	采用普通大理石、地毯、木地板或其他材料（材质一般，有色差，拼接整齐，装饰性较强）					2	
	采用普通材料（普通木地板、地砖等）					1	
5.1.2.2	墙面装饰				4		
	采用优质花岗岩、大理石或其他与整体装饰风格相协调的高档材料（材质高档、色泽均匀、拼接整齐、装饰性强，与整体氛围相协调）					4	
	采用优质木材或高档墙纸（布）（立面有线条变化，高档墙纸包括丝质及其他天然原料墙纸）					3	
	采用普通花岗岩、大理石、木材					2	
	采用普通墙纸或喷涂材料					1	
5.1.2.3	天花				3		
	工艺精致，造型别致，格调高雅					3	
	工艺较好，格调一般					2	
	有一定装饰					1	

表 B.1（续）

序号	设施设备评分表	各大项总分	各分项总分	各次分项总分	各小项总分	计分	记分栏
5.1.3	家具				3		
	设计专业、材质高档、工艺精致，摆设合理，使用方便、舒适					3	
	材质较好，工艺较好					2	
	材质普通，工艺一般					1	
5.1.4	灯具与照明			3			
	照明设计有专业性，采用高档定制灯具，功能照明、重点照明、氛围照明和谐统一					3	
	采用高档灯具，照明整体效果较好					2	
	采用普通灯具，照明效果一般					1	
5.1.5	餐具			3			
	高档材质，工艺精致，有一定的艺术性，与整体氛围协调					3	
	较好材质与工艺					2	
	一般材质与工艺					1	
5.1.6	菜单及酒水单			3			
	用中文、英文及相应外文印制，有独立酒水单，装帧精美，出菜率不低于 90%					3	
	用中英文印刷，装帧较好，出菜率不低于 90%					2	
	有中文菜单，保持完整、清洁					1	
5.1.7	不使用一次性筷子和一次性湿毛巾，不使用塑料桌布			1			
5.2	厨房		12				
5.2.1	应有与餐厅经营面积和菜式相适应的厨房区域（含粗细加工间、面点间、冷菜间、冻库等）			2			
5.2.2	为某特定类型餐厅配有专门厨房（每个 1 分，最多 2 分）			2			
5.2.3	位置合理、布局科学，传菜路线不与非餐饮公共区域交叉			2			
5.2.4	冷、热制作间分隔			1			
5.2.5	配备与厨房相适应的保鲜和冷冻设施，生熟分开			1			
5.2.6	粗细加工间分隔			1			
5.2.7	洗碗间位置合理			1			
5.2.8	厨房与餐厅间采用有效的隔音、隔热、隔味措施			1			
5.2.9	厨房内、灶台上采取有效的通风、排烟措施			1			
5.3	酒吧、茶室及其他吧室		7				
5.3.1	装修与装饰（包含台、家具、餐具、饮具等）			4			
	专业设计，材质高档、工艺精致，氛围协调，呈现一定主题					4	

表 B.1(续)

序号	设施设备评分表	各大项总分	各分项总分	各次分项总分	各小项总分	计分	记分栏
	较好材质与工艺					2	
	普通材质与工艺					1	
5.3.2	氛围			3			
	环境高雅、独特,装饰及灯光设计有专业性					3	
	氛围较好					2	
	氛围一般					1	
5.4	餐饮区域整体舒适度		8				
5.4.1	整体设计有专业性,格调高雅,色调协调、有艺术感			2			
5.4.2	温湿度适宜,通风良好,无炊烟及烟酒异味			2			
5.4.3	专业设计照明,环境舒适,无噪音。背景音乐曲目、音量适宜,音质良好			2			
5.4.4	餐具按各菜式习惯配套齐全,无破损,无水迹			2			
5.4.5	任一餐厅(包括宴会厅)与其厨房不在同一楼层			−2			
6	**安全设施**	16					
6.1	客房安全设施		8				
6.1.1	电子卡门锁或其他高级门锁			2			
6.1.2	客房门有自动闭合功能			1			
6.1.3	贵重物品保险箱			3			
6.1.3.1	位置隐蔽,照明良好,方便使用				1		
6.1.3.2	数量				2		
	100%的客房配备					2	
	不少于50%的客房配备					1	
6.1.4	客房配备逃生电筒,使用有效			1			
6.1.5	客房配备与宾客人数相等的防毒面具			1			
6.2	公共区域		6				
6.2.1	有安保人员24 h值班、巡逻			2			
6.2.2	闭路电视监控			2			
	覆盖饭店所有公共区域。画面清晰,定期保存监控资料(以当地有关部门规定为准)					2	
	电梯、大堂、走廊、停车场出入口等主要公共区域有闭路电视监控					1	
6.2.3	通往后台区域有明显提示,有安全可靠的钥匙管理制度			1			
6.2.4	各通道显著位置设有紧急出口标志			1			
6.3	食品安全		2				

表 B.1（续）

序号	设施设备评分表	各大项总分	各分项总分	各次分项总分	各小项总分	计分	记分栏
	设食品留样化验室，并有相应管理制度					2	
	设食品留样柜					1	
7	**员工设施**	7					
7.1	有独立的员工食堂		1				
7.2	有独立的更衣间		1				
7.3	有员工浴室		1				
7.4	有倒班宿舍		1				
7.5	有员工专用培训教室，配置必要的教学仪器和设备		1				
7.6	有员工活动室		1				
7.7	有员工电梯(或服务电梯)		1				
8	**特色类别**	183					
8.1	商务会议型旅游饭店设施		70				
8.1.1	行政楼层			14			
8.1.1.1	专设接待台，可办理入住、离店手续，并提供问讯、留言等服务				1		
8.1.1.2	提供电脑上网、复印、传真等服务				1		
8.1.1.3	有小会议室或洽谈室				1		
8.1.1.4	有餐饮区域(行政酒廊，提供早餐、欢乐时光、下午茶)，面积与行政楼层客房数相匹配，应设置备餐间				4		
8.1.1.5	设阅览、休息区域				1		
8.1.1.6	可提供管家式服务				2		
8.1.1.7	设公共卫生间				1		
8.1.1.8	行政楼层的客房				3		
8.1.1.8.1	客用品配置高于普通楼层客房					2	
8.1.1.8.2	附设写字台电话，且有一键式呼叫管家服务按钮					1	
8.1.2	大宴会厅或多功能厅(应配有与服务面积相匹配的厨房)			23			
8.1.2.1	面积(面积计算以固定隔断为准，序厅面积达不到要求，减1分)				6		
	无柱，不小于800 m^2 且序厅不小于250 m^2					6	
	不小于500 m^2 且序厅不小于150 m^2					4	
	不小于240 m^2 且序厅不小于70 m^2					2	
8.1.2.2	净高度				3		
	不低于6 m					3	
	不低于5 m					2	
	不低于3.5 m					1	

表 B.1（续）

序号	设施设备评分表	各大项总分	各分项总分	各次分项总分	各小项总分	计分	记分栏
8.1.2.3	设专用入口				1		
8.1.2.4	设专用通道（楼梯、自动扶梯等）				1		
8.1.2.5	装修与装饰				4		
	专业设计、材质高档、工艺精致，氛围协调					4	
	材质高档、工艺较好					2	
	材质一般，工艺一般					1	
8.1.2.6	音响效果良好，隔音效果良好				1		
8.1.2.7	通风良好，温度适宜				1		
8.1.2.8	配设衣帽间				1		
8.1.2.9	灯光				3		
	专业设计、可营造不同氛围					3	
	灯光分区控制，亮度可调节					2	
	灯光分区控制					1	
8.1.2.10	设贵宾休息室，位置合理，并有专用通道进入大宴会厅				2		
8.1.3	会议厅			12			
8.1.3.1	面积（如有多个会议厅，可以累计得分，但总分不超过8分）				4		
	不小于 400 m^2					4	
	不小于 300 m^2					3	
	不小于 200 m^2					2	
8.1.3.2	有座席固定的会议厅				2		
8.1.3.3	小会议室（至少容纳 8 人开会）				3		
	不少于 4 个					3	
	不少于 2 个					1	
8.1.3.4	通风良好，温度适宜				1		
8.1.3.5	灯光分区控制，亮度可调节，遮光效果良好				1		
8.1.3.6	隔音效果良好				1		
8.1.4	会议设施			4			
8.1.4.1	同声传译功能设置（设备可租借）				1		
8.1.4.2	电视电话会议功能设置（设备可租借）				1		
8.1.4.3	多媒体演讲系统（电脑、即席发言麦克风、投影仪、屏幕等）				1		
8.1.4.4	各会议室音响效果良好				1		
8.1.5	展览厅（布展面积）			8			

表 B.1(续)

序号	设施设备评分表	各大项总分	各分项总分	各次分项总分	各小项总分	计分	记分栏
	至少 5 000 m^2,层高不低于 10 m					8	
	至少 2 000 m^2,层高不低于 7 m					4	
8.1.6	商务中心			9			
8.1.6.1	位置合理、方便宾客使用				1		
8.1.6.2	配备完整的办公设施(包括复印机、打印机、传真机、装订机、手机充电器等),提供秘书服务,报刊杂志				2		
8.1.6.3	装修与装饰				3		
	专业设计,材质高档,工艺精致,与整体氛围协调,与饭店规模与档次匹配					3	
	材质较好、工艺较好					2	
	材质一般、工艺一般					1	
8.1.6.4	有洽谈室(或出租式办公室)				2		
8.1.6.5	有相对独立区域,提供可联结互联网的电脑				1		
8.2	休闲度假型旅游饭店设施		65				
8.2.1	温泉浴场			5			
	自用温泉浴场(饭店同一业主投资经营)					5	
	邻近温泉浴场(1 km 以内)					2	
8.2.2	海滨浴场			5			
	自用海滨浴场或有租用 5 年以上合同(饭店同一业主投资经营)					5	
	邻近海滨浴场(1 km 以内)					2	
8.2.3	滑雪场			5			
	自用滑雪场(饭店同一业主投资经营)					5	
	邻近滑雪场(5 km 以内)					2	
8.2.4	高尔夫球场			5			
	18 洞以上的自用高尔夫球场(饭店同一业主投资经营)					5	
	邻近 18 洞以上的高尔夫球场(5 km 以内)					2	
8.2.5	客房阳台			2			
	不少于 50%的客房有阳台					2	
	不少于 30%的客房有阳台					1	
8.2.6	除必备要求外,有多种风味餐厅			5			
	风味餐厅数量不少于 3 个					5	
	风味餐厅数量不少于 2 个					3	
8.2.7	游泳池			10			

表 B.1(续)

序号	设施设备评分表	各大项总分	各分项总分	各次分项总分	各小项总分	计分	记分栏
8.2.7.1	室内游泳池面积				3		
	不小于 250 m^2					3	
	不小于 150 m^2					2	
	不小于 80 m^2					1	
8.2.7.2	室外游泳池面积				2		
	不小于 300 m^2					2	
	不小于 150 m^2					1	
8.2.7.3	有池水循环过滤系统				1		
8.2.7.4	有消毒池				1		
8.2.7.5	有戏水池				1		
8.2.7.6	有水深、水温和水质的明显指示标志(立式或墙上)				1		
8.2.7.7	有扶手杆,在明显位置悬挂救生设备,有安全说明,并有专人负责现场安全与指导,有应急照明设施				1		
8.2.8	桑拿浴			2			
8.2.8.1	男女分设				1		
8.2.8.2	有呼叫按钮和安全提示				1		
8.2.9	蒸汽浴			2			
8.2.9.1	男女分设				1		
8.2.9.2	有呼叫按钮和安全提示				1		
8.2.10	专业保健理疗			1			
8.2.11	水疗			7			
8.2.11.1	装修装饰				3		
	专业灯光、音响设计,装修材质高档、工艺精致,氛围浓郁					3	
	装修材料普通,装修工艺一般,					1	
8.2.11.2	配有专业水疗技师				2		
8.2.11.3	专业水疗用品商店				1		
8.2.11.4	有室外水疗设施				1		
8.2.12	壁球室(每个 1 分,最多 2 分)			2			
8.2.13	室内网球场(每个 2 分,最多 4 分)			4			
8.2.14	室外网球场(每个 1 分,最多 2 分)			2			
8.2.15	室外高尔夫练习场			2			
8.2.16	室内电子模拟高尔夫			1			
8.2.17	有儿童活动场所和设施,并有专人看护			1			

表 B.1(续)

序号	设施设备评分表	各大项总分	各分项总分	各次分项总分	各小项总分	计分	记分栏
8.2.18	其他运动娱乐休闲项目(每类 1 分,最多 4 分)			4			
8.3	其他		48				
8.3.1	健身房			18			
8.3.1.1	布局合理,通风良好,照明良好(与客房区域相对隔离)				2		
8.3.1.2	自然采光,光线充足				2		
8.3.1.3	装修装饰				3		
	专业设计,装修材质高档、工艺精致,氛围营造突出					3	
	装修材质较好、工艺较好					2	
	装修材料普通,工艺一般					1	
8.3.1.4	面积				4		
	不小于 200 m^2					4	
	不小于 100 m^2					2	
	不小于 50 m^2					1	
8.3.1.5	器械				2		
	专业健身器械,不少于 10 种					2	
	不少于 5 种					1	
8.3.1.6	有音像设施和器械使用说明				1		
8.3.1.7	有专用形体房,并开设一定形体课程				2		
8.3.1.8	配备专业健身教练,提供专业指导				2		
8.3.2	更衣室			7			
8.3.2.1	面积和数量				2		
	面积宽敞,更衣箱数量不少于客房总数的 15%,门锁可靠					2	
	面积宽敞,更衣箱数量不少于客房总数的 10%,门锁可靠					1	
8.3.2.2	配备数量适当的座椅				1		
8.3.2.3	有淋浴设施,并有洗浴、洗发用品				2		
8.3.2.4	有化妆台,并备有吹风机和护肤、美发用品				1		
8.3.2.5	有太阳浴设备				1		
8.3.3	专用团队宾客接待台			1			
8.3.4	团队宾客专用出入口			1			
8.3.5	美容美发室			1			
8.3.6	歌舞厅或演艺厅或 KTV			2			
8.3.7	影剧场,舞台设施和舞台照明系统能满足一般演出需要			2			

表 B.1(续)

序号	设施设备评分表	各大项总分	各分项总分	各次分项总分	各小项总分	计分	记分栏
8.3.8	定期歌舞表演			1			
8.3.9	专卖店或商场(对于度假型饭店,应提供当地特色产品或食品)			2			
8.3.10	旅游信息电子查询系统			1			
8.3.11	品牌化、集团化程度			2			
	委托专业饭店管理公司管理					2	
	品牌特许经营方式,国内同一品牌加盟店 20 家以上					1	
8.3.12	饭店总经理资质			2			
8.3.12.1	总经理连续 5 年以上担任同星级饭店高级管理职位				1		
8.3.12.2	总经理接受过全国或省级旅游岗位培训指导机构开展的饭店管理专业教育或培训,取得《全国旅游行业岗位职务培训证书》				1		
8.3.13	员工中通过"饭店职业英语等级测试"的人数比率			2			
	通过率 20%以上					2	
	通过率 15%以上					1	
8.3.14	饭店在前期设计或改造工程的决策中			3			
	采纳相应星级评定机构的意见					3	
	征询相应星级评定机构的意见					1	
8.3.15	在商务会议、度假特色类别中集中选项,得分率超过 70%			3			
	总分	600					

附 录 C
（规范性附录）
饭店运营质量评价表

表C.1给出了饭店运营质量评价表。

表C.1 饭店运营质量评价表

序号	标准	评价			
	1 总体要求				
1.1	**管理制度与规范**	优	良	中	差
1.1.1	有完备的规章制度	6	4	2	1
1.1.2	有完备的操作程序	6	4	2	1
1.1.3	有完备的服务规范	6	4	2	1
1.1.4	有完备的岗位安全责任制与各类突发事件应急预案，有培训、演练计划和实施记录	6	4	2	1
1.1.5	制订饭店人力资源规划，有明确的考核、激励机制。有系统的员工培训制度和实施记录。企业文化特色鲜明	6	4	2	1
1.1.6	建立能源管理与考核制度。有完备的设备设施运行、巡检与维护记录	6	4	2	1
1.1.7	建立宾客意见收集、反馈和持续改进机制	6	4	2	1
1.2	**员工素养**	优	良	中	差
1.2.1	仪容仪表得体，着装统一，体现岗位特色；工服整洁、熨烫平整，鞋袜整洁一致；佩戴名牌，着装效果好	6	4	2	1
1.2.2	训练有素、业务熟练，应变能力较强，及时满足宾客合理需求	6	4	2	1
1.2.3	各部门组织严密、沟通有效，富有团队精神	6	4	2	1
	小计	60			
	实际得分：				
	得分率：(实际得分)/该项总分×100%＝				
	2 前厅				
2.1	**前厅服务质量**				
2.1.1	**总机**	优	良	中	差
2.1.1.1	在正常情况下，电话铃响10 s内应答	3	2	1	0
2.1.1.2	接电话时正确问候宾客，同时报出饭店名称，语音清晰，态度亲切	3	2	1	0
2.1.1.3	转接电话准确、及时、无差错（无人接听时，15 s后转回总机）	3	2	1	0
2.1.1.4	熟练掌握岗位英语或岗位专业用语	3	2	1	0
2.1.2	**预订**	优	良	中	差
2.1.2.1	及时接听电话，确认宾客抵离时间，语音清晰，态度亲切	3	2	1	0
2.1.2.2	熟悉饭店各项产品，正确描述房型差异，说明房价及所含内容	3	2	1	0
2.1.2.3	提供预订号码或预订姓名，询问宾客联系方式	3	2	1	0
2.1.2.4	说明饭店入住的有关规定，通话结束前重复确认预订的所有细节，并向宾客致谢	3	2	1	0

表 C.1(续)

序号	标　　准	评价			
2.1.2.5	实时网络预订,界面友好,及时确认	3	2	1	0
2.1.3	**入住登记**	优	良	中	差
2.1.3.1	主动、友好地问候宾客,热情接待	3	2	1	0
2.1.3.2	与宾客确认离店日期,对话中用姓氏称呼宾客	3	2	1	0
2.1.3.3	询问宾客是否需要贵重物品寄存服务,并解释相关规定	3	2	1	0
2.1.3.4	登记验证、信息上传效率高、准确无差错	3	2	1	0
2.1.3.5	指示客房或电梯方向,或招呼行李员为宾客服务,祝愿宾客入住愉快	3	2	1	0
2.1.4	**＊行李服务**	优	良	中	差
2.1.4.1	正常情况下,有行李服务人员在门口热情友好地问候宾客	3	2	1	0
2.1.4.2	为宾客拉开车门或指引宾客进入饭店	3	2	1	0
2.1.4.3	帮助宾客搬运行李,确认行李件数,轻拿轻放,勤快主动	3	2	1	0
2.1.4.4	及时将行李送入房间,礼貌友好地问候宾客,将行李放在行李架或行李柜上,并向宾客致意	3	2	1	0
2.1.4.5	离店时及时收取行李,协助宾客将行李放入车辆中,并与宾客确认行李件数	3	2	1	0
2.1.5	**礼宾、问讯服务**	优	良	中	差
2.1.5.1	热情友好,乐于助人,及时响应宾客合理需求	3	2	1	0
2.1.5.2	熟悉饭店各项产品,包括客房、餐饮、娱乐等信息	3	2	1	0
2.1.5.3	熟悉饭店周边环境,包括当地特色商品、旅游景点、购物中心、文化设施、餐饮设施等信息;协助安排出租车	3	2	1	0
2.1.5.4	委托代办业务效率高,准确无差错	3	2	1	0
2.1.6	**＊叫醒服务**	优	良	中	差
2.1.6.1	重复宾客的要求,确保信息准确	3	2	1	0
2.1.6.2	有第二遍叫醒,准确、有效地叫醒宾客,人工叫醒电话正确问候宾客	3	2	1	0
2.1.7	**结帐**	优	良	中	差
2.1.7.1	确认宾客的所有消费,提供总账单,条目清晰、正确完整	3	2	1	0
2.1.7.2	效率高,准确无差错	3	2	1	0
2.1.7.3	征求宾客意见,向宾客致谢并邀请宾客再次光临	3	2	1	0
2.2	**前厅维护保养与清洁卫生**	优	良	中	差
2.2.1	地面:完整 ,无破损、无变色、无变形、无污渍、无异味、清洁、光亮	3	2	1	0
2.2.2	门窗:无破损、无变形、无划痕、无灰尘	3	2	1	0
2.2.3	天花(包括空调排风口):无破损、无裂痕、无脱落,无灰尘、无水迹、无蛛网,无污渍	3	2	1	0
2.2.4	墙面(柱):平整、无破损、无开裂、无脱落、无污渍、无蛛网	3	2	1	0
2.2.5	电梯:平稳、有效、无障碍、无划痕、无脱落、无灰尘、无污渍	3	2	1	0
2.2.6	家具:稳固、完好,与整体装饰风格相匹配。无变形、无破损、无烫痕、无脱漆、无灰尘、无污渍	3	2	1	0
2.2.7	灯具:完好、有效,与整体装饰风格相匹配。无灰尘、无污渍	3	2	1	0

表 C.1（续）

序号	标　　准	评价			
2.2.8	盆景、花木、艺术品：无枯枝败叶、修剪效果好，无灰尘、无异味、无昆虫，与整体装饰风格相匹配	3	2	1	0
2.2.9	总台及各种设备（贵重物品保险箱、电话、宣传册及册架、垃圾桶、伞架、行李车、指示标志等）：有效、无破损；无污渍、无灰尘	3	2	1	0
	小计	111			
	实际得分：				
	得分率：（实际得分）/该项总分×100%＝				
	3　客房				
3.1	**客房服务质量**				
3.1.1	**整理客房服务**	优	良	中	差
3.1.1.1	正常情况下，每天14时前清扫客房完毕。如遇“请勿打扰”标志，按相关程序进行处理	3	2	1	0
3.1.1.2	客房与卫生间清扫整洁、无毛发、无灰尘、无污渍	3	2	1	0
3.1.1.3	所有物品已放回原处，所有客用品补充齐全	3	2	1	0
3.1.1.4	应宾客要求更换床单、被套、毛巾、浴巾等	3	2	1	0
3.1.2	***开夜床服务**	优	良	中	差
3.1.2.1	正常情况下，每天17时到21时提供开夜床服务；如遇“请勿打扰”标志，按相关程序进行处理	3	2	1	0
3.1.2.2	客房与卫生间清扫整洁、无毛发、无灰尘、无污渍	3	2	1	0
3.1.2.3	所有物品已整理整齐，所有客用品补充齐全	3	2	1	0
3.1.2.4	床头灯处于打开状态，遮光窗帘已充分闭合	3	2	1	0
3.1.2.5	床边垫巾和拖鞋放置到位，电视遥控器、洗衣袋等放置方便宾客取用	3	2	1	0
3.1.2.6	床头放置晚安卡或致意品	3	2	1	0
3.1.3	***洗衣服务**	优	良	中	差
3.1.3.1	洗衣单上明确相关信息（服务时间、价格、服务电话、送回方式等），配备饭店专用环保洗衣袋	3	2	1	0
3.1.3.2	应宾客要求，及时收集待洗衣物，并仔细检查	3	2	1	0
3.1.3.3	在规定时间内送还衣物，包装、悬挂整齐	3	2	1	0
3.1.3.4	所有的衣物已被正确洗涤、熨烫，如果污渍不能被清除，书面告知宾客	3	2	1	0
3.1.4	***微型酒吧**	优	良	中	差
3.1.4.1	小冰箱运行状态良好，无明显噪音，清洁无异味	3	2	1	0
3.1.4.2	提供微型酒吧价目表，价目表上的食品、酒水与实际提供的相一致	3	2	1	0
3.1.4.3	食品、酒水摆放整齐，且标签朝外，均在保质期之内	3	2	1	0
3.1.4.4	及时补充微型酒吧上被耗用的物品，应要求及时供应冰块和饮用水	3	2	1	0
3.2	**客房维护保养与清洁卫生**	优	良	中	差
3.2.1	房门：完好、有效、自动闭合，无破损、无灰尘、无污渍	3	2	1	0

表 C.1（续）

序号	标　　准	评价			
3.2.2	地面：完整，无破损、无变色、无变形、无污渍、无异味	3	2	1	0
3.2.3	窗户、窗帘：玻璃明亮、无破损、无污渍、无脱落、无灰尘	3	2	1	0
3.2.4	墙面：无破损、无裂痕、无脱落，无灰尘、无水迹、无蛛网	3	2	1	0
3.2.5	天花（包括空调排风口）：无破损、无裂痕、无脱落；无灰尘、无水迹、无蛛网、无污渍	3	2	1	0
3.2.6	家具：稳固、完好、无变形、无破损、无烫痕、无脱漆，无灰尘、无污渍	3	2	1	0
3.2.7	灯具：完好、有效；无灰尘、无污渍	3	2	1	0
3.2.8	布草（床单、枕头、被子、毛毯、浴衣等）：配置规范、清洁，无灰尘、无毛发、无污渍	3	2	1	0
3.2.9	电器及插座（电视、电话、冰箱等）：完好、有效、安全，无灰尘、无污渍	3	2	1	0
3.2.10	客房内印刷品（服务指南、电视节目单、安全出口指示图等）：规范、完好、方便取用，字迹图案清晰、无皱折、无涂抹，无灰尘、无污渍	3	2	1	0
3.2.11	绿色植物、艺术品：与整体氛围相协调、完整、无褪色、无脱落、无灰尘、无污渍	3	2	1	0
3.2.12	床头（控制）柜：完好、有效、安全、无灰尘、无污渍	3	2	1	0
3.2.13	贵重物品保险箱：方便使用，完好有效、无灰尘、无污渍	3	2	1	0
3.2.14	客房电话机：完好、有效、无灰尘、无污渍，旁边有便笺和笔	3	2	1	0
3.2.15	卫生间门、锁：安全、有效、无破损、无灰尘、无污渍	3	2	1	0
3.2.16	卫生间地面：平坦、无破损、无灰尘、无污渍、排水畅通	3	2	1	0
3.2.17	卫生间墙壁：平整、无破损、无脱落、无灰尘、无污渍	3	2	1	0
3.2.18	卫生间天花：无破损、无裂痕、无脱落、无灰尘、无水迹、无蛛网、无污渍	3	2	1	0
3.2.19	面盆、浴缸、淋浴区：洁净、无毛发、无灰尘、无污渍	3	2	1	0
3.2.20	水龙头、淋浴喷头等五金件：无污渍、无滴漏、擦拭光亮	3	2	1	0
3.2.21	恭桶：洁净、无堵塞、噪音低	3	2	1	0
3.2.22	下水：通畅、无明显噪音	3	2	1	0
3.2.23	排风系统：完好，运行时无明显噪音	3	2	1	0
3.2.24	客用品（毛巾、口杯等）：摆放规范、方便使用，完好、无灰尘、无污渍	3	2	1	0
	小计	126			
	实际得分：				
	得分率：（实际得分）/该项总分×100%＝				
	4　餐饮				
4.1	**餐饮服务质量**				
4.1.1	**自助早餐服务**	优	良	中	差
4.1.1.1	在宾客抵达餐厅后，及时接待并引座。正常情况下，宾客就坐的餐桌已经布置完毕	3	2	1	0
4.1.1.2	在宾客入座后及时提供咖啡或茶	3	2	1	0
4.1.1.3	所有自助餐食及时补充，适温、适量	3	2	1	0
4.1.1.4	食品和饮品均正确标记说明。标记牌洁净统一	3	2	1	0

表 C.1(续)

序号	标　　准	评价			
4.1.1.5	提供加热过的盘子取用热食。厨师能够提供即时加工服务	3	2	1	0
4.1.1.6	咖啡或茶应宾客要求及时添加,适时更换烟灰缸	3	2	1	0
4.1.1.7	宾客用餐结束后,及时收拾餐具,结帐效率高、准确无差错。宾客离开餐厅时,向宾客致谢	3	2	1	0
4.1.1.8	自助早餐食品质量评价	3	2	1	0
4.1.2	**正餐服务**	优	良	中	差
4.1.2.1	在营业时间,及时接听电话,重复并确认所有预订细节	3	2	1	0
4.1.2.2	在宾客抵达餐厅后,及时接待并引座。正常情况下,宾客就坐的餐桌已经布置完毕	3	2	1	0
4.1.2.3	提供菜单和酒水单,熟悉菜品知识,主动推荐特色菜肴,点单时与宾客保持目光交流	3	2	1	0
4.1.2.4	点菜单信息完整(如烹调方法、搭配等),点单完毕后与宾客确认点单内容	3	2	1	0
4.1.2.5	点单完成后,及时上酒水及冷盘(头盘),根据需要适时上热菜(主菜),上菜时主动介绍菜名	3	2	1	0
4.1.2.6	根据不同菜式要求及时更换、调整餐具,确认宾客需要的各种调料,提醒宾客小心餐盘烫手,西餐时,主动提供面包、黄油	3	2	1	0
4.1.2.7	向宾客展示酒瓶,在宾客面前打开酒瓶,西餐时,倒少量酒让主人鉴酒	3	2	1	0
4.1.2.8	红葡萄酒应是常温,白葡萄酒应是冰镇。操作玻璃器皿时,应握杯颈或杯底	3	2	1	0
4.1.2.9	宾客用餐结束后,结帐效率高、准确无差错,主动征询宾客意见并致谢	3	2	1	0
4.1.2.10	正餐食品质量评价	3	2	1	0
4.1.3	***酒吧服务(大堂吧,茶室)**	优	良	中	差
4.1.3.1	宾客到达后,及时接待,热情友好。提供酒水单,熟悉酒水知识,主动推荐,点单时与宾客保持目光交流	3	2	1	0
4.1.3.2	点单后,使用托盘及时上齐酒水,使用杯垫,主动提供佐酒小吃	3	2	1	0
4.1.3.3	提供的酒水与点单一致,玻璃器皿与饮料合理搭配,各种酒具光亮、洁净、无裂痕、无破损,饮品温度合理	3	2	1	0
4.1.3.4	结帐效率高、准确无差错;向宾客致谢	3	2	1	0
4.1.4	***送餐服务**	优	良	中	差
4.1.4.1	正常情况下,及时接听订餐电话,熟悉送餐菜单内容,重复和确认预订的所有细节,主动告知预计送餐时间	3	2	1	0
4.1.4.2	正常情况下,送餐的标准时间为:事先填写好的早餐卡:预订时间 5 min 内;临时订早餐:25 min 内;小吃:25 min 内;中餐或晚餐:40 min 内	3	2	1	0
4.1.4.3	送餐时按门铃或轻轻敲门(未经宾客许可,不得进入客房);礼貌友好地问候宾客;征询宾客托盘或手推车放于何处,为宾客摆台、倒酒水、介绍各种调料	3	2	1	0
4.1.4.4	送餐推车保持清洁,保养良好。推车上桌布清洁,熨烫平整。饮料、食品均盖有防护用具	3	2	1	0
4.1.4.5	送餐推车上摆放鲜花瓶。口布清洁、熨烫平整、无污渍。盐瓶、胡椒瓶及其他调味品盛器洁净,装满	3	2	1	0

表 C.1(续)

序号	标　　准	评价			
4.1.4.6	送餐完毕,告知餐具回收程序(如果提供回收卡,视同已告知),向宾客致意,祝愿宾客用餐愉快	3	2	1	0
4.1.4.7	送餐服务食品质量评价	3	2	1	0
4.2	**餐饮区域维护保养与清洁卫生**	优	良	中	差
4.2.1	餐台(包括自助餐台):稳固、美观、整洁	3	2	1	0
4.2.2	地面:完整 ,无破损、无变色、无变形、无污渍、无异味	3	2	1	0
4.2.3	门窗及窗帘:玻璃明亮、无破损、无变形、无划痕、无灰尘	3	2	1	0
4.2.4	墙面:平整、无破损、无裂痕、无脱落、无灰尘、无水迹、无蛛网	3	2	1	0
4.2.5	天花(包括空调排风口):平整、无破损、无裂痕、无脱落、无灰尘、无水迹、无蛛网	3	2	1	0
4.2.6	家具:稳固、完好、无变形、无破损、无烫痕、无脱漆、无灰尘、无污染	3	2	1	0
4.2.7	灯具:完好、有效、无灰尘、无污渍	3	2	1	0
4.2.8	盆景、花木:无枯枝败叶、修剪效果好,无灰尘、无异味、无昆虫	3	2	1	0
4.2.9	艺术品:有品位、完整、无褪色、无灰尘、无污渍	3	2	1	0
4.2.10	客用品(包括台布、餐巾、面巾、餐具、烟灰缸等):方便使用,完好、无破损、无灰尘、无污渍	3	2	1	0
	小计	117			
	实际得分:				
	得分率:(实际得分)/该项总分×100%=				
	5　其他服务项目				
5.1	***会议、宴会**	优	良	中	差
5.1.1	提供多种厅房布置方案,并有详细文字说明	3	2	1	0
5.1.2	各种厅房的名称标牌位于厅房显著位置,到厅房的方向指示标识内容清晰,易于理解	3	2	1	0
5.1.3	各厅房的灯光、空调可独立调控	3	2	1	0
5.1.4	有窗户的厅房配备窗帘,遮光效果好	3	2	1	0
5.1.5	厅房之间有良好的隔音效果,互不干扰	3	2	1	0
5.1.6	台布、台呢整洁平整,完好、无灰尘、无污渍	3	2	1	0
5.1.7	音响、照明、投影等设施提前调试好,功能正常	3	2	1	0
5.1.8	会议期间,及时续水,响应宾客需求	3	2	1	0
5.1.9	会议休息期间,摆正椅子,整理台面,清理垃圾	3	2	1	0
5.2	***健身房**	优	良	中	差
5.2.1	营业时间不少于 12 h,热情问候、接待	3	2	1	0
5.2.2	提供毛巾及更衣柜钥匙。有安全提示,提醒宾客保管贵重物品	3	2	1	0
5.2.3	温度合理、清洁卫生、感觉舒适、无异味	3	2	1	0
5.2.4	健身器械保养良好、易于操作,并配有注意事项,必要时向宾客讲解器械操作指南	3	2	1	0
5.2.5	照明、音像设施运行正常,照明充足、音质良好。备有饮水机与水杯	3	2	1	0

表 C.1（续）

序号	标　　准	评价			
5.3	**＊游泳池**	优	良	中	差
5.3.1	水深标记及安全提示清晰、醒目（在显眼处张贴当地安全法规，要在游泳池边上能清楚的看见游泳池深度标志）	3	2	1	0
5.3.2	游泳池周边保持清洁卫生、照明充足	3	2	1	0
5.3.3	水温适当，室内游泳池水温不低于25 ℃，水质洁净、无混浊	3	2	1	0
5.3.4	配备专职救生人员及相应救生设施	3	2	1	0
5.3.5	提供数量充足的躺椅，且位置摆放合理，保养良好。室外游泳池提供数量充足的遮阳伞，且保养良好	3	2	1	0
5.3.6	提供毛巾，并及时更换宾客用过的毛巾。应宾客要求提供饮品	3	2	1	0
5.4	**＊更衣室**	优	良	中	差
5.4.1	天花、墙面、地面保养良好、保持清洁、无破损、无脱落、无开裂、无污渍	3	2	1	0
5.4.2	通风良好、照明合理，更衣柜保持清洁，保养良好	3	2	1	0
5.4.3	淋浴间保持洁净，布置合理，方便使用，沐浴用品保持充足	3	2	1	0
5.4.4	提供洁净的毛巾，洗涤篮保持在未满状态	3	2	1	0
5.5	**＊商务中心、商店、休闲娱乐项目**	优	良	中	差
5.5.1	商务中心应明示各项服务收费规定，员工业务熟练、效率高、质量好	3	2	1	0
5.5.2	商品部商品陈列美观、明码标价、质量可靠，包装精美，与饭店整体氛围相协调，结帐效率高，准确无差错	3	2	1	0
5.5.3	休闲娱乐设施完好、有效、安全，无灰尘、无污渍、无异味	3	2	1	0
5.5.4	休闲娱乐项目热情接待、服务周到，外包项目管理规范	3	2	1	0
	小计	84			
	实际得分：	分			
	得分率：(实际得分)/该项总分×100%＝	%			
	6　公共、后台区域				
6.1	**周围环境**	优	良	中	差
6.1.1	庭院（花园）完好，花木修剪整齐，保持清洁	3	2	1	0
6.1.2	停车场、回车线标线清晰，车道保持畅通	3	2	1	0
6.1.3	店标（旗帜）、艺术品等保养良好、无破损、无污渍	3	2	1	0
6.2	**楼梯、走廊、电梯厅**	优	良	中	差
6.2.1	地面：完整，无破损、无变色、无变形、无污渍、无异味	3	2	1	0
6.2.2	墙面：平整、无破损、无裂痕、无脱落，无污渍、无水迹、无蛛网	3	2	1	0
6.2.3	天花（包括空调排风口）：平整、无破损、无裂痕、无脱落；无灰尘、无水迹、无蛛网	3	2	1	0
6.2.4	灯具、装饰物：保养良好、无灰尘、无破损	3	2	1	0
6.2.5	家具：洁净、保养良好、无灰尘、无污渍	3	2	1	0
6.2.6	紧急出口与消防设施：标识清晰，安全通道保持畅通	3	2	1	0
6.2.7	公用电话机：完好、有效、清洁	3	2	1	0

表 C.1（续）

序号	标　　准	评价			
6.2.8	垃圾桶：完好、清洁	3	2	1	0
6.3	**公共卫生间**	优	良	中	差
6.3.1	地面：完整，无破损、无变色、无变形、无污渍、无异味、光亮	3	2	1	0
6.3.2	墙面：平整、无破损、无裂痕、无脱落、无灰尘、无水迹、无蛛网	3	2	1	0
6.3.3	天花（包括空调排风口）：平整、无破损、无裂痕、无脱落、无灰尘、无水迹、无蛛网	3	2	1	0
6.3.4	照明充足、温湿度适宜、通风良好	3	2	1	0
6.3.5	洗手台、恭桶、小便池保持洁净、保养良好、无堵塞、无滴漏	3	2	1	0
6.3.6	梳妆镜完好、无磨损、玻璃明亮、无灰尘、无污渍	3	2	1	0
6.3.7	洗手液、擦手纸充足，干手器完好、有效，方便使用，厕位门锁、挂钩完好、有效	3	2	1	0
6.3.8	残疾人厕位（或专用卫生间）：位置合理，空间适宜，方便使用	3	2	1	0
6.4	**后台区域**	优	良	中	差
6.4.1	通往后台区域的标识清晰、规范，各区域有完备的门锁管理制度	3	2	1	0
6.4.2	后台区域各通道保持畅通，无杂物堆积	3	2	1	0
6.4.3	地面：无油污、无积水、无杂物、整洁	3	2	1	0
6.4.4	天花（包括空调排风口）：无破损、无裂痕、无脱落、无灰尘、无水迹、无蛛网	3	2	1	0
6.4.5	墙面：平整、无破损、无开裂、无脱落、无污渍、无蛛网	3	2	1	0
6.4.6	各项设备维护保养良好，运行正常，无"跑、冒、滴、漏"现象	3	2	1	0
6.4.7	在醒目位置张贴有关安全、卫生的须知	3	2	1	0
6.4.8	餐具的清洗、消毒、存放符合卫生标准要求，无灰尘、无水渍	3	2	1	0
6.4.9	食品的加工与贮藏严格做到生、熟分开，操作规范	3	2	1	0
6.4.10	有防鼠、蟑螂、蝇类、蚊虫的装置与措施，完好有效	3	2	1	0
6.4.11	各类库房温度、湿度适宜，照明、通风设施完备有效，整洁卫生	3	2	1	0
6.4.12	下水道无堵塞、无油污，保持畅通无阻	3	2	1	0
6.4.13	排烟与通风设备无油污、无灰尘，定期清理	3	2	1	0
6.4.14	垃圾分类收集，日产日清，垃圾房周围保持整洁，无保洁死角	3	2	1	0
6.4.15	员工设施（宿舍、食堂、浴室、更衣室、培训室等）管理规范，设施设备保养良好、整洁卫生	3	2	1	0
	小计	102			
	实际得分：	分			
	得分率：（实际得分）/该项总分×100%＝	%			
	总分	600			
	实际总得分	分			
	总得分率	%			

ICS 73.060
D 40

中华人民共和国国家标准

GB/T 14352.1—2010
代替 GB/T 14352.1—1993

钨矿石、钼矿石化学分析方法 第1部分:钨量测定

Methods for chemical analysis of tungsten ores and molybdenum ores—
Part 1:Determination of tungsten content

2010-11-10 发布

2011-02-01 实施

中华人民共和国国家质量监督检验检疫总局
中国国家标准化管理委员会 发布

前　言

GB/T 14352《钨矿石、钼矿石化学分析方法》共有 18 个部分：

——第 1 部分：钨量测定；

——第 2 部分：钼量测定；

——第 3 部分：铜量测定；

——第 4 部分：铅量测定；

——第 5 部分：锌量测定；

——第 6 部分：镉量测定；

——第 7 部分：钴量测定；

——第 8 部分：镍量测定；

——第 9 部分：硫量测定；

——第 10 部分：砷量测定；

——第 11 部分：铋量测定；

——第 12 部分：银量测定；

——第 13 部分：锡量测定；

——第 14 部分：镓量测定；

——第 15 部分：锗量测定；

——第 16 部分：硒量测定；

——第 17 部分：碲量测定；

——第 18 部分：铼量测定。

本部分为 GB/T 14352 的第 1 部分。

本部分代替 GB/T 14352.1—1993《钨矿石、钼矿石化学分析方法　硫氰酸盐光度法测定钨量》。

本部分与 GB/T 14352.1—1993 相比，主要变化如下：

——增加了警示内容；

——修改了试样干燥温度。

本部分的附录 A 为资料性附录。

本部分由中华人民共和国国土资源部提出。

本部分由全国国土资源标准化技术委员会归口。

本部分负责起草单位：国家地质实验测试中心。

本部分起草单位：江苏省地质调查研究院（国土资源部南京矿产资源监督检测中心）。

本部分主要起草人：蔡玉曼、张培新。

本部分所代替标准的历次版本发布情况为：

——GB/T 14352.1—1993。

钨矿石、钼矿石化学分析方法
第1部分：钨量测定

警示：使用本部分的人员应有正规实验室工作的实践经验。本部分并未指出所有可能的安全问题。使用者有责任采取适当的安全和健康措施，并保证符合国家有关法规规定的条件。

1 范围

GB/T 14352 的本部分规定了钨矿石、钼矿石中钨量的测定方法。

本部分适用于钨矿石、钼矿石中钨量的测定。

测定范围：0.05%～5%的三氧化钨。

2 规范性引用文件

下列文件中的条款通过 GB/T 14352 的本部分的引用而成为本部分的条款。凡是注日期的引用文件，其随后所有的修改单(不包括勘误的内容)或修订版均不适用于本部分，然而，鼓励根据本部分达成协议的各方研究是否可使用这些文件的最新版本。凡是不注日期的引用文件，其最新版本适用于本部分。

GB/T 6682 分析实验室用水规格和试验方法

GB/T 14505 岩石和矿石化学分析方法 总则及一般规定

GB/T 14352.2 钨矿石、钼矿石化学分析方法 第2部分：钼量测定

3 原理

试料用过氧化钠熔融、热水提取，铁、钛、锰、镍、钴、铌、钽等形成沉淀而与钨分离。分取部分滤液，在盐酸介质中，以三氯化钛将钨还原至五价状态与硫氰酸盐形成黄色络合物，于分光光度计上，在波长420 nm 处测量吸光度，计算钨量。

钼亦能被三氯化钛还原为五价与硫氰酸盐生成橙红色的络合物影响测定。若盐酸浓度大于25%，当加入过量还原剂时可将钼还原至三价与硫氰酸盐形成黄色络合物，其颜色强度远较钨硫氰酸盐黄色络合物为弱，0.2 mg 以下的钼(50 mL 显色体积)对测定无影响，超过此量时，应予以校准，或用酸分解试料分离之。

4 试剂

本部分除非另有说明，在分析中均使用分析纯试剂和符合 GB/T 6682 的分析实验室用水。

4.1 过氧化钠。

4.2 无水乙醇。

4.3 甲醛。

4.4 盐酸(ρ1.19 g/mL)。

4.5 硫氰酸钾溶液(250 g/L，用时现配)。

4.6 次磷酸钠溶液(100 g/L)。

4.7 三氯化铝溶液[500 g/L，用六水三氯化铝($AlCl_3 \cdot 6H_2O$)配制]。

4.8 三氯化钛溶液(15 g/L)：

移取 10 mL 三氯化钛溶液(150 g/L)，置于 100 mL 容量瓶中，用盐酸(4.4)稀释至刻度，摇匀，用时

现配。

4.9 氢氧化钠溶液(40 g/L)。

4.10 氢氧化钠溶液(200 g/L)。

4.11 磷酸(3+2)。

4.12 钨标准溶液：

a) 钨标准储备溶液[$\rho(WO_3)$=500.0 μg/mL]：称取 0.500 0 g 优级纯三氧化钨(99.99%)置于 200 mL 烧杯中，加入 100 mL 氢氧化钠溶液(4.9)，盖上表面皿，加热溶解，冷却后，移入 1 000 mL 容量瓶中，用氢氧化钠溶液(4.9)稀释至刻度，摇匀。转入干燥的塑料瓶中贮存；

注：三氧化钨预先在 650 ℃灼烧 1 h，置于干燥器中冷至室温。

b) 钨标准溶液[$\rho(WO_3)$=100.0 μg/mL]：分取 100.00 mL 钨标准储备溶液[4.12a)]，置于 500 mL 容量瓶中，用氢氧化钠溶液(4.9)稀释至刻度，摇匀。转入干燥的塑料瓶中贮存。

5 仪器

5.1 分析天平：三级，感量 0.1 mg。

5.2 分光光度计。

6 试样

6.1 按 GB/T 14505 的相关要求，加工试样粒径应小于 97 μm。

6.2 试样应在 105 ℃预干燥 2 h，含硫矿物的试样在 60 ℃～80 ℃的鼓风干燥烘箱内干燥 2 h～4 h，然后置于干燥器中，冷却至室温。

7 分析步骤

7.1 试料

根据试样中钨量按表 1 称取试料量，精确至 0.1 mg。

表 1 试料量

三氧化钨量/ %	试料量/ g	分取试液体积/ mL
0.05～0.5	0.5	20.00
>0.5～1	0.5	10.00
>1～2.5	0.2	10.00
>2.5～5	0.1	5.00

7.2 空白试验

随同试料进行双份空白试验，所用试剂应取自同一试剂瓶，加入同等的量。

7.3 验证试验

随同试料分析同矿种、含量相近的标准物质。

7.4 试料分解

7.4.1 将试料(7.1)置于铁坩埚或刚玉坩埚中，加入 3 g 过氧化钠(4.1)，搅拌均匀，再覆盖约 1 g 过氧化钠(4.1)，加盖，置于预先升温至 650 ℃的高温炉中，升温至 700 ℃保持 5 min～7 min，至熔融物刚呈全熔状态。取出，稍冷。

7.4.2 将坩埚及盖置于 200 mL 烧杯中，加入 50 mL 热水，盖上表面皿，从烧杯嘴滴加无水乙醇(4.2)及甲醛溶液(4.3)各 5 滴～6 滴，趁烧杯中气泡未完全消失时置于高温电热板(或小电炉)上煮沸 3 min～5 min，取下，洗涤表面皿后除去，洗出坩埚和盖，控制体积在 70 mL 左右，置于流水中冷却后，移入

100 mL 容量瓶中并稀释至刻度，摇匀，放置澄清或干过滤。

7.4.3 按表 1 分取 5.00 mL～20.00 mL 试液，置于 50 mL 容量瓶中。用氢氧化钠溶液(4.9)补足 20 mL，准确加入 2.5 mL 硫氰酸钾溶液(4.5)，摇匀，迅速加入 15 mL 盐酸(4.4)，摇匀，立即置于冰水或流水浴中冷却，依次加入 1 mL 次磷酸钠溶液(4.6)、1 mL 三氯化铝溶液(4.7)，摇匀，再加入 1.5 mL 三氯化钛溶液(4.8)，摇匀，用水稀释至刻度，摇匀，放置片刻备测。

注：有关说明见附录 A。

7.5 校准溶液系列配制

分取 0.00 mL、0.25 mL、0.50 mL、1.00 mL、2.00 mL、3.00 mL、4.00 mL、5.00 mL、6.00 mL 钨标准溶液[4.12b)]，分别置于一组 50 mL 容量瓶中，用氢氧化钠溶液(4.9)补足 20 mL，以下按分析步骤(7.4.3)进行。

7.6 测定

在分光光度计上，用 1 cm 比色皿，以校准溶液系列空白溶液作参比，于波长 420 nm 处测量校准溶液、试料溶液、空白试验溶液和验证试验溶液的吸光度。

注：室温在 30 ℃以上，显色后立即测量，在 1 h 内完成；室温在 15 ℃～30 ℃之间，15 min 后测量，在 2 h 内完成；室温在 15 ℃以下，30 min 后测量，可以稳定数小时。

7.7 校准曲线绘制

以三氧化钨量为横坐标，吸光度为纵坐标，绘制校准曲线，从校准曲线上查得相应的三氧化钨量。

8 结果计算

钨量以质量分数 $w(WO_3)$ 计，数值以%表示，按式(1)计算：

$$w(WO_3)=\frac{(m_1-m_0)\cdot V\times10^{-6}}{m\cdot V_1}\times100 \qquad (1)$$

式中：

m_1——从校准曲线上查得分取试料溶液中的三氧化钨量，单位为微克(μg)；

m_0——从校准曲线上查得的空白溶液的三氧化钨量，单位为微克(μg)；

V——试料溶液总体积，单位为毫升(mL)；

m——试料量，单位为克(g)；

V_1——分取试料溶液的体积，单位为毫升(mL)。

计算结果表示到小数点后二位。

9 精密度

方法精密度见表 2。

表 2 精密度

%

元素(组分)	水平范围 m	重复性限 r	再现性限 R
三氧化钨	0.08～6.0	r=0.010 3+0.025 0m	R=0.032 2+0.045 2m
注：本精密度数据是由 6 个实验室对 6 个水平的试样进行试验确定。			

10 特殊情况

10.1 钼的校准

10.1.1 钼量测定

分取部分测定钨的干过滤滤液(7.4.2)，按 GB/T 14352.2 的显色条件测定试料中的钼量。

10.1.2 钼校准溶液系列配制

分取 0.00 mL、0.50 mL、1.00 mL、2.00 mL、3.00 mL、4.00 mL、5.00 mL 钼标准溶液(1 mL 含

500 μg Mo)，置于一组已含 2 mL 钨标准溶液[4.12b)]的 50 mL 容量瓶中，按分析步骤(7.5)进行钨校准溶液系列的配制。

10.1.3　测定

在分光光度计上，用 1 cm 比色皿，以空白试验溶液作参比，于波长 420 nm 处测量校准溶液和试料溶液的吸光度。

10.1.4　钼校准曲线绘制

在钨校准曲线上查得相应的三氧化钨的量(μg)，各减去 200 μg。然后以钼量为纵坐标，相应的三氧化钨量为横坐标，绘制校准曲线。

注：校准曲线一次作成后，列成表格可以长期查用。

10.1.5　结果计算

$$w(WO_3)=\frac{(m_1-m_2)\cdot V\times 10^{-6}}{m\cdot V_1}\times 100 \quad\cdots\cdots(2)$$

式中：

m_1——测定钨时从钨校准曲线上查得分取试料溶液中的三氧化钨量(已减去空白)，单位为微克(μg)；

m_2——测得钼量(μg)后从钼校准曲线上查得分取试料溶液中的相当于三氧化钨量(已减去空白)，单位为微克(μg)；

V——试料溶液的总体积，单位为毫升(mL)；

m——试料量，单位为克(g)；

V_1——分取试料溶液的体积(测定钨和钼时应相同或相当)，单位为毫升(mL)。

计算结果表示到小数点后二位。

10.2　钼的分离

称取 0.2 g～0.5 g 试料，置于 200 mL 烧杯中，用适量水润湿，加入 1 mL 磷酸(4.11)及 20 mL 盐酸(4.4)，盖上表面皿，置于电热板上加热 15 min～30 min，待试料分解完全后，用水吹洗表面皿后除去，蒸发至近干，取下冷却，加入 10 mL 氢氧化钠溶液(4.10)及 60 mL 热水，搅匀。盖上表面皿，加热至沸并保持 1 min～2 min，取下冷却，吹洗表面皿后，移入 100 mL 容量瓶中，稀释至刻度，摇匀。干过滤。分取部分滤液，按分析步骤(7.4.3)进行测定。

注 1：盐酸-磷酸分解试料时，钨与磷酸形成可溶性络合物，钼与砷的硫化矿物仅微溶于酸，大部分得到分离。可溶性的砷矿物则成氯化物挥发除去。

注 2：大量磷酸根对测定有影响，磷酸的加入量不能超过 2 mL，否则结果偏低。

注 3：在 1.5%～2.5%氢氧化钠溶液中，大量镁及 300 mg 铜能很好分离。如碱度过大，则铜转入溶液中影响测定。如试样中铜高铁低时，引入 50 mg 铁。

注 4：加入氢氧化钠溶液后最后碱度约为 2%。标准系列中的氢氧化钠溶液加入量应与之相当。

附 录 A
（资料性附录）
有关说明

A.1 加入盐酸的速度要快，随时摇动，防止硅酸析出。

A.2 三价砷、锑对测定无影响；五价砷、锑由于消耗三氯化钛使结果偏低；加次磷酸钠能减弱其影响，但量高时需预先分离。

A.3 氟的干扰用三氯化铝抑止，但量高时使溶液呈青绿色影响测定。可以减少取样量控制氟量。用刚玉坩埚熔矿时，视氟的含量铝可以不加或少加。

A.4 加入三氯化钛后，如呈现明显的橙红色钼硫氰酸盐络合物，应不断摇动待其褪色后再稀释至刻度，否则不易褪色。

A.5 硒、碲量超过 0.1 mg 时，被还原成单体状态而干扰测定。

ICS 73.060
D 40

中华人民共和国国家标准

GB/T 14352.2—2010
代替 GB/T 14352.2—1993

钨矿石、钼矿石化学分析方法 第2部分：钼量测定

Methods for chemical analysis of tungsten ores and molybdenum ores—Part 2: Determination of molybdenum content

2010-11-10 发布　　2011-02-01 实施

中华人民共和国国家质量监督检验检疫总局
中国国家标准化管理委员会　发布

前　言

GB/T 14352《钨矿石、钼矿石化学分析方法》共有18个部分：

——第1部分：钨量测定；

——第2部分：钼量测定；

——第3部分：铜量测定；

——第4部分：铅量测定；

——第5部分：锌量测定；

——第6部分：镉量测定；

——第7部分：钴量测定；

——第8部分：镍量测定；

——第9部分：硫量测定；

——第10部分：砷量测定；

——第11部分：铋量测定；

——第12部分：银量测定；

——第13部分：锡量测定；

——第14部分：镓量测定；

——第15部分：锗量测定；

——第16部分：硒量测定；

——第17部分：碲量测定；

——第18部分：铼量测定。

本部分为GB/T 14352的第2部分。

本部分代替GB/T 14352.2—1993《钨矿石、钼矿石化学分析方法　硫氰酸盐光度法测定钼量》。

本部分与GB/T 14352.2—1993相比，主要变化如下：

——增加了警示、警告内容；

——修改了试样干燥温度。

本部分的附录A为资料性附录。

本部分由中华人民共和国国土资源部提出。

本部分由全国国土资源标准化技术委员会归口。

本部分负责起草单位：国家地质实验测试中心。

本部分起草单位：江苏省地质调查研究院(国土资源部南京矿产资源监督检测中心)。

本部分主要起草人：蔡玉曼、张培新。

本部分所代替标准的历次版本发布情况为：

——GB/T 14352.2—1993。

钨矿石、钼矿石化学分析方法
第2部分:钼量测定

警示:使用本部分的人员应有正规实验室工作的实践经验。本部分并未指出所有可能的安全问题。使用者有责任采取适当的安全和健康措施,并保证符合国家有关法规规定的条件。

1 范围

GB/T 14352的本部分规定了钨矿石、钼矿石中钼量的测定方法。

本部分适用于钨矿石、钼矿石中钼量的测定。

测定范围:0.01%~5%的钼。

2 规范性引用文件

下列文件中的条款通过GB/T 14352的本部分的引用而成为本部分的条款。凡是注日期的引用文件,其随后所有的修改单(不包括勘误的内容)或修订版均不适用于本部分,然而,鼓励根据本部分达成协议的各方研究是否可使用这些文件的最新版本。凡是不注日期的引用文件,其最新版本适用于本部分。

GB/T 6682 分析实验室用水规格和试验方法

GB/T 14505 岩石和矿石化学分析方法 总则及一般规定

3 原理

试料用过氧化钠熔融,水浸取,滤液在硫酸介质中以铜盐催化,用硫脲将钼还原至五价状态,与硫氰酸盐结合成可溶性桔红色硫氰酸钼络合物,在分光光度计上,于波长460 nm处测量吸光度,计算钼量。

4 试剂

本部分除非另有说明,在分析中均使用分析纯试剂和符合GB/T 6682的分析实验室用水。

4.1 过氧化钠。

4.2 硫酸-硫酸铜溶液:

称取4 g硫酸铜($CuSO_4 \cdot 5H_2O$),加入500 mL水,搅拌溶解后,加入500 mL硫酸(ρ1.84 g/mL),搅匀,冷却,用水稀释至1 000 mL,摇匀。

4.3 柠檬酸钠溶液(300 g/L)。

4.4 硫脲溶液(90 g/L)。

4.5 硫氰酸钾溶液(250 g/L)。

4.6 钼标准溶液[ρ(Mo)=100.0 μg/mL]:

称取0.150 0 g三氧化钼(99.99%)(预先在500 ℃灼烧过),置于100 mL烧杯中,加入5 mL氢氧化钠溶液(200 g/L)溶解,再加入硫酸溶液(1+1)(**警告:不当的稀释易发生危险!**)中和至微酸性,并过量20 mL,移入1 000 mL容量瓶中,用水稀释至刻度,摇匀。

5 仪器

5.1 分析天平:三级,感量0.1 mg。

5.2 分光光度计。

6 试样

6.1 按 GB/T 14505 的相关要求，加工试样粒径应小于 97 μm。

6.2 试样应在 105 ℃预干燥 2 h，含硫矿物的试样在 60 ℃～80 ℃的鼓风干燥烘箱内干燥 2 h～4 h，然后置于干燥器中，冷却至室温。

7 分析步骤

7.1 试料

根据试样中钼量按表 1 称取试料量，精确至 0.1 mg。

表 1 试料量

钼量/ %	试料量/ g	试液总体积/ mL	分取试液体积/ mL
0.01～0.05	0.5	100	25.00
>0.05～0.1	0.5	100	25.00
>0.1～1	0.2	100	25.00～10.00
>1～5	0.1	100	10.00～5.00

7.2 空白试验

随同试料进行双份空白试验，所用试剂应取自同一试剂瓶，加入同等的量。

7.3 验证试验

随同试料分析同矿种、含量相近的标准物质。

7.4 试料分解

7.4.1 将试料(7.1)置于 10 mL 刚玉坩埚中，加入 3 g 过氧化钠(4.1)，用玻璃棒搅匀，上面覆盖约 0.5 g 过氧化钠(4.1)，置于预先升温至 650 ℃的高温炉中，在 650 ℃～700 ℃熔融 10 min，使坩埚内熔物呈透明流体时取出，冷却。

7.4.2 将坩埚置于 100 mL 烧杯中，加入 80 ℃～90 ℃热水约 30 mL，盖上表面皿，待坩埚内熔体全部脱落后，用适量水洗去表皿，洗出坩埚，盖上表面皿(如溶液呈绿色应加入数滴无水乙醇使锰的绿色褪去)，移至小电炉上煮沸 2 min～3 min，至无小气泡发生时取下。以流水冷却，用水洗去表面皿并移入 100 mL 容量瓶中，稀释至刻度，摇匀(A 液)。

7.4.3 A 液放置澄清或干过滤，按表 1 分取溶液，置于 100 mL 容量瓶中(B 液)。

7.4.4 往溶液(B 液)中加入 18.5 mL 硫酸-硫酸铜溶液(4.2)，流水冷却后加入 2 mL 柠檬酸钠溶液(4.3)，摇匀，加入 15 mL 硫脲溶液(4.4)，摇匀。放置 5 min，加入 8 mL 硫氰酸钾溶液(4.5)，用水稀释至刻度，摇匀，放置 15 min 后备测。

注：有关说明见附录 A。

7.5 校准溶液系列配制

分取 0.00 mL、0.20 mL、0.40 mL、0.60 mL、1.00 mL、1.50 mL、2.00 mL、2.50 mL、3.00 mL 钼标准溶液(4.6)，分别置于一组 100 mL 容量瓶中，用水稀释至约 50 mL，加入 18 mL 硫酸-硫酸铜溶液(4.2)，流水冷却，以下按分析步骤(7.4.4)进行测定。

7.6 测定

于分光光度计上，用 3 cm 比色皿，以校准溶液系列空白溶液作参比，于波长 460 nm 处测量校准溶液、试料溶液、空白试验溶液和验证试验溶液的吸光度。

7.7 校准曲线绘制

以钼量为横坐标，吸光度为纵坐标，绘制校准曲线，从校准曲线上查得相应的钼量。

8 结果计算

钼量以质量分数 $w(\mathrm{Mo})$ 计，数值以%表示，按式(1)计算：

$$w(\mathrm{Mo})=\frac{(m_1-m_0)\cdot V\times10^{-6}}{m\cdot V_1}\times100 \quad\cdots\cdots(1)$$

式中：

m_1——从校准曲线上查得分取试料溶液中的钼量，单位为微克(μg)；

m_0——从校准曲线上查得的空白溶液的钼量，单位为微克(μg)；

V——试液总体积，单位为毫升(mL)；

m——试料量，单位为克(g)；

V_1——分取试料溶液的体积，单位为毫升(mL)。

计算结果表示到小数点后二位。

9 精密度

方法精密度见表 2。

表 2 精密度

%

元素	水平范围 m	重复性限 r	再现性限 R
钼	0.009～4.75	$r=0.028\,7m^{0.702\,4}$	$R=0.003\,9+0.064\,1m$
注：本精密度数据是由 6 个实验室对 7 个水平的试样进行试验确定。			

附 录 A
（资料性附录）
有关说明

A.1 本部分分析时应注意所用器皿及环境的洁净，比色时使用的器皿均应事先用稀盐酸浸泡，然后用水冲净，晾干后使用。

A.2 如果待测试料含量范围已知，可按表 A.1 称取试料和配制校准曲线。

表 A.1 试料量及校准曲线范围

钼量/ %	试料量/ g	校准曲线范围 Mo/ (μg /100 mL)	波长/ nm	比色皿/ cm
0.005～0.01	0.3	0、10、20、30、40	460	3 或 5
>0.01～0.05	0.2	0、20、40、60、80、100	460	3
>0.05～0.1	0.1	0、20、40、60、80、100、120	460	3
>0.05～0.1	0.2	0、50、100、150、200、250	460	3
>0.1～1.0	0.1	0、100、250、500、750、1 000	490	1
>1.0～2.0	0.1	0、800、1 000、1 250、1 500、1 750、2 000、2 250	530	1

A.3 在分析测试液中，钒、砷、镍、铜、铀 1 mg 以下，钨在 0.5 mg 以下均无干扰，钨量高时可加入柠檬酸盐掩蔽，锑、铋在 0.2 mg 以上有正误差，本部分采用过氧化钠分解试料，锑、铋等均被氢氧化铁所吸附，不影响测定。

A.4 室温 15 ℃～20 ℃时，硫氰酸钼络合物在 5 min 内显色完全，2 h 内稳定。如室温高于 30 ℃，将会加速硫氰酸盐的聚合，使分析结果偏高，因此应在 1 h 内完成测量。

ICS 73.060
D 40

中华人民共和国国家标准

GB/T 14352.3—2010
代替 GB/T 14352.3—1993

钨矿石、钼矿石化学分析方法 第3部分：铜量测定

Methods for chemical analysis of tungsten ores and molybdenum ores—Part 3: Determination of copper content

2010-11-10 发布　　　　2011-02-01 实施

中华人民共和国国家质量监督检验检疫总局
中国国家标准化管理委员会　发布

前　言

GB/T 14352《钨矿石、钼矿石化学分析方法》共有18个部分：

——第1部分：钨量测定；

——第2部分：钼量测定；

——第3部分：铜量测定；

——第4部分：铅量测定；

——第5部分：锌量测定；

——第6部分：镉量测定；

——第7部分：钴量测定；

——第8部分：镍量测定；

——第9部分：硫量测定；

——第10部分：砷量测定；

——第11部分：铋量测定；

——第12部分：银量测定；

——第13部分：锡量测定；

——第14部分：镓量测定；

——第15部分：锗量测定；

——第16部分：硒量测定；

——第17部分：碲量测定；

——第18部分：铼量测定。

本部分为GB/T 14352的第3部分。

本部分代替GB/T 14352.3—1993《钨矿石、钼矿石化学分析方法　火焰原子吸收分光光度法测定铜量》。

本部分与GB/T 14352.3—1993相比，主要变化如下：

——增加了警示、警告内容；

——修改了试样干燥温度。

本部分的附录A为资料性附录。

本部分由中华人民共和国国土资源部提出。

本部分由全国国土资源标准化技术委员会归口。

本部分负责起草单位：国家地质实验测试中心。

本部分起草单位：江苏省地质调查研究院（国土资源部南京矿产资源监督检测中心）。

本部分主要起草人：周康民、蔡玉曼。

本部分所代替标准的历次版本发布情况为：

——GB/T 14352.3—1993。

钨矿石、钼矿石化学分析方法
第3部分:铜量测定

警示:使用本部分的人员应有正规实验室工作的实践经验。本部分并未指出所有可能的安全问题。使用者有责任采取适当的安全和健康措施,并保证符合国家有关法规规定的条件。

1 范围

GB/T 14352的本部分规定了钨矿石、钼矿石中铜量的测定方法。

本部分适用于钨矿石、钼矿石中铜的测定。

测定范围:0.001%~5%的铜。

2 规范性引用文件

下列文件中的条款通过GB/T 14352的本部分的引用而成为本部分的条款。凡是注日期的引用文件,其随后所有的修改单(不包括勘误的内容)或修订版均不适用于本部分,然而,鼓励根据本部分达成协议的各方研究是否可使用这些文件的最新版本。凡是不注日期的引用文件,其最新版本适用于本部分。

GB/T 6682 分析实验室用水规格和试验方法

GB/T 14505 岩石和矿石化学分析方法 总则及一般规定

3 原理

试料经盐酸、硝酸、氢氟酸、高氯酸分解,在盐酸介质中,使用空气-乙炔火焰,在原子吸收分光光度计上,于波长324.7 nm处,测量铜的吸光度,计算铜量。

4 试剂

本部分除非另有说明,在分析中均使用分析纯试剂和符合GB/T 6682的分析实验室用水。

4.1 盐酸(ρ1.19 g/mL)。

4.2 硝酸(ρ1.42 g/mL)。

4.3 氢氟酸(ρ1.13 g/mL),**警告:氢氟酸有毒并有腐蚀性,操作时应戴手套,防止皮肤接触。**

4.4 高氯酸(ρ1.67 g/mL),**警告:易爆品,小心操作!**

4.5 盐酸(1+1)。

4.6 盐酸(5+95)。

4.7 硝酸(1+1)。

4.8 铜标准溶液:

a) 铜标准储备溶液[ρ(Cu)=1.0 mg/mL]:称取0.500 0 g金属铜(≥99.99%),置于250 mL烧杯中,盖上表面皿,沿杯壁加入10 mL硝酸(4.2),微热,待全部溶解后,取下冷却,用水洗去表面皿,冷却后移入500 mL容量瓶中,用水稀释至刻度,摇匀;

b) 铜标准溶液[ρ(Cu)=100.0 μg/mL]:分取25.00 mL铜标准储备溶液[4.8a)],置于250 mL容量瓶中,用盐酸(4.6)稀释至刻度,摇匀;

c) 铜标准溶液[ρ(Cu)=20.0 μg/mL]:分取50.00 mL铜标准溶液[4.8b)],置于250 mL容量瓶中,用盐酸(4.6)稀释至刻度,摇匀。

5 仪器

5.1 分析天平:三级,感量 0.1 mg。
5.2 原子吸收分光光度计,附铜空心阴极灯。

6 试样

6.1 按 GB/T 14505 的相关要求,加工试样粒径应小于 97 μm。
6.2 试样应在 105 ℃预干燥 2 h,含硫矿物的试样在 60 ℃~80 ℃的鼓风干燥烘箱内干燥 2 h~4 h,然后置于干燥器中,冷却至室温。

7 分析步骤

7.1 试料

根据试样中铜量按表 1 称取试料量,精确至 0.1 mg。

表 1 试料量

铜量/ %	试料量/ g	分取试液体积/ mL
0.001~0.1	0.5	—
>0.1~0.5	0.5	10.00
>0.5~2	0.2	5.00
>2~5	0.1	5.00

7.2 空白试验

随同试料进行双份空白试验,所用试剂应取自同一试剂瓶,加入同等的量。

7.3 验证试验

随同试料分析同矿种、含量相近的标准物质。

7.4 试料分解

7.4.1 将试料(7.1)置于 30 mL 聚四氟乙烯坩埚中,加入 5 mL 盐酸(4.1)、5 mL 硝酸(4.2)、10 mL 氢氟酸(4.3)、1 mL 高氯酸(4.4),置于电热板上加热并时常摇动至试料分解完全,继续加热至高氯酸烟冒尽,取下稍冷,加入 5 mL 盐酸(4.5),温热溶解盐类,取下,冷却至室温,移入 50 mL 容量瓶中,并稀释至刻度,摇匀(A 液)。

7.4.2 根据试料中铜量,按表 1 分取溶液(A 液),移入 50 mL 容量瓶中,用盐酸(4.6)稀释至刻度,摇匀(B 液)。

7.5 校准溶液系列配制

视试料中铜量分取 0.00 mL、1.00 mL、2.00 mL、3.00 mL、4.00 mL、5.00 mL、6.00 mL 铜标准溶液[4.8b)]或 0.00 mL、0.50 mL、1.00 mL、2.00 mL、3.00 mL、4.00 mL、5.00 mL 铜标准溶液[4.8c)],分别置于一组 50 mL 容量瓶中,加入 5 mL 盐酸(4.5),用水稀释至刻度,摇匀。

7.6 测定

警告:应按照原子吸收分光光度计的使用规程点燃或熄灭空气-乙炔火焰,以避免可能引起的爆炸危险!

参照附录 A 表 A.1 仪器参考工作条件,分别测量校准溶液、试料溶液(A 液)或(B 液)、空白试验溶液和验证溶液中铜的吸光度。

7.7 校准曲线绘制

以铜量为横坐标,吸光度为纵坐标,绘制校准曲线。从校准曲线上查得相应的铜量。

8 结果计算

铜量以质量分数 $w(\mathrm{Cu})$ 计，数值以%表示，按式(1)计算：

$$w(\mathrm{Cu}) = \frac{(m_1 - m_0) \cdot V \times 10^{-6}}{m \cdot V_1} \times 100 \qquad \cdots\cdots (1)$$

式中：

m_1——从校准曲线查得分取试料溶液的铜量，单位为微克(μg)；

m_0——从校准曲线上查得空白溶液的铜量，单位为微克(μg)；

V——试料溶液总体积，单位为毫升(mL)；

m——试料量，单位为克(g)；

V_1——分取试料溶液体积，单位为毫升(mL)。

计算结果表示到小数点后二位。

9 精密度

方法精密度见表2。

表2 精密度 %

元素	水平范围 m	重复性限 r	再现性限 R
铜	0.002～0.92	$r=0.0249\ m^{0.5795}$	$R=0.0008+0.0694\ m$
注：本精密度数据是由6个实验室对8个水平的试样进行试验确定。			

附　录　A
（资料性附录）
仪器参考工作条件

A.1　使用塞曼原子吸收分光光度计的参考工作条件如表 A.1。

表 A.1　仪器参考工作条件

波长/ nm	灯电流/ mA	单色器通带/ nm	燃烧器高度/ mm	空气压力/ MPa	乙炔压力/ MPa
324.7	7.5	1.3	7.5	0.16	0.03

ICS 73.060
D 40

中华人民共和国国家标准

GB/T 14352.4—2010
代替 GB/T 14352.4—1993

钨矿石、钼矿石化学分析方法 第4部分:铅量测定

Methods for chemical analysis of tungsten ores and molybdenum ores—
Part 4: Determination of lead content

2010-11-10 发布　　2011-02-01 实施

中华人民共和国国家质量监督检验检疫总局
中国国家标准化管理委员会　发布

前　言

GB/T 14352《钨矿石、钼矿石化学分析方法》共有18个部分：

——第1部分：钨量测定；

——第2部分：钼量测定；

——第3部分：铜量测定；

——第4部分：铅量测定；

——第5部分：锌量测定；

——第6部分：镉量测定；

——第7部分：钴量测定；

——第8部分：镍量测定；

——第9部分：硫量测定；

——第10部分：砷量测定；

——第11部分：铋量测定；

——第12部分：银量测定；

——第13部分：锡量测定；

——第14部分：镓量测定；

——第15部分：锗量测定；

——第16部分：硒量测定；

——第17部分：碲量测定；

——第18部分：铼量测定。

本部分为GB/T 14352的第4部分。

本部分代替GB/T 14352.4—1993《钨矿石、钼矿石化学分析方法　火焰原子吸收分光光度法测定铅量》。

本部分与GB/T 14352.4—1993相比，主要变化如下：

——增加了警示、警告内容；

——修改了试样干燥温度。

本部分的附录A为资料性附录。

本部分由中华人民共和国国土资源部提出。

本部分由全国国土资源标准化技术委员会归口。

本部分负责起草单位：国家地质实验测试中心。

本部分起草单位：江苏省地质调查研究院（国土资源部南京矿产资源监督检测中心）。

本部分主要起草人：周康民、蔡玉曼。

本部分所代替标准的历次版本发布情况为：

——GB/T 14352.4—1993。

钨矿石、钼矿石化学分析方法
第4部分:铅量测定

警示:使用本部分的人员应有正规实验室工作的实践经验。本部分并未指出所有可能的安全问题。使用者有责任采取适当的安全和健康措施,并保证符合国家有关法规规定的条件。

1 范围

GB/T 14352的本部分规定了钨矿石、钼矿石中铅量的测定方法。

本部分适用于钨矿石、钼矿石中铅量的测定。

测定范围:0.01%~5%的铅。

2 规范性引用文件

下列文件中的条款通过GB/T 14352的本部分的引用而成为本部分的条款。凡是注日期的引用文件,其随后所有的修改单(不包括勘误的内容)或修订版均不适用于本部分,然而,鼓励根据本部分达成协议的各方研究是否可使用这些文件的最新版本。凡是不注日期的引用文件,其最新版本适用于本部分。

GB/T 6682　分析实验室用水规格和试验方法

GB/T 14505　岩石和矿石化学分析方法　总则及一般规定

3 原理

试料经氢氟酸、王水、高氯酸分解,在硝酸-硼酸介质中,使用空气-乙炔火焰,在原子吸收分光光度计上,于波长283.3 nm处,测量铅的吸光度,计算铅量。

4 试剂

本部分除非另有说明,在分析中均使用分析纯试剂和符合GB/T 6682的分析实验室用水。

4.1　氢氟酸(ρ1.13 g/mL),**警告:氢氟酸有毒并有腐蚀性,操作时应戴手套,防止皮肤接触。**

4.2　高氯酸(ρ1.67 g/mL),**警告:易爆品,小心操作!**

4.3　王水:将3份盐酸(ρ1.19 g/mL)和1份硝酸(ρ1.42 g/mL)混合;用时配制。

4.4　硝酸(1+1)。

4.5　硝酸(5+95)。

4.6　硼酸溶液(60 g/L)。

4.7　铅标准溶液:

a)　铅标准储备溶液[ρ(Pb)=1.0 mg/mL]:称取1.000 0 g金属铅(99.99%),置于250 mL烧杯中,盖上表面皿,沿杯壁加入20 mL硝酸(4.4),低温加热溶解,冷却,用水洗去表面皿,移入1 000 mL容量瓶中,用水稀释至刻度,摇匀;

b)　铅标准溶液[ρ(Pb)=20.0 μg/mL]:分取20.00 mL铅标准储备溶液[4.7a)],置于1 000 mL容量瓶中,用水稀释至刻度,摇匀。

5 仪器

5.1　分析天平:三级,感量0.1 mg。

5.2　原子吸收分光光度计，附铅空心阴极灯。

6　试样

6.1　按 GB/T 14505 的相关要求，加工试样粒径应小于 97 μm。

6.2　试样应在 105 ℃预干燥 2 h，含硫矿物的试样在 60 ℃～80 ℃的鼓风干燥烘箱内干燥 2 h～4 h，然后置于干燥器中，冷却至室温。

7　分析步骤

7.1　试料

根据试样中铅量按表 1 称取试料量，精确至 0.1 mg。

表 1　试料量

铅量/ %	试料量/ g	分取试液体积/ mL
0.01～0.1	0.5	—
>0.1～0.25	0.2	—
>0.25～0.50	0.1	—
>0.5～2.5	0.1	10.00
>2.5～5	0.1	5.00

7.2　空白试验

随同试料进行双份空白试验，所用试剂应取自同一试剂瓶，加入同等的量。

7.3　验证试验

随同试料分析同矿种、含量相近的标准物质。

7.4　试料分解

7.4.1　将试料(7.1)置于聚四氟乙烯烧杯中，加入 10 mL 氢氟酸(4.1)，加盖，放置过夜，移去盖子，加入 10 mL 王水(4.3)、0.5 mL 高氯酸(4.2)，加盖，在低温电热板上微沸 30 min，用适量水洗去盖子，继续在电热板上加热至高氯酸白烟冒尽，取下冷却，加入 5 mL 硝酸(4.4)、5 mL 硼酸溶液(4.6)，温热溶解盐类，取下，冷至室温后，用水移入 50 mL 容量瓶中，并稀释至刻度，摇匀，澄清(A 液)。

7.4.2　根据试料中铅量，按表 1 分取溶液(A 液)，置于 50 mL 容量瓶中，用硝酸(4.5)稀释至刻度，摇匀(B 液)。

注：有关说明见附录 A。

7.5　校准溶液系列配制

分取 0.00 mL、2.50 mL、5.00 mL、10.00 mL、15.00 mL、20.00 mL、25.00 mL 铅标准溶液[4.7b)]，分别置于一组 50 mL 容量瓶中，加入 5 mL 硝酸(4.4)、5 mL 硼酸溶液(4.6)，用水稀释至刻度，摇匀。

7.6　测定

警告：应按照原子吸收分光光度计的使用规程点燃或熄灭空气-乙炔火焰，以避免可能引起的爆炸危险！

参照附录 A 表 A.1 仪器工作条件，测量校准溶液、试料溶液(A 液)或(B 液)、空白试验溶液和验证试验溶液中铅的吸光度。

7.7　校准曲线绘制

以校准溶液系列铅量为横坐标，校准溶液系列吸光度为纵坐标，绘制校准曲线。从校准曲线上查得试料溶液相应的铅量。

8 结果计算

铅量以质量分数 $w(\mathrm{Pb})$ 计，数值以%表示，按式(1)计算：

$$w(\mathrm{Pb})=\frac{(m_1-m_0)\cdot V\times10^{-6}}{m\cdot V_1}\times100 \qquad \cdots\cdots(1)$$

式中：

m_1——从校准曲线上查得分取试料溶液中的铅量，单位为微克(μg)；

m_0——从校准曲线上查得的空白溶液中的铅量，单位为微克(μg)；

V——试料溶液总体积，单位为毫升(mL)；

m——试料量，单位为克(g)；

V_1——分取试料溶液体积，单位为毫升(mL)。

计算结果表示到小数点二位。

9 精密度

方法精密度见表2。

表2 精密度 %

元素	水平范围 m	重复性限 r	再现性限 R
铅	0.008～0.27	$r=0.0009+0.0591m$	$R=0.0428m^{0.6800}$
注：本精密度数据是由6个实验室对6个水平的试样进行试验确定。			

附 录 A
（资料性附录）
有 关 说 明

A.1 使用塞曼原子吸收分光光度计的参考工作条件如表 A.1。

表 A.1 仪器参考工作条件

波长/nm	灯电流/mA	单色器通带/nm	燃烧器高度/mm	空气压力/MPa	乙炔压力/MPa
283.3	7.5	1.3	7.5	0.16	0.03

A.2 在本实验条件下，分别共存下列含量（μg/mL）的元素（离子），不影响铅的测定：Zn(4 000)、Na、K、Mg、Ca、Sr、Ba、Al、Mo、W、Fe 各(2 000)；Mn、Co、Ni、Cu、Si 各(1 000)；Sb、Bi、Ti、Cr、Cd 各(500)；Ag(400)；As、Hg 各(200)；Se、Te 各(60)；Li、Be、Zr、V 各(50)；Au(40)；Pt、Pd 各(20)。

A.3 含铁量高、铅量不高的试样，也可改用在盐酸(5+95)介质进行测定。

ICS 73.060
D 40

中华人民共和国国家标准

GB/T 14352.5—2010
代替 GB/T 14352.5—1993

钨矿石、钼矿石化学分析方法 第5部分:锌量测定

Methods for chemical analysis of tungsten ores and molybdenum ores—
Part 5: Determination of zinc content

2010-11-10 发布 2011-02-01 实施

中华人民共和国国家质量监督检验检疫总局
中国国家标准化管理委员会 发布

前　言

GB/T 14352《钨矿石、钼矿石化学分析方法》共有18个部分：

——第1部分：钨量测定；

——第2部分：钼量测定；

——第3部分：铜量测定；

——第4部分：铅量测定；

——第5部分：锌量测定；

——第6部分：镉量测定；

——第7部分：钴量测定；

——第8部分：镍量测定；

——第9部分：硫量测定；

——第10部分：砷量测定；

——第11部分：铋量测定；

——第12部分：银量测定；

——第13部分：锡量测定；

——第14部分：镓量测定；

——第15部分：锗量测定；

——第16部分：硒量测定；

——第17部分：碲量测定；

——第18部分：铼量测定。

本部分为GB/T 14352的第5部分。

本部分代替GB/T 14352.5—1993《钨矿石、钼矿石化学分析方法　火焰原子吸收分光光度法测定锌量》。

本部分与GB/T 14352.5—1993相比，主要变化如下：

——增加了警示、警告内容；

——修改了试样干燥温度。

本部分的附录A为资料性附录。

本部分由中华人民共和国国土资源部提出。

本部分由全国国土资源标准化技术委员会归口。

本部分负责起草单位：国家地质实验测试中心。

本部分起草单位：江苏省地质调查研究院(国土资源部南京矿产资源监督检测中心)。

本部分主要起草人：高孝礼、黄光明。

本部分所代替标准的历次版本发布情况为：

——GB/T 14352.5—1993。

钨矿石、钼矿石化学分析方法
第5部分:锌量测定

警示:使用本部分的人员应有正规实验室工作的实践经验。本部分并未指出所有可能的安全问题。使用者有责任采取适当的安全和健康措施,并保证符合国家有关法规规定的条件。

1 范围

GB/T 14352的本部分规定了钨矿石、钼矿石中锌量的测定方法。

本部分适用于钨矿石、钼矿石中锌量的测定。

测定范围:0.01%～2%的锌。

2 规范性引用文件

下列文件中的条款通过GB/T 14352的本部分的引用而成为本部分的条款。凡是注日期的引用文件,其随后所有的修改单(不包括勘误的内容)或修订版均不适用于本部分,然而,鼓励根据本部分达成协议的各方研究是否可使用这些文件的最新版本。凡是不注日期的引用文件,其最新版本适用于本部分。

GB/T 6682 分析实验室用水规格和试验方法

GB/T 14505 岩石和矿石化学分析方法 总则及一般规定

3 原理

试料经氢氟酸、王水、高氯酸分解后,在盐酸-硼酸介质中,使用空气-乙炔火焰,在原子吸收分光光度计上,于波长213.8 nm处,测量吸光度,计算锌量。

4 试剂

本部分除非另有说明,在分析中均使用分析纯试剂和符合GB/T 6682的分析实验室用水。

4.1 氢氟酸(ρ1.13 g/mL),**警告:氢氟酸有毒并有腐蚀性,操作时应戴手套,防止皮肤接触。**

4.2 高氯酸(ρ1.67 g/mL),**警告:易爆品,小心操作!**

4.3 王水:将3份盐酸(ρ1.19 g/mL)和1份硝酸(ρ1.42 g/mL)混合;用时配制。

4.4 盐酸(1+1)。

4.5 盐酸(5+95)。

4.6 硼酸溶液(60 g/L)。

4.7 锌标准溶液:

a) 锌标准储备溶液[ρ(Zn)=1.0 mg/mL]:称取1.000 0 g金属锌(99.99%),置于250 mL烧杯中,盖上表面皿,沿杯壁加入20 mL盐酸(4.4),放置自溶(如酸不够可补加),溶解完全后,用水洗去表面皿,移入1 000 mL容量瓶中,用水稀释至刻度,摇匀;

b) 锌标准溶液[ρ(Zn)=20.0 μg/mL]:分取20.00 mL锌标准储备溶液[4.7a)],置于1 000 mL容量瓶中,用水稀释至刻度,摇匀。

5 仪器

5.1 分析天平:三级,感量0.1 mg。

5.2 原子吸收分光光度计，附锌空心阴极灯。

6 试样

6.1 按 GB/T 14505 的相关要求，加工试样粒径应小于 97 μm。

6.2 试样应在 105 ℃预干燥 2 h，含硫矿物的试样在 60 ℃～80 ℃的鼓风干燥烘箱内干燥 2 h～4 h，然后置于干燥器中，冷却至室温。

7 分析步骤

7.1 试料

根据试样中锌量按表 1 称取试料量，精确至 0.1 mg。

表 1 试料量

锌量/ %	试料量/ g	分取试液体积/ mL
0.01～0.04	0.5	—
>0.04～0.1	0.2	—
>0.1～0.2	0.1	—
>0.2～1	0.1	10.00
>1～5	0.1	5.00

7.2 空白试验

随同试料进行双份空白试验，所用试剂应取自同一试剂瓶，加入同等的量。

7.3 验证试验

随同试料分析同矿种、含量相近的标准物质。

7.4 试料分解

7.4.1 将试料(7.1)置于聚四氟乙烯烧杯中，加入 10 mL 氢氟酸(4.1)，加盖，放置过夜，移去盖子，加入 10 mL 王水(4.3)、0.5 mL 高氯酸(4.2)，加盖，在低温电热板上微沸 30 min，用适量水洗去盖子，继续在电热板上加热至高氯酸白烟冒尽，取下冷却，加入 5 mL 盐酸(4.4)、5 mL 硼酸溶液(4.6)，温热溶解盐类，取下，冷至室温后，用水移入 50 mL 容量瓶中，并稀释至刻度，摇匀，澄清(A 液)。

7.4.2 根据试料中锌量，按表 1 分取溶液(A 液)，置于 50 mL 容量瓶中，用盐酸(4.5)稀释至刻度，摇匀(B 液)。

注：有关说明见附录 A。

7.5 校准溶液系列配制

移取 0.00 mL、1.00 mL、2.00 mL、4.00 mL、6.00 mL、8.00 mL、10.00 mL 锌标准溶液[4.7b)]，分别置于一组 50 mL 容量瓶中，加入 5 mL 盐酸(4.4)、5 mL 硼酸溶液(4.6)，用水稀释至刻度，摇匀。

7.6 测定

参照附录 A 表 A.1 仪器工作条件，测量校准溶液、试料溶液(A 液)或(B 液)、空白试验溶液和验证试验溶液中锌的吸光度。

7.7 校准曲线绘制

警告：应按照原子吸收分光光度计的使用规程点燃或熄灭空气-乙炔火焰，以避免可能引起的爆炸危险！

以锌量为横坐标，吸光度为纵坐标，绘制校准曲线，从校准曲线上查得相应锌量。

8 结果计算

锌量以质量分数 $w(\mathrm{Zn})$ 计，数值以%表示，按式(1)计算：

$$w(\mathrm{Zn})=\frac{(m_1-m_0)\cdot V\times10^{-6}}{m\cdot V_1}\times100 \qquad \cdots\cdots(1)$$

式中：

m_1——从校准曲线上查得分取试料溶液的锌量，单位为微克(μg)；

m_0——从校准曲线上查得的空白溶液的锌量，单位为微克(μg)；

V——溶液总体积，单位为毫升(mL)；

m——试料量，单位为克(g)；

V_1——分取溶液体积，单位为毫升(mL)。

计算结果表示到小数点后二位。

9 精密度

方法精密度见表2。

表2 精密度

%

元　素	水平范围 m	重复性限 r	再现性限 R
锌	0.009～0.26	r=0.001 0+0.028 0m	R=0.002 3+0.104 4m
注：本精密度数据是由6个实验室对6个水平的试样进行试验确定。			

附 录 A
（资料性附录）
有关说明

A.1 使用塞曼原子吸收分光光度计的参考工作条件如表 A.1。

表 A.1 仪器参考工作条件

波长/nm	灯电流/mA	单色器通带/nm	燃烧器高度/mm	空气压力/MPa	乙炔压力/MPa
213.8	10	1.3	7.5	0.16	0.02

A.2 在本实验条件下，分别共存下列含(μg/mL)的元素(离子)，不影响锌的测定：Pb(400)、Na、K、Mg、Ca、Sr、Ba、Al、Mo、W、Fe 各(2 000)；Mn、Co、Ni、Cu 各(1 000)；Sb、Bi、Ti、Cr、Cd 各(500)；Ag(400)；As、Hg 各(200)；Se、Te 各(60)；Li、Be、Zr、V 各(50)；Au(40)；Pt;Pd 各(20)。

A.3 对采用氢氟酸溶样的试液，如果用玻璃器皿存放，宜在 2 h～4 h 内完成测定，或者将试液转移到塑料瓶中保存，否则会使结果偏高。

ICS 73.060
D 40

中华人民共和国国家标准

GB/T 14352.6—2010
代替 GB/T 14352.6—1993

钨矿石、钼矿石化学分析方法 第6部分:镉量测定

Methods for chemical analysis of tungsten ores and molybdenum ores—Part 6:Determination of cadmium content

2010-11-10 发布　　2011-02-01 实施

中华人民共和国国家质量监督检验检疫总局
中国国家标准化管理委员会　发布

前　言

GB/T 14352《钨矿石、钼矿石化学分析方法》共有 18 个部分：

——第 1 部分：钨量测定；

——第 2 部分：钼量测定；

——第 3 部分：铜量测定；

——第 4 部分：铅量测定；

——第 5 部分：锌量测定；

——第 6 部分：镉量测定；

——第 7 部分：钴量测定；

——第 8 部分：镍量测定；

——第 9 部分：硫量测定；

——第 10 部分：砷量测定；

——第 11 部分：铋量测定；

——第 12 部分：银量测定；

——第 13 部分：锡量测定；

——第 14 部分：镓量测定；

——第 15 部分：锗量测定；

——第 16 部分：硒量测定；

——第 17 部分：碲量测定；

——第 18 部分：铼量测定。

本部分为 GB/T 14352 的第 6 部分。

本部分代替 GB/T 14352.6—1993《钨矿石、钼矿石化学分析方法　火焰原子吸收分光光度法测定镉量》。

本部分与 GB/T 14352.6—1993 相比，主要变化如下：

——增加了警示、警告内容；

——修改了试样干燥温度。

本部分的附录 A 为资料性附录。

本部分由中华人民共和国国土资源部提出。

本部分由全国国土资源标准化技术委员会归口。

本部分负责起草单位：国家地质实验测试中心。

本部分起草单位：江苏省地质调查研究院（国土资源部南京矿产资源监督检测中心）。

本部分主要起草人：高孝礼、黄光明。

本部分所代替标准的历次版本发布情况为：

——GB/T 14352.6—1993。

钨矿石、钼矿石化学分析方法
第6部分：镉量测定

警示：使用本部分的人员应有正规实验室工作的实践经验。本部分并未指出所有可能的安全问题。使用者有责任采取适当的安全和健康措施，并保证符合国家有关法规规定的条件。

1 范围

GB/T 14352的本部分规定了钨矿石、钼矿石中镉量的测定方法。

本部分适用于钨矿石、钼矿石中镉量的测定。

测定范围：5 μg/g～1 000 μg/g的镉。

2 规范性引用文件

下列文件中的条款通过GB/T 14352的本部分的引用而成为本部分的条款。凡是注日期的引用文件，其随后所有的修改单(不包括勘误的内容)或修订版均不适用于本部分，然而，鼓励根据本部分达成协议的各方研究是否可使用这些文件的最新版本。凡是不注日期的引用文件，其最新版本适用于本部分。

GB/T 6682 分析实验室用水规格和试验方法

GB/T 14505 岩石和矿石化学分析方法 总则及一般规定

3 原理

试料经氢氟酸、王水、高氯酸分解后，在盐酸-硼酸介质中，使用空气-乙炔火焰，在原子吸收分光光度计上，于波长228.8 nm处，测量吸光度，计算镉量。

4 试剂

本部分除非另有说明，在分析中均使用分析纯试剂和符合GB/T 6682的分析实验室用水。

4.1 氢氟酸(ρ1.13 g/mL)，**警告：氢氟酸有毒并有腐蚀性，操作时应戴手套，防止皮肤接触。**

4.2 高氯酸(ρ1.67 g/mL)，**警告：易爆品，小心操作！**

4.3 盐酸(1+1)。

4.4 王水：将3份盐酸(ρ1.19 g/mL)和1份硝酸(ρ1.42 g/mL)混合；用时配制。

4.5 硼酸溶液(60 g/L)。

4.6 镉标准溶液：

a) 镉标准储备溶液[ρ(Cd)=1.0 mg/mL]：称取1.000 0 g金属镉(99.99%)，置于250 mL烧杯中，盖上表面皿，沿杯壁加入20 mL硝酸(1+1)，微热溶解，冷至室温，用水洗去表面皿，移入1 000 mL容量瓶中，用水稀释至刻度，摇匀；

b) 镉标准溶液[ρ(Cd)=10.0 μg/mL]：分取10.00 mL镉标准储备溶液[4.6a)]，置于1 000 mL容量瓶中，用水稀释至刻度，摇匀。

5 仪器

5.1 分析天平：三级，感量0.1 mg。

5.2 原子吸收光谱仪，附镉空心阴极灯。

6 试样

6.1 按 GB/T 14505 的相关要求，加工试样粒径应小于 97 μm。

6.2 试样应在 105 ℃预干燥 2 h，含硫矿物的试样在 60 ℃～80 ℃的鼓风干燥烘箱内干燥 2 h～4 h，然后置于干燥器中，冷却至室温。

7 分析步骤

7.1 试料

根据试样中镉量按表 1 称取试料量，精确至 0.1 mg。

表 1 试料量

镉量/(μg/g)	试料量/g
5～100	1
>100～200	0.5
>200～500	0.2
>500～1 000	0.1

7.2 空白试验

随同试料进行双份空白试验，所用试剂应取自同一试剂瓶，加入同等的量。

7.3 验证试验

随同试料分析同矿种、含量相近的标准物质。

7.4 试料的分解

将试料(7.1)置于聚四氟乙烯烧杯中，加入 10 mL 氢氟酸(4.1)，加盖，放置过夜，移去盖子，加入 10 mL 王水(4.4)、0.5 mL 高氯酸(4.2)，加盖，在低温电热板上微沸 30 min，用适量水洗去盖子，继续在电热板上加热至高氯酸白烟冒尽，取下冷却，加入 5 mL 盐酸(4.3)、5 mL 硼酸溶液(4.5)，温热溶解盐类，取下，冷至室温后，用水移入 50 mL 容量瓶中，并稀释至刻度，摇匀，澄清后备测。

注：有关说明见附录 A。

7.5 校准溶液系列配制

分取 0.00 mL、0.50 mL、1.00 mL、2.00 mL、4.00 mL、6.00 mL、8.00 mL、10.00 mL 镉标准溶液[4.6b)]，分别置于一组 50 mL 容量瓶中，加入 5 mL 盐酸(4.3)、5 mL 硼酸溶液(4.5)，用水稀释至刻度，摇匀。

7.6 测定

警告：应按照原子吸收分光光度计的使用规程点燃或熄灭空气-乙炔火焰，以避免可能引起的爆炸危险！

参照附录 A 表 A.1 仪器工作条件在带有塞曼效应或连续光谱灯背景校准器下测量校准溶液、试料溶液、空白试验溶液和验证试验溶液的吸光度。

7.7 校准曲线绘制

以镉量为横坐标，吸光度为纵坐标，绘制校准曲线，从校准曲线上查得相应镉量。

8 结果计算

镉量以质量分数 $w(\mathrm{Cd})$ 计，数值以 μg/g 表示，按式(1)计算：

$$w(\mathrm{Cd}) = \frac{m_1 - m_0}{m} \qquad \cdots\cdots(1)$$

式中：

m_1——从校准曲线上查得试料溶液的镉量，单位为微克（μg）；

m_0——从校准曲线上查得空白溶液的镉量，单位为微克（μg）；

m——试料量，单位为克（g）。

计算结果表示为×××、××.×、×.××。

9 精密度

方法精密度见表2。

表2 精密度

单位为微克每克

元素	水平范围 m	重复性限 r	再现性限 R
镉	2.40～23.7	$r=0.3656m^{0.5884}$	$R=0.4754m^{0.5064}$
注：本精密度数据是由6个实验室对4个水平的试样进行试验确定。			

附　录　A
（资料性附录）
有关说明

A.1　使用塞曼原子吸收分光光度计的参考工作条件如表A.1。

表A.1　仪器参考工作条件

波长/nm	灯电流/mA	单色器通带/nm	燃烧器高度/mm	空气压力/MPa	乙炔压力/MPa
228.8	7.5	1.3	7.5	0.16	0.03

A.2　在本实验条件下，分别共存下列含量（μg/mL）的元素（离子），不影响镉的测定：钠、钾、镁、钙、铝、铅、铬、铁、钴、镍、铜、锌各（1 000）；锂、锶、钡、硅、锡、钒、钼、锰各（500）；砷（300）；钨（200）；镓、铟、铊、锆、银、汞各（100）。

ICS 73.060
D 40

中华人民共和国国家标准

GB/T 14352.7—2010
代替 GB/T 14352.7—1993

钨矿石、钼矿石化学分析方法 第7部分：钴量测定

Methods for chemical analysis of tungsten ores and molybdenum ores—Part 7: Determination of cobalt content

2010-11-10 发布　　2011-02-01 实施

中华人民共和国国家质量监督检验检疫总局
中国国家标准化管理委员会　发布

前　言

GB/T 14352《钨矿石、钼矿石化学分析方法》共有 18 个部分：

——第 1 部分：钨量测定；

——第 2 部分：钼量测定；

——第 3 部分：铜量测定；

——第 4 部分：铅量测定；

——第 5 部分：锌量测定；

——第 6 部分：镉量测定；

——第 7 部分：钴量测定；

——第 8 部分：镍量测定；

——第 9 部分：硫量测定；

——第 10 部分：砷量测定；

——第 11 部分：铋量测定；

——第 12 部分：银量测定；

——第 13 部分：锡量测定；

——第 14 部分：镓量测定；

——第 15 部分：锗量测定；

——第 16 部分：硒量测定；

——第 17 部分：碲量测定；

——第 18 部分：铼量测定。

本部分为 GB/T 14352 的第 7 部分。

本部分代替 GB/T 14352.7—1993《钨矿石、钼矿石化学分析方法　丁二肟-磺基水杨酸-氢氧化铵-氯化铵底液极谱法测定钴量》。

本部分与 GB/T 14352.7—1993 相比，主要变化如下：

——增加火焰原子吸收光谱法测定钴量的方法；

——增加了警示、警告内容；

——修改了试样干燥温度。

本部分的附录 A 为资料性附录。

本部分由中华人民共和国国土资源部提出。

本部分由全国国土资源标准化技术委员会归口。

本部分负责起草单位：国家地质实验测试中心。

本部分起草单位：江苏省地质调查研究院(国土资源部南京矿产资源监督检测中心)。

本部分主要起草人：黄光明、汤志云、江冶。

本部分所代替标准的历次版本发布情况为：

——GB/T 14352.7—1993。

钨矿石、钼矿石化学分析方法
第7部分：钴量测定

警示：使用本部分的人员应有正规实验室工作的实践经验。本部分并未指出所有可能的安全问题。使用者有责任采取适当的安全和健康措施，并保证符合国家有关法规规定的条件。

1 范围

GB/T 14352的本部分规定了钨矿石、钼矿石中钴量的测定方法。

本部分适用于钨矿石、钼矿石中钴量的测定。

测定范围：极谱法5 μg/g～500 μg/g的钴，火焰原子吸收分光光度法10 μg/g～1 000 μg/g的钴。

2 规范性引用文件

下列文件中的条款通过GB/T 14352的本部分的引用而成为本部分的条款。凡是注日期的引用文件，其随后所有的修改单(不包括勘误的内容)或修订版均不适用于本部分，然而，鼓励根据本部分达成协议的各方研究是否可使用这些文件的最新版本。凡是不注日期的引用文件，其最新版本适用于本部分。

GB/T 6379.2 测量方法与结果的准确度 第2部分：确定标准测试方法的重复性和再现性的基本方法

GB/T 6682 分析实验室用水规格和试验方法

GB/T 14505 岩石和矿石化学分析方法 总则及一般规定

3 丁二肟-磺基水杨酸-氨水-氯化铵底液极谱法

3.1 原理

试料经碱熔，水浸取，镍、钴、铁等在氢氧化物沉淀中，可与锌、钨、钼、锡、砷、钒、铬等元素分离。在盐酸介质中，用磷酸三丁酯萃淋树脂分离大部分铁，在氨水-氯化铵-磺基水杨酸-丁二肟底液中，峰电位约为－1.14 V(对饱和甘汞电极)，用示波极谱导数部分测定钴与丁二肟产生的催化波峰电流值，计算钴量。

3.2 试剂

本部分除非另有说明，在分析中均使用分析纯试剂和符合GB/T 6682的分析实验室用水。

3.2.1 过氧化钠。

3.2.2 氢氧化钠。

3.2.3 磷酸三丁酯萃淋树脂(也可用聚三氟氯乙烯-磷酸三丁酯自制，参见附录A.1)。

3.2.4 高氯酸(ρ1.67 g/mL)，**警告：易爆品，小心操作！**

3.2.5 无水乙醇。

3.2.6 盐酸(1+1)。

3.2.7 盐酸(1+99)。

3.2.8 氢氧化钠溶液(10 g/L)。

3.2.9 磺基水杨酸溶液 $c[(HO)(C_6H_3COOH)SO_3H \cdot 2H_2O]=2$ mol/L。

3.2.10 氨水溶液(1+1)。

3.2.11 氯化铵溶液 $c(NH_4Cl)=5$ mol/L。

3.2.12 丁二肟乙醇溶液(10 g/L)。

3.2.13 钴标准溶液：

a) 钴标准储备溶液[ρ(Co)=100.0 μg/mL]：称取 0.100 0 g 金属钴(99.99%)，置于 100 mL 烧杯中，盖上表面皿，沿杯壁加入 10 mL 盐酸(ρ1.19 g/mL)，低温加热溶解，冷却，用水洗去表面皿，移入 1 000 mL 容量瓶中，用水稀释至刻度，摇匀；

b) 钴标准溶液[ρ(Co)=2.0 μg/mL]：分取 20.00 mL 钴标准储备溶液[3.2.13a)]，置于 1 000 mL 容量瓶中，用水稀释至刻度，摇匀。

3.3 仪器

3.3.1 分析天平：三级，感量 0.1 mg。

3.3.2 示波极谱仪(参比电极：饱和甘汞电极)，**警告：应按照示波极谱仪的使用规程，避免汞可能引起的危害！**

3.4 试样

3.4.1 按 GB/T 14505 的相关要求，加工试样粒径应小于 97 μm。

3.4.2 试样应在 105 ℃预干燥 2 h，含硫矿物的试样在 60 ℃～80 ℃的鼓风干燥烘箱内干燥 2 h～4 h，然后置于干燥器中，冷却至室温。

3.5 分析步骤

3.5.1 试料

根据试样中钴量按表 1 称取试料量，精确至 0.1 mg。

表 1 试料量

钴量/(μg/g)	试料量/g	试液总体积/mL	分取试液体积/mL
5～20	0.5	—	—
>20～50	0.2	—	—
>50～100	0.2	50	10.00
>100～500	0.1	50	5.00

3.5.2 空白试验

随同试料进行双份空白试验，所用试剂应取自同一试剂瓶，加入同等的量。

3.5.3 验证试验

随同试料分析同矿种、含量相近的标准物质。

3.5.4 试料分解

3.5.4.1 将试料(3.5.1)置于石墨坩埚(或刚玉坩埚)中，加 3 g 过氧化钠(3.2.1)搅匀，上面覆盖 1 g 过氧化钠(3.2.1)，置于已升温的高温炉中，700 ℃熔融 10 min，取出，冷却，放入 250 mL 烧杯中，加入约 100 mL 热水及 3 滴乙醇(3.2.5)，煮沸 10 min，取下冷却，用中速滤纸过滤，用氢氧化钠溶液(3.2.8)洗涤烧杯及沉淀。沉淀用 15 mL 盐酸(3.2.6)溶解于原烧杯中，用热盐酸(3.2.7)洗净坩埚及滤纸。将承接液低温蒸干，脱水 30 min，取下冷却。加入 10 mL～15 mL 盐酸(3.2.6)，盖上表面皿，微热溶解干涸物，冷至室温(A 液)。

注：煮沸后体积不小于 70 mL。

3.5.4.2 根据试料中钴量(>50 μg)，将溶液(A 液)移入 50 mL 容量瓶中，用盐酸(3.2.6)稀释至刻度，摇匀。按表 1 分取试液，置于 100 mL 烧杯中，补加盐酸(3.2.6)至 15 mL(B 液)。

3.5.4.3 往溶液(A 液或 B 液)中加入 2 g 左右磷酸三丁酯萃淋树脂(3.2.3)，充分搅拌，放置片刻。若矿样含铁量高，可酌情再多加几次磷酸三丁酯萃淋树脂(3.2.3)，每次约 0.5 g，充分搅动，直至溶液颜色褪至浅黄色为止，在漏斗上用棉花过滤，用盐酸(3.2.6)洗涤，滤液用 50 mL 烧杯承接，加入 2 mL 高氯酸(3.2.4)，蒸至烟冒尽，取下冷却。

3.5.4.4 加入 1 mL 盐酸(3.2.6),盖上表面皿,微热。冷却后,用适量水洗去表面皿,加入 2.5 mL 磺基水杨酸溶液(3.2.9),摇匀,加入 3.3 mL 氨水溶液(3.2.10),摇匀,放置至室温后,加入 5 mL 氯化铵溶液(3.2.11)及 0.5 mL 丁二肟乙醇溶液(3.2.12),移入 25 mL 比色管中,用水稀释至刻度,摇匀后,放置 30 min 备测。

注:有关说明见附录 A.1、A.2。

3.5.5 校准溶液系列配制

分取 0.00 mL、0.50 mL、1.00 mL、2.00 mL、3.00 mL、4.00 mL、5.00 mL 钴标准溶液[3.2.13b)],分别置于一组 25 mL 烧杯中,低温蒸至近干,以下按分析步骤(3.5.4.4)进行。

3.5.6 测定

倾出部分校准溶液和试料溶液于电解池中,选择适当的电流倍率(以峰电流值不小于满刻度一半为准),于起始电位为 −0.90 V 处,用示波极谱仪导数部分进行校准溶液、试料溶液、空白试验溶液和验证试验溶液的测定,记录峰电流值。

3.5.7 校准曲线绘制

以钴量为横坐标,峰电流为纵坐标,绘制校准曲线,从校准曲线上查得相应的钴量。

3.6 结果计算

钴量以质量分数 $w(\mathrm{Co})$ 计,数值以 μg/g 表示,按式(1)计算:

$$w(\mathrm{Co})=\frac{(m_1-m_0)\cdot V}{m\cdot V_1} \qquad \cdots\cdots(1)$$

式中:

m_1——从校准曲线上查得分取试料溶液的钴量,单位为微克(μg);

m_0——从校准曲线上查得空白溶液的钴量,单位为微克(μg);

V——试液总体积,单位为毫升(mL);

m——试料量,单位为克(g);

V_1——分取试液体积,单位为毫升(mL)。

计算结果表示为×××、××.×、×.××。

3.7 精密度

方法精密度见表 2。

表 2 精密度

单位为微克每克

元素	水平范围 m	重复性限 r	再现性限 R
钴	3.86~70.4	$r=0.3718m^{0.6654}$	$R=0.8058+0.2482m$
注:本精密度数据是由 5 个实验室对 7 个水平的试样进行试验确定。			

4 火焰原子吸收分光光度法

4.1 原理

试样经氢氟酸、王水、高氯酸分解,用盐酸、硼酸溶液溶解盐类,在盐酸介质中,使用空气-乙炔火焰,于原子吸收分光光度计上,波长 240.7 nm 处,测定吸光度,计算钴量。

4.2 试剂

本部分除非另有说明,在分析中均使用分析纯试剂和符合 GB/T 6682 的分析实验室用水。

4.2.1 氢氟酸(ρ1.13 g/mL),**警告:氢氟酸有毒并有腐蚀性,操作时应戴手套,防止皮肤接触。**

4.2.2 高氯酸(ρ1.67 g/mL),**警告:易爆品,小心操作!**

4.2.3 无水乙醇。

4.2.4 王水：盐酸（ρ1.19 g/mL）＋硝酸（ρ1.42 g/mL）＝3＋1，新鲜配制。

4.2.5 盐酸（1＋1）。

4.2.6 硼酸溶液（60 g/L）。

4.2.7 钴标准溶液：

a) 钴标准储备溶液[ρ(Co)＝100.0 μg/mL]：

称取 0.100 0 g 金属钴（99.99%），置于 100 mL 烧杯中，盖上表面皿，沿杯壁加入 10 mL 盐酸（ρ1.19 g/mL），低温加热溶解，冷却，用水洗去表面皿，移入 1 000 mL 容量瓶中，用水稀释至刻度，摇匀；

b) 钴标准溶液[ρ(Co)＝10.0 μg/mL]：

分取 50.00 mL 钴标准溶液储备溶液[4.2.7a)]，置于 500 mL 容量瓶中，用水稀释至刻度，摇匀。

4.3 仪器

4.3.1 分析天平：三级，感量 0.1 mg。

4.3.2 原子吸收分光光度计，附钴空心阴极灯。

4.4 试样

4.4.1 按 GB/T 14505 的相关要求，加工试样粒径应小于 97 μm。

4.4.2 试样应在 105 ℃预干燥 2 h，含硫矿物的试样在 60 ℃～80 ℃的鼓风干燥烘箱内干燥 2 h～4 h，然后置于干燥器中，冷却至室温。

4.5 分析步骤

4.5.1 试料

根据试样中钴量按表 1 称取试料量，精确至 0.1 mg。

表 3 试料量

钴量/(μg/g)	试料量/g
10～100	1
100～500	0.5
500～1 000	0.2

4.5.2 空白试验

随同试料进行双份空白试验，所用试剂应取自同一试剂瓶，加入同等的量。

4.5.3 验证试验

随同试料分析同矿种、含量相近的标准物质。

4.5.4 试料分解

将试料（4.5.1）置于聚四氟乙烯坩埚中，加入 10 mL 氢氟酸（4.2.1）、10 mL 王水（4.2.4）、0.5 mL 高氯酸（4.2.2），加盖，在低温电热板上微热 30 min，用少量水洗去盖子，继续在电热板上加热至高氯酸白烟冒尽。取下冷却，加入 5 mL 盐酸（4.2.5）、5 mL 硼酸溶液（4.2.6），温热溶解盐类。取下，冷至室温后，用水移入 50 mL 容量瓶中，并稀释至刻度，摇匀，澄清。

注：有关说明见附录 A.4。

4.5.5 校准溶液系列配制

分取 0.00 mL、1.00 mL、3.00 mL、5.00 mL、10.00 mL、15.00 mL、20.00 mL、25.00 mL 钴标准溶液[4.2.7a)]，分别置于一组 50 mL 容量瓶中，加入 5 mL 盐酸（4.2.5）、5 mL 硼酸溶液（4.2.6），用水稀释至刻度，摇匀。

4.5.6 测定

警告:应按照原子吸收分光光度计的使用规程点燃或熄灭空气-乙炔火焰,以避免可能引起的爆炸危险!

参照附录A表A.1仪器工作条件,测量校准溶液、试料溶液、空白试验溶液和验证试验溶液的吸光度。

4.5.7 校准曲线绘制

以钴量为横坐标,吸光度为纵坐标,绘制校准曲线,从校准曲线上查得相应钴量。

4.6 结果计算

钴量以质量分数 $w(Co)$ 计,数值以 μg/g 表示,按式(2)计算:

$$w(\mathrm{Co})=\frac{m_1-m_0}{m_1} \qquad \cdots\cdots(2)$$

式中:

m_1——从校准曲线上查得分取试料溶液的钴量,单位为微克(μg);

m_0——从校准曲线上查得的空白溶液的钴量,单位为微克(μg);

m——试料量,单位为克(g)。

计算结果表示为×××、××.×、×.××。

4.7 精密度

按照GB/T 6379.2计算方法精密度见表4。

表4 精密度

单位为微克每克

元 素	水平范围 m	重复性限 r	再现性限 R
钴	9.6~14.3	$r=0.6210m^{0.1609}$	$R=2.2020-0.0691m$
注:本精密度数据是由4个实验室对5个水平的试样进行试验确定。			

附 录 A
（资料性附录）
有 关 说 明

A.1 聚三氟氯乙烯-磷酸三丁酯制备手续：移取100 g 200目的聚三氟氯乙烯粉，置于100 mL烧杯中，在搅拌下加入60 mL磷酸三丁酯，充分搅拌均匀。

A.2 易熔矿样可以氢氧化钠为主，加入少量过氧化钠熔矿，这样对坩埚腐蚀小，可以延长使用寿命。

A.3 使用塞曼原子吸收分光光度计的参考工作条件如表A.1。

表 A.1 仪器参考工作条件

波长/nm	灯电流/mA	单色器通带/nm	燃烧器高度/mm	空气压力/MPa	乙炔压力/MPa
240.7	7.5	1.3	7.5	0.16	0.03

A.4 在本实验条件下，分别共存下列含量的（μg/mL）的元素（离子），不影响钴的测定：钙、镁、铁、锌各（5 000），锰（4 000）；钾、铝、铅、铬各（2 000）；钠、钡、钨、钼、铜各（1 000）；锂、锶、硼、硅、锡、钛、钒、镍、镉各（500）；铋（400）；砷、汞各（200）；金、银各（100）；铍、镓、铟、铊各（50）；铷、铯（30）；铂（20）。

ICS 73.060
D 40

中华人民共和国国家标准

GB/T 14352.8—2010
代替 GB/T 14352.8—1993

钨矿石、钼矿石化学分析方法 第8部分:镍量测定

Methods for chemical analysis of tungsten ores and molybdenum ores—
Part 8:Determination of nickel content

2010-11-10 发布　　　　2011-02-01 实施

中华人民共和国国家质量监督检验检疫总局
中国国家标准化管理委员会　发布

前　　言

GB/T 14352《钨矿石、钼矿石化学分析方法》共有18个部分：

——第1部分：钨量测定；

——第2部分：钼量测定；

——第3部分：铜量测定；

——第4部分：铅量测定；

——第5部分：锌量测定；

——第6部分：镉量测定；

——第7部分：钴量测定；

——第8部分：镍量测定；

——第9部分：硫量测定；

——第10部分：砷量测定；

——第11部分：铋量测定；

——第12部分：银量测定；

——第13部分：锡量测定；

——第14部分：镓量测定；

——第15部分：锗量测定；

——第16部分：硒量测定；

——第17部分：碲量测定；

——第18部分：铼量测定。

本部分为GB/T 14352的第8部分。

本部分代替GB/T 14352.8—1993《钨矿石、钼矿石化学分析方法　丁二肟-磺基水杨酸-氢氧化铵-氯化铵底液极谱法测定镍量》。

本部分与GB/T 14352.8—1993相比，主要变化如下：

——增加火焰原子吸收光谱法测定镍量的方法；

——增加了警示、警告内容；

——修改了试样干燥温度。

本部分的附录A为资料性附录。

本部分由中华人民共和国国土资源部提出。

本部分由全国国土资源标准化技术委员会归口。

本部分负责起草单位：国家地质实验测试中心。

本部分起草单位：江苏省地质调查研究院(国土资源部南京矿产资源监督检测中心)。

本部分主要起草人：黄光明、汤志云、江冶。

本部分所代替标准的历次版本发布情况为：

——GB/T 14352.8—1993。

钨矿石、钼矿石化学分析方法 第8部分:镍量测定

警示:使用本部分的人员应有正规实验室工作的实践经验。本部分并未指出所有可能的安全问题。使用者有责任采取适当的安全和健康措施,并保证符合国家有关法规规定的条件。

1 范围

GB/T 14352的本部分规定了钨矿石、钼矿石中镍量的测定方法。

本部分适用于钨矿石、钼矿石中镍量的测定。

测定范围:极谱法5 μg/g~500 μg/g的镍,火焰原子吸收分光光度法为10 μg/g~1 000 μg/g的镍。

2 规范性引用文件

下列文件中的条款通过GB/T 14352的本部分的引用而成为本部分的条款。凡是注日期的引用文件,其随后所有的修订单(不包括勘误的内容)或修订版均不适用于本部分,然而,鼓励根据本部分达成协议的各方研究是否可使用这些文件的最新版本。凡是不注日期的引用文件,其最新版本适用于本部分。

GB/T 6682 分析实验室用水规格和试验方法

GB/T 14505 岩石和矿石化学分析方法 总则及一般规定

3 丁二肟-磺基水杨酸-氨水-氯化铵底液极谱法

3.1 原理

试料经碱熔、水浸取,镍、钴、铁等呈氢氧化物沉淀,可与锌、钨、钼、锡、砷、钒、铬等元素分离。在盐酸介质中,用磷酸三丁酯萃淋树脂分离大部分铁,在氨水-氯化铵-磺基水杨酸-丁二肟底液中,峰电位约为-1.00 V(对饱和甘汞电极),用示波极谱导数部分测镍与丁二肟产生的催化波峰电流值,计算镍量。

3.2 试剂

本部分除非另有说明,在分析中均使用分析纯试剂和符合GB/T 6682的分析实验室用水。

3.2.1 过氧化钠。

3.2.2 氢氧化钠。

3.2.3 磷酸三丁酯萃淋树脂(也可用聚三氟氯乙烯-磷酸三丁酯自制)。

3.2.4 无水乙醇。

3.2.5 高氯酸(ρ 1.67 g/mL),**警告:易爆品,小心操作!**

3.2.6 盐酸(1+1)。

3.2.7 盐酸(1+99)。

3.2.8 氢氧化钠溶液(10 g/L)。

3.2.9 磺基水杨酸溶液 $c[(HO)(C_6H_3COOH)SO_3H \cdot 2H_2O]=2$ mol/L。

3.2.10 氨水溶液(1+1)。

3.2.11 氯化铵溶液 $c(NH_4Cl)=5$ mol/L。

3.2.12 丁二肟乙醇溶液(10 g/L)。

3.2.13 镍标准溶液:

a) 镍标准储备溶液[ρ(Ni)=100.0 μg/mL]:称取 0.100 0 g 金属镍(99.99%),置于 100 mL 烧杯中,盖上表面皿,沿杯壁加入 10 mL 硝酸(1+1)溶解,低温蒸干。用少量水洗去表面皿,加 5 mL盐酸(3.2.6),低温蒸干,重复一次。加入 20 mL 盐酸(3.2.6)溶解镍盐,冷却,移入 1 000 mL容量瓶中,用水稀释至刻度,摇匀;

b) 镍标准溶液[ρ(Ni)=2.0 μg/mL]:分取 10.00 mL 镍标准储备溶液[3.2.13a)],置于 500 mL 容量瓶中,用盐酸(3.2.7)稀释至刻度,摇匀。

3.3 仪器

3.3.1 分析天平:三级,感量 0.1 mg。

3.3.2 示波极谱仪(参比电极:饱和甘汞电极),**警告:应按照示波极谱仪的使用规程,避免汞可能引起的危害!**

3.4 试样

3.4.1 按 GB/T 14505 的相关要求,加工试样粒径应小于 97 μm。

3.4.2 试样应在 105 ℃预干燥 2 h,含硫矿物的试样在 60 ℃~80 ℃的鼓风干燥烘箱内干燥 2 h~4 h,然后置于干燥器中,冷却至室温。

3.5 分析步骤

3.5.1 试料

根据试样中镍量按表 1 称取试料量,精确至 0.1 mg。

表 1 试料量

镍量/(μg/g)	试料/g	试液总体积/mL	分取试液体积/mL
5~20	0.5	—	—
>20~50	0.2	—	—
>50~100	0.2	50	10.00
>100~500	0.1	50	10.00

3.5.2 空白试验

随同试料进行双份空白试验,所用试剂应取自同一试剂瓶,加入同等的量。

3.5.3 验证试验

随同试料分析同矿种、含量相近的标准物质。

3.5.4 试料分解

3.5.4.1 将试料(3.5.1)置于石墨坩埚(或刚玉坩埚)中,加 3 g 过氧化钠(3.2.1),搅匀,表面覆盖 1 g 过氧化钠(3.2.1),置于已升温的高温炉中,700 ℃熔融 10 min,取出,冷却,放入 250 mL 烧杯中,加入约 100 mL 热水及 3 滴乙醇(3.2.4),煮沸 10 min,取下冷却,用中速滤纸过滤,用氢氧化钠溶液(3.2.8)洗涤烧杯及沉淀。沉淀用 15 mL 盐酸(3.2.6)溶解于原烧杯中,用热盐酸(3.2.7)洗净坩埚及滤纸。将承接液低温蒸干,脱水 30 min,取下,加入 10 mL~15 mL 盐酸(3.2.6),盖上表面皿,微热溶解干涸物。取下冷却(A 液)。

注:煮沸后体积不小于 70 mL。

3.5.4.2 根据镍的含量(>50 μg/g),将溶液(A 液)用盐酸(3.2.6)移入 50 mL 容量瓶中,稀释至刻度,摇匀。按表 1 分取试液,补加盐酸(3.2.6)至 15 mL(B 液)。

3.5.4.3 往溶液(A 液或 B 液)中加入约 2 g 磷酸三丁酯萃淋树脂(3.2.3),充分搅拌。若矿样铁含量高,可酌情多加几次磷酸三丁酯萃淋树脂(3.2.3),每次约 0.5 g ,充分搅拌,直至溶液颜色褪至浅黄色为止。然后,在漏斗上用棉花过滤,用盐酸(3.2.6)洗涤,滤液用 50 mL 烧杯承接,加入 2 mL 高氯酸(3.2.5),加热至白烟冒尽,取下冷却。

3.5.4.4 加入 1 mL 盐酸溶液(3.2.6),盖表面皿微热。冷却后,加入 2.5 mL 磺基水杨酸溶液(3.2.9),摇匀,加入 3.3 mL 氨水溶液(3.2.10),摇匀,放置至室温后,加入 5 mL 氯化铵溶液(3.2.11)及 0.5 mL 丁二肟乙醇溶液(3.2.12),移入 25 mL 比色管中,用蒸馏水稀至刻度,摇匀,放置 30 min。

3.5.5 校准溶液系列配制

分取 0.00 mL、0.50 mL、1.00 mL、2.00mL、3.00mL、4.00mL、5.00 mL 镍标准溶液[3.2.13b)],分别置于一组 25 mL 烧杯中,低温蒸至近干,以下操作按分析步骤(3.5.4.4)进行。

3.5.6 测定

倾出部分溶液于电解池中,选择适当的电流倍率,于起始电位为−0.80 V 处,用示波极谱仪导数部分进行校准溶液、试料溶液、空白试验溶液和验证试验溶液的测定,记录峰电流值。

3.5.7 校准曲线绘制

以镍量为横坐标,峰电流为纵坐标,绘制校准曲线,从校准曲线上查得相应的镍量。

3.6 结果计算

镍量以质量分数 $w(\mathrm{Ni})$ 计,数值以 μg/g 表示,按式(1)计算:

$$w(\mathrm{Ni})=\frac{(m_1-m_0)\cdot V}{m\cdot V_1} \qquad \cdots\cdots (1)$$

式中:

m_1——从校准曲线上查得分取试料溶液的镍量,单位为微克(μg);

m_0——从校准曲线上查得空白的镍量,单位为微克(μg);

V——试液总体积,单位为毫升(mL);

m——试料量,单位为克(g);

V_1——分取试料溶液体积,单位为毫升(mL)。

计算结果表示为×××、××.×、×.××。

3.7 精密度

方法精密度见表 2。

表 2 精密度

单位为微克每克

元　素	水平范围 m	重复性限 r	再现性限 R
镍	17.9～231	r=0.421 5+0.137 2 m	R=1.506 3+0.240 6 m
注:本精密度数据是由 5 个实验室对 6 个水平的试样进行试验确定。			

4 火焰原子吸收分光光度法

4.1 原理

试样经氢氟酸、王水、高氯酸分解,用盐酸、硼酸溶液溶解盐类,在盐酸介质中,使用空气-乙炔火焰,于原子吸收分光光度计上,波长 232.0 nm 处,测定吸光度,计算镍量。

4.2 试剂

本部分除非另有说明,在分析中均使用分析纯试剂和符合 GB/T 6682 的分析实验室用水。

4.2.1 氢氟酸(ρ 1.13 g/mL),**警告:氢氟酸有毒并有腐蚀性,操作时应戴手套,防止皮肤接触。**

4.2.2 高氯酸(ρ 1.67 g/mL),**警告:易爆炸,小心操作!**

4.2.3 无水乙醇。

4.2.4 王水:盐酸(ρ 1.19 g/mL)+硝酸(ρ 1.42 g/mL)= 3+1,新鲜配制。

4.2.5 盐酸(1+1)。

4.2.6 硼酸溶液(60 g/L)。

4.2.7 镍标准溶液:

a) 镍标准储备溶液[ρ(Ni)=100.0 μg/mL]:

称取0.100 0 g金属镍(99.99 %),置于100 mL烧杯中,盖上表皿,沿杯壁加入20 mL硝酸(1+1),加热溶解,低温蒸干。用适量水洗去表面皿,加入5 mL盐酸(ρ 1.19 g/mL),低温蒸干,重复一次。加入10 mL盐酸(ρ 1.19 g/mL)溶解镍盐,用水移入1 000 mL容量瓶中,并稀释至刻度,摇匀;

b) 镍标准溶液[ρ(Ni)=10.0 μg/mL]:

分取50.00 mL镍标准溶液储备溶液[4.2.7a)],置于500 mL容量瓶中,用水稀释至刻度,摇匀。

4.3 仪器

4.3.1 分析天平:三级,感量0.1 mg。

4.3.2 原子吸收分光光度计,附镍空心阴极灯。

4.4 试样

4.4.1 按GB/T 14505的相关要求,加工试样粒径应小于97 μm。

4.4.2 试样应在105 ℃预干燥2 h,含硫矿物的试样在60 ℃~80 ℃的鼓风干燥烘箱内干燥2 h~4 h,然后置于干燥器中,冷却至室温。

4.5 分析步骤

4.5.1 试料

根据试样中镍量按表3称取试料量,精确至0.1 mg。

表3 试料量

镍量/ (μg/g)	试料量/ g
10~100	1
100~500	0.5
500~1 000	0.2

4.5.2 空白试验

随同试料做双份空白试验,所用试剂应取自同一试剂瓶。

4.5.3 校准试验

随同试料分析同矿种、含量相近的标准物质。

4.5.4 测定

将试料(4.5.1)置于聚四氟乙烯坩埚中,加入10 mL氢氟酸(4.2.1)、10 mL王水(4.2.4)、0.5 mL高氯酸(4.2.2),加盖,在低温电热板上微热30 min,用适量水洗去盖子,继续在电热板上加热至高氯酸白烟冒尽。取下冷却,加入5 mL盐酸(4.2.5),5 mL硼酸溶液(4.2.6),温热溶解盐类。取下,冷至室温后,用水移入50 mL容量瓶中,并稀释至刻度,摇匀,澄清。

注:有关说明见附录A。

4.5.5 校准溶液系列配制

分取0.00 mL、1.00 mL、3.00 mL、5.00 mL、10.00 mL、15.00 mL、20.00 mL、25.00 mL、30.00 mL镍标准溶液[4.2.7b)],分别置于一组50 mL容量瓶中,加入5 mL盐酸(4.2.5)、5 mL硼酸溶液(4.2.6),用水稀释至刻度,摇匀。

4.5.6 测定

警告:应按照原子吸收分光光度计的使用规程点燃或熄灭空气-乙炔火焰,以避免可能引起的爆炸危险!

参照附录A表A.1仪器工作条件,测量校准溶液、试料溶液、空白试验溶液和验证试验溶液的吸光度。

4.5.7 **校准曲线绘制**

以镍量为横坐标，吸光度为纵坐标，绘制校准曲线，从校准曲线上查得相应的镍量。

4.6 结果计算

镍量以质量分数 $w(\mathrm{Ni})$ 计，数值以 μg/g 表示，按式(2)计算：

$$w(\mathrm{Ni}) = \frac{m_1 - m_0}{m_1} \qquad \cdots\cdots(2)$$

式中：

m_1——从校准曲线上查得试料溶液的镍量，单位为微克(μg)；

m_0——从校准曲线上查得空白溶液的镍量，单位为微克(μg)；

m——试料量，单位为克(g)。

计算结果表示为×××、××.×、×.××。

4.7 精密度

方法精密度见表 4。

表 4 精密度

单位为微克每克

元 素	水平范围 m	重复性限 r	再现性限 R
镍	17.8～40.4	r=0.406 7+0.029 4 m	R=1.643 2+0.019 1 m
注：本精密度数据是由 4 个实验室对 5 个水平的试样进行试验确定。			

附 录 A
（资料性附录）
本部分的有关说明

A.1 使用塞曼原子吸收分光光度计的参考工作条件如表A.1。

表 A.1 仪器参考工作条件

波长/nm	灯电流/mA	单色器通带/nm	燃烧器高度/mm	空气压力/MPa	乙炔压力/MPa
232.0	10	0.2	10.0	0.16	0.03

A.2 在本实验条件下，分别共存下列含量（μg/mL）的元素（离子），不影响镍的测定：钙、镁、铁、锌各（5 000），锰（4 000）；钾、铝、铅、铬各（2 000）；钠、钡、钨、钼、铜各（1 000）；锂、锶、硼、硅、锡、钛、钒、钴、镉各（500）；铋（400）；砷、汞各（200）；金、银各（100）；铍、镓、铟、铊各（50）；铷、铯（30）；铂（20）。

ICS 73.060
D 40

中华人民共和国国家标准

GB/T 14352.9—2010
代替 GB/T 14352.9—1993

钨矿石、钼矿石化学分析方法 第9部分：硫量测定

Methods for chemical analysis of tungsten ores and molybdenum ores—Part 9: Determination of sulfur content

2010-11-10 发布

2011-02-01 实施

中华人民共和国国家质量监督检验检疫总局
中国国家标准化管理委员会 发布

前　言

GB/T 14352《钨矿石、钼矿石化学分析方法》共有18个部分：
——第1部分：钨量测定；
——第2部分：钼量测定；
——第3部分：铜量测定；
——第4部分：铅量测定；
——第5部分：锌量测定；
——第6部分：镉量测定；
——第7部分：钴量测定；
——第8部分：镍量测定；
——第9部分：硫量测定；
——第10部分：砷量测定；
——第11部分：铋量测定；
——第12部分：银量测定；
——第13部分：锡量测定；
——第14部分：镓量测定；
——第15部分：锗量测定；
——第16部分：硒量测定；
——第17部分：碲量测定；
——第18部分：铼量测定。

本部分为GB/T 14352的第9部分。

本部分代替GB/T 14352.9—1993《钨矿石、钼矿石化学分析方法　高温燃烧碘量法测定全硫量》。

本部分与GB/T 14352.9—1993相比，主要变化如下：
——增加了警示内容；
——修改了试样干燥温度；
——修改了试料量表。

本部分由中华人民共和国国土资源部提出。

本部分由全国国土资源标准化技术委员会归口。

本部分负责起草单位：国家地质实验测试中心。

本部分起草单位：江苏省地质调查研究院（国土资源部南京矿产资源监督检测中心）。

本部分主要起草人：张培新、肖灵。

本部分所代替标准的历次版本发布情况为：
——GB/T 14352.9—1993。

钨矿石、钼矿石化学分析方法
第9部分：硫量测定

警示：使用本部分的人员应有正规实验室工作的实践经验。本部分并未指出所有可能的安全问题。使用者有责任采取适当的安全和健康措施，并保证符合国家有关法规规定的条件。

1 范围

GB/T 14352的本部分规定了钨矿石、钼矿石中硫量的测定方法。

本部分适用于钨矿石、钼矿石中硫量的测定。

测定范围：0.05%～10%的硫。

2 规范性引用文件

下列文件中的条款通过GB/T 14352的本部分的引用而成为本部分的条款。凡是注日期的引用文件，其随后所有的修改单（不包括勘误的内容）或修订版均不适用于本部分，然而，鼓励根据本部分达成协议的各方研究是否可使用这些文件的最新版本。凡是不注日期的引用文件，其最新版本适用于本部分。

GB/T 6682　分析实验室用水规格和试验方法

GB/T 14505　岩石和矿石化学分析方法　总则及一般规定

3 原理

试料在助熔剂存在下，于空气流中在1 200 ℃～1 300 ℃高温燃烧，硫以二氧化硫形式释出，为空气流载带进入盛有水的吸收器，以淀粉作指示剂，用碘酸钾标准溶液滴定反应生成的亚硫酸，计算硫量。

4 试剂

本部分除非另有说明，在分析中均使用分析纯试剂和符合GB/T 6682的分析实验室用水。

4.1　氧化铜（CuO）[线状，或氧化铅（PbO），含硫量均小于0.00×%]。

4.2　二氧化硅（粒径0.125 mm，经1 000 ℃灼烧2 h，应无空白）。

4.3　淀粉盐酸吸收液：

称取0.4 g可溶性淀粉，加水调成糊状，加入100 mL刚煮沸的水并继续煮沸1 min使溶液透明，冷却后加水至约800 mL，加入3 mL盐酸（ρ 1.19 g/mL），用水稀释至1 000 mL，摇匀。

4.4　碘酸钾标准溶液配制和标定：

a)　碘酸钾标准溶液 $c(1/6KIO_3)$=0.015 mol/L：称取0.535 0 g碘酸钾，置于1 000 mL烧杯中，用含有1 g氢氧化钾，5 g碘化钾的400 mL水溶解，用水稀释至1 000 mL，摇匀；

b)　碘酸钾标准溶液 $c(1/6KIO_3)$=0.005 mol/L：称取0.178 3 g碘酸钾，置于1 000 mL烧杯中，用含有1 g氢氧化钾，5 g碘化钾的400 mL水溶解，用水稀释至1 000 mL，摇匀；

c)　碘酸钾标准溶液 $c(1/6KIO_3)$=0.001 mol/L：移取200 mL碘酸钾标准溶液[4.4b)]，置于1 000 mL容量瓶中，加入含有0.8 g氢氧化钾，4 g碘化钾的400 mL水溶液，用水稀释至刻度，摇匀；

d)　标定：称取与分析试样组成及含硫量大致相当的标准样品三份，按照分析步骤（7）进行标定。三份样品所消耗的碘酸钾标准溶液的极差值不超过0.20 mL，即可取其平均值。并同时进行瓷舟，助熔剂的三份空白测定。

按式(1)计算 1 mL 碘酸钾标准溶液相当于硫的量：

$$T=\frac{S_{标}\cdot W}{100\times(V-V_0)} \quad \cdots\cdots(1)$$

式中：

T——1 mL 碘酸钾标准溶液相当于硫的质量，单位为克每毫升(g/mL)；

$S_{标}$——标准样品中硫的含量，%；

W——标准物质质量，单位为克(g)；

V——滴定消耗的碘酸钾标准溶液的平均体积，单位为毫升(mL)；

V_0——滴定空白消耗的碘酸钾标准溶液的平均体积，单位为毫升(mL)。

计算结果保留四位有效数字。

5 仪器和设备

5.1 分析天平：三级，感量 0.1 mg。

5.2 管式炉。

5.3 瓷管：21 mm×25 mm×600 mm 未上釉的一级瓷管，一端为尖嘴形。

5.4 瓷舟：77 mm 或 88 mm，于 1 000 ℃灼烧 1 h，保存于干燥器中。

5.5 测定装置如图 1 所示。

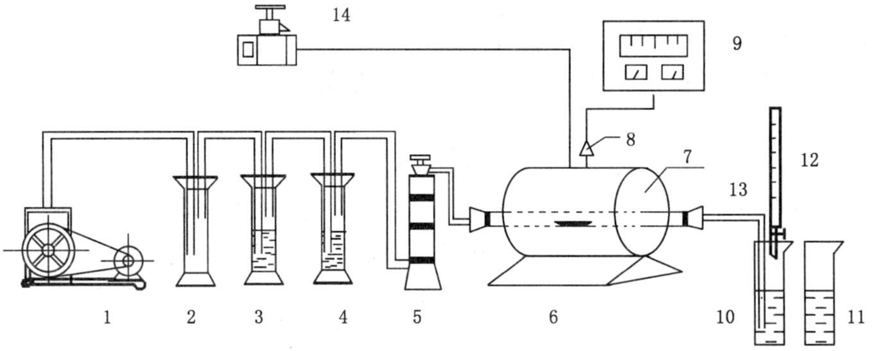

1——空气压缩机；
2——缓冲瓶；
3——装有氢氧化钾(300 g/L)-高锰酸钾溶液(50 g/L)的洗涤瓶；
4——装有硫酸(ρ 1.84 g/mL)的洗涤瓶；
5——下部装有烧碱石棉、上部装有无水氯化钙的干燥塔(塔顶及中部、底部均放有玻璃棉)；
6——管式炉；
7——瓷管；
8——铂铑-铂热电偶；
9——高温计；
10——装淀粉盐酸吸收液的 250 mL 气体吸收瓶；
11——与(10)相同作滴定终点参比用；
12——滴定管；
13——导气管；
14——可调变压器。

图 1 测定硫量的仪器

5.5.1 按图 1 连接好测定装置，检查全部装置是否气密，在保证仪器气密后，调节电压在 65 V 左右，待温度升至 400 ℃以后，逐渐增高电压，升高温度至 1 250 ℃±50 ℃，将导气管插入盛有淀粉盐酸(4.3)

250 mL 的气体吸收瓶中(图 1 注 10),调节气流为每秒 2 个~3 个气泡,滴加碘酸钾标准溶液[4.4a)或 4.4b)或 4.4c)]至溶液呈浅蓝色。

5.5.2 比照溶液:于另一气体吸收瓶中(图 1 注 11)注入同样量的淀粉盐酸吸收液(4.3),滴加碘酸钾标准溶液[4.4a)或 4.4b)或 4.4c)]至溶液呈以上相同的浅蓝色以作参比用(不记读数)。

6 试样

6.1 按 GB/T 14505 的相关要求,加工试样粒径应小于 97 μm。

6.2 试样应在 105 ℃预干燥 2 h,含硫矿物的试样在 60 ℃~80 ℃的鼓风干燥烘箱内干燥 2 h~4 h,然后置于干燥器中,冷却至室温。

7 分析步骤

7.1 试料

根据试样中硫量按表 1 称取试料量,精确至 0.1 mg。

表 1 试料量

硫量/ %	试料量/ g	$c(1/6KIO_3)$/ (mol/L)
0.01~0.05	1	0.001
>0.05~0.1	0.5	0.001
>0.1~0.5	0.5	0.005
>0.5~1	0.2	0.005
>1~2	0.1	0.005
>2~5	0.2	0.015
>5~10	0.1	0.015

7.2 空白试验

随同试料进行双份空白试验,所用试剂应取自同一试剂瓶,加入同等的量。

7.3 验证试验

随同试料分析同矿种、含量相近的标准物质。

7.4 测定

7.4.1 将试料(7.1)均匀地平铺于瓷舟中(5.4),表面覆盖试料 1 倍~2 倍的线状氧化铜(4.1)(如试样中含重晶石,应在称样前先在瓷舟上铺有 0.5 g 二氧化硅(4.2),与试料拌匀后,如上覆盖线状氧化铜(4.1)。

注:如试样中含钼量大于 10 mg,改用氧化铅作助熔剂。

7.4.2 取下燃烧管端的橡皮塞,用镍铬丝钩将瓷舟推入炉管中最热的部分,立即塞上塞子,空气以每秒 2 个~3 个气泡通入吸收液中,当吸收液下部开始褪色时,应根据含硫量参照表 1 立即滴加碘酸钾标准溶液[4.4a)或 4.4b)或 4.4c)]。其滴加速度应使得淀粉盐酸的浅蓝色在吸收过程中保持不变,在停止褪色时,溶液颜色的深度应和比照溶液(5.5.2)的颜色一致。

7.4.3 在通入空气 1 min~2 min 时间内,如盛滴定液吸收瓶内溶液不再褪色即到达滴定的终点,记录所消耗的碘酸钾标准溶液体积。

8 结果计算

硫量以质量分数 $w(S)$ 计,数值以%表示,按式(2)计算:

$$w(\mathrm{S})=\frac{T\cdot(V_1-V_0)}{m}\times 100 \qquad\cdots\cdots(2)$$

式中：

T——1 mL 碘酸钾标准溶液相当于硫的质量，单位为克每毫升(g/mL)；

V_1——滴定试料消耗的碘酸钾标准溶液的体积，单位为毫升(mL)；

V_0——滴定空白试料消耗的碘酸钾标准溶液的平均体积，单位为毫升(mL)；

m——试料量，单位为克(g)。

计算结果表示到小数点后二位。

9 精密度

方法精密度见表 2。

表 2 精密度

%

元　素	水平范围 m	重复性限 r	再现性限 R
硫	0.62～4.79	$r=0.018\,6+0.016\,6\,m$	$R=0.057\,9+0.030\,7\,m$
注：本精密度数据是由 6 个实验室对 8 个水平的试样进行试验确定。			

ICS 73.060
D 40

中华人民共和国国家标准

GB/T 14352.10—2010
代替 GB/T 14352.10—1993

钨矿石、钼矿石化学分析方法 第10部分:砷量测定

Methods for chemical analysis of tungsten ores and molybdenum ores—Part 10: Determination of arsenic content

2010-11-10 发布 2011-02-01 实施

中华人民共和国国家质量监督检验检疫总局
中国国家标准化管理委员会 发布

前　言

GB/T 14352《钨矿石、钼矿石化学分析方法》共有18个部分：

——第1部分：钨量测定；

——第2部分：钼量测定；

——第3部分：铜量测定；

——第4部分：铅量测定；

——第5部分：锌量测定；

——第6部分：镉量测定；

——第7部分：钴量测定；

——第8部分：镍量测定；

——第9部分：硫量测定；

——第10部分：砷量测定；

——第11部分：铋量测定；

——第12部分：银量测定；

——第13部分：锡量测定；

——第14部分：镓量测定；

——第15部分：锗量测定；

——第16部分：硒量测定；

——第17部分：碲量测定；

——第18部分：铼量测定。

本部分为GB/T 14352的第10部分。

本部分代替GB/T 14352.10—1993《钨矿石、钼矿石化学分析方法　二乙基二硫代氨基甲酸银光度法测定砷量》。

本部分与GB/T 14352.10—1993相比，主要变化如下：

——增加了警示、警告内容；

——修改了试样干燥温度。

本部分的附录A为资料性附录。

本部分由中华人民共和国国土资源部提出。

本部分由全国国土资源标准化技术委员会归口。

本部分负责起草单位：国家地质实验测试中心。

本部分起草单位：江苏省地质调查研究院(国土资源部南京矿产资源监督检测中心)。

本部分主要起草人：张培新、肖灵。

本部分所代替标准的历次版本发布情况为：

——GB/T 14352.10—1993。

钨矿石、钼矿石化学分析方法 第10部分：砷量测定

警示：使用本部分的人员应有正规实验室工作的实践经验。本部分并未指出所有可能的安全问题。使用者有责任采取适当的安全和健康措施，并保证符合国家有关法规规定的条件。

1 范围

GB/T 14352的本部分规定了钨矿石、钼矿石中砷量的测定方法。

本部分适用于钨矿石、钼矿石中砷量的测定。

测定范围：5 μg/g～1 500 μg/g的砷。

2 规范性引用文件

下列文件中的条款通过GB/T 14352的本部分的引用而成为本部分的条款。凡是注日期的引用文件，其随后所有的修改单（不包括勘误的内容）或修订版均不适用于本部分，然而，鼓励根据本部分达成协议的各方研究是否可使用这些文件的最新版本。凡是不注日期的引用文件，其最新版本适用于本部分。

GB/T 6682 分析实验室用水规格和试验方法

GB/T 14505 岩石和矿石化学分析方法 总则及一般规定

3 原理

试料用硝酸、硫酸分解，于硫酸介质中，在碘化钾存在下，用氯化亚锡将五价砷还原为三价砷，再用无砷锌粒将三价砷还原为气态砷化氢。逸出的砷化氢，用含有三乙醇胺的二乙基二硫代氨基甲酸银（Ag-DDTC）的三氯甲烷溶液吸收。Ag-DDTC中的银离子被还原成红棕色胶态银，在分光光度计上，于波长530 nm处测量吸光度，计算砷量。

4 试剂

本部分除非另有说明，在分析中均使用分析纯试剂和符合GB/T 6682的分析实验室用水。

4.1 无砷锌粒（粒径为2 mm～3 mm）。

4.2 硝酸（ρ1.42 g/mL）。

4.3 三氯甲烷。

4.4 硫酸（1+1），**警告：不当的稀释易发生危险。**

4.5 碘化钾溶液（300 g/L）。

4.6 酒石酸溶液（500 g/L）。

4.7 氯化亚锡溶液（200 g/L）：

称取20 g氯化亚锡（$SnCl_2 \cdot 2H_2O$），加入25 mL盐酸（ρ1.19 g/mL），加热溶解，冷却后用水稀释至100 mL，投入1 g锡粒，贮于棕色瓶中。

4.8 硫酸铁铵溶液（20 mg Fe/mL）：

称取173 g硫酸铁铵[$NH_4Fe(SO_4)_2 \cdot 12H_2O$]，加入水和10 mL硫酸（4.4），搅拌溶解后，移入1 000 mL容量瓶中，用水稀释至刻度，摇匀。

4.9 乙酸铅脱脂棉：

将脱脂棉浸入含有乙酸溶液(体积分数0.5%)-乙酸铅(100 g/L)的溶液中,浸透后取出,挤干,室温凉干后备用。

4.10 Ag-DDTC-三乙醇胺-三氯甲烷吸收液:

称取2.0 g Ag-DDTC,置于盛有485 mL三氯甲烷(4.3)和15 mL三乙醇胺(1.12 g/mL)的棕色瓶中,加塞摇匀,使之溶解,放置过夜后使用。

注1:Ag-DDTC的制备:将硝酸银溶液(17 g/L)在不断搅拌下徐徐倒入等体积的二乙基二硫代氨基甲酸钠溶液(23 g/L)中。此时生成浅黄色的Ag-DDTC沉淀。沉淀用水倾洗三次,用布氏漏斗抽滤,并用水洗涤三次。沉淀置于105 ℃~110 ℃烘箱内烘干,在玛瑙研钵中研细,贮存于棕色瓶中。

注2:放置过夜后如遇混浊或仍有未溶时,使用前过滤除去。

4.11 砷标准溶液:

a) 砷标准储备溶液[$\rho(As)=100.0\ \mu g/mL$]:称取0.132 0 g光谱纯三氧化二砷(**警告:三氧化二砷为剧毒化学药品,用时小心!**),置于100 mL烧杯中,加入10 mL氢氧化钠溶液(100 g/L)溶解,用硫酸(4.4)中和至微酸性,移入1 000 mL容量瓶中,用水稀释至刻度,摇匀;

注:三氧化二砷预先在100 ℃~105 ℃烘1 h,置于干燥器中冷至室温。

b) 砷标准溶液[$\rho(As)=5.0\ \mu g/mL$]:分取25.00 mL砷标准储备溶液[4.11a)],置于500 mL容量瓶中,用水稀释至刻度,摇匀。

5 仪器和设备

5.1 分析天平:三级,感量0.1 mg。

5.2 分光光度计。

5.3 砷化氢发生器及吸收装置如图1。

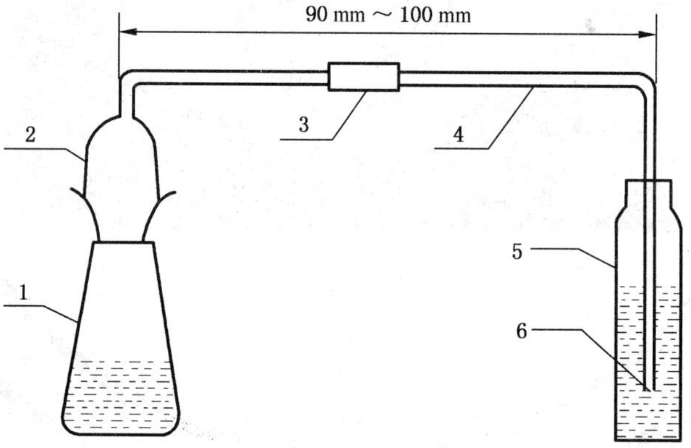

1——100 mL锥形瓶;

2——带磨口塞玻璃球管(球径12 mm~15 mm),内盛乙酸铅脱脂棉(4.9);

3——橡胶管;

4——导气管(内径5 mm);

5——10 mL带塞比色管;

6——导气管下口(内径1 mm)。

图1 砷化氢发生器及吸收装置

6 试样

6.1 按GB/T 14505的相关要求,加工试样粒径应小于97 μm。

6.2 试样应在105 ℃预干燥2 h,含硫矿物的试样在60 ℃~80 ℃的鼓风干燥烘箱内干燥2 h~4 h,然后置于干燥器中,冷却至室温。

7 分析步骤

7.1 试料

根据试样中砷量按表1称取试料量，精确至0.1 mg。

表1 试料量

砷量/(μg/g)	试料量/g	分取试液体积/mL
<10	1	20.00
>10～100	0.5	20.00
>100～500	0.2	10.00
>500～1 000	0.1	10.00
>1 000～1 500	0.1	5.00

7.2 空白试验

随同试料进行双份空白试验，所用试剂应取自同一试剂瓶，加入同等的量。

7.3 验证试验

随同试料分析同矿种、含量相近的标准物质。

7.4 试料分解

7.4.1 将试料(7.1)置于150 mL烧杯中，用适量水润湿，加入10 mL～20 mL硝酸(4.2)，盖上表面皿，加热分解完全，用少量水洗去表面皿，蒸至小体积，加入10 mL硫酸(4.4)，继续蒸发至冒浓白烟3 min，取下冷却。用水吹洗杯壁，再继续冒浓白烟5 min，取下冷却。用水吹洗杯壁，加入15 mL水，加热溶解，冷至室温，移入50 mL容量瓶中，用水稀释至刻度，摇匀。

7.4.2 按表1分取试液(A液)，置于100 mL砷化氢发生瓶中，补足硫酸(4.4)至6 mL，加入3 mL硫酸铁铵溶液(4.8)和5 mL酒石酸溶液(4.6)，用水稀释至体积为34 mL，加入3 mL碘化钾溶液(4.5)、3 mL氯化亚锡溶液(4.7)，放置10 min～15 min。

注1：经硫酸两次冒烟，剩下硫酸(1+1)约5 mL。

注2：每加一种试剂均应充分摇匀。

7.4.3 于砷化氢气体吸收管中加入10.00 mL吸收液(4.10)，向砷化氢气发生瓶中加入5 g无砷锌粒(4.1)，立即塞紧瓶塞，接好吸收装置，反应40 min。

7.4.4 反应后取出气体导管，用适量三氯甲烷(4.3)冲洗气体导管，洗液合并入吸收管中，并用三氯甲烷(4.3)稀释至10 mL，加塞摇匀备测。

注：有关说明参见附录A。

7.5 校准溶液系列配制

分取0.00 mL、0.50 mL、1.00 mL、2.00 mL、3.00 mL、4.00 mL、5.00 mL、6.00 mL砷标准工作溶液[4.11b)]，分别置于一组砷化氢气体发生瓶中，加入6 mL硫酸(4.4)、3 mL硫酸铁铵溶液(4.8)和5 mL酒石酸溶液(4.6)，加水调整体积至34 mL。加入3 mL碘化钾溶液(4.5)、3 mL氯化亚锡溶液(4.7)。放置10 min～15 min。以下按分析步骤(7.4.3～7.4.4)进行测定。

注：每加一种试剂均应充分摇匀。

7.6 测定

在分光光度计上，用1 cm比色皿，以Ag-DDTC-三乙醇胺-三氯甲烷吸收液(4.10)作参比，于波长530 nm处测量校准溶液、试料溶液、空白试验溶液和验证试验溶液的吸光度。

7.7 校准曲线绘制

以砷量为横坐标，吸光度为纵坐标，绘制校准曲线，从校准曲线上查得相应的砷量。

8 结果计算

砷量以质量分数 $w(As)$ 计，数值以 μg/g 表示，按式(1)计算：

$$w(As)=\frac{(m_1-m_0)\cdot V}{m\cdot V_1} \quad \cdots\cdots(1)$$

式中：

m_1——从校准曲线上查得分取试料溶液的砷量，单位为微克(μg)；

m_0——从校准曲线上查得空白溶液的砷量，单位为微克(μg)；

V——溶液总体积，单位为毫升(mL)；

m——试料量，单位为克(g)；

V_1——分取溶液的体积，单位为毫升(mL)。

计算结果表示为×××、××.×、×.××。

9 精密度

方法精密度见表2。

表2 精密度

单位为微克每克

元 素	水平范围 m	重复性限 r	再现性限 R
砷	9.93～347.9	$r=2.9991+0.0852\,m$	$R=3.6206+0.1637\,m$
注：本精密度数据是由5个实验室对4个水平的试样进行试验确定。			

附 录 A
（资料性附录）
有 关 说 明

A.1 加入酒石酸溶液和三乙醇胺溶液可消除 100 mg 铁、120 mg 镍、35 mg 钴的干扰，加入碘化钾溶液、氯化亚锡溶液以确保五价砷还原成三价砷，并可消除 15 倍于砷锑的干扰。

A.2 锌粒纯度，粒度，还原时间均影响砷的回收率。

A.3 在测定试料溶液中，25 mg 铜、1 mg 钴、5 mg 镍、20 mg 钛、5 mg 铅、1 mg 钨、4 mg 锰、10 mg 钙、10 mg 镁、60 mg 铁、0.2 mg 锑、0.5 mg 铋、1 000 mg 氟均不干扰测定。